教科書ガイド　数研出版 版　NEXT 数学Ⅱ

本書は，数研出版が発行する教科書「NEXT 数学Ⅱ［数Ⅱ/713］」に沿って編集された，教科書の **公式ガイドブック** です。教科書のすべての問題の解き方と答えに加え，例と例題の解説動画も付いていますので，教科書の内容がすべてわかります。また，巻末には，オリジナルの演習問題も掲載していますので，これらに取り組むことで，更に実力が高まります。

本書の特徴と構成要素

1　教科書の問題の解き方と答えがわかる。予習・復習にピッタリ！
2　オリジナル問題で演習もできる。定期試験対策もバッチリ！
3　例・例題の解説動画付き。教科書の理解はバンゼン！

まとめ　各項目の冒頭に，公式や解法の要領，注意事項をまとめてあります。
指針　問題の考え方，解法の手がかり，解答の進め方を説明しています。
解答 解説　指針に基づいて，できるだけ詳しい解答・解説を示しています。
別解　解答とは別の解き方がある場合は，必要に応じて示しています。
注意　問題の考え方，解法の手がかり，解答の進め方で，特に注意すべきことを，必要に応じて示しています。

演　習　編　巻末に教科書の問題の類問を掲載しています。これらに取り組むことで，教科書で学んだ内容がいっそう身につきます。また，章ごとにまとめの問題も取り上げていますので，定期試験対策などにご利用ください。

デジタルコンテンツ　2次元コードを利用して，教科書の例・例題の解説動画や，巻末の演習編の問題の詳しい解き方などを見ることができます。

目　次

〈デジタルコンテンツ〉

次のものを用意しております。

デジタルコンテンツ ➡

①　教科書「NEXT 数学Ⅱ［数Ⅱ/713］」の例・例題の解説動画
②　演習編の詳解
③　教科書「NEXT 数学Ⅱ［数Ⅱ/713］」と青チャート・黄チャートの対応表

第1章 式と証明

第1節 式と計算

1 3次式の展開と因数分解

まとめ

1 3次式の展開の公式

展開の公式1　$(a+b)^3=a^3+3a^2b+3ab^2+b^3$

$(a-b)^3=a^3-3a^2b+3ab^2-b^3$

展開の公式2　$(a+b)(a^2-ab+b^2)=a^3+b^3$

$(a-b)(a^2+ab+b^2)=a^3-b^3$

2 3次式の因数分解

因数分解の公式　$a^3+b^3=(a+b)(a^2-ab+b^2)$

$a^3-b^3=(a-b)(a^2+ab+b^2)$

A 3次式の展開の公式

教 p.9

練習 1

次の式を展開せよ。

(1) $(x+2)^3$　　(2) $(x-1)^3$

(3) $(3a+b)^3$　　(4) $(x-2y)^3$

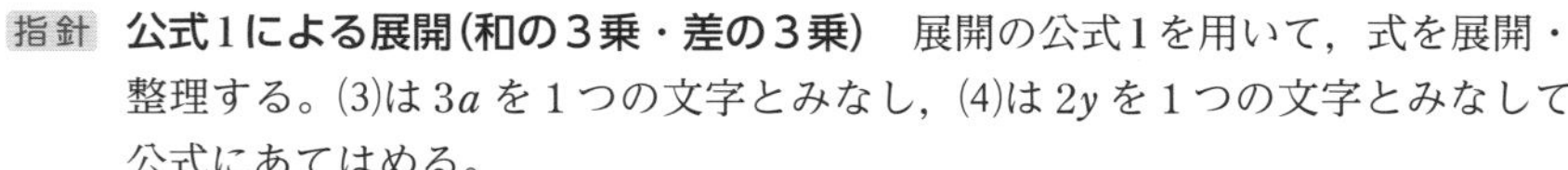

指針　**公式1による展開(和の3乗・差の3乗)**　展開の公式1を用いて，式を展開・整理する。(3)は $3a$ を1つの文字とみなし，(4)は $2y$ を1つの文字とみなして公式にあてはめる。

解答 (1) $(x+2)^3=x^3+3\cdot x^2\cdot 2+3\cdot x\cdot 2^2+2^3$

$=\boldsymbol{x^3+6x^2+12x+8}$ 答

(2) $(x-1)^3=x^3-3\cdot x^2\cdot 1+3\cdot x\cdot 1^2-1^3$

$=\boldsymbol{x^3-3x^2+3x-1}$ 答

(3) $(3a+b)^3=(3a)^3+3\cdot(3a)^2\cdot b+3\cdot 3a\cdot b^2+b^3$

$=\boldsymbol{27a^3+27a^2b+9ab^2+b^3}$ 答

(4) $(x-2y)^3=x^3-3\cdot x^2\cdot 2y+3\cdot x\cdot(2y)^2-(2y)^3$

$=\boldsymbol{x^3-6x^2y+12xy^2-8y^3}$ 答

練習 2 教 p.9

$$(a+b)(a^2-ab+b^2)=a^3+b^3$$
$$(a-b)(a^2+ab+b^2)=a^3-b^3$$

上の公式が成り立つことを，左辺を展開して確かめよ。

指針 **公式の証明** 分配法則を利用して左辺を展開し，同類項をまとめる。

解答

$$(a+b)(a^2-ab+b^2)=a^3-a^2b+ab^2+a^2b-ab^2+b^3$$
$$=a^3+b^3$$

よって $(a+b)(a^2-ab+b^2)=a^3+b^3$

$$(a-b)(a^2+ab+b^2)=a^3+a^2b+ab^2-a^2b-ab^2-b^3$$
$$=a^3-b^3$$

よって $(a-b)(a^2+ab+b^2)=a^3-b^3$ 終

練習 3 教 p.9

次の式を展開せよ。

(1) $(x+2)(x^2-2x+4)$　　(2) $(3x-y)(9x^2+3xy+y^2)$

指針 **公式 2 による展開(3 乗の和・3 乗の差になる)** 展開の公式 2 を用いて，式を展開・整理する。与えられた式を，公式にあてはめることができるように変形して考える。(2)は $3x$ を 1 つの文字とみなす。

解答 (1) $(x+2)(x^2-2x+4)=(x+2)(x^2-x\cdot2+2^2)$

$$=x^3+2^3=\boldsymbol{x^3+8}$$ 答

(2) $(3x-y)(9x^2+3xy+y^2)=(3x-y)\{(3x)^2+3x\cdot y+y^2\}$

$$=(3x)^3-y^3=\boldsymbol{27x^3-y^3}$$ 答

B 3 次式の因数分解

練習 4 教 p.10

次の式を因数分解せよ。

(1) x^3-1　　(2) x^3+27

(3) x^3+8a^3　　(4) $125x^3-y^3$

指針 **因数分解の公式** 次の公式にあてはめる。

$$a^3+b^3=(a+b)(a^2-ab+b^2)$$
$$a^3-b^3=(a-b)(a^2+ab+b^2)$$

(3)では，$8a^3=(2a)^3$ とみる。　(4)では，$125x^3=(5x)^3$ とみる。

解答 (1) $x^3-1=x^3-1^3=(x-1)(x^2+x\cdot 1+1^2)$
$=(x-1)(x^2+x+1)$ 答

(2) $x^3+27=x^3+3^3=(x+3)(x^2-x\cdot 3+3^2)$
$=(x+3)(x^2-3x+9)$ 答

(3) $x^3+8a^3=x^3+(2a)^3=(x+2a)\{x^2-x\cdot 2a+(2a)^2\}$
$=(x+2a)(x^2-2ax+4a^2)$ 答

(4) $125x^3-y^3=(5x)^3-y^3=(5x-y)\{(5x)^2+5x\cdot y+y^2\}$
$=(5x-y)(25x^2+5xy+y^2)$ 答

教 p.10

練習 5

次の式を因数分解せよ。

(1) x^6-64　　(2) x^6+7x^3-8

指針 **因数分解の公式の利用**

(1) 6 乗の差 A^6-B^6 の因数分解は，$A^6-B^6=(A^3)^2-(B^3)^2$ と考えて，2 乗の差の因数分解の公式や 3 乗の和や差の因数分解の公式を利用する。因数分解は，途中で止めないで，因数分解できるところまでやること。

(2) x^3 についての 2 次式とみて，まず因数分解する。

解答 (1) $x^6-64=(x^3)^2-8^2$
$=(x^3+8)(x^3-8)$
$=(x^3+2^3)(x^3-2^3)$
$=(x+2)(x^2-2x+4)(x-2)(x^2+2x+4)$
$=(x+2)(x-2)(x^2-2x+4)(x^2+2x+4)$ 答

(2) $x^6+7x^3-8=(x^3)^2+7x^3-8$
$=(x^3+8)(x^3-1)$
$=(x+2)(x^2-2x+4)(x-1)(x^2+x+1)$
$=(x+2)(x-1)(x^2-2x+4)(x^2+x+1)$ 答

別解 $A^6-B^6=(A^2)^3-(B^2)^3$ として因数分解の公式を利用する。

(1) $x^6-64=(x^2)^3-4^3$
$=(x^2-4)(x^4+4x^2+16)$
$=(x+2)(x-2)\{(x^4+8x^2+16)-4x^2\}$
$=(x+2)(x-2)\{(x^2+4)^2-(2x)^2\}$
$=(x+2)(x-2)(x^2-2x+4)(x^2+2x+4)$ 答

2 二項定理

まとめ

1 パスカルの三角形

$(a+b)^n$ の展開式の各項の係数を，$n=1,\ 2,\ 3,\ 4,\ 5$ の場合について順に並べると，右の図のようになる。

$(a+b)^1$ 　1　1
$(a+b)^2$ 　1　2　1
$(a+b)^3$ 　1　3　3　1
$(a+b)^4$ 　1　4　6　4　1
$(a+b)^5$ 　1　5　10　10　5　1

この三角形状の数の配列を **パスカルの三角形** という。

パスカルの三角形には，次の性質がある。

1　**数の配列は左右対称で，各行の両端の数は 1 である。**

2　**両端以外の数は，左上と右上の数の和に等しい。**

2 二項定理

$(a+b)^n$ の展開式における $a^{n-r}b^r$ の項の係数は ${}_n\mathrm{C}_r$ である。よって，次の **二項定理** が成り立つ。

二項定理

$$(a+b)^n={}_n\mathrm{C}_0a^n+{}_n\mathrm{C}_1a^{n-1}b+{}_n\mathrm{C}_2a^{n-2}b^2+\cdots\cdots+{}_n\mathrm{C}_ra^{n-r}b^r+\cdots\cdots+{}_n\mathrm{C}_{n-1}ab^{n-1}+{}_n\mathrm{C}_nb^n$$

注意　$a^0=1,\ b^0=1$ と定めると，展開式の各項は ${}_n\mathrm{C}_ra^{n-r}b^r$ の形である。

二項定理における ${}_n\mathrm{C}_ra^{n-r}b^r$ を，$(a+b)^n$ の展開式の **一般項** といい，係数 ${}_n\mathrm{C}_r$ を **二項係数** という。

3 二項定理の活用

二項定理により，次の等式が成り立つ。

$$(1+x)^n={}_n\mathrm{C}_0+{}_n\mathrm{C}_1x+{}_n\mathrm{C}_2x^2+\cdots\cdots+{}_n\mathrm{C}_nx^n$$

この等式に $x=1$ を代入すると，次の等式が得られる。

$$2^n={}_n\mathrm{C}_0+{}_n\mathrm{C}_1+{}_n\mathrm{C}_2+\cdots\cdots+{}_n\mathrm{C}_n$$

A パスカルの三角形

教 p.11

練習 6

次の□に入る各数を，$(a+b)^4$ の展開式の係数から求めよ。

$$(a+b)^5=a^5+\square a^4b+\square a^3b^2+\square a^2b^3+\square ab^4+b^5$$

指針　**$(a+b)^5$ の展開式の係数**　$(a+b)^5=(a+b)^4(a+b)$ として，$(a+b)^4$ の展開式を使い，次の解答の右側のように，係数だけで計算する。

解答 $(a+b)^4$ の展開式は，前ページのまとめから

$$(a+b)^4=a^4+4a^3b+6a^2b^2+4ab^3+b^4$$

よって，□に入る数は次のようになる。

$$(a+b)^5=(a+b)^4(a+b)$$
$$=a^5+\boxed{5}a^4b+\boxed{10}a^3b^2+\boxed{10}a^2b^3+\boxed{5}ab^4+b^5$$ 答

```
    1  4  6  4  1
×)  1  1
    1  4  6  4  1
       1  4  6  4  1
    1  5 10 10  5  1
```

練習 7 教 p.12

パスカルの三角形の性質を用いて，$(a+b)^6$ の展開式の各項の係数の配列を求めよ。

指針 **パスカルの三角形**　各行の両端の数字は 1 で，2 行目以降の両端以外の数は，その左上の数と右上の数の和に等しく，左右対称。

解答 1　6　15　20　15　6　1 答

$(a+b)^5$　1　5　10　10　5　1
$(a+b)^6$　1　6　15　20　15　6　1

B 二項定理

練習 8 教 p.13

次の式の展開式を，二項定理を使って求めよ。

(1)　$(x+1)^4$　　(2)　$(x-2)^6$

指針 **二項定理による展開**　二項定理は

$$(a+b)^n={}_n\mathrm{C}_0a^n+{}_n\mathrm{C}_1a^{n-1}b+{}_n\mathrm{C}_2a^{n-2}b^2+\cdots\cdots+{}_n\mathrm{C}_nb^n$$

(1)　二項定理において，$a\to x$，$b\to 1$，$n=4$ とする。

(2)　二項定理において，$a\to x$，$b\to -2$，$n=6$ とする。

${}_n\mathrm{C}_r$ の計算では ${}_n\mathrm{C}_0={}_n\mathrm{C}_n=1$，${}_n\mathrm{C}_r={}_n\mathrm{C}_{n-r}$ であることに注意する。

解答 (1)　$(x+1)^4={}_4\mathrm{C}_0x^4+{}_4\mathrm{C}_1x^3\cdot1+{}_4\mathrm{C}_2x^2\cdot1^2+{}_4\mathrm{C}_3x\cdot1^3+{}_4\mathrm{C}_41^4$

$$=1\cdot x^4+4\cdot x^3\cdot1+6\cdot x^2\cdot1+4\cdot x\cdot1+1\cdot1$$
$$=\boldsymbol{x^4+4x^3+6x^2+4x+1}$$ 答

(2)　$(x-2)^6={}_6\mathrm{C}_0x^6+{}_6\mathrm{C}_1x^5(-2)+{}_6\mathrm{C}_2x^4(-2)^2+{}_6\mathrm{C}_3x^3(-2)^3+{}_6\mathrm{C}_4x^2(-2)^4+{}_6\mathrm{C}_5x(-2)^5+{}_6\mathrm{C}_6(-2)^6$

$$=1\cdot x^6+6\cdot x^5\cdot(-2)+15\cdot x^4\cdot4+20\cdot x^3\cdot(-8)+15\cdot x^2\cdot16+6\cdot x\cdot(-32)+1\cdot64$$
$$=\boldsymbol{x^6-12x^5+60x^4-160x^3+240x^2-192x+64}$$ 答

【?】 教 p.13

（例題 1）　一般項は ${}_5\mathrm{C}_r(2x)^r(-1)^{5-r}$ としてもよい。その理由を説明してみよう。

指針 **二項係数** 二項定理の対称性に注目する。

解説 例題1の一般項は，$2x$ を $5-r$ 個取り，-1 を r 個取るとしている。
$(2x-1)^5=(-1+2x)^5$ であるから，-1 を $5-r$ 個取り，$2x$ を r 個取るとしても結果は同じである。よって，${}_5C_r(2x)^r(-1)^{5-r}$ としてもよい。

練習 9 教 p.13

次の式の展開式において，[ ]内に指定された項の係数を求めよ。

(1) $(2x+3)^4$ $[x^3]$　　(2) $(x-2y)^6$ $[x^3y^3]$

指針 **展開式における項の係数** $(a+b)^n$ の展開式における一般項は
${}_nC_ra^{n-r}b^r$ である。[ ]内の項の指数に着目して，まず r の値を求める。

解答 (1) $(2x+3)^4$ の展開式の一般項は

$${}_4C_r(2x)^{4-r}3^r={}_4C_r2^{4-r}3^rx^{4-r}$$

$4-r=3$ とすると　$r=1$

よって，求める係数は　${}_4C_1\times2^3\times3^1=\mathbf{96}$ 答

(2) $(x-2y)^6$ の展開式の一般項は

$${}_6C_rx^{6-r}(-2y)^r={}_6C_r(-2)^rx^{6-r}y^r$$

$r=3$ のとき，求める係数は

$${}_6C_3\times(-2)^3=\mathbf{-160}$$ 答

C 二項定理の活用

練習 10 教 p.14

次の等式①を用いて，等式②を導け。

$$(1+x)^n={}_nC_0+{}_nC_1x+{}_nC_2x^2+\cdots\cdots+{}_nC_nx^n \quad ①$$

$${}_nC_0-{}_nC_1+{}_nC_2-\cdots\cdots+(-1)^n{}_nC_n=0 \quad ②$$

指針 **二項係数に関する等式** まず①の左辺と右辺を入れかえて，②の各辺の項を比較する。${}_nC_n$ を含む項に着目すると，$x\to-1$ とすればよいことがわかる。

解答 等式①は　$(1+x)^n={}_nC_0+{}_nC_1x+{}_nC_2x^2+\cdots\cdots+{}_nC_nx^n$

この等式に $x=-1$ を代入すると

$$(1-1)^n={}_nC_0+{}_nC_1(-1)+{}_nC_2(-1)^2+\cdots\cdots+{}_nC_n(-1)^n$$

よって　$0={}_nC_0-{}_nC_1+{}_nC_2-\cdots\cdots+(-1)^n{}_nC_n$

すなわち　${}_nC_0-{}_nC_1+{}_nC_2-\cdots\cdots+(-1)^n{}_nC_n=0$ 終

教 p.14

【?】 （応用例題 1） $(a+b+c)^7$ の展開式において，c^2 を含む項は全部で何種類あるだろうか。

指針 **二項定理と $(a+b+c)^7$ の展開式**　c^2 を含む項は ${}_7C_2(a+b)^5c^2$ であるから，${}_7C_2(a+b)^5$ に注目する。

解説 c^2 を含む項は　${}_7C_2(a+b)^5c^2$

したがって，c^2 を含む項の種類は，$(a+b)^5$ の展開式の項の種類と同じであるから 6 種類ある。

教 p.14

練習 11 $(a+b+c)^6$ の展開式における次の項の係数を求めよ。

(1)　a^3bc^2　　(2)　$a^2b^2c^2$　　(3)　a^2b^4

指針 **二項定理と $(a+b+c)^n$ の展開**　$(a+b+c)^n$ の展開式における $a^pb^qc^r$ の項の係数を求めるには，

① $(a+b+c)^n=\{(a+b)+c\}^n$ とみて，まず c^r を含む項を考えると，

$${}_nC_r(a+b)^{n-r}c^r$$

② 次に，$(a+b)^{n-r}$ の展開式における a^pb^q の項を調べる。

解答 (1)　$(a+b+c)^6=\{(a+b)+c\}^6$ の展開式において，c^2 を含む項は

$${}_6C_2(a+b)^4c^2$$

$(a+b)^4$ の展開式において，a^3b の項は　${}_4C_1a^3b$

よって，求める係数は

$${}_6C_2\times{}_4C_1=15\times4=60$$ 答

(2)　c^2 を含む項は，(1)と同じく　${}_6C_2(a+b)^4c^2$

$(a+b)^4$ の展開式において，a^2b^2 の項は　${}_4C_2a^2b^2$

よって，求める係数は

$${}_6C_2\times{}_4C_2=15\times6=90$$ 答

(3)　$(a+b+c)^6=\{(a+b)+c\}^6$ の展開式において，$c^0=1$ を含む項は

$${}_6C_0(a+b)^6$$

$(a+b)^6$ の展開式において，a^2b^4 を含む項は　${}_6C_4a^2b^4$

よって，求める係数は

$${}_6C_0\times{}_6C_4={}_6C_2=15$$ 答

研究 $(a+b+c)^n$ の展開式

まとめ

$(a+b+c)^n$ の展開式

$(a+b+c)^n$ の展開式における $a^pb^qc^r$ の項の係数は

$$\frac{n!}{p!q!r!} \quad \text{ただし} \quad p+q+r=n$$

練習 1 教 p.15

上のまとめを使って，教科書 14 ページ応用例題 1 の，$(a+b+c)^7$ の展開式における $a^3b^2c^2$ の項の係数を求めよ。

指針　**$(a+b+c)^n$ の展開式**　一般項は $\dfrac{n!}{p!q!r!}a^pb^qc^r$ $(p+q+r=n)$ で求める。

ここでは，$n=7$，$p=3$，$q=2$，$r=2$ を代入するだけ。

解答　$\dfrac{7!}{3!2!2!}=210$　答

3 多項式の割り算

まとめ

多項式の割り算

A，B が同じ 1 つの文字についての多項式で，B は 0 でないとする。このとき，A を B で割った商と余りを求めるとは，次の等式を満たす多項式 Q，R を求めることである。

$$A=BQ+R$$

ただし，R は 0 か，B より次数の低い多項式

(割られる式)
＝(割る式)×(商)＋(余り)

A，B に対して Q，R は 1 通りに定まり，Q を **商**，R を **余り** という。とくに，$R=0$ すなわち $A=BQ$ のとき，A は B で **割り切れる** という。

実際に多項式 A を多項式 B で割った商と余りを求めるには，A，B を降べきの順に整理してから計算を行うとよい。

教科書 $p.17$

A 多項式の割り算

練習 12 教 p.17

次の多項式 A, B について，A を B で割った商と余りを求めよ。

(1) $A=x^3-4x^2-5$, $B=x-3$

(2) $A=2x^3+5x^2-2x+4$, $B=x^2-x+2$

(3) $A=x^3-7x+6$, $B=x^2-3+2x$

指針 **多項式の割り算** 多項式 A を多項式 B で割るとき，次のことに注意する。

1 A, B を降べきの順に整理してから，割り算を行う。

2 余りが 0 になるか，余りの次数が割る式 B の次数より低くなるまで計算を続ける。

3 多項式 A に，ある次数の項がないときには，その項の場所を空けて計算するとよい。

解答 (1)

$$
\begin{array}{r}
x^2-x\quad-3 \\
x-3\,\big)\,x^3-4x^2\qquad\;-\;5 \\
x^3-3x^2\qquad\qquad\quad \\
\hline
-x^2\qquad\qquad\quad \\
-x^2+3x\qquad\quad \\
\hline
-3x-\;5 \\
-3x+\;9 \\
\hline
-14
\end{array}
$$

←割られる式に 1 次の項がないため，その場所を空けておく。

答 **商 x^2-x-3，余り -14**

(2)

$$
\begin{array}{r}
2x\;+7\qquad\qquad \\
x^2-x+2\,\big)\,2x^3+5x^2-2x+\;4 \\
2x^3-2x^2+4x\qquad \\
\hline
7x^2-6x+\;4 \\
7x^2-7x+14 \\
\hline
x-10
\end{array}
$$

答 **商 $2x+7$，余り $x-10$**

(3)

$$
\begin{array}{r}
x\;-2\qquad\qquad \\
x^2+2x-3\,\big)\,x^3\qquad\quad-7x+6 \\
x^3+2x^2-3x\qquad \\
\hline
-2x^2-4x+6 \\
-2x^2-4x+6 \\
\hline
0
\end{array}
$$

←割る式を降べきの順に整理する。
割られる式に 2 次の項がないため，その場所を空けておく。

答 **商 $x-2$，余り 0**

教 p.18

【?】 (例題 2) 問題文から，B の次数についてわかることは何だろうか。

指針 **多項式の割り算** 割る式の次数については，割られる式，商，余りの次数に着目する。

解説 次数について，割られる式が 3 次，商が 1 次であるから，B は 2 次である。また，余りが 1 次であるから，B の次数は 2 次以上である。

教 p.18

練習 13 多項式 x^3+4x^2+4x-2 を多項式 B で割ると，商が $x+3$，余りが $2x+1$ であるという。B を求めよ。

指針 **等式 $A=BQ+R$ の利用** $A=BQ+R$ にそれぞれの多項式を代入して整理する。

解答 この割り算について，次の等式が成り立つ。

$$x^3+4x^2+4x-2=B\times(x+3)+2x+1$$

←$A=x^3+4x^2+4x-2$
$Q=x+3$，$R=2x+1$

整理すると

$$x^3+4x^2+2x-3=B\times(x+3)$$

よって，x^3+4x^2+2x-3 は

$x+3$ で割り切れて，その商が B である。

右の計算により **$B=x^2+x-1$** 答

$$\begin{array}{r}
x^2+x\quad-1 \\
x+3\,\overline{)\,x^3+4x^2+2x-3} \\
\underline{x^3+3x^2\qquad\qquad} \\
x^2+2x\qquad \\
\underline{x^2+3x\qquad} \\
-x-3 \\
\underline{-x-3} \\
0
\end{array}$$

教 p.18

【?】 (応用例題 2) 余り $-4a^2$ は，x について何次式だろうか。

指針 **2 種類の文字を含む多項式の割り算** どの文字についての割り算であるかに着目する。

解説 x についての割り算であるから，$-4a^2$ は 0 次式である。

教 p.18

練習 14 $A=6x^2-11ax-10a^2$，$B=3x+2a$ を，x についての多項式とみて，A を B で割った商と余りを求めよ。

指針 **2 種類の文字を含む多項式の割り算** x についての多項式とみて割り算を行う。まず，多項式を x について降べきの順に整理し，a は数と同じように扱う。

解答

$$
\begin{array}{r}
2x \ -5a \\
3x+2a \,\big)\, \overline{6x^2-11ax-10a^2} \\
\underline{6x^2+\ \ 4ax\qquad\quad} \\
-15ax-10a^2 \\
\underline{-15ax-10a^2} \\
0
\end{array}
$$

← x についての多項式とみて，a は数と同じように扱う。

答　**商　$2x-5a$，余り　0**

4 分数式とその計算

まとめ

1　分数式の約分

$\dfrac{2}{x}$，$\dfrac{x+2}{x-3}$，$\dfrac{x^2+3x-2}{x+1}$ などのように，2つの多項式 A，B によって $\dfrac{A}{B}$ の形に表され，B に文字を含む式を，**分数式** という。

分数式 $\dfrac{A}{B}$ において，B をその **分母**，A をその **分子** という。

分数式では，次のように，分母と分子に0でない同じ多項式を掛けても，分母と分子をその共通因数で割っても，もとの式と等しい。

$$\frac{A}{B}=\frac{AC}{BC}\ \ (\text{ただし } C\neq 0),\qquad \frac{AD}{BD}=\frac{A}{B}$$

分数式の分母と分子をその共通因数で割ることを，分数式を **約分** するという。
約分して得られた分数式において，それ以上約分できない分数式を
既約分数式 という。

2　分数式の四則計算

分数式の四則計算は，分数の場合と同じように行う。

$$\frac{A}{B}\times\frac{C}{D}=\frac{AC}{BD},\qquad \frac{A}{B}\div\frac{C}{D}=\frac{A}{B}\times\frac{D}{C}=\frac{AD}{BC}$$

注意　分数式の計算では，結果は既約分数式または多項式の形にしておく。

分母が同じ分数式の加法，減法は，次のように行う。

$$\frac{A}{C}+\frac{B}{C}=\frac{A+B}{C},\qquad \frac{A}{C}-\frac{B}{C}=\frac{A-B}{C}$$

分母が異なる分数式の加法，減法では，各分数式の分母と分子に適当な多項式を掛けて，分母を同じ多項式にしてから計算する。2つ以上の分数式の分母を同じ多項式にすることを **通分** するという。

A 分数式の約分

練習 15 教 p.20

次の分数式を約分せよ。

(1) $\dfrac{15ab^4}{6a^3b^2}$　(2) $\dfrac{x^2-9}{x^2+7x+12}$　(3) $\dfrac{x^2-2x-3}{2x^2-7x+3}$

指針　**分数式の約分**　分数式の分母と分子をその共通因数で割る。

(2), (3)　まずそれぞれの分母と分子を因数分解する。

$a^2-b^2=(a+b)(a-b)$

$x^2+(a+b)x+ab=(x+a)(x+b)$

$acx^2+(ad+bc)x+bd=(ax+b)(cx+d)$

解答 (1) $\dfrac{15ab^4}{6a^3b^2}=\dfrac{5b^2\cdot 3ab^2}{2a^2\cdot 3ab^2}=\boldsymbol{\dfrac{5b^2}{2a^2}}$ 答

(2) $\dfrac{x^2-9}{x^2+7x+12}=\dfrac{(x+3)(x-3)}{(x+4)(x+3)}=\boldsymbol{\dfrac{x-3}{x+4}}$ 答

(3) $\dfrac{x^2-2x-3}{2x^2-7x+3}=\dfrac{(x+1)(x-3)}{(x-3)(2x-1)}=\boldsymbol{\dfrac{x+1}{2x-1}}$ 答

B 分数式の四則計算

練習 16 教 p.20

次の式を計算せよ。

(1) $\dfrac{2x}{2x+1}\times\dfrac{2x^2-3x-2}{x-2}$　(2) $\dfrac{x-2}{x^2+3x}\div\dfrac{x^2-2x}{x^2-9}$

指針　**分数式の乗法・除法**　分母や分子で因数分解できるものがあれば，まず因数分解をしておく。

(2)　除法は，割る分数式を逆数の形にして乗法に直す。

解答 (1) $\dfrac{2x}{2x+1}\times\dfrac{2x^2-3x-2}{x-2}=\dfrac{2x(x-2)(2x+1)}{(2x+1)(x-2)}$

$=\boldsymbol{2x}$ 答

(2) $\dfrac{x-2}{x^2+3x}\div\dfrac{x^2-2x}{x^2-9}=\dfrac{x-2}{x(x+3)}\times\dfrac{(x+3)(x-3)}{x(x-2)}$

$=\dfrac{(x-2)(x+3)(x-3)}{x^2(x+3)(x-2)}$

$=\boldsymbol{\dfrac{x-3}{x^2}}$ 答

教 p.21

練習 17

次の式を計算せよ。

(1) $\dfrac{2x}{x+3}+\dfrac{x+9}{x+3}$　　(2) $\dfrac{3x+1}{x-2}-\dfrac{2x-3}{x-2}$

(3) $\dfrac{2x^2}{x-1}-\dfrac{x+1}{x-1}$

指針　**分母が同じ分数式の加法・減法**　分数の場合と同じように計算する。
結果はそれ以上約分できない形にしておく。
(2), (3)の減法では，分子の整式をかっこに入れて符号のミスを防ぐ。

解答 (1) $\dfrac{2x}{x+3}+\dfrac{x+9}{x+3}=\dfrac{2x+(x+9)}{x+3}=\dfrac{3x+9}{x+3}$

$=\dfrac{3(x+3)}{x+3}=3$ 答

(2) $\dfrac{3x+1}{x-2}-\dfrac{2x-3}{x-2}=\dfrac{(3x+1)-(2x-3)}{x-2}$

$=\dfrac{x+4}{x-2}$ 答

(3) $\dfrac{2x^2}{x-1}-\dfrac{x+1}{x-1}=\dfrac{2x^2-(x+1)}{x-1}=\dfrac{2x^2-x-1}{x-1}$

$=\dfrac{(x-1)(2x+1)}{x-1}=2x+1$ 答

教 p.21

練習 18

次の式を計算せよ。

(1) $\dfrac{2}{x+1}+\dfrac{3}{x-2}$　　(2) $\dfrac{x}{x+1}+\dfrac{3x-1}{x^2-2x-3}$

(3) $\dfrac{4x}{x^2-4}-\dfrac{3x+4}{x^2+3x+2}$

指針　**分母が異なる分数式の加法・減法**　通分してから計算する。
(3)　分母がそれぞれ $x^2-4=(x+2)(x-2)$，$x^2+3x+2=(x+1)(x+2)$ と因数分解できるから，2 つの分数の分母は $(x+1)(x+2)(x-2)$ にそろえる。

解答 (1) $\dfrac{2}{x+1}+\dfrac{3}{x-2}=\dfrac{2(x-2)}{(x+1)(x-2)}+\dfrac{3(x+1)}{(x+1)(x-2)}$

$=\dfrac{2(x-2)+3(x+1)}{(x+1)(x-2)}$

$=\dfrac{5x-1}{(x+1)(x-2)}$ 答

(2) $\dfrac{x}{x+1}+\dfrac{3x-1}{x^2-2x-3}=\dfrac{x}{x+1}+\dfrac{3x-1}{(x+1)(x-3)}$

$=\dfrac{x(x-3)}{(x+1)(x-3)}+\dfrac{3x-1}{(x+1)(x-3)}$

$=\dfrac{(x^2-3x)+(3x-1)}{(x+1)(x-3)}=\dfrac{x^2-1}{(x+1)(x-3)}$

$=\dfrac{(x+1)(x-1)}{(x+1)(x-3)}=\boldsymbol{\dfrac{x-1}{x-3}}$ 答

(3) $\dfrac{4x}{x^2-4}-\dfrac{3x+4}{x^2+3x+2}=\dfrac{4x}{(x+2)(x-2)}-\dfrac{3x+4}{(x+1)(x+2)}$

$=\dfrac{4x(x+1)}{(x+1)(x+2)(x-2)}-\dfrac{(x-2)(3x+4)}{(x+1)(x+2)(x-2)}$

$=\dfrac{(4x^2+4x)-(3x^2-2x-8)}{(x+1)(x+2)(x-2)}$

$=\dfrac{x^2+6x+8}{(x+1)(x+2)(x-2)}$

$=\dfrac{(x+2)(x+4)}{(x+1)(x+2)(x-2)}=\boldsymbol{\dfrac{x+4}{(x+1)(x-2)}}$ 答

練習 19 教 p.22

次の式を，2 通りの方法で簡単にし，それらの方法を比較せよ。

$$\dfrac{1+\dfrac{3}{x-1}}{1+\dfrac{1}{x+1}}$$

指針 分母や分子に分数式を含む式の計算

A，B が分数式のとき，$\dfrac{A}{B}$ の計算方法は次の 2 通り考えられる。

[1] A と B をそれぞれ通分してから計算する

[2] A と B のそれぞれの分母をはらってから計算する

解答 (方法 1) $\dfrac{1+\dfrac{3}{x-1}}{1+\dfrac{1}{x+1}}=\dfrac{\dfrac{x+2}{x-1}}{\dfrac{x+2}{x+1}}=\dfrac{x+2}{x-1}\div\dfrac{x+2}{x+1}$

$=\dfrac{x+2}{x-1}\times\dfrac{x+1}{x+2}$

$=\boldsymbol{\dfrac{x+1}{x-1}}$ 答

(方法 2) $\dfrac{1+\dfrac{3}{x-1}}{1+\dfrac{1}{x+1}}=\dfrac{\left(1+\dfrac{3}{x-1}\right)\times(x+1)(x-1)}{\left(1+\dfrac{1}{x+1}\right)\times(x+1)(x-1)}$

$=\dfrac{(x+1)(x-1)+3(x+1)}{(x+1)(x-1)+(x-1)}$

$=\dfrac{(x+1)\{(x-1)+3\}}{(x-1)\{(x+1)+1\}}$

$=\dfrac{(x+1)(x+2)}{(x-1)(x+2)}$

$=\dfrac{\boldsymbol{x+1}}{\boldsymbol{x-1}}$ 答

方法 1 の方が，方法 2 に比べて計算量が少ない。 終

教 p.22

練習 20 $A=1+\dfrac{1}{x}$，$B=x-\dfrac{1}{x}$ のとき，$\dfrac{A}{B}$ を簡単にせよ。

指針 **分母や分子に分数式を含む式の計算** A，B が分数式のとき，$\dfrac{A}{B}$ の計算は $\dfrac{A}{B}=A\div B$ として，分数式の除法にして計算すればよい。

解答 $\dfrac{A}{B}=A\div B=\left(1+\dfrac{1}{x}\right)\div\left(x-\dfrac{1}{x}\right)=\dfrac{x+1}{x}\div\dfrac{x^2-1}{x}$

$=\dfrac{x+1}{x}\times\dfrac{x}{x^2-1}=\dfrac{x+1}{x}\times\dfrac{x}{(x+1)(x-1)}$

$=\dfrac{\boldsymbol{1}}{\boldsymbol{x-1}}$ 答

別解 $\dfrac{A}{B}$ の分母と分子に x を掛ける。

$\dfrac{A}{B}=\dfrac{1+\dfrac{1}{x}}{x-\dfrac{1}{x}}=\dfrac{\left(1+\dfrac{1}{x}\right)\times x}{\left(x-\dfrac{1}{x}\right)\times x}=\dfrac{x+1}{x^2-1}=\dfrac{x+1}{(x+1)(x-1)}$

$=\dfrac{\boldsymbol{1}}{\boldsymbol{x-1}}$ 答

5 恒等式

まとめ

1 恒等式

$(x-1)(x-2)=x^2-3x+2$ や $\dfrac{1}{x+1}+\dfrac{1}{x-1}=\dfrac{2x}{x^2-1}$ のように，文字を含む等式において，その両辺の値が存在する限り，含まれている文字にどのような値を代入しても等式が常に成り立つとき，その等式をそれらの文字についての**恒等式**という。

式変形によって導かれる等式は，恒等式である。

2 恒等式の性質

恒等式の両辺が x についての多項式のとき，各辺で同類項を整理すると，次のことが成り立つ。

恒等式の性質

P，Q を x についての多項式とする。

1 $P=Q$ が恒等式である

⇔ P と Q の次数は等しく，両辺の同じ次数の項の係数は，それぞれ等しい

2 $P=0$ が恒等式である

⇔ P の各項の係数はすべて 0 である

A 恒等式

練習 21 教 p.23

次の等式のうち，x についての恒等式はどれか。

① $(x+1)(x-1)=x^2-1$ ② $x(x-1)+x=2x$

③ $\dfrac{1}{x}+\dfrac{1}{x+1}=\dfrac{2}{2x+1}$ ④ $\dfrac{1}{x}-\dfrac{1}{x+2}=\dfrac{2}{x(x+2)}$

指針 **恒等式** 式変形によって導かれる等式は，恒等式である。それぞれの等式の左辺を変形して調べる。

解答 ① 左辺を展開すると右辺となるから，恒等式である。

② 左辺$=x^2-x+x=x^2$

右辺と同じ式にならないから，恒等式ではない。

③ 左辺$=\dfrac{x+1}{x(x+1)}+\dfrac{x}{x(x+1)}=\dfrac{2x+1}{x(x+1)}$

右辺と同じ式にならないから，恒等式ではない。

④　左辺$=\dfrac{x+2}{x(x+2)}-\dfrac{x}{x(x+2)}=\dfrac{2}{x(x+2)}$

右辺と同じ式となるから，恒等式である。

以上から，恒等式であるのは　①，④　答

注意　②から導かれる等式 $x^2=2x$ は，$x=0$ または $x=2$ を代入したときに限り成り立つ方程式である。③も，分母を払って整理すると方程式 $2x^2+2x+1=0$ であるが，実数の解はもたない(第 2 章で学習)。

なお，恒等式でないことを示すには，次のような方法もある。

②　$x=1$ とすると　左辺$=1$，右辺$=2$

この等式は成り立たないから，恒等式ではない。

B 恒等式の性質

教 p.24

練習 22　次の等式が恒等式になるように，□ に入る式を 1 つ答えよ。

$$x^2+2x+5=\square$$

指針　**恒等式の性質**　整理した式が左辺と一致する式を考える。

解答　式変形すると x^2+2x+5 となるものを考える。

(解答例 1)　$(x+1)^2+4$

(解答例 2)　$\dfrac{2x^2+4x+10}{2}$

(解答例 3)　$x(x+2)+5$　終

教 p.24

【?】　(例題 3)　等式の右辺を x について整理したのはなぜだろうか。

指針　**恒等式の性質**　教科書 24 ページの恒等式の性質 1 を利用する。

解説　左辺は x についての多項式であるから，両辺の同じ次数の項の係数を比較しやすくするため。

教 p.24

練習 23　等式 $2x^2-7x+8=(x-3)(ax+b)+c$ が x についての恒等式となるように，定数 a，b，c の値を定めよ。

指針　**恒等式の性質**　まず，右辺を x について降べきの順に整理する。恒等式であるとき，両辺の同じ次数の項の係数は，それぞれ等しい。

解答　等式の右辺を x について整理すると

$$2x^2-7x+8=ax^2+(-3a+b)x+(-3b+c)$$

両辺の同じ次数の項の係数を比較して

$$2=a,\quad -7=-3a+b,\quad 8=-3b+c$$

これを解いて　$\boldsymbol{a=2,\ b=-1,\ c=5}$　答

教 p.25

【?】

（例題 4）　等式の右辺を通分すると，どのようにして解くことができるだろうか。

指針　**分数式の恒等式**　問いに従って，右辺を通分する。

解説　右辺を通分すると

$$\frac{x+3}{(x+1)(x+2)}=\frac{a(x+2)+b(x+1)}{(x+1)(x+2)}$$

この等式が x についての恒等式であるとき，両辺の分子は恒等的に等しくなるから，$x+3=a(x+2)+b(x+1)$ が恒等式となり，この両辺の次数の項の係数を比較して解くことができる。

教 p.25

練習 24

等式 $\dfrac{1}{x(x+1)}=\dfrac{a}{x}+\dfrac{b}{x+1}$ が x についての恒等式となるように，定数 a，b の値を定めよ。

指針　**分数式の恒等式**　分数式の恒等式では，分母をはらって得られる等式もまた恒等式である。このことを利用する。

解答　等式の両辺に $x(x+1)$ を掛けて得られる等式

$$1=a(x+1)+bx$$

が恒等式であればよい。

右辺を x について整理すると

$$1=(a+b)x+a$$

← 左辺 $=0\cdot x+1$

両辺の同じ次数の項の係数を比較して

$$0=a+b,\quad 1=a$$

これを解いて　$\boldsymbol{a=1,\ b=-1}$　答

教科書 $p.25$

研究 代入による恒等式の係数決定

まとめ

数値代入法

x についての恒等式では，両辺の値が存在する限り，x にどのような値を代入してもその等式は成り立つ。このことを用いて，恒等式の係数を定める方法を数値代入法という。

係数比較法

教科書 $p.24$ のように，両辺の同じ次数の項の係数を比較して，恒等式の係数を定める方法を係数比較法という。

教 p.25

【？】 「逆に,」から始まる 1 文が解答に必要な理由を説明してみよう。

指針 **数値代入法** すべての x について，等式が成り立つ式が x についての恒等式である。

解説 $a=1$，$b=-4$，$c=5$ は，与えられた等式が $x=-2$，-1，0 で成り立つとして求めた値であり，他のすべての x の値についても成り立つことは示していないから。

教 p.25

練習 1 等式 $x+2=ax(x-1)+b(x-1)(x-2)+c(x-2)x$ が x についての恒等式となるように，定数 a，b，c の値を定めよ。

指針 **数値代入法** 等式の両辺に，たとえば $x=0$，$x=1$，$x=2$ をそれぞれ代入すると，a，b，c の 1 次方程式ができるから，それを解いて a，b，c の値を定める。

解答 等式の両辺の x に 0，1，2 を代入すると

$$2=2b,\quad 3=-c,\quad 4=2a$$

これを解くと　$a=2$，　$b=1$，　$c=-3$

逆に，これらの値を右辺に代入し整理すると左辺と一致し，与えられた等式は x についての恒等式である。

よって　$\boldsymbol{a=2,\ b=1,\ c=-3}$ 答

注意 「逆に」以降の 2 行は，次のように書いてもよい。

逆に，これらの値に対して，x の 2 次の等式が x の異なる 3 個の値に対して成り立つことを示すから，この等式は恒等式である。

第1章 第1節　問題

教 p.26

1　次の式を展開せよ。

(1)　$(2x-3y)^3$　　(2)　$(a+b)^2(a^2-ab+b^2)^2$

指針　**展開の公式の利用**

(1)　展開の公式1　$(a-b)^3=a^3-3a^2b+3ab^2-b^3$ を利用する。
$2x$ をまとめて a，$3y$ をまとめて b とみることに注意。

(2)　展開の公式2　$(a+b)(a^2-ab+b^2)=a^3+b^3$ を利用する。
$(a+b)^2(a^2-ab+b^2)^2=\{(a+b)(a^2-ab+b^2)\}^2$ と考えることに注意。

解答　(1)　$(2x-3y)^3=(2x)^3-3\cdot(2x)^2\cdot3y+3\cdot2x\cdot(3y)^2-(3y)^3$
$=\boldsymbol{8x^3-36x^2y+54xy^2-27y^3}$　答

(2)　$(a+b)^2(a^2-ab+b^2)^2=\{(a+b)(a^2-ab+b^2)\}^2$
$=(a^3+b^3)^2$
$=(a^3)^2+2a^3\cdot b^3+(b^3)^2$
$=\boldsymbol{a^6+2a^3b^3+b^6}$　答

教 p.26

2　次の式を因数分解せよ。

(1)　$8a^3+b^3$　　(2)　$(x+y)^3-1$　　(3)　a^6-19a^3-216

指針　**3次式の因数分解**　展開の公式を逆にした因数分解の公式
$a^3+b^3=(a+b)(a^2-ab+b^2)$，$a^3-b^3=(a-b)(a^2+ab+b^2)$ を利用する。
(1)は $8a^3=(2a)^3$ から $2a$ を，(2)は $x+y$ を1つの文字と考える。
(3)は a^3 についての2次式とみて，まず因数分解する。

解答　(1)　$8a^3+b^3=(2a)^3+b^3=(2a+b)\{(2a)^2-2a\cdot b+b^2\}$
$=\boldsymbol{(2a+b)(4a^2-2ab+b^2)}$　答

(2)　$(x+y)^3-1=(x+y)^3-1^3$
$=\{(x+y)-1\}\{(x+y)^2+(x+y)\cdot1+1^2\}$
$=\boldsymbol{(x+y-1)(x^2+2xy+y^2+x+y+1)}$　答

(3)　$a^6-19a^3-216=(a^3)^2-19a^3-216$
$=(a^3+8)(a^3-27)$
$=(a+2)(a^2-2a+4)(a-3)(a^2+3a+9)$
$=\boldsymbol{(a+2)(a-3)(a^2-2a+4)(a^2+3a+9)}$　答

教 p.26

3 次の式の展開式において，[ ]内に指定された項の係数を求めよ。

(1) $(3x^2+2)^6$ $[x^2]$　　(2) $(x-2y+3z)^5$ $[xy^2z^2]$

指針 **二項定理の利用**

(1) $(a+b)^n$ の展開式の一般項 ${}_nC_r a^{n-r}b^r$ を使って，指定された項の係数を計算する。

(2) $\{(a+b)+c\}^n$ として二項定理を 2 回使う。

解答 (1) $(3x^2+2)^6$ の展開式の一般項は

$${}_6C_r(3x^2)^{6-r}\cdot 2^r={}_6C_r 3^{6-r}\cdot 2^r\cdot x^{2(6-r)}$$

$2(6-r)=2$ とすると　$r=5$

よって，求める係数は　${}_6C_5\times 3\times 2^5=6\times 3\times 32=\mathbf{576}$ 答

(2) $(x-2y+3z)^5$ の展開式において，z^2 を含む項は

$${}_5C_2(x-2y)^3(3z)^2={}_5C_2 3^2(x-2y)^3z^2$$

$(x-2y)^3$ の展開式において，xy^2 の項は

$${}_3C_2 x\cdot(-2y)^2={}_3C_2(-2)^2xy^2$$

よって，求める係数は

$${}_5C_2\times 3^2\times {}_3C_2(-2)^2=10\times 9\times 3\times 4=\mathbf{1080}$$ 答

別解 (2) $(a+b+c)^n$ の展開公式における $a^pb^qc^r$（ただし $p+q+r=n$）の係数は

$$\frac{n\,!}{p\,!\,q\,!\,r\,!}$$

よって，$(x-2y+3z)^5$ の xy^2z^2 の項の係数は

$$\frac{5\,!}{1\,!\,2\,!\,2\,!}\cdot(-2)^2\cdot 3^2=30\times 4\times 9=\mathbf{1080}$$ 答

教 p.26

4 次の条件を満たす多項式 A，B を求めよ。

(1) A を $x+2$ で割ると，商が x^2-x-3，余りが 5

(2) $2x^3+5x^2-6x+3$ を B で割ると，商が $2x-1$，余りが $x+1$

指針 **多項式の割り算**　割り算に関する等式 $A=BQ+R$ にあてはめ，式を変形して多項式 A，B を求める。(2)では最後に多項式の割り算をすることに注意。

解答 (1) この割り算について，次の等式が成り立つ。

$$A=(x+2)(x^2-x-3)+5$$

整理すると

$$A=(x^3+x^2-5x-6)+5$$
$$=\mathbf{x^3+x^2-5x-1}$$ 答

$$\begin{array}{rrrr} & & x & +2 \\ \times) & x^2 & -x & -3 \\ \hline x^3 & +2x^2 & & \\ & -x^2 & -2x & \\ & & -3x & -6 \\ \hline x^3 & +x^2 & -5x & -6 \end{array}$$

(2) この割り算について，次の等式が成り立つ。

$$2x^3+5x^2-6x+3=B\times(2x-1)+x+1$$

整理すると

$$2x^3+5x^2-7x+2=B\times(2x-1)$$

よって，$2x^3+5x^2-7x+2$ は $2x-1$ で割り切れて，その商が B である。

右の計算により　$\boldsymbol{B=x^2+3x-2}$　答

$$\begin{array}{r|l} & x^2+3x-2 \\ \hline 2x-1 & 2x^3+5x^2-7x+2 \\ & 2x^3-\ x^2 \\ \hline & \quad 6x^2-7x \\ & \quad 6x^2-3x \\ \hline & \qquad -4x+2 \\ & \qquad -4x+2 \\ \hline & \qquad\qquad 0 \end{array}$$

教 p.26

5 次の式を計算せよ。

$$\frac{1}{x(x+1)}+\frac{1}{(x+1)(x+2)}+\frac{1}{(x+2)(x+3)}$$

指針 **分数式の加法**　分母が異なるから通分を考える。3 つの分数式を同時に通分してもよいが，計算が大変になる。まず 2 つの分数式を通分して和を求めるとよい。

解答
$$\frac{1}{x(x+1)}+\frac{1}{(x+1)(x+2)}=\frac{x+2}{x(x+1)(x+2)}+\frac{x}{x(x+1)(x+2)}$$
$$=\frac{2x+2}{x(x+1)(x+2)}=\frac{2(x+1)}{x(x+1)(x+2)}$$
$$=\frac{2}{x(x+2)}$$

よって

$$\frac{1}{x(x+1)}+\frac{1}{(x+1)(x+2)}+\frac{1}{(x+2)(x+3)}=\frac{2}{x(x+2)}+\frac{1}{(x+2)(x+3)}$$
$$=\frac{2(x+3)}{x(x+2)(x+3)}+\frac{x}{x(x+2)(x+3)}$$
$$=\frac{3x+6}{x(x+2)(x+3)}=\frac{3(x+2)}{x(x+2)(x+3)}$$
$$=\boldsymbol{\frac{3}{x(x+3)}}$$　答

別解 式の特徴に着目し，次のようにして計算してもよい。

$$\frac{1}{x(x+1)}=\frac{1}{x}-\frac{1}{x+1}$$
$$\frac{1}{(x+1)(x+2)}=\frac{1}{x+1}-\frac{1}{x+2}$$
$$\frac{1}{(x+2)(x+3)}=\frac{1}{x+2}-\frac{1}{x+3}$$

よって

$$\frac{1}{x(x+1)}+\frac{1}{(x+1)(x+2)}+\frac{1}{(x+2)(x+3)}$$
$$=\left(\frac{1}{x}-\frac{1}{x+1}\right)+\left(\frac{1}{x+1}-\frac{1}{x+2}\right)+\left(\frac{1}{x+2}-\frac{1}{x+3}\right)$$
$$=\frac{1}{x}-\frac{1}{x+3}=\frac{x+3}{x(x+3)}-\frac{x}{x(x+3)}$$
$$=\boldsymbol{\frac{3}{x(x+3)}}$$ 答

教 p.26

6 $A=x^2-\dfrac{1}{x}$，$B=x+1+\dfrac{1}{x}$ のとき，$\dfrac{A}{B}$ を簡単にせよ。

指針 **分母や分子に分数式を含む式** A，B が分数式であるとき，$\dfrac{A}{B}$ の計算は，

$\dfrac{A}{B}=A\div B$ として，分数式の除法にして計算すればよい。

または $\dfrac{A}{B}=\dfrac{AC}{BC}$ を利用して，$\dfrac{A}{B}$ の分母と分子に同じ式 C を掛けて式を簡単にしてもよい。

解答
$$\frac{A}{B}=\frac{x^2-\frac{1}{x}}{x+1+\frac{1}{x}}=\left(x^2-\frac{1}{x}\right)\div\left(x+1+\frac{1}{x}\right)$$
$$=\frac{x^3-1}{x}\div\frac{x(x+1)+1}{x}=\frac{(x-1)(x^2+x+1)}{x}\div\frac{x^2+x+1}{x}$$
$$=\frac{(x-1)(x^2+x+1)}{x}\times\frac{x}{x^2+x+1}$$
$$=\boldsymbol{x-1}$$ 答

別解 $\dfrac{A}{B}$ の分母と分子に x を掛ける。

$$\frac{A}{B}=\frac{x^2-\frac{1}{x}}{x+1+\frac{1}{x}}=\frac{\left(x^2-\frac{1}{x}\right)\times x}{\left(x+1+\frac{1}{x}\right)\times x}$$
$$=\frac{x^3-1}{x^2+x+1}=\frac{(x-1)(x^2+x+1)}{x^2+x+1}$$
$$=\boldsymbol{x-1}$$ 答

教 p.26

7 次の等式が x についての恒等式となるように，定数 a, b, c, d の値を定めよ。

(1) $(x+1)a+(2x-1)b+2x+5=0$

(2) $x^3=ax(x-1)(x-2)+bx(x-1)+cx+d$

指針 **恒等式の性質** 恒等式の係数を決定するには，両辺の同じ次数の項の係数を比較する係数比較法と，両辺の文字に適当な値を代入して係数を定める数値代入法がある。

どちらの方法でも解くことはできるが，与えられた等式の形を見て判断するとよい。ただし，教科書では係数比較法が本文にあるから，解答は係数比較法で解くことにする。

解答 (1) 左辺を x について整理すると

$$(a+2b+2)x+(a-b+5)=0$$

この等式が x についての恒等式であるから

$$a+2b+2=0, \qquad a-b+5=0$$

これを解いて　$\boldsymbol{a=-4,\ b=1}$ 答

(2) 等式の右辺を x について整理すると

$$x^3=ax^3+(-3a+b)x^2+(2a-b+c)x+d$$

これが x についての恒等式であるから，両辺の同じ次数の項の係数を比較して

$$1=a, \qquad 0=-3a+b, \qquad 0=2a-b+c, \qquad 0=d$$

これを解いて　$\boldsymbol{a=1,\ b=3,\ c=1,\ d=0}$ 答

別解 (2)は等式の形から，数値代入法で解いてもよい。

(2) 等式の両辺の x に 0，1，2，3 をそれぞれ代入すると，順に

$$0=d, \qquad 1=c+d, \qquad 8=2b+2c+d, \qquad 27=6a+6b+3c+d$$

これを解いて　$a=1,\ b=3,\ c=1,\ d=0$

逆に，これらの値を右辺に代入し整理すると左辺と一致し，与えられた等式は x についての恒等式である。

したがって　$\boldsymbol{a=1,\ b=3,\ c=1,\ d=0}$ 答

教 p.26

8 x についての多項式 $A=ax^3+bx^2+2x+1$ を x^2+x+2 で割ったときの余りが $3x+11$ となるように，定数 a，b の値を定めよ。また，そのときの商を求めよ。

指針 **多項式の割り算に関する等式 $A=BQ+R$** 多項式 A を多項式 B で割ると商が Q，余りが R であるとき，$A=BQ+R$ が成り立つ。この式にあてはめて，x についての恒等式とみて，両辺の同じ次数の項の係数を比較する。

解答 多項式 A を 2 次式 x^2+x+2 で割った商を $cx+d$ (c，d は定数) とおくと

$$ax^3+bx^2+2x+1=(x^2+x+2)(cx+d)+3x+11$$

右辺を x について整理すると

$$ax^3+bx^2+2x+1=cx^3+(c+d)x^2+(2c+d+3)x+(2d+11)$$

両辺の同じ次数の項の係数を比較して

$$a=c,\quad b=c+d,\quad 2=2c+d+3,\quad 1=2d+11$$

これを解くと

$$a=2,\ b=-3,\ c=2,\ d=-5$$

したがって　**$a=2$，$b=-3$，商 $2x-5$** 答

別解 右の計算により，

A を x^2+x+2 で割ると

商　$ax+b-a$

余り　$(2-a-b)x+(1+2a-2b)$

$$\begin{array}{r|l} & ax\ +b-a \\ \hline x^2+x+2 & ax^3+bx^2+2x\qquad +1 \\ & ax^3+ax^2+2ax \\ \hline & (b-a)x^2+(2-2a)x+1 \\ & (b-a)x^2+\ (b-a)x+2(b-a) \\ \hline & (2-a-b)x+(1+2a-2b) \end{array}$$

よって，余りについて次の恒等式が成り立つ。

$$3x+11=(2-a-b)x+(1+2a-2b)$$

したがって

$$3=2-a-b,\ 11=1+2a-2b$$

これを解いて

$a=2$，$b=-3$ 答

また，そのときの商は　**$2x-5$** 答

第2節 等式・不等式の証明

6 等式の証明

まとめ

1 恒等式の証明

恒等式 $A=B$ を証明するとき，次の方法がよく用いられる。

$A=B$ の証明

1 A か B の一方を変形して，他方を導く。

2 A と B の両方を変形して，同じ式を導く。

3 $A-B$ を変形して，0 になることを示す。　←$A-B=0$ を示す。

2 条件つきの等式の証明

条件が等式で表される場合，条件の式を用いて文字を消去するとよい。

$a:b$ の比の値は $\dfrac{a}{b}$ であるから，等式 $\dfrac{a}{b}=\dfrac{c}{d}$ は $a:b=c:d$ と同じである。このような比や比の値が等しいことを表す式を **比例式** という。

A 恒等式の証明

教 p.28

【?】 (例題 5)　(1)，(2)は，それぞれ前ページの 1 ～ 3 のうちどの方法で証明しているだろうか。

指針 **恒等式の証明**　例題 5 の証明の方法を確認する。

解説 (1)　右辺を変形して，左辺を導いているから　1

(2)　左辺と右辺の両方を変形して，同じ式を導いているから　2

教 p.28

練習 25 教科書 $p.28$ 例題 5 (1)の $a^3+b^3=(a+b)^3-3ab(a+b)$ の証明を次のように書いた。しかし，この証明は不適切である。その理由を説明せよ。

> $a^3+b^3=(a+b)^3-3ab(a+b)$ から
>
> $$a^3+b^3=(a^3+3a^2b+3ab^2+b^3)-3a^2b-3ab^2$$
>
> よって　$a^3+b^3=a^3+b^3$
>
> したがって，$a^3+b^3=(a+b)^3-3ab(a+b)$ が成り立つ。 終

指針 **恒等式の証明** 恒等式 $A=B$ の証明は，次の方法がよく用いられる。

1 A か B の一方を変形して，他方を導く。

2 A と B の両方を変形して，同じ式を導く。

3 $A-B$ を変形して，0 になることを示す。

解答 $a^3+b^3=(a+b)^3-3ab(a+b)$ を証明するのに，
$a^3+b^3=(a+b)^3-3ab(a+b)$ を用いて証明している。 終

教 p.28

練習 26

次の等式を証明せよ。

(1) $a^4+a^2+1=(a^2+a+1)(a^2-a+1)$

(2) $(1+x)^3=1+x+x(1+x)+x(1+x)^2$

指針 **恒等式の証明** 恒等式 $A=B$ の証明は，両辺の式を比べ，複雑な方の辺を変形して簡単な方の辺へと導くのが一般的である(方法 **1**)。
どちらともいえない場合は，方法 **2** または方法 **3** を用いる。
(1)は方法 **1**，(2)は方法 **2** を使うのがよい。

解答 (1) 右辺 $=\{(a^2+1)+a\}\{(a^2+1)-a\}=(a^2+1)^2-a^2$

$=a^4+2a^2+1-a^2=a^4+a^2+1=$ 左辺

よって $a^4+a^2+1=(a^2+a+1)(a^2-a+1)$ 終

(2) 左辺 $=1+3x+3x^2+x^3$ ← $(a+b)^3=a^3+3a^2b+3ab^2+b^3$

右辺 $=1+x+x+x^2+x(1+2x+x^2)$

$=1+2x+x^2+x+2x^2+x^3=1+3x+3x^2+x^3$

よって $(1+x)^3=1+x+x(1+x)+x(1+x)^2$ 終

別解 (2) 右辺 $=(1+x)+x(1+x)+x(1+x)^2$

$=(1+x)\{1+x+x(1+x)\}$ ←因数分解

$=(1+x)(1+2x+x^2)$

$=(1+x)(1+x)^2=(1+x)^3=$ 左辺

よって $(1+x)^3=1+x+x(1+x)+x(1+x)^2$ 終

B 条件つきの等式の証明

教 p.29

【？】

(例題 6) どの文字を消去して証明しただろうか。また，別の文字を消去すると，どのように証明できるだろうか。

指針 **条件つきの等式の証明** $c=-(a+b)$ として，c に $-(a+b)$ を代入していることに着目する。

解説 c に $-(a+b)$ を代入しているから，消去した文字は　c

（a を消去する）

$a+b+c=0$ から　　$a=-(b+c)$

左辺－右辺

$=a^3+b^3+c^3-3abc$

$=-(b+c)^3+b^3+c^3+3(b+c)bc$

$=-(b^3+3b^2c+3bc^2+c^3)+b^3+c^3+3b^2c+3bc^2=0$

よって　　$a^3+b^3+c^3=3abc$

（b を消去する）

$a+b+c=0$ から　　$b=-(c+a)$

左辺－右辺

$=a^3+b^3+c^3-3abc$

$=a^3-(c+a)^3+c^3+3a(c+a)c$

$=a^3-(c^3+3c^2a+3ca^2+a^3)+c^3+3ac^2+3a^2c=0$

よって　　$a^3+b^3+c^3=3abc$

練習 27 教 p.29

$a+b+c=0$ のとき，次の等式を証明せよ。

$$a^2+ca=b^2+bc$$

指針 **条件つきの等式の証明**　両辺の差をとり，c に $-(a+b)$ を代入して，0 となることを示す。

解答 $a+b+c=0$ より，$c=-(a+b)$ であるから

左辺－右辺

$=a^2+ca-(b^2+bc)$

$=a^2-(a+b)a-\{b^2-b(a+b)\}$　　← c を $-(a+b)$ におき換える。

$=a^2-(a^2+ab)-b^2+(ab+b^2)$

$=0$

よって　　$a^2+ca=b^2+bc$　終

別解 $a+c=-b$，$b+c=-a$ であるから

左辺$=a^2+ca=a(a+c)=-ab$

右辺$=b^2+bc=b(b+c)=-ab$

よって　　$a^2+ca=b^2+bc$　終

教 p.29

練習 28

$a+b+c=0$ のとき，次の等式を証明しよう。

$$ab(a+b)+bc(b+c)+ca(c+a)+3abc=0$$

(1) 教科書 $p.29$ 例題 6 と同じように文字を消去して証明せよ。

(2) $a+b+c=0$ から $a+b=-c$ である。このような変形を利用して証明せよ。

指針 **条件つきの等式の証明**

(1) $a+b+c=0$ より，$c=-(a+b)$ であるから，c を $-(a+b)$ におき換える。

(2) $a+b+c=0$ より，$a+b=-c$，$b+c=-a$，$c+a=-b$

解答 (1) $a+b+c=0$ より，$c=-(a+b)$ であるから

$$\begin{aligned}左辺&=ab(a+b)+bc(b+c)+ca(c+a)+3abc\\&=ab(a+b)-b(a+b)\{b-(a+b)\}\\&\quad -(a+b)a\{-(a+b)+a\}-3ab(a+b)\\&=ab(a+b)+ab(a+b)+ab(a+b)-3ab(a+b)=0\end{aligned}$$

よって　$ab(a+b)+bc(b+c)+ca(c+a)+3abc=0$ 終

(2) $a+b+c=0$ より，$a+b=-c$，$b+c=-a$，$c+a=-b$ であるから

$$\begin{aligned}左辺&=ab(a+b)+bc(b+c)+ca(c+a)+3abc\\&=-abc-abc-abc+3abc=0\end{aligned}$$

よって　$ab(a+b)+bc(b+c)+ca(c+a)+3abc=0$ 終

教 p.30

【?】

(応用例題 3)　前ページ例題 6 では，条件の式を用いて文字 c を消去し，3 文字の等式を a，b の 2 文字の等式として証明した。教科書 $p.30$ 応用例題 3 では，条件式を用いることで文字の数がどのようになっただろうか。

指針 **条件が比例式の等式の証明**　文字 k を使って，文字 a，c を消去していることに着目する。

解説 文字 k を追加して，a，c の 2 文字を消去しているから，結果として 1 文字減った。

練習 29 教 p.30

$\dfrac{a}{b}=\dfrac{c}{d}$ のとき，次の等式を証明せよ。

(1) $\dfrac{a+c}{b+d}=\dfrac{2a-3c}{2b-3d}$　　(2) $\dfrac{a^2+c^2}{b^2+d^2}=\dfrac{a^2}{b^2}$

指針 **条件式が比例式の等式の証明**　$\dfrac{a}{b}=\dfrac{c}{d}=k$ とおくと，$\dfrac{a}{b}=k$，$\dfrac{c}{d}=k$ である。よって，a は b と k で，c は d と k で表されるから，それらを等式の各辺に代入してみる。

解答 $\dfrac{a}{b}=\dfrac{c}{d}=k$ とおくと　$a=bk$，$c=dk$

(1)
$$\frac{a+c}{b+d}=\frac{bk+dk}{b+d}=\frac{k(b+d)}{b+d}=k$$
$$\frac{2a-3c}{2b-3d}=\frac{2bk-3dk}{2b-3d}=\frac{k(2b-3d)}{2b-3d}=k$$
よって　$\dfrac{a+c}{b+d}=\dfrac{2a-3c}{2b-3d}$　終

(2)
$$\frac{a^2+c^2}{b^2+d^2}=\frac{b^2k^2+d^2k^2}{b^2+d^2}=\frac{k^2(b^2+d^2)}{b^2+d^2}=k^2$$
$$\frac{a^2}{b^2}=\frac{b^2k^2}{b^2}=k^2$$
よって　$\dfrac{a^2+c^2}{b^2+d^2}=\dfrac{a^2}{b^2}$　終

7 不等式の証明

まとめ

1 実数の大小関係

不等式では，とくに断らない限り，文字は実数を表すものとする。

2 つの実数 a，b については，

$$a>b, \quad a=b, \quad a<b$$

のうち，どれか 1 つの関係だけが成り立つ。

実数の大小関係について，次のことが成り立つ。

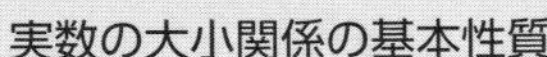

実数の大小関係の基本性質

1 $a>b,\ b>c \Rightarrow a>c$

2 $a>b \Rightarrow a+c>b+c,\quad a-c>b-c$

3 $a>b,\ c>0 \Rightarrow ac>bc,\quad \dfrac{a}{c}>\dfrac{b}{c}$

4 $a>b,\ c<0 \Rightarrow ac<bc,\quad \dfrac{a}{c}<\dfrac{b}{c}$

この基本性質から，2 つの実数の和や積について次のことが成り立つ。

$a>0,\ b>0 \Rightarrow a+b>0 \qquad a>0,\ b>0 \Rightarrow ab>0$

$a<0,\ b<0 \Rightarrow a+b<0 \qquad a<0,\ b<0 \Rightarrow ab>0$

また，実数 a，b の大小関係と差 $a-b$ について，次のことが成り立つ。

1 $a>b \Leftrightarrow a-b>0$

2 $a<b \Leftrightarrow a-b<0$

1 から，次のことがいえる。

不等式 $A>B$ を証明するとき，$A-B>0$ であることを示してもよい。

2 実数の平方

実数の平方について，次の性質が成り立つ。

実数 a について　　$a^2 \geqq 0$

等号が成り立つのは，$a=0$ のときである。

このことから，実数 a，b について，$a^2+b^2 \geqq 0$ が成り立つことがわかる。

等号が成り立つのは，$a=b=0$ のときである。

3 平方の大小関係

次のことが成り立つ。

$a>0$，$b>0$ のとき

$a^2>b^2 \Leftrightarrow a>b$

$a^2 \geqq b^2 \Leftrightarrow a \geqq b$

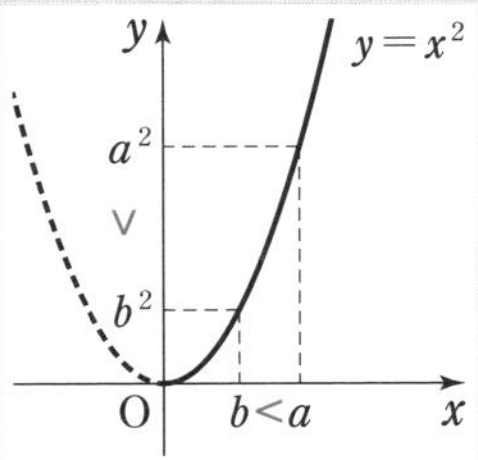

注意　このことは，$a \geqq 0$，$b \geqq 0$ のときにも成り立つ。

4　絶対値を含む不等式の証明

実数 a の絶対値 $|a|$ は次のようになる。

$a\geqq0$ のとき　$|a|=a$,　　$a<0$ のとき　$|a|=-a$

また，実数の絶対値には次のような性質がある。

$|a|\geqq0$,　$|a|\geqq a$,　$|a|\geqq-a$,　$|a|^2=a^2$,　$|ab|=|a||b|$

5　相加平均と相乗平均

2つの実数 a, b について，$\dfrac{a+b}{2}$ を a と b の **相加平均** という。

また，$a>0$, $b>0$ のとき，$\sqrt{ab}$ を a と b の **相乗平均** という。

相加平均と相乗平均について，次のことがいえる。

相加平均と相乗平均の大小関係

$a>0$, $b>0$ のとき

$$\frac{a+b}{2}\geqq\sqrt{ab}\quad\cdots\cdots Ⓐ$$

等号が成り立つのは，$a=b$ のときである。

不等式Ⓐは $a+b\geqq2\sqrt{ab}$ の形で使うことが多い。

注意　このことは，$a\geqq0$, $b\geqq0$ のときにも成り立つ。

A 実数の大小関係

練習 30　教 p.32

教科書 $p.32$ 例 13 の証明において，教科書 $p.32$ の基本性質をどこで用いているか。また，それぞれ 1 ～ 4 の基本性質のどれを用いているか。

指針　**実数の大小関係と不等式の証明**　どの基本性質を用いているかを，よく確認する。

解答　「$a>b$ であるから　　$a+c>b+c$」で基本性質 2 を用いている。

「$c>d$ であるから　　$c+b>d+b$」で基本性質 2 を用いている。

「$a+c>b+c$, $c+b>d+b$ より　　$a+c>b+d$」で基本性質 1 を用いている。 終

練習 31　教 p.32

教科書 $p.32$ の基本性質を用いて，次のことが成り立つことを証明せよ。

$$a>0,\ b>0 \Longrightarrow a+b>0$$

指針　**実数の大小関係と不等式の証明**　基本性質を 1 回だけ用いても証明できないから，複数回用いることを考える。

解答　$a>0$ であるから，基本性質 **2** を用いると

$$a+b>0+b$$

よって　　$a+b>b$　……①

①，$b>0$ より，基本性質 **1** を用いると　　$a+b>0$　終

教 p.33

【?】

（例題 7）　$(xy+1)-(x+y)$ を $(x-1)(y-1)$ と変形したのはなぜだろうか。

指針　**実数の大小関係と不等式の証明**　不等式の証明では，差をとってからどのように変形すればよいかを考える。

解説　$(xy+1)-(x+y)=xy-x-y+1$ のままでは，この式が正であることを示せない。
$a>0$，$b>0 \Longrightarrow ab>0$ の性質を使えるように変形する。

教 p.33

練習 32

(1)　$x>y$ のとき，次の不等式を証明せよ。

$$3x-4y>x-2y$$

(2)　$x>2$，$y>3$ のとき，次の不等式を証明せよ。

$$xy+6>3x+2y$$

指針　**実数の大小関係と不等式の証明**

(1)　不等式 $A>B$ を証明するためには，$A-B$ を変形した式の値が正であることを示せばよい。

$$x>y \iff x-y>0$$

$$3x-4y>x-2y \iff (3x-4y)-(x-2y)>0$$

であるから

$x-y>0$ のとき　$(3x-4y)-(x-2y)>0$

を示せばよい。

(2)

$$x>2,\ y>3 \iff x-2>0,\ y-3>0$$

$$xy+6>3x+2y \iff (xy+6)-(3x+2y)>0$$

であるから

$x-2>0$，$y-3>0$ のとき　$(xy+6)-(3x+2y)>0$

を示せばよい。

$(xy+6)-(3x+2y)$ を x について整理して因数分解する。

解答 (1) $(3x-4y)-(x-2y)=2x-2y=2(x-y)$

$x>y$ のとき，$2(x-y)>0$ であるから

$$(3x-4y)-(x-2y)>0$$

したがって　$3x-4y>x-2y$ 終

(2) $(xy+6)-(3x+2y)=xy-3x-2y+6$

$=(y-3)x-2(y-3)$

$=(x-2)(y-3)$

←x について整理すると，共通因数 $y-3$ がみつかる。

$x>2$，$y>3$ より

$$x-2>0,\ y-3>0$$

であるから　$(x-2)(y-3)>0$

←$a>0$，$b>0$ $\Leftrightarrow$ $a+b>0$，$ab>0$

よって　$(xy+6)-(3x+2y)>0$

したがって　$xy+6>3x+2y$ 終

B 実数の平方

【?】 教 p.34

（例題 8）　$(x^2+5y^2)-4xy$ を $(x-2y)^2+y^2$ と変形したのはなぜだろうか。

指針 **実数の大小関係と不等式の証明**　不等式の証明では，どのように変形すればよいかを考える。

解説 $(x^2+5y^2)-4xy=x^2-4xy+5y^2$ のままでは，この式が 0 以上であることを示せない。実数 a，b について，$a^2+b^2\geqq0$ が成り立つことを利用できるように変形する。

練習 33 教 p.34

次の不等式を証明せよ。また，等号が成り立つときを調べよ。

(1) $(a+b)^2\geqq4ab$　　(2) $2x^2+9y^2\geqq6xy$

(3) $a^2-ab+b^2\geqq0$

指針 **実数の平方と不等式の証明**　(1)，(2)は，左辺－右辺≧0 を示す。
(1)は A^2 の形を導く。(2)，(3)は A^2+B^2 の形を導く。
$A^2+B^2\geqq0$ であり，$A=B=0$ のときに等号が成り立つ。

解答 (1) $(a+b)^2-4ab=(a^2+2ab+b^2)-4ab=a^2-2ab+b^2$
$=(a-b)^2\geqq 0$

よって　$(a+b)^2\geqq 4ab$

等号が成り立つのは，$a-b=0$ すなわち $a=b$ のときである。 終

(2) $2x^2+9y^2-6xy=x^2+(x^2-6xy+9y^2)$
$=x^2+(x-3y)^2\geqq 0$　　←$x^2\geqq 0$，$(x-3y)^2\geqq 0$

よって　$2x^2+9y^2\geqq 6xy$

等号が成り立つのは，$x=0$ かつ $x-3y=0$，すなわち
$x=y=0$ のときである。 終

(3) $a^2-ab+b^2=a^2-ab+\frac{1}{4}b^2+\frac{3}{4}b^2$
$=\left(a-\frac{1}{2}b\right)^2+\frac{3}{4}b^2\geqq 0$　　←$\left(a-\frac{1}{2}b\right)^2\geqq 0$，$\frac{3}{4}b^2\geqq 0$

よって　$a^2-ab+b^2\geqq 0$

等号が成り立つのは，$a-\frac{1}{2}b=0$ かつ $b=0$，すなわち
$a=b=0$ のときである。 終

C 平方の大小関係

教 p.35

【?】 (例題 9)　両辺の平方の差を考えたのはなぜだろうか。

指針 **平方の大小関係と不等式の証明**　不等式の証明では，どのように変形すればよいかを考える。

解説 $\sqrt{a}+\sqrt{b}-\sqrt{a+b}$ のままでは，この式が正であることは示せない。そこで，$a>0$，$b>0$ のとき　$a^2>b^2 \Leftrightarrow a>b$ の性質を使えるように変形する。

教 p.35

練習 34　$x>0$ のとき，次の不等式を証明せよ。
$$1+x>\sqrt{1+2x}$$

指針 **平方の大小関係と不等式の証明**　根号は平方するとはずすことができる。
$(1+x)^2>(\sqrt{1+2x})^2$ を示し，次のことを用いる。
$a>0$，$b>0$ のとき　$a^2>b^2 \Leftrightarrow a>b$

解答　両辺の平方の差を考えると

$$(1+x)^2-(\sqrt{1+2x})^2=1+2x+x^2-(1+2x)$$
$$=x^2>0$$

←$x>0$

よって　$(1+x)^2>(\sqrt{1+2x})^2$

$1+x>0$，$\sqrt{1+2x}>0$ であるから

$$1+x>\sqrt{1+2x}$$ 終

←$a>0$，$b>0$ のとき
$a^2>b^2 \iff a>b$

D 絶対値を含む不等式の証明

【？】 教 p.36

（応用例題 4）　上の絶対値の性質について，証明のどこでどの性質が用いられているだろうか。

指針　**絶対値を含む不等式の証明**　絶対値の性質を利用して証明する。

解説　教科書の 14 行目→ 15 行目で　$|a|^2=a^2$，$|ab|=|a||b|$

16 行目で　$|a|\geqq a$

18 行目で　$|a|\geqq 0$

19 行目で　$a\geqq 0$ のとき $|a|=a$

練習 35 教 p.36

次の不等式を証明せよ。また，等号が成り立つときを調べよ。

$$|a|+|b|\geqq|a-b|$$

指針　**絶対値を含む不等式の証明**　不等式の両辺について，$|a|+|b|\geqq 0$，$|a-b|\geqq 0$ であるから，次のことを用いる。

$A\geqq 0$，$B\geqq 0$ のとき　$A^2\geqq B^2 \iff A\geqq B$

解答　両辺の平方の差を考えると

$$(|a|+|b|)^2-|a-b|^2$$
$$=|a|^2+2|a||b|+|b|^2-(a-b)^2$$
$$=a^2+2|ab|+b^2-(a^2-2ab+b^2)$$
$$=2(|ab|+ab)\geqq 0$$

←$|a-b|^2=(a-b)^2$
$|a|^2=a^2$，$|b|^2=b^2$
$|a||b|=|ab|$

←$|ab|\geqq -ab$

よって　$(|a|+|b|)^2\geqq|a-b|^2$

$|a|+|b|\geqq 0$，$|a-b|\geqq 0$ であるから

$$|a|+|b|\geqq|a-b|$$

等号が成り立つのは　$|ab|=-ab$

すなわち $ab\leqq 0$ のときである。　終

←$ab\leqq 0$ のとき
$|ab|=-ab$

E 相加平均と相乗平均

教 p.38

【?】

（例題 10）　$a>0$，$\dfrac{1}{a}>0$ を確認したのはなぜだろうか。

指針 **相加平均・相乗平均と不等式の証明**　相加平均・相乗平均の大小関係を用いるための前提となる条件を考える。

解説 与えられた不等式の証明で，a と $\dfrac{1}{a}$ についての相加平均と相乗平均の大小関係を利用するため。

教 p.38

練習 36

$a>0$，$b>0$ のとき，次の不等式を証明せよ。また，等号が成り立つときを調べよ。

(1)　$a+\dfrac{4}{a}\geqq 4$　　　(2)　$\dfrac{a}{b}+\dfrac{b}{a}\geqq 2$

指針 **相加平均・相乗平均と不等式の証明**　相加平均と相乗平均の大小関係を，$a+b\geqq 2\sqrt{ab}$ の形で使う。

(1)　$\left(a \text{ と } \dfrac{4}{a} \text{ の相加平均}\right)\times 2$，　(2)　$\left(\dfrac{a}{b} \text{ と } \dfrac{b}{a} \text{ の相加平均}\right)\times 2$　であるから，それぞれの相乗平均×2 と等しいかそれより大きい。

解答 (1)　$a>0$，$\dfrac{4}{a}>0$ であるから，相加平均と相乗平均の大小関係により

$$a+\frac{4}{a}\geqq 2\sqrt{a\cdot\frac{4}{a}}=2\sqrt{4}=4 \qquad \text{よって} \quad a+\frac{4}{a}\geqq 4$$

等号が成り立つのは，$a>0$ かつ $a=\dfrac{4}{a}$，すなわち

$a=2$ のときである。　終

(2)　$\dfrac{a}{b}>0$，$\dfrac{b}{a}>0$ であるから，相加平均と相乗平均の大小関係により

$$\frac{a}{b}+\frac{b}{a}\geqq 2\sqrt{\frac{a}{b}\cdot\frac{b}{a}}=2 \qquad \text{よって} \quad \frac{a}{b}+\frac{b}{a}\geqq 2$$

等号が成り立つのは，$a>0$，$b>0$ かつ $\dfrac{a}{b}=\dfrac{b}{a}$，すなわち

$a=b$ のときである。　終

第1章 第2節　問　題

教 p.39

9 次の等式を証明せよ。

(1) $x^2+\dfrac{1}{x^2}=\left(x+\dfrac{1}{x}\right)^2-2$　　(2) $x^3+\dfrac{1}{x^3}=\left(x+\dfrac{1}{x}\right)^3-3\left(x+\dfrac{1}{x}\right)$

指針 **恒等式の証明** (1), (2)とも，右辺を変形して左辺を導くとよい。

解答 (1) 右辺$=\left(x+\dfrac{1}{x}\right)^2-2=x^2+2\cdot x\cdot\dfrac{1}{x}+\left(\dfrac{1}{x}\right)^2-2$

$=x^2+2+\dfrac{1}{x^2}-2=x^2+\dfrac{1}{x^2}=$左辺

よって　$x^2+\dfrac{1}{x^2}=\left(x+\dfrac{1}{x}\right)^2-2$ 終

(2) 右辺$=\left(x+\dfrac{1}{x}\right)^3-3\left(x+\dfrac{1}{x}\right)$

$=x^3+3x^2\cdot\dfrac{1}{x}+3x\left(\dfrac{1}{x}\right)^2+\left(\dfrac{1}{x}\right)^3-3\left(x+\dfrac{1}{x}\right)$

$=x^3+3x+\dfrac{3}{x}+\dfrac{1}{x^3}-3x-\dfrac{3}{x}=x^3+\dfrac{1}{x^3}=$左辺

よって　$x^3+\dfrac{1}{x^3}=\left(x+\dfrac{1}{x}\right)^3-3\left(x+\dfrac{1}{x}\right)$ 終

教 p.39

10 $a+b+c=0$ のとき，次の等式を証明せよ。

$$a^2+b^2+c^2+2(ab+bc+ca)=0$$

指針 **条件つきの等式の証明** $a+b+c=0$ より，$c=-(a+b)$ であるから，左辺について c を $-(a+b)$ におき換えて，0 になることを示す。

解答 $a+b+c=0$ より，$c=-(a+b)$ であるから

左辺$=a^2+b^2+\{-(a+b)\}^2+2ab-2b(a+b)-2(a+b)a$

$=a^2+b^2+(a^2+2ab+b^2)+2ab-2ab-2b^2-2a^2-2ab$

$=0$

よって　$a^2+b^2+c^2+2(ab+bc+ca)=0$ 終

別解 左辺を因数分解すると　左辺$=(a+b+c)^2$

よって，$a+b+c=0$ のとき　$a^2+b^2+c^2+2(ab+bc+ca)=0$ 終

教 p.39

11 $\dfrac{a}{b}=\dfrac{c}{d}$ のとき，次の等式を証明せよ。

$$\frac{ma+nc}{mb+nd}=\frac{a}{b}$$

指針 **条件が比例式の等式の証明** $\dfrac{a}{b}=\dfrac{c}{d}=k$ とおくと，$a=bk$，$c=dk$

これより，左辺と右辺についてそれぞれ a を bk に，c を dk におき換えて，左辺と右辺が同じ式になることを示す。

解答 $\dfrac{a}{b}=\dfrac{c}{d}=k$ とおくと　$a=bk$，$c=dk$

よって　$\dfrac{ma+nc}{mb+nd}=\dfrac{m\cdot bk+n\cdot dk}{mb+nd}=\dfrac{(mb+nd)k}{mb+nd}=k$

$\dfrac{a}{b}=\dfrac{bk}{b}=k$

したがって　$\dfrac{ma+nc}{mb+nd}=\dfrac{a}{b}$　終

教 p.39

12 $a<b$，$x<y$ のとき，$ax+by$ と $bx+ay$ の大小を，不等号を用いて表せ。

指針 **実数の大小関係** $(ax+by)-(bx+ay)$ の符号を調べ，次のことを使う。

$P-Q>0 \iff P>Q$　　$P-Q<0 \iff P<Q$

解答 $(ax+by)-(bx+ay)=ax+by-bx-ay$

$=a(x-y)-b(x-y)$

$=(a-b)(x-y)$　　←因数分解

$a<b$，$x<y$ のとき

$a-b<0$，$x-y<0$

よって　$(a-b)(x-y)>0$　　←$(-)\times(-)=(+)$

すなわち　$(ax+by)-(bx+ay)>0$

したがって　$\boldsymbol{ax+by>bx+ay}$　答

教 p.39

13 $a>0$, $b>0$ のとき，次の不等式を証明せよ。また，等号が成り立つときを調べよ。

(1) $\sqrt{2(a+b)} \geqq \sqrt{a}+\sqrt{b}$　　(2) $\sqrt{ab} \geqq \dfrac{2ab}{a+b}$

指針 **平方の大小関係**　$A>0$, $B>0$ のとき，A と B の大小関係は，A^2 と B^2 の大小関係を比べて調べてもよい。

解答 (1) 両辺の平方の差を考えると

$$\{\sqrt{2(a+b)}\}^2-(\sqrt{a}+\sqrt{b})^2=2(a+b)-(a+2\sqrt{ab}+b)$$
$$=a-2\sqrt{ab}+b$$
$$=(\sqrt{a}-\sqrt{b})^2 \geqq 0$$

よって　$\{\sqrt{2(a+b)}\}^2 \geqq (\sqrt{a}+\sqrt{b})^2$

$\sqrt{2(a+b)}>0$, $\sqrt{a}+\sqrt{b}>0$ であるから

$$\sqrt{2(a+b)} \geqq \sqrt{a}+\sqrt{b}$$

等号が成り立つのは，$\sqrt{a}-\sqrt{b}=0$ すなわち $a=b$ のときである。 終

(2) 両辺の平方の差を考えると

$$(\sqrt{ab})^2-\left(\frac{2ab}{a+b}\right)^2=ab-\frac{(2ab)^2}{(a+b)^2}=\frac{ab(a+b)^2-4a^2b^2}{(a+b)^2}$$
$$=\frac{ab(a^2+2ab+b^2-4ab)}{(a+b)^2}=\frac{ab(a^2-2ab+b^2)}{(a+b)^2}$$
$$=\frac{ab(a-b)^2}{(a+b)^2} \geqq 0$$

よって　$(\sqrt{ab})^2 \geqq \left(\dfrac{2ab}{a+b}\right)^2$

$\sqrt{ab}>0$, $\dfrac{2ab}{a+b}>0$ であるから

$$\sqrt{ab} \geqq \frac{2ab}{a+b}$$

等号が成り立つのは，$a-b=0$ すなわち $a=b$ のときである。 終

教 p.39

14 $a>0$，$b>0$ のとき，次の不等式を証明せよ。また，等号が成り立つときを調べよ。

$$(a+2b)\left(\frac{1}{a}+\frac{2}{b}\right)\geqq 9$$

指針 **相加平均・相乗平均と不等式の証明**　左辺を展開し，分数式の部分について相加平均と相乗平均の大小関係を用いる。

解答 左辺を展開すると

$$(a+2b)\left(\frac{1}{a}+\frac{2}{b}\right)=a\cdot\frac{1}{a}+a\cdot\frac{2}{b}+2b\cdot\frac{1}{a}+2b\cdot\frac{2}{b}=\frac{2a}{b}+\frac{2b}{a}+5$$

$a>0$，$b>0$ のとき，$\frac{2a}{b}>0$，$\frac{2b}{a}>0$ であるから，

相加平均と相乗平均の大小関係により

$$\frac{2a}{b}+\frac{2b}{a}\geqq 2\sqrt{\frac{2a}{b}\cdot\frac{2b}{a}}=4$$

よって　　$(a+2b)\left(\frac{1}{a}+\frac{2}{b}\right)\geqq 4+5=9$

等号が成り立つのは，$a>0$，$b>0$ かつ $\frac{2a}{b}=\frac{2b}{a}$，

すなわち $a=b$ のときである。　終

教 p.39

15 次の問いに答えよ。

(1) $x>0$ のとき，$x+\frac{9}{x}$ の最小値を求めよ。また，最小値をとるときの x の値を求めよ。

(2) $x>2$ のとき，$x+\frac{1}{x-2}$ の最小値を求めよ。また，最小値をとるときの x の値を求めよ。

指針 **相加平均・相乗平均の大小関係の利用と最小値**

$a>0$，$b>0$ のとき　　$a+b\geqq 2\sqrt{ab}$（等号成立は $a=b$ のとき）

であるから，ab が定数（k とする）になれば，$a+b\geqq 2\sqrt{k}$ で，$a+b$ の最小値は $2\sqrt{k}$ ということになる。この関係を利用する。

(2) $x+\frac{1}{x-2}$ の最小値は，$(x-2)+\frac{1}{x-2}+2$ と変形して調べる。

解答 (1) $x>0$ のとき，$x>0$，$\frac{9}{x}>0$ であるから，相加平均と相乗平均の大小関係

により　$x+\frac{9}{x} \geqq 2\sqrt{x \cdot \frac{9}{x}}=2 \cdot 3=6$

よって　$x+\frac{9}{x} \geqq 6$

等号が成り立つのは，$x>0$ かつ $x=\frac{9}{x}$，すなわち $x=3$ のときである。

答　**$x=3$ で最小値 6**

(2) $x>2$ のとき，$x-2>0$，$\frac{1}{x-2}>0$ であるから，相加平均と相乗平均の大小関係により

$$x+\frac{1}{x-2}=(x-2)+\frac{1}{x-2}+2 \geqq 2\sqrt{(x-2) \cdot \frac{1}{x-2}}+2=4$$

よって　$x+\frac{1}{x-2} \geqq 4$

等号が成り立つのは，$x>2$ かつ $x-2=\frac{1}{x-2}$ のときである。

$(x-2)^2=1$ より　$x=1$，3　　$x>2$ であるから　$x=3$

答　**$x=3$ で最小値 4**

第1章　章末問題A

教 p.40

1. $x=\dfrac{1}{\sqrt{5}+2}$ のとき，次の式の値を求めよ。

(1) $x+\dfrac{1}{x}$　　(2) $x^2+\dfrac{1}{x^2}$　　(3) $x^3+\dfrac{1}{x^3}$

指針　**式の値**　(1)　まず分数 x の分母を有理化する。

(2)　$(a+b)^2=a^2+2ab+b^2$ から　$a^2+b^2=(a+b)^2-2ab$

$x^2+\dfrac{1}{x^2}=x^2+\left(\dfrac{1}{x}\right)^2$ と変形して，さらに式を変形する。

(3)　$(a+b)^3=a^3+3a^2b+3ab^2+b^3$ から

$a^3+b^3=(a+b)^3-3ab(a+b)$

$x^3+\dfrac{1}{x^3}=x^3+\left(\dfrac{1}{x}\right)^3$ と変形して，さらに式を変形する。

解答　(1)　$x+\dfrac{1}{x}=\dfrac{1}{\sqrt{5}+2}+(\sqrt{5}+2)=\dfrac{\sqrt{5}-2}{(\sqrt{5}+2)(\sqrt{5}-2)}+(\sqrt{5}+2)$

$=(\sqrt{5}-2)+(\sqrt{5}+2)=\mathbf{2\sqrt{5}}$　答

(2)　$x^2+\dfrac{1}{x^2}=\left(x+\dfrac{1}{x}\right)^2-2x\cdot\dfrac{1}{x}$

$=(2\sqrt{5})^2-2=20-2=\mathbf{18}$　答

(3)　$x^3+\dfrac{1}{x^3}=\left(x+\dfrac{1}{x}\right)^3-3x\cdot\dfrac{1}{x}\left(x+\dfrac{1}{x}\right)$

$=(2\sqrt{5})^3-3\cdot2\sqrt{5}=40\sqrt{5}-6\sqrt{5}=\mathbf{34\sqrt{5}}$　答

別解　(3)　因数分解の公式 $a^3+b^3=(a+b)(a^2-ab+b^2)$ を利用して，次のように解くこともできる。

$x^3+\dfrac{1}{x^3}=\left(x+\dfrac{1}{x}\right)\left\{x^2-x\cdot\dfrac{1}{x}+\left(\dfrac{1}{x}\right)^2\right\}=\left(x+\dfrac{1}{x}\right)\left(x^2+\dfrac{1}{x^2}-1\right)$

$=2\sqrt{5}(18-1)=\mathbf{34\sqrt{5}}$　答

教 p.40

2. 次の多項式 A，B について，A を B で割った商と余りを求めよ。

(1)　$A=x^4-1$，$B=x-1$

(2)　$A=4x^3+7x^2-9x+3$，$B=2x^2+4x-3$

教科書 p.40

指針 **多項式の割り算** 整数の場合と同じように筆算して商と余りを求める。

(1) A には3次～1次の項がない。割られる式で，ある次数の項がない場合は，その場所を空けておくと計算しやすい。

解答 (1)

$$\begin{array}{r|l} & x^3+x^2+x+1 \\ \hline x-1 & x^4 \qquad\qquad -1 \\ & x^4-x^3 \\ \hline & x^3 \\ & x^3-x^2 \\ \hline & x^2 \\ & x^2-x \\ \hline & x-1 \\ & x-1 \\ \hline & 0 \end{array}$$

答 **商** x^3+x^2+x+1，**余り** 0

(2)

$$\begin{array}{r|l} & 2x-\frac{1}{2} \\ \hline 2x^2+4x-3 & 4x^3+7x^2-9x+3 \\ & 4x^3+8x^2-6x \\ \hline & -x^2-3x+3 \\ & -x^2-2x+\frac{3}{2} \\ \hline & -x+\frac{3}{2} \end{array}$$

答 **商** $2x-\dfrac{1}{2}$，**余り** $-x+\dfrac{3}{2}$

教 p.40

3. 次の式を計算せよ。

(1) $\dfrac{1}{1-x}+\dfrac{1}{1+x}+\dfrac{2}{1+x^2}$　　(2) $\dfrac{x-y}{xy}+\dfrac{y-z}{yz}+\dfrac{z-x}{zx}$

指針 **分数式の加法** まず通分する。(1) 3つの分数式の分母に共通因数がないため，それらの積を分母として通分する。まず，2つの分数式の通分から始める。

解答 (1)

$$\frac{1}{1-x}+\frac{1}{1+x}+\frac{2}{1+x^2}=\frac{1+x}{(1-x)(1+x)}+\frac{1-x}{(1-x)(1+x)}+\frac{2}{1+x^2}$$

$$=\frac{(1+x)+(1-x)}{(1-x)(1+x)}+\frac{2}{1+x^2}=\frac{2}{1-x^2}+\frac{2}{1+x^2}$$

$$=\frac{2(1+x^2)}{(1-x^2)(1+x^2)}+\frac{2(1-x^2)}{(1-x^2)(1+x^2)}=\frac{2(1+x^2)+2(1-x^2)}{(1-x^2)(1+x^2)}$$

$$=\frac{4}{1-x^4}$$ 答

← $(1-x^2)(1+x^2)=1^2-(x^2)^2$
$=1-x^4$

(2)

$$\frac{x-y}{xy}+\frac{y-z}{yz}+\frac{z-x}{zx}=\frac{(x-y)z}{xyz}+\frac{(y-z)x}{xyz}+\frac{(z-x)y}{xyz}$$

$$=\frac{(x-y)z+(y-z)x+(z-x)y}{xyz}=\frac{xz-yz+yx-zx+zy-xy}{xyz}$$

$$=0$$ 答

教 p.40

4. 次の等式が x についての恒等式となるように，定数 a，b，c の値を定めよ。

(1) $x^3=(x-1)^3+a(x-1)^2+b(x-1)+c$

(2) $\dfrac{3}{x^3+1}=\dfrac{a}{x+1}+\dfrac{bx+c}{x^2-x+1}$

指針 **恒等式の性質** x について降べきの順に整理し，次のことを使う。

「両辺の同じ次数の項の係数は，それぞれ等しい。」

(2) まず分母をはらう。**分数式の恒等式は，分母をはらった等式がまた恒等式である。**ここでは $x^3+1=(x+1)(x^2-x+1)$ を使う。

解答 (1) 等式の右辺を計算すると

$$x^3=x^3-3x^2+3x-1+ax^2-2ax+a+bx-b+c$$

整理すると　$(a-3)x^2+(-2a+b+3)x+(a-b+c-1)=0$

この等式が x についての恒等式であるから，どの係数も 0 に等しく

$$a-3=0,\qquad -2a+b+3=0,\qquad a-b+c-1=0$$

これを解いて　$\boldsymbol{a=3,\ b=3,\ c=1}$ 答

(2) 等式 $x^3+1=(x+1)(x^2-x+1)$ が成り立つから，与えられた等式の左辺に x^3+1，右辺に $(x+1)(x^2-x+1)$ を掛けると

$$3=a(x^2-x+1)+(bx+c)(x+1)$$

右辺を計算して　$3=ax^2-ax+a+bx^2+bx+cx+c$

整理すると　$3=(a+b)x^2+(-a+b+c)x+(a+c)$

両辺の同じ次数の項の係数が等しいから

$$0=a+b,\qquad 0=-a+b+c,\qquad 3=a+c$$

これを解いて　$\boldsymbol{a=1,\ b=-1,\ c=2}$ 答

別解 (1) 等式の x に 0，1，2 を代入すると，それぞれ

$$0=-1+a-b+c,\qquad 1=c,\qquad 8=1+a+b+c$$

これを解いて　$a=3$，$b=3$，$c=1$

このとき，与えられた等式は確かに恒等式である。

$\boldsymbol{a=3,\ b=3,\ c=1}$ 答

教 p.40

5. 次の等式を証明せよ。

$$(a^2+b^2)(c^2+d^2)=(ac+bd)^2+(ad-bc)^2$$

指針 **恒等式の証明** 左辺も右辺も複雑な式であるから，両辺とも変形して，同じ式を導くとよい。

解答　左辺$=a^2c^2+a^2d^2+b^2c^2+b^2d^2$

右辺$=(a^2c^2+2abcd+b^2d^2)+(a^2d^2-2abcd+b^2c^2)$

$=a^2c^2+a^2d^2+b^2c^2+b^2d^2$

よって　$(a^2+b^2)(c^2+d^2)=(ac+bd)^2+(ad-bc)^2$　終

教 p.40

6. 次の不等式を証明せよ。

(1)　$|a|-|b|\leqq|a-b|$　　(2)　$|a|-|b|\leqq|a+b|$

指針　**絶対値と不等式**　絶対値を含んでいるため差がとりにくい。
$|A|^2=A^2$ を利用すると，絶対値の処理が容易になる。平方の差を作るには場合分けが必要になる。

解答　(1)　[1]　$|a|-|b|\geqq 0$ のとき

両辺の平方の差を考えると

$$|a-b|^2-(|a|-|b|)^2=(a-b)^2-(|a|^2-2|a||b|+|b|^2)$$
$$=(a^2-2ab+b^2)-(a^2-2|ab|+b^2)$$
$$=2(|ab|-ab)\geqq 0$$

よって　$|a-b|^2\geqq(|a|-|b|)^2$

$|a|-|b|\geqq 0$，$|a-b|\geqq 0$ であるから

$$|a|-|b|\leqq|a-b|$$

[2]　$|a|-|b|<0$ のとき，$|a-b|\geqq 0$ であるから

$$|a|-|b|<|a-b|$$

[1]，[2] から　　$|a|-|b|\leqq|a-b|$　終

注意　等号が成り立つのは，$|ab|=ab$ すなわち $ab\geqq 0$ のときである。

(2)　[1]　$|a|-|b|\geqq 0$ のとき

両辺の平方の差を考えると

$$|a+b|^2-(|a|-|b|)^2=(a+b)^2-(|a|^2-2|a||b|+|b|^2)$$
$$=(a^2+2ab+b^2)-(a^2-2|ab|+b^2)$$
$$=2(|ab|+ab)\geqq 0$$

よって　$|a+b|^2\geqq(|a|-|b|)^2$

$|a+b|\geqq 0$，$|a|-|b|\geqq 0$ であるから

$$|a|-|b|\leqq|a+b|$$

[2]　$|a|-|b|<0$ のとき，$|a+b|\geqq 0$ であるから

$$|a|-|b|<|a+b|$$

[1]，[2] から　　$|a|-|b|\leqq|a+b|$　終

注意　等号が成り立つのは，$|ab|=-ab$ すなわち $ab\leqq 0$ のときである。

別解　$|a+b| \leqq |a|+|b|$，$|a|-|b| \leqq |a-b|$ が成り立つことを利用した解法。

(1)　$|a+b| \leqq |a|+|b|$ において，a を $a-b$ でおき換えると

$$|(a-b)+b| \leqq |a-b|+|b|$$

すなわち　$|a| \leqq |a-b|+|b|$

よって　$|a|-|b| \leqq |a-b|$　終

(2)　$|a|-|b| \leqq |a-b|$ において，b を $-b$ でおき換えると

$$|a|-|-b| \leqq |a-(-b)|$$

よって　$|a|-|b| \leqq |a+b|$　終

教 p.40

7. 次の等式，不等式を証明せよ。

(1)　$(a-b)^2+(b-c)^2+(c-a)^2=2(a^2+b^2+c^2-ab-bc-ca)$

(2)　$a^2+b^2+c^2 \geqq ab+bc+ca$

指針　**恒等式の証明・実数の平方の性質と不等式の証明**

(1)　左辺を変形して，右辺を導く。

(2)　左辺－右辺≧0 を証明する。このとき，(1)で証明した等式を利用して変形し，次のことを使う。

実数 A，B，C について　$A^2+B^2+C^2 \geqq 0$

(等号は，$A=B=C=0$ のときに成り立つ)

解答　(1)　左辺$=a^2-2ab+b^2+b^2-2bc+c^2+c^2-2ca+a^2$

$=2(a^2+b^2+c^2-ab-bc-ca)$

よって

$(a-b)^2+(b-c)^2+(c-a)^2=2(a^2+b^2+c^2-ab-bc-ca)$　終

(2)　(1)より

$$\frac{1}{2}\{(a-b)^2+(b-c)^2+(c-a)^2\}=a^2+b^2+c^2-ab-bc-ca$$

であるから

左辺－右辺

$=a^2+b^2+c^2-(ab+bc+ca)=a^2+b^2+c^2-ab-bc-ca$

$=\frac{1}{2}\{(a-b)^2+(b-c)^2+(c-a)^2\} \geqq 0$

よって　$a^2+b^2+c^2 \geqq ab+bc+ca$　終

注意　(2)　等号が成り立つのは，$a-b=0$，$b-c=0$，$c-a=0$

すなわち $a=b=c$ のときである。

第1章　章末問題B

教 p.41

8. 次の問いに答えよ。

(1) $8x^3-12x^2y+6xy^2-y^3$ を因数分解せよ。

(2) $x^3+y^3=(x+y)^3-3xy(x+y)$ であることを用いて，
$x^3+y^3+z^3-3xyz$ を因数分解せよ。

指針　**因数分解**

(1) 因数分解の公式を簡単に利用できなかったり，複雑な式を因数分解する場合，次のような方法がある。

1　項をうまく組み合わせる。

2　おき換えをする。

3　文字の多い式では，次数の最も低い文字について整理する。

または，3 次 4 項式に着目して次のように因数分解することもできる。

$$a^3-3a^2b+3ab^2-b^3=(a-b)^3$$

$(a-b)^3$ において　$a\to 2x$　$b\to y$　とおき換える。

(2) $x^3+y^3+z^3-3xyz$ に与えられた x^3+y^3 を代入してから因数分解していく。

解答 (1) $8x^3-12x^2y+6xy^2-y^3$

$=(8x^3-y^3)-12x^2y+6xy^2$

$=(2x-y)(4x^2+2xy+y^2)-6xy(2x-y)$

$=(2x-y)(4x^2+2xy+y^2-6xy)$

$=(2x-y)(4x^2-4xy+y^2)=\boldsymbol{(2x-y)^3}$ 答

(2) $x^3+y^3=(x+y)^3-3xy(x+y)$ であるから

$x^3+y^3+z^3-3xyz$

$=(x+y)^3-3xy(x+y)+z^3-3xyz$

$=(x+y)^3+z^3-3xy(x+y)-3xyz$

$=\{(x+y)+z\}\{(x+y)^2-(x+y)z+z^2\}-3xy(x+y+z)$

$=(x+y+z)\{(x+y)^2-(x+y)z+z^2-3xy\}$

$=(x+y+z)(x^2+2xy+y^2-xz-yz+z^2-3xy)$

$=\boldsymbol{(x+y+z)(x^2+y^2+z^2-xy-yz-zx)}$ 答

別解 (1) $8x^3-12x^2y+6xy^2-y^3$

$=(2x)^3-3(2x)^2y+3(2x)y^2-y^3$

$=\boldsymbol{(2x-y)^3}$ 答

教 p.41

9. a，b を定数とする。x についての 3 次の多項式 P を $x-a$，$x-b$ でそれぞれ割った商が等しいならば，$a=b$ であることを証明せよ。

指針　**等式 $A=BQ+R$ の利用，恒等式の性質**　割られる式は 3 次式で，割る式は 1 次式であるから商は 2 次式となる。これを $cx^2+dx+e\,(c\neq 0)$ とし，余りをそれぞれ f，g として，P を 2 通りに表す。

解答　3 次の多項式 P を $x-a$，$x-b$ で割った商を $cx^2+dx+e\,(c\neq 0)$ とし，余りをそれぞれ f，g とすると

$$P=(x-a)(cx^2+dx+e)+f$$
$$=cx^3+(d-ac)x^2+(e-ad)x-ae+f \quad \cdots\cdots ①$$
$$P=(x-b)(cx^2+dx+e)+g$$
$$=cx^3+(d-bc)x^2+(e-bd)x-be+g \quad \cdots\cdots ②$$

①，②から　$cx^3+(d-ac)x^2+(e-ad)x-ae+f$
$$=cx^3+(d-bc)x^2+(e-bd)x-be+g$$

整理すると　$(b-a)cx^2+(b-a)dx+(b-a)e+f-g=0$

これが x についての恒等式となるから

$$(b-a)c=0,\ (b-a)d=0,\ (b-a)e+f-g=0$$

$c\neq 0$ であるから，$(b-a)c=0$ より　$a=b$　　このとき　$f=g$

したがって，$a=b$ である。 終

別解　3 次の多項式 P を $x-a$，$x-b$ で割った商を Q とし，余りをそれぞれ c，d とすると

$$P=(x-a)Q+c \quad \cdots\cdots ①$$
$$P=(x-b)Q+d \quad \cdots\cdots ②$$

①−②より　$0=(b-a)Q+c-d$

よって　　$(a-b)Q=c-d$

Q は 2 次の多項式であり，$c-d$ は定数であるから

$$a-b=0,\ c-d=0 \qquad すなわち \qquad a=b,\ c=d$$

したがって，$a=b$ である。 終

教 p.41

10. 等式 $(k+2)x+(k+1)y-3k-4=0$ が，k のどのような値に対しても成り立つように，x，y の値を定めよ。

指針 **恒等式の性質** 「k のどのような値に対しても成り立つ」から，k についての恒等式と考える。まず，左辺を k について整理する。

$ak+b=0$ が k についての恒等式である $\iff$ $a=b=0$

解答 等式の左辺を k について整理すると

$$(x+y-3)k+(2x+y-4)=0$$

この等式は k についての恒等式であるから

$$x+y-3=0, \quad 2x+y-4=0$$

これを解いて　$x=1$，$y=2$ 答

教 p.41

11. 次の不等式を証明せよ。また，等号が成り立つときを調べよ。

$$(a^2+b^2)(x^2+y^2) \geqq (ax+by)^2$$

指針 **実数の平方と不等式の証明** 左辺－右辺$\geqq 0$ を示す。

解答 $(a^2+b^2)(x^2+y^2)-(ax+by)^2$

$$=(a^2x^2+a^2y^2+b^2x^2+b^2y^2)-(a^2x^2+2abxy+b^2y^2)$$
$$=a^2y^2-2abxy+b^2x^2$$
$$=(ay-bx)^2 \geqq 0$$

よって　$(a^2+b^2)(x^2+y^2)-(ax+by)^2 \geqq 0$

したがって　$(a^2+b^2)(x^2+y^2) \geqq (ax+by)^2$

等号が成り立つのは，

$ay-bx=0$　すなわち　$ay=bx$ のときである。 終

教 p.41

12. 二項定理を用いて，次のことを証明せよ。

$x>0$ のとき　$(1+x)^n>1+nx$　　ただし，n は2以上の自然数

指針 **二項定理の応用** 二項定理

$(a+b)^n={}_n\mathrm{C}_0a^n+{}_n\mathrm{C}_1a^{n-1}b+{}_n\mathrm{C}_2a^{n-2}b^2+\cdots\cdots+{}_n\mathrm{C}_nb^n$ において，$a=1$，$b=x$ とすると　$(1+x)^n={}_n\mathrm{C}_0+{}_n\mathrm{C}_1x+{}_n\mathrm{C}_2x^2+\cdots\cdots+{}_n\mathrm{C}_nx^n$

この等式を利用して，不等式を証明する。

解答 二項定理より

$$(1+x)^n={}_n\mathrm{C}_0+{}_n\mathrm{C}_1x+{}_n\mathrm{C}_2x^2+\cdots\cdots+{}_n\mathrm{C}_nx^n$$
$$=1+nx+({}_n\mathrm{C}_2x^2+\cdots\cdots+{}_n\mathrm{C}_nx^n)$$

${}_n\mathrm{C}_2>0$，……，${}_n\mathrm{C}_n>0$，$x^2>0$，……，$x^n>0$ であるから

$(1+x)^n>1+nx$ 終

教 p.41

13. $A=x+\dfrac{1}{x}$，$B=x+\dfrac{16}{x}$ とする。

(1) $x>0$ のとき，A，B の最小値をそれぞれ求めよ。

(2) $x>0$ のとき，AB の最小値を求めよ。

指針 **相加平均・相乗平均の大小関係の利用と最小値**　$a>0$，$b>0$ のとき $a+b\geqq 2\sqrt{ab}$（等号は $a=b$ のとき成り立つ）であるから，ab が定数（k とする）になれば，$a+b\geqq 2\sqrt{k}$ で，$a+b$ の最小値は $2\sqrt{k}$ ということになる。この関係を利用する。

解答 (1) $x>0$ のとき $\dfrac{1}{x}>0$，$\dfrac{16}{x}>0$ であるから，相加平均と相乗平均の大小関係により

$$x+\frac{1}{x}\geqq 2\sqrt{x\cdot\frac{1}{x}}=2\cdot 1=2,\qquad x+\frac{16}{x}\geqq 2\sqrt{x\cdot\frac{16}{x}}=2\cdot 4=8$$

等号はそれぞれ $x=1$，$x=4$ のとき成り立つ。

よって　　**A の最小値 2，B の最小値 8**　答

(2) $AB=\left(x+\dfrac{1}{x}\right)\left(x+\dfrac{16}{x}\right)=x^2+16+1+\dfrac{16}{x^2}=x^2+\dfrac{16}{x^2}+17$

ここで，$x^2>0$，$\dfrac{16}{x^2}>0$ であるから，

相加平均と相乗平均の大小関係により

$$x^2+\frac{16}{x^2}+17\geqq 2\sqrt{x^2\cdot\frac{16}{x^2}}+17$$

$$=2\cdot 4+17=25$$

等号は $x^2=4$，$x>0$ すなわち $x=2$ のとき成り立つ。

よって，AB の最小値は **25**　答

教 p.41

14. $a>b>0$，$a+b=1$ のとき，次の数を大きい順に並べよ。

$$\frac{1}{2},\qquad 2ab,\qquad a^2+b^2$$

指針 **実数の大小関係**　まず，2 つの条件 $a>b>0$，$a+b=1$ に適する数 a，b を代入して，大小の見当をつける。

たとえば $a=\dfrac{2}{3}$，$b=\dfrac{1}{3}$ とすると

$$2ab=2\cdot\frac{2}{3}\cdot\frac{1}{3}=\frac{4}{9}<\frac{1}{2},\quad a^2+b^2=\left(\frac{2}{3}\right)^2+\left(\frac{1}{3}\right)^2=\frac{5}{9}>\frac{1}{2}$$

となるから　$a^2+b^2>\dfrac{1}{2}>2ab$

ただし，答案としては，この大小関係が一般的に成り立つことを示さなければならない。b を消去し，実数の平方の性質を用いる。

解答　$a+b=1$ であるから　$b=1-a$

$a>b>0$ より　$a>1-a>0$

これを解くと　$\dfrac{1}{2}<a<1$　　←$a>1-a$ より $a>\dfrac{1}{2}$，$1-a>0$ より $a<1$

このとき

$$a^2+b^2-\frac{1}{2}=a^2+(1-a)^2-\frac{1}{2}=2a^2-2a+\frac{1}{2}$$
$$=2\left(a^2-a+\frac{1}{4}\right)=2\left(a-\frac{1}{2}\right)^2>0$$
$$\frac{1}{2}-2ab=\frac{1}{2}-2a(1-a)=2a^2-2a+\frac{1}{2}$$
$$=2\left(a^2-a+\frac{1}{4}\right)=2\left(a-\frac{1}{2}\right)^2>0$$

よって　$a^2+b^2>\dfrac{1}{2}$，$\dfrac{1}{2}>2ab$

したがって，大きい方から順に並べると　$\boldsymbol{a^2+b^2}$，$\boldsymbol{\dfrac{1}{2}}$，$\boldsymbol{2ab}$　答

別解　$a^2+b^2-\dfrac{1}{2}=\{(a+b)^2-2ab\}-\dfrac{1}{2}=(1-2ab)-\dfrac{1}{2}$

$$=\frac{1}{2}-2ab\quad\cdots\cdots①$$

$\dfrac{1}{2}=\dfrac{(a+b)^2}{2}$，$a>b$ であるから

$$\frac{1}{2}-2ab=\frac{(a+b)^2}{2}-2ab=\frac{a^2-2ab+b^2}{2}$$
$$=\frac{(a-b)^2}{2}>0\quad\cdots\cdots②$$

←$a>b$ から $a-b\neq0$

①，②から　$a^2+b^2-\dfrac{1}{2}=\dfrac{1}{2}-2ab>0$

よって，大きい方から順に並べると　$\boldsymbol{a^2+b^2}$，$\boldsymbol{\dfrac{1}{2}}$，$\boldsymbol{2ab}$　答

第2章　複素数と方程式

第1節　複素数と2次方程式の解

1　複素数とその計算

まとめ

1　複素数

2乗すると−1になる，実数ではない新しい数を1つ考え，これを文字 i で表す。
すなわち　　$i^2=-1$
とする。この i を **虚数単位** という。
そして，i と2つの実数 a，b を用いて $a+bi$ の形に表される数を考える。この数を **複素数** という。
複素数 $a+bi$ では，a を **実部**，b を **虚部** という。

$a+bi$（a：実部，b：虚部）

複素数 $a+bi$ について，$b=0$ のときの $a+0i$ は実数 a を表す。
よって，実数全体は複素数全体に含まれる。
また，$b\neq0$ のときの複素数 $a+bi$ を **虚数** という。
とくに $a=0$ であるときの虚数 $0+bi$ は bi と表し，これを **純虚数** という。

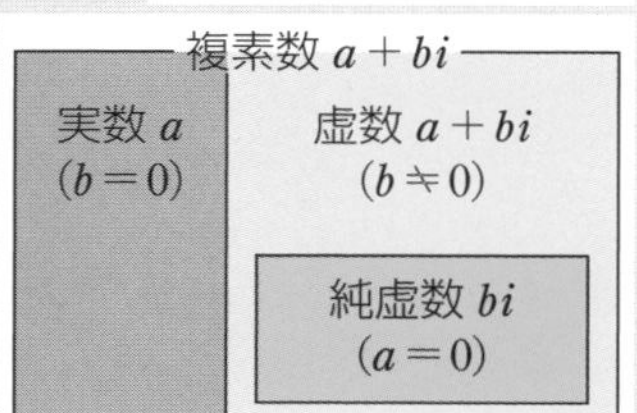

2つの複素数が **等しい** のは，実部，虚部が，それぞれ一致する場合とする。
すなわち，次のように定める。

複素数の相等

a，b，c，d は実数とする。

$$a+bi=c+di \iff a=c \text{ かつ } b=d$$

とくに　$$a+bi=0 \iff a=0 \text{ かつ } b=0$$

以下，複素数 $a+bi$ や $c+di$ などでは，文字 a，b，c，d は実数を表すものとする。

2　複素数の計算

2つの複素数 $a+bi$，$a-bi$ を，互いに **共役な複素数** という。実数 a と共役な複素数は，a 自身である。

一般に，複素数の四則計算の結果は次のようになる。

加法　$(a+bi)+(c+di)=(a+c)+(b+d)i$

減法　$(a+bi)-(c+di)=(a-c)+(b-d)i$

乗法　$(a+bi)(c+di)=(ac-bd)+(ad+bc)i$

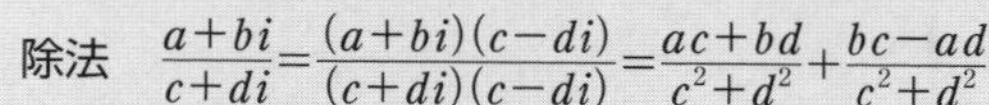

除法　$\dfrac{a+bi}{c+di}=\dfrac{(a+bi)(c-di)}{(c+di)(c-di)}=\dfrac{ac+bd}{c^2+d^2}+\dfrac{bc-ad}{c^2+d^2}i$

したがって，複素数について次のことがいえる。

2つの複素数の和，差，積，商は常に複素数である。

また，実数の場合と同様に，複素数 α，β に対しても次が成り立つ。

$$\alpha\beta=0 \iff \alpha=0 \quad または \quad \beta=0$$

なお，虚数については，大小関係や正，負は考えない。

3　負の数の平方根

一般に，$a>0$ のとき，負の数 $-a$ の平方根は $\sqrt{a}\,i$ と $-\sqrt{a}\,i$ である。

ここで，$a>0$ のときの記号 $\sqrt{-a}$ の意味を次のように定める。

$a>0$ のとき　$\sqrt{-a}=\sqrt{a}\,i$　とくに　$\sqrt{-1}=i$

このように定めることにより，次のことがいえる。

負の数の平方根

$a>0$ のとき，$-a$ の平方根は　$\pm\sqrt{-a}$　すなわち　$\pm\sqrt{a}\,i$

負の数の平方根 $\sqrt{-a}$ $(a>0)$ を含む計算では，まず最初に $\sqrt{-a}$ を $\sqrt{a}\,i$ としてから計算する。

A 複素数

練習 1　教 p.45

次の複素数の実部と虚部をいえ。

(1)　$-3+5i$　　(2)　$\dfrac{-1-\sqrt{3}\,i}{2}$　　(3)　1　　(4)　$-i$

指針　**複素数の実部，虚部**　複素数 $a+bi$ では，実部は a，虚部は b である。(2)は，まず，$a+bi$ の形にする。

(3)　$1=1+0i$　　(4)　$-i=0+(-1)i$　と考える。

解答　(1)　**実部は -3，虚部は 5**　答

(2)　$\dfrac{-1-\sqrt{3}\,i}{2}=-\dfrac{1}{2}+\left(-\dfrac{\sqrt{3}}{2}\right)i$

実部は $-\dfrac{1}{2}$，虚部は $-\dfrac{\sqrt{3}}{2}$　答

(3)　$1=1+0i$　　**実部は 1，虚部は 0**　答

(4)　$-i=0+(-1)i$　　**実部は 0，虚部は -1**　答

教 p.46

【?】 (例題 1) $x+y$, $x+2$ が実数であることを確認したのはなぜだろうか。

指針 **複素数の相等** a, b が実数のとき $a+bi=0 \iff a=0$ かつ $b=0$

解説 $x+y$, $x+2$ が実数であるときに

$(x+y)+(x+2)i=0 \iff x+y=0$ かつ $x+2=0$ が成り立つから。

教 p.46

練習 2 次の等式を満たす実数 x, y の値を求めよ。

(1) $(x-3)+(x+y)i=0$

(2) $(x-2y)+(2x-3y)i=4+7i$

指針 **複素数の相等** a, b, c, d が実数のとき

$$a+bi=c+di \iff a=c \text{ かつ } b=d$$

とくに $a+bi=0 \iff a=0$ かつ $b=0$

x, y についての連立方程式を解くことになる。

解答 (1) $x-3$, $x+y$ は実数であるから

$$x-3=0,\ x+y=0$$

これを解いて $\boldsymbol{x=3,\ y=-3}$ 答

(2) $x-2y$, $2x-3y$ は実数であるから

$$x-2y=4,\ 2x-3y=7$$

これを解いて $\boldsymbol{x=2,\ y=-1}$ 答

B 複素数の計算

教 p.46

練習 3 次の式を計算せよ。

(1) $(2+3i)+(4+i)$ (2) $(-1+2i)+(3-4i)$

(3) $(6+4i)-(3+2i)$ (4) $(2-3i)-(2-2i)$

指針 **複素数の加法・減法** 虚数単位の i を 1 つの文字と考え，同類項をまとめる要領で計算する。

解答 (1) $(2+3i)+(4+i)=(2+4)+(3+1)i=\boldsymbol{6+4i}$ 答

(2) $(-1+2i)+(3-4i)=(-1+3)+(2-4)i=\boldsymbol{2-2i}$ 答

(3) $(6+4i)-(3+2i)=(6-3)+(4-2)i=\boldsymbol{3+2i}$ 答

(4) $(2-3i)-(2-2i)=(2-2)+(-3+2)i=\boldsymbol{-i}$ 答

教 p.47

練習 4

次の式を計算せよ。

(1) $(1+2i)(4+3i)$　(2) $(2-i)(3+4i)$

(3) $(2+3i)^2$　(4) $(3+4i)(3-4i)$

指針 **複素数の乗法**　文字 i の式と考えて展開する。このとき，式の計算で学んだ乗法公式も利用できる。

ただし，i^2 が出てくればそれを -1 におき換え，整理しておく。

解答 (1) $(1+2i)(4+3i)=4+3i+8i+6i^2=\{4+6(-1)\}+(3+8)i$

$=\mathbf{-2+11}\boldsymbol{i}$ 答

(2) $(2-i)(3+4i)=6+8i-3i-4i^2=\{6-4(-1)\}+(8-3)i$

$=\mathbf{10+5}\boldsymbol{i}$ 答

(3) $(2+3i)^2=2^2+2\cdot2\cdot3i+(3i)^2=4+12i+9i^2$

$=\{4+9(-1)\}+12i=\mathbf{-5+12}\boldsymbol{i}$ 答

(4) $(3+4i)(3-4i)=3^2-(4i)^2=9-16i^2$

$=9-16(-1)=\mathbf{25}$ 答

教 p.47

練習 5

次の複素数と共役な複素数をいえ。

(1) $2+3i$　(2) $1-i$　(3) $\sqrt{3}i$　(4) $\dfrac{-1+\sqrt{3}i}{2}$

指針 **共役な複素数**　2つの複素数 $a+bi$，$a-bi$ は互いに共役な複素数である。すなわち，実部はそのままにして，虚部の符号を変えることにより，もとの複素数と共役な複素数をつくることができる。

解答 (1) $\mathbf{2-3}\boldsymbol{i}$ 答

(2) $\mathbf{1+}\boldsymbol{i}$ 答

(3) $\boldsymbol{-\sqrt{3}i}$ 答

(4) $\dfrac{-1+\sqrt{3}i}{2}=-\dfrac{1}{2}+\dfrac{\sqrt{3}}{2}i$ であるから，共役な複素数は

$-\dfrac{1}{2}-\dfrac{\sqrt{3}}{2}i$

よって $\boldsymbol{\dfrac{-1-\sqrt{3}i}{2}}$ 答

教 p.47

練習 6

次の式を計算せよ。

(1) $\dfrac{1+2i}{2+3i}$　　(2) $\dfrac{1-i}{1+i}$　　(3) $\dfrac{5i}{2-i}$

指針 **複素数の除法**　分母と共役な複素数を，分母と分子に掛けて計算する。互いに共役な複素数の積は実数となることを利用し，分母から虚数をなくす。数学 I で学んだ「分母の有理化」と似た方法である。

解答 (1) $\dfrac{1+2i}{2+3i}=\dfrac{(1+2i)(2-3i)}{(2+3i)(2-3i)}=\dfrac{2-3i+4i-6i^2}{2^2-(3i)^2}$

$=\dfrac{2-6(-1)+(-3+4)i}{4-9i^2}=\dfrac{8+i}{4-9(-1)}$

$=\dfrac{8+i}{13}=\boldsymbol{\dfrac{8}{13}+\dfrac{1}{13}i}$ 答

(2) $\dfrac{1-i}{1+i}=\dfrac{(1-i)^2}{(1+i)(1-i)}=\dfrac{1^2-2i+i^2}{1^2-i^2}=\dfrac{1-2i-1}{1-(-1)}$

$=\dfrac{-2i}{2}=\boldsymbol{-i}$ 答

(3) $\dfrac{5i}{2-i}=\dfrac{5i(2+i)}{(2-i)(2+i)}=\dfrac{10i+5i^2}{2^2-i^2}=\dfrac{10i+5(-1)}{4-(-1)}$

$=\dfrac{-5+10i}{5}=\boldsymbol{-1+2i}$ 答

C 負の数の平方根

教 p.49

練習 7

次の数を i を用いて表せ。

(1) $\sqrt{-5}$　　(2) $\sqrt{-9}$　　(3) -18 の平方根

指針 **負の数の平方根**

$a>0$ のとき $\sqrt{-a}=\sqrt{a}\,i$ と定めたことを用いる。

(3) -18 の平方根は 2 つある。虚部が正の数となる $\sqrt{18}i=3\sqrt{2}\,i$ と，虚部が負の数となる $-\sqrt{18}i=-3\sqrt{2}\,i$ の 2 つで，これらをまとめて $\pm3\sqrt{2}\,i$ と書く。

解答 (1) $\sqrt{-5}=\boldsymbol{\sqrt{5}\,i}$ 答

(2) $\sqrt{-9}=\sqrt{9}\,i=\boldsymbol{3i}$ 答

(3) -18 の平方根は

$\pm\sqrt{-18}=\pm\sqrt{18}i=\boldsymbol{\pm3\sqrt{2}\,i}$ 答

教 p.49

練習 8

次の式を計算せよ。

(1) $\sqrt{-2}\sqrt{-6}$　(2) $\dfrac{\sqrt{-3}}{\sqrt{-4}}$　(3) $\dfrac{\sqrt{-8}}{\sqrt{2}}$　(4) $\dfrac{\sqrt{45}}{\sqrt{-5}}$

指針　**負の数の平方根の計算**　まず次の変形を行う。

$a>0$ のとき　$\sqrt{-a}=\sqrt{a}\,i$　とくに　$\sqrt{-1}=i$

(1)　$a<0$, $b<0$ のとき $\sqrt{a}\sqrt{b}=\sqrt{ab}$ は成り立たない。

解答 (1)　$\sqrt{-2}\sqrt{-6}=\sqrt{2}\,i\times\sqrt{6}\,i=\sqrt{2}\sqrt{6}\,i^2$

$=\sqrt{12}(-1)=-2\sqrt{3}$　答

(2)　$\dfrac{\sqrt{-3}}{\sqrt{-4}}=\dfrac{\sqrt{3}\,i}{\sqrt{4}\,i}=\dfrac{\sqrt{3}}{2}$　答

(3)　$\dfrac{\sqrt{-8}}{\sqrt{2}}=\dfrac{\sqrt{8}\,i}{\sqrt{2}}=\dfrac{2\sqrt{2}\,i}{\sqrt{2}}=2i$　答

(4)　$\dfrac{\sqrt{45}}{\sqrt{-5}}=\dfrac{3\sqrt{5}}{\sqrt{5}\,i}=\dfrac{3}{i}=\dfrac{3i}{i^2}=-3i$　答

教 p.49

練習 9

教科書 $p.49$ の例 7(1)を参考にして，

$a<0$, $b<0$ のとき　$\sqrt{a}\sqrt{b}\neq\sqrt{ab}$

であることを示せ。

指針　**負の数の平方根の計算**　まず，$\sqrt{a}$，$\sqrt{b}$ を，虚数単位 i を用いて表す。

解答　$a<0$, $b<0$ のとき $-a>0$, $-b>0$ であるから

$\sqrt{a}=\sqrt{-(-a)}=\sqrt{-a}\,i$,

$\sqrt{b}=\sqrt{-(-b)}=\sqrt{-b}\,i$

よって　$\sqrt{a}\sqrt{b}=\sqrt{-a}\,i\times\sqrt{-b}\,i=\sqrt{-a}\sqrt{-b}\,i^2$

$=\sqrt{(-a)(-b)}\,i^2=\sqrt{ab}\,i^2=-\sqrt{ab}$

ここで，$ab\neq0$ であるから　$-\sqrt{ab}\neq\sqrt{ab}$

したがって　$\sqrt{a}\sqrt{b}\neq\sqrt{ab}$　終

教科書 p.50〜52

2　2次方程式の解

まとめ

1　2次方程式の解

a，b，c は実数とする。2次方程式 $ax^2+bx+c=0$ は，解を複素数の範囲で考えると，b^2-4ac の符号に関係なく常に解をもつ。数学Ⅰで学んだ次の解の公式は，b^2-4ac の符号に関係なく成り立つ。

2次方程式の解の公式

2次方程式 $ax^2+bx+c=0$ の解は　$x=\dfrac{-b\pm\sqrt{b^2-4ac}}{2a}$

上の解の公式において $b=2b'$ と表されるとき，次が成り立つ。

2次方程式 $ax^2+2b'x+c=0$ の解は　$x=\dfrac{-b'\pm\sqrt{b'^2-ac}}{a}$

2　2次方程式の解の種類の判別

以下，とくに断りがない場合，方程式の係数はすべて実数とし，方程式の解は複素数の範囲で考えるものとする。
方程式の解のうち，実数であるものを **実数解** といい，虚数であるものを **虚数解** という。複素数の範囲で，2次方程式 $ax^2+bx+c=0$ は常に解をもち，その解の種類は b^2-4ac すなわち **判別式** の符号によって判別できる。判別式は，ふつう D で表す。
よって，2次方程式の解の種類は，次のように判別できる。

2次方程式の解の種類の判別

2次方程式 $ax^2+bx+c=0$ の解と，その判別式 $D=b^2-4ac$ について，次のことが成り立つ。

$D>0$　⇔　**異なる2つの実数解をもつ**
$D=0$　⇔　**重解をもつ**
$D<0$　⇔　**異なる2つの虚数解をもつ**

注意　重解は実数解であるから，$D\geqq 0$　⇔　**実数解をもつ**　が成り立つ。
　また，2次方程式の異なる2つの虚数解は，互いに共役な複素数である。
2次方程式 $ax^2+2b'x+c=0$ では $D=4b'^2-4ac=4(b'^2-ac)$ であるから，D の代わりに $\dfrac{D}{4}=b'^2-ac$ を用いても解の種類を判別できる。

A 2次方程式の解

練習 10 教 p.51

次の2次方程式を解け。

(1) $x^2+3x+4=0$　　(2) $3x^2-4x+2=0$

(3) $x^2+\sqrt{2}x+1=0$　　(4) $x^2-2\sqrt{3}x+4=0$

指針 **2次方程式の解の公式**　数の範囲を複素数まで広げると，実数係数の2次方程式は常に解をもつ。解の公式は，b^2-4ac の符号に関係なくいつでも成り立つ。負になるときは i を使って書き換えておく。

解答 (1) $x=\dfrac{-3\pm\sqrt{3^2-4\cdot1\cdot4}}{2\cdot1}=\dfrac{-3\pm\sqrt{-7}}{2}=\boldsymbol{\dfrac{-3\pm\sqrt{7}i}{2}}$ 答

(2) $x=\dfrac{-(-2)\pm\sqrt{(-2)^2-3\cdot2}}{3}=\dfrac{2\pm\sqrt{-2}}{3}$

$=\boldsymbol{\dfrac{2\pm\sqrt{2}i}{3}}$ 答

(3) $x=\dfrac{-\sqrt{2}\pm\sqrt{(\sqrt{2})^2-4\cdot1\cdot1}}{2\cdot1}=\dfrac{-\sqrt{2}\pm\sqrt{-2}}{2}$

$=\boldsymbol{\dfrac{-\sqrt{2}\pm\sqrt{2}i}{2}}$ 答

(4) $x=\dfrac{-(-\sqrt{3})\pm\sqrt{(-\sqrt{3})^2-1\cdot4}}{1}=\sqrt{3}\pm\sqrt{-1}$

$=\boldsymbol{\sqrt{3}\pm i}$ 答

B 2次方程式の解の種類の判別

練習 11 教 p.52

次の2次方程式の解の種類を判別せよ。

(1) $x^2+5x+5=0$　　(2) $x^2-2\sqrt{3}x+5=0$

(3) $3x^2-4\sqrt{6}x+8=0$　　(4) $-4x^2+x-1=0$

指針 **2次方程式の解の種類の判別**　2次方程式 $ax^2+bx+c=0$ の解 $x=\dfrac{-b\pm\sqrt{b^2-4ac}}{2a}$ がどんな種類の解であるかを判別するには，解における根号の中の判別式 $D=b^2-4ac$ の符号を調べればよい。

なお，(2)，(3)は $ax^2+2b'x+c=0$ の形をしているので，$\dfrac{D}{4}=b'^2-ac$ の符号を調べる。

解答　与えられた2次方程式の判別式を D とする。

(1)　$D=5^2-4\cdot1\cdot5=5>0$

よって，この2次方程式は **異なる2つの実数解** をもつ。　答

(2)　$\frac{D}{4}=(\sqrt{3})^2-1\cdot5=-2<0$

よって，この2次方程式は **異なる2つの虚数解** をもつ。　答

(3)　$\frac{D}{4}=(2\sqrt{6})^2-3\cdot8=24-24=0$

よって，この2次方程式は **重解** をもつ。　答

(4)　$D=1^2-4(-4)(-1)=-15<0$

よって，この2次方程式は **異なる2つの虚数解** をもつ。　答

教 p.52

【?】

（例題2）　$-4<m<4$ のとき，$y=x^2+mx+4$ のグラフはどのような位置にあるだろうか。

指針　**2次方程式の解の種類の判別とグラフの位置**

グラフと x 軸の位置関係と D の符号の関係は，数学Ⅰで学んでいる。

解説　$-4<m<4$ のときは $D<0$ であるから，グラフは x 軸と共有点をもたない位置にある。

教 p.52

練習 12

m は定数とする。次の2次方程式の解の種類を判別せよ。

$$x^2+(m+1)x+1=0$$

指針　**文字係数の2次方程式の解の判別**　2次方程式がどんな種類の解であるかを判別するためには，判別式 D の符号を調べればよい。

D の符号によって場合分けする。D の符号は m の値によって変わる。

解答　この2次方程式の判別式は

$$D=(m+1)^2-4\cdot1\cdot1=m^2+2m-3=(m+3)(m-1)$$

よって，2次方程式の解は次のようになる。

$D>0$　すなわち

　　$m<-3,\ 1<m$ のとき　**異なる2つの実数解**

$D=0$　すなわち

　　$m=-3,\ 1$ のとき　**重解**

$D<0$　すなわち

　　$-3<m<1$ のとき　**異なる2つの虚数解**　答

3 解と係数の関係

まとめ

1　解と係数の関係

2次方程式の2つの解の和と積は，方程式の係数を用いて表せる。これを，2次方程式の **解と係数の関係** という。

2次方程式の解と係数の関係

2次方程式 $ax^2+bx+c=0$ の2つの解を α，β とすると

$$\alpha+\beta=-\frac{b}{a},\qquad \alpha\beta=\frac{c}{a}$$

補足　上の関係は，$\alpha=\beta$ のとき，すなわち解が重解のときにも成り立つ。

発展　$\alpha^2+\beta^2$ や $\alpha^3+\beta^3$ は，α と β を入れかえると，それぞれ $\beta^2+\alpha^2$，$\beta^3+\alpha^3$ となり，もとの式と同じ式になる。このように，2つの文字を入れかえてももとの式と同じになる多項式を，**対称式** という。対称式 $\alpha+\beta$ および $\alpha\beta$ を，α，β の **基本対称式** という。対称式と基本対称式について，次のことが知られている。

どのような対称式も，基本対称式で表すことができる。

2　2次式の因数分解

2次式の因数分解について，次のことがいえる。

2次方程式 $ax^2+bx+c=0$ の2つの解を α，β とすると

$$ax^2+bx+c=a(x-\alpha)(x-\beta)$$

このときの解 α，β は虚数解であってもよい。

2次方程式 $ax^2+bx+c=0$ は複素数の範囲で常に解をもつ。よって，係数が実数である2次式は，複素数の範囲で常に1次式の積に因数分解できる。

3　2次方程式の決定

2数 α，β を解とする2次方程式の1つは

$$x^2-(\alpha+\beta)x+\alpha\beta=0$$

和が p，積が q である2数を α，β とすると，$\alpha+\beta=p$，$\alpha\beta=q$ であるから，α，β は，2次方程式 $x^2-px+q=0$ の解である。

4　2次方程式の実数解の符号

2次方程式 $ax^2+bx+c=0$ の2つの実数解 α，β と判別式 D について，次のことが成り立つ。

α，β は異なる2つの正の解 $\iff$ $D>0$ で，$\alpha+\beta>0$ かつ $\alpha\beta>0$

α，β は異なる2つの負の解 $\iff$ $D>0$ で，$\alpha+\beta<0$ かつ $\alpha\beta>0$

α，β は符号の異なる解 $\iff$ $\alpha\beta<0$

A 解と係数の関係

教 p.54

練習 13

次の 2 次方程式について，2 つの解の和と積を求めよ。

(1)　$x^2+4x+2=0$　　　　(2)　$3x^2-6x-4=0$

指針　**解と係数の関係**　2 次方程式の解は，解の公式によって求めることができるが，解の和や積は解を求めることなく知ることができる。前ページのまとめにあるように，方程式の係数 a，b，c で簡単に表される。

解答　2 次方程式の 2 つの解を α，β とする。

(1)　$a=1$，$b=4$，$c=2$ であるから

$$\alpha+\beta=-\frac{b}{a}=-\frac{4}{1}=-4,\quad \alpha\beta=\frac{c}{a}=\frac{2}{1}=2$$　答　**和 -4，積 2**

(2)　$a=3$，$b=-6$，$c=-4$ であるから

$$\alpha+\beta=-\frac{b}{a}=-\frac{-6}{3}=2,\quad \alpha\beta=\frac{c}{a}=\frac{-4}{3}=-\frac{4}{3}$$　答　**和 2，積 $-\frac{4}{3}$**

教 p.54

【?】

(例題 3)　(2)　$\alpha^3+\beta^3$ の因数分解を用いると，どのように値を求められるだろうか。また，$(\alpha+\beta)(\alpha^2+\beta^2)$ の展開を用いると，どのように値を求められるだろうか。

指針　**解と係数の関係**　(1)の結果を利用して求める。

解説　(因数分解を用いる)　$\alpha^3+\beta^3=(\alpha+\beta)(\alpha^2-\alpha\beta+\beta^2)=4\cdot(6-5)=4$　答

(展開を用いる)　$(\alpha+\beta)(\alpha^2+\beta^2)=\alpha^3+\beta^3+\alpha\beta(\alpha+\beta)$ より

$$\alpha^3+\beta^3=(\alpha+\beta)(\alpha^2+\beta^2)-\alpha\beta(\alpha+\beta)=4\cdot6-5\cdot4=4$$　答

教 p.55

練習 14

2 次方程式 $x^2+3x-1=0$ の 2 つの解を α，β とするとき，次の式の値を求めよ。

(1)　$\alpha^2+\beta^2$　　　(2)　$\alpha^3+\beta^3$　　　(3)　$(\alpha-\beta)^2$

指針　**解と係数の関係・式の値**　方程式を解くと　$x=\dfrac{-3\pm\sqrt{13}}{2}$

一方をα，他方をβと決め各式に代入すると，計算は大変になる。

解と係数の関係を使えば，$\alpha+\beta$，$\alpha\beta$の値はすぐに求められる。そこで各式を$\alpha+\beta$と$\alpha\beta$で表すことを考え(この変形は，展開公式をもとにしたもので，よく使われる)，その結果に代入する。

解答　解と係数の関係から　$\alpha+\beta=-\frac{3}{1}=-3$,　$\alpha\beta=\frac{-1}{1}=-1$

(1)　$\alpha^2+\beta^2=(\alpha+\beta)^2-2\alpha\beta=(-3)^2-2(-1)=\mathbf{11}$ 答

(2)　$\alpha^3+\beta^3=(\alpha+\beta)^3-3\alpha\beta(\alpha+\beta)=(-3)^3-3(-1)(-3)=\mathbf{-36}$ 答

(3)　$(\alpha-\beta)^2=\alpha^2+\beta^2-2\alpha\beta$

$=11-2(-1)=\mathbf{13}$ 答　←(1)の結果を利用

別解 (2)　$\alpha^3+\beta^3=(\alpha+\beta)(\alpha^2-\alpha\beta+\beta^2)$

$=(-3)\{11-(-1)\}=\mathbf{-36}$ 答　←(1)の結果を利用

(3)　$(\alpha-\beta)^2=(\alpha+\beta)^2-4\alpha\beta$

$=(-3)^2-4(-1)=\mathbf{13}$ 答

【?】　教 p.55

（例題 4）　2 つの解を α, $\frac{\alpha}{2}$ と表すと，例題 4 はどのように解けるだろうか。

指針　**解と係数の関係・解の表現**　例題 4 の解答と同様に計算する。

解説　2 つの解を，α, $\frac{\alpha}{2}$ と表すと，解と係数の関係から

$\alpha+\frac{\alpha}{2}=-3$,　$\alpha\cdot\frac{\alpha}{2}=m$　すなわち　$\frac{3}{2}\alpha=-3$,　$\frac{\alpha^2}{2}=m$

よって　$\alpha=-2$　このとき　$m=\frac{\alpha^2}{2}=\frac{(-2)^2}{2}=2$

また，2 つの解は　$\alpha=-2$,　$\frac{\alpha}{2}=\frac{-2}{2}=-1$

よって　**$m=2$，2 つの解は -1，-2** 答

練習 15　教 p.55

2 次方程式 $x^2+5x+m=0$ の 2 つの解が次の条件を満たすとき，定数 m の値と 2 つの解を，それぞれ求めよ。

(1)　1 つの解が他の解の 4 倍である。

(2)　2 つの解の差が 1 である。

指針　**解と係数の関係・解の条件**　2 つの解を α, β とすると，解と係数の関係から，$\alpha+\beta=-5$, $\alpha\beta=m$ である。一方，解についての条件から，β は α を使って，(1)　$\beta=4\alpha$, (2)　$\beta=\alpha+1$　と表せる。まず，α と m の値を求める。

解答　(1)　2 つの解は，α, 4α と表すことができる。解と係数の関係から

$\alpha+4\alpha=-\frac{5}{1}=-5$,　$\alpha\cdot4\alpha=\frac{m}{1}=m$　すなわち　$5\alpha=-5$,　$4\alpha^2=m$

よって，1つの解 α は　$\alpha=-1$　　このとき　$m=4\alpha^2=4(-1)^2=4$

他の解 4αは　$4\alpha=-4$　　答　$\boldsymbol{m=4}$**，2つの解は** $\boldsymbol{-1,\ -4}$

(2)　2つの解は，α，$\alpha+1$ と表すことができる。解と係数の関係から

$\alpha+(\alpha+1)=-5,\quad \alpha(\alpha+1)=m$　　すなわち　$2\alpha+1=-5,\quad \alpha(\alpha+1)=m$

よって，1つの解 α は　$\alpha=-3$　　このとき　$m=\alpha(\alpha+1)=-3(-2)=6$

他の解 $\alpha+1$ は　$\alpha+1=-2$　　答　$\boldsymbol{m=6}$**，2つの解は** $\boldsymbol{-3,\ -2}$

注意 (2)　2つの解を，α，$\alpha-1$ と表してもよい。

B　2次式の因数分解

教 p.56

練習 16

次の2次式を，複素数の範囲で因数分解せよ。

(1)　x^2-3x-2　　(2)　$2x^2-2x-3$

(3)　x^2+4x+6　　(4)　$3x^2+5$

指針　**2次式の因数分解**　2次式 ax^2+bx+c を因数分解するには，方程式 $ax^2+bx+c=0$ の解 $\alpha,\ \beta$ を求めて，$ax^2+bx+c=a(x-\alpha)(x-\beta)$ とすればよい。

解答 (1)　2次方程式 $x^2-3x-2=0$ の解は

$$x=\frac{-(-3)\pm\sqrt{(-3)^2-4\cdot1\cdot(-2)}}{2\times1}=\frac{3\pm\sqrt{17}}{2}$$

よって　　$x^2-3x-2=\boldsymbol{\left(x-\frac{3+\sqrt{17}}{2}\right)\left(x-\frac{3-\sqrt{17}}{2}\right)}$　答

(2)　2次方程式 $2x^2-2x-3=0$ の解は

$$x=\frac{-(-1)\pm\sqrt{(-1)^2-2(-3)}}{2}=\frac{1\pm\sqrt{7}}{2}$$

よって　　$2x^2-2x-3=\boldsymbol{2\left(x-\frac{1+\sqrt{7}}{2}\right)\left(x-\frac{1-\sqrt{7}}{2}\right)}$　答

(3)　2次方程式 $x^2+4x+6=0$ の解は

$$x=\frac{-2\pm\sqrt{2^2-1\cdot6}}{1}=-2\pm\sqrt{-2}=-2\pm\sqrt{2}\,i$$

よって　　$x^2+4x+6=\{x-(-2+\sqrt{2}\,i)\}\{x-(-2-\sqrt{2}\,i)\}$

$=\boldsymbol{(x+2-\sqrt{2}\,i)(x+2+\sqrt{2}\,i)}$　答

(4)　2次方程式 $3x^2+5=0$ の解は，

$x^2=-\frac{5}{3}$ から　　$x=\pm\sqrt{-\frac{5}{3}}=\pm\frac{\sqrt{15}}{3}i$

よって　$3x^2+5=\boldsymbol{3\left(x+\frac{\sqrt{15}}{3}i\right)\left(x-\frac{\sqrt{15}}{3}i\right)}$　答

C 2次方程式の決定

練習 17 教 p.57

次の2数を解とする2次方程式を作れ。

(1) 2，-1　(2) $\dfrac{-1+\sqrt{5}}{2}$，$\dfrac{-1-\sqrt{5}}{2}$　(3) $1+2i$，$1-2i$

2章 複素数と方程式

指針 **2次方程式の決定**　2数を解とする2次方程式の1つは，
x^2-(解の和)$x+$(解の積)$=0$ と表される。

解答 (1) 解の和は　$2+(-1)=1$，　解の積は　$2(-1)=-2$

よって，この2数を解とする2次方程式の1つは　$\boldsymbol{x^2-x-2=0}$ 答

(2) 解の和は　$\dfrac{-1+\sqrt{5}}{2}+\dfrac{-1-\sqrt{5}}{2}=-1$

解の積は　$\dfrac{-1+\sqrt{5}}{2}\cdot\dfrac{-1-\sqrt{5}}{2}=\dfrac{1-5}{4}=-1$

よって，この2数を解とする2次方程式の1つは　$\boldsymbol{x^2+x-1=0}$ 答

(3) 解の和は　$(1+2i)+(1-2i)=2$

解の積は　$(1+2i)(1-2i)=1^2-4i^2=1-4(-1)=5$

よって，この2数を解とする2次方程式の1つは　$\boldsymbol{x^2-2x+5=0}$ 答

注意　「2次方程式の1つは」と表現するのは，たとえば(1)では，上の答えの他に，$2x^2-2x-4=0$ などいくつも考えられるからである。

【?】 教 p.58

(応用例題1)　2次方程式 $x^2+4x+7=0$ の2つの解を a，b とするとき，$x^2+2x+4=0$ はどのような2数を解にもつ2次方程式といえるだろうか。また，そのことを確かめてみよう。

指針 **解と係数の関係**　応用例題1の解答の流れを逆にたどって考える。

解説 $a=\alpha-1$，$b=\beta-1$ とすると　$\alpha=a+1$，$\beta=b+1$

よって，$x^2+2x+4=0$ は，$a+1$，$b+1$ を解にもつ2次方程式といえる。

2次方程式 $x^2+2x+4=0$ の2つの解を $a+1$，$b+1$ とすると，解と係数の関係から　$(a+1)+(b+1)=-2$，$(a+1)(b+1)=4$　すなわち　$a+b=-4$，$ab=7$

よって，a，b は，2次方程式 $x^2+4x+7=0$ の解であるから，正しいことが確かめられた。

練習 18 教 p.58

2次方程式 $x^2-3x-1=0$ の2つの解を α，β とするとき，2数 α^2，β^2 を解とする2次方程式を作れ。

教科書 $p.58$～59

指針 **2次方程式の解と方程式の決定**　次の手順で解けばよい。

① 解と係数の関係から，$\alpha+\beta$，$\alpha\beta$ の値をそれぞれ求める。

② α^2 と β^2 の和と積が α，β の式で表されるので，①を利用して，それらの和と積をそれぞれ求め，2次方程式 $x^2-(\text{和})x+(\text{積})=0$ を考える。

解答 解と係数の関係から　$\alpha+\beta=3$，$\alpha\beta=-1$

ここで　$\alpha^2+\beta^2=(\alpha+\beta)^2-2\alpha\beta=3^2-2\cdot(-1)=11$

$\alpha^2\beta^2=(\alpha\beta)^2=(-1)^2=1$

よって，α^2，β^2 を解とする2次方程式の1つは　$\boldsymbol{x^2-11x+1=0}$ 答

教 p.58

練習 19

和と積が次のようになる2数を求めよ。

(1) 和が-2，積が6　　(2) 和と積がともに3

指針 **和が p，積が q となる2数**　和が p，積が q である2数は，2次方程式 $x^2-px+q=0$ の解である。

解答 (1) 求める2数は，次の2次方程式の解である。

$x^2-(-2)x+6=0$　すなわち　$x^2+2x+6=0$

これを解いて　$x=\dfrac{-1\pm\sqrt{1^2-1\cdot6}}{1}=-1\pm\sqrt{5}\,i$

よって，求める2数は　$\boldsymbol{-1+\sqrt{5}\,i,\ -1-\sqrt{5}\,i}$ 答

(2) 求める2数は，2次方程式 $x^2-3x+3=0$ の解である。

これを解いて　$x=\dfrac{-(-3)\pm\sqrt{(-3)^2-4\cdot1\cdot3}}{2\times1}=\dfrac{3\pm\sqrt{3}\,i}{2}$

よって，求める2数は　$\boldsymbol{\dfrac{3+\sqrt{3}\,i}{2},\ \dfrac{3-\sqrt{3}\,i}{2}}$ 答

D 2次方程式の実数解の符号

教 p.59

練習 20

2次方程式 $x^2+2(m-3)x+4m=0$ が，次のような解をもつとき，定数 m の値の範囲を求めよ。

(1) 異なる2つの正の解　　(2) 異なる2つの負の解

(3) 正の解と負の解

指針 **2次方程式の実数解の符号**　2次方程式の判別式を D，解を α，β として，方程式がそれぞれ(1)～(3)のような解をもつときの条件を D，α，β で表すと

(1) 異なる2つの正の解　$\Leftrightarrow$　$D>0$，$\alpha+\beta>0$，$\alpha\beta>0$

(2) 異なる2つの負の解　$\Leftrightarrow$　$D>0$，$\alpha+\beta<0$，$\alpha\beta>0$

(3) 正の解と負の解　$\Leftrightarrow$　$\alpha\beta<0$

教科書 p.59

D，$\alpha+\beta$，$\alpha\beta$をそれぞれ m の式で表し，(1)~(3)の場合について，条件を m についての不等式で求める。これより，不等式をともに満たす m の値の範囲を求めることになる。数学Ⅰで学習した連立不等式である。正の解と負の解を言い換えれば，異符号の解である。

解答　この2次方程式の2つの解をα，βとし，判別式を D とする。

ここで　$\dfrac{D}{4}=(m-3)^2-1\cdot4m=m^2-10m+9=(m-1)(m-9)$

解と係数の関係により　$\alpha+\beta=-2(m-3)$，$\alpha\beta=4m$

(1)　方程式が条件を満たすのは，次の①，②が成り立つときである。

$D>0$ ……①

$\alpha+\beta>0$ かつ $\alpha\beta>0$ ……②

①より　$(m-1)(m-9)>0$

よって　$m<1$，$9<m$ ……③

②より　$-2(m-3)>0$ かつ $4m>0$

よって　$m<3$ ……④　$m>0$ ……⑤

③，④，⑤の共通範囲を求めて

$0<m<1$ 答

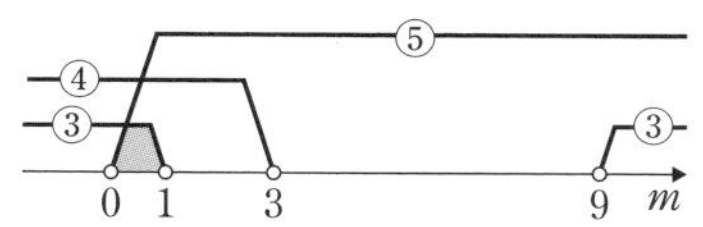

(2)　方程式が条件を満たすのは，次の①，②が成り立つときである。

$D>0$ ……①

$\alpha+\beta<0$ かつ $\alpha\beta>0$ ……②

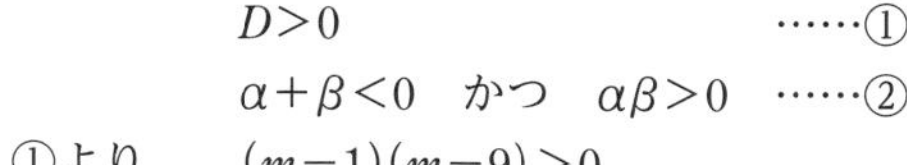

①より　$(m-1)(m-9)>0$

よって　$m<1$，$9<m$ ……③

②より　$-2(m-3)<0$ かつ $4m>0$

よって　$m>3$ ……④

$m>0$ ……⑤

③，④，⑤の共通範囲を求めて

$m>9$ 答

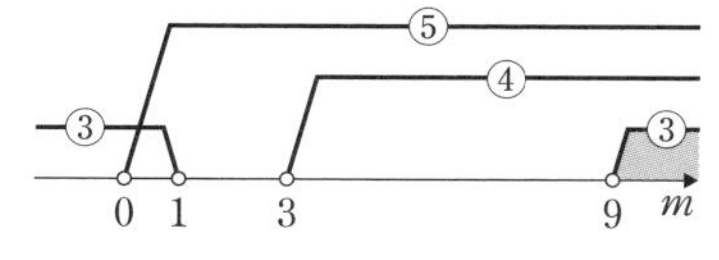

(3)　方程式が条件を満たすのは，$\alpha\beta<0$ のときである。

よって　$4m<0$　したがって　**$m<0$** 答

練習 21　教 p.59

教科書 p.59 練習20(1)について，2次関数 $y=x^2+2(m-3)x+4m$ のグラフを用いて考え，定数 m の値の範囲を求めよ。また，練習20(1)の解答と比較してわかることを述べよ。

指針 **2 次方程式の実数解の符号とグラフ**　2 次方程式 $ax^2+bx+c=0$ の実数解は，2 次関数 $y=ax^2+bx+c$ のグラフと x 軸の共有点の x 座標と一致する。このことを利用する。

解答 この 2 次関数の式を変形すると

$$y=\{x+(m-3)\}^2-(m-3)^2+4m$$
$$=\{x+(m-3)\}^2-m^2+10m-9$$

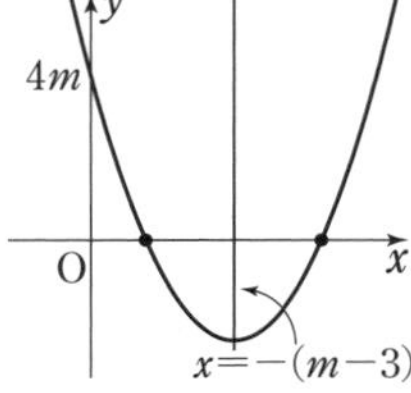

グラフは下に凸の放物線で，その軸は直線 $x=-(m-3)$ である。

グラフと x 軸の正の部分が異なる 2 点で交わるのは，次の [1]，[2]，[3] が同時に成り立つときである。

[1]　グラフと x 軸が異なる 2 点で交わる。
[2]　グラフの軸が y 軸より右側にある。
[3]　グラフと y 軸の交点の y 座標が正である。

[1]より，2 次方程式 $x^2+2(m-3)x+4m=0$ の判別式を D とすると　$\frac{D}{4}>0$

ゆえに　$(m-3)^2-1\cdot4m>0$　すなわち　$(m-1)(m-9)>0$

よって　　$m<1,\ 9<m$　……①

[2]より　　$-(m-3)>0$

よって　　$m<3$　……②

[3]より　　$4m>0$

よって　　$m>0$　……③

①，②，③の共通範囲を求めて

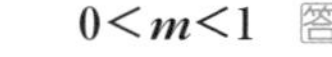
$0<m<1$ 答

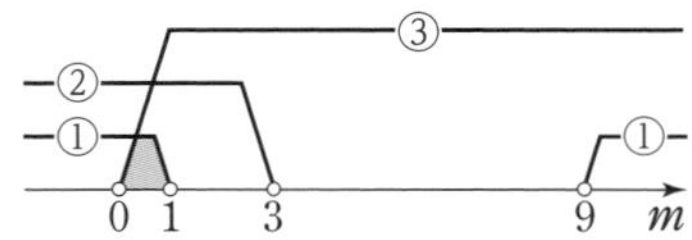

(練習 20 (1)との比較)

次の 2 つの条件について，どちらも $m<3$ である。

練習 21 のグラフの軸に関する条件

y 軸より右側

練習 20 (1)の 2 つの解の和に関する条件

$\alpha+\beta>0$

また，次の 2 つの条件について，どちらも $m>0$ である。

練習 21 のグラフと y 軸の交点に関する条件

y 座標が正

練習 20 (1)の 2 つの解の積に関する条件

$\alpha\beta>0$　終

第2章 第1節　問題

教 p.60

1 次の等式を満たす実数 x, y の値を求めよ。

(1)　$(1+2i)x+(-3+i)y=1-12i$

(2)　$(5+i)(x+yi)=13+13i$

指針　**複素数の相等**　2つの複素数が等しいのは，実部，虚部が，それぞれ一致する場合である。すなわち　$a+bi=c+di \iff a=c$ かつ $b=d$

この関係をもとにして，x, y の連立方程式を作ってその解を求めるとよい。

解答　(1)　左辺 $=(x-3y)+(2x+y)i$

よって　$(x-3y)+(2x+y)i=1-12i$

$x-3y$, $2x+y$ はそれぞれ実数であるから

$$x-3y=1, \qquad 2x+y=-12$$

これを解いて　$\boldsymbol{x=-5,\ y=-2}$　答

(2)　左辺 $=(5+i)(x+yi)=5x+(x+5y)i+yi^2$

$=(5x-y)+(x+5y)i$

よって　$(5x-y)+(x+5y)i=13+13i$

$5x-y$, $x+5y$ はそれぞれ実数であるから

$$5x-y=13, \qquad x+5y=13$$

これを解いて　$\boldsymbol{x=3,\ y=2}$　答

教 p.60

2 次の式を計算せよ。

(1)　$\left(\dfrac{-1+\sqrt{3}\,i}{2}\right)^2$　　(2)　$i-\dfrac{1}{i}$　　(3)　$i+i^2+i^3+i^4$

指針　**複素数の計算**　(1)　展開して，i^2 は -1 におき換える。

(2)　分数は分母を実数にする。分母，分子に i を掛ける。

(3)　$i^3=i^2i=-i$,　　$i^4=(i^2)^2=(-1)^2=1$

解答　(1)　$\left(\dfrac{-1+\sqrt{3}\,i}{2}\right)^2=\dfrac{(-1+\sqrt{3}\,i)^2}{2^2}=\dfrac{1-2\sqrt{3}\,i+3i^2}{4}$

$=\dfrac{1-2\sqrt{3}\,i+3(-1)}{4}=\dfrac{-2-2\sqrt{3}\,i}{4}=\boldsymbol{\dfrac{-1-\sqrt{3}\,i}{2}}$　答

(2)　$i-\dfrac{1}{i}=i-\dfrac{i}{i^2}=i-\dfrac{i}{-1}=i+i=\boldsymbol{2i}$　答

(3)　$i+i^2+i^3+i^4=i+i^2+i^2i+(i^2)^2$

$=i-1+(-1)i+(-1)^2=\boldsymbol{0}$　答

教 p.60

3　次の2次方程式を解け。

(1)　$2x^2-\sqrt{5}x+1=0$　　　(2)　$2(x+1)^2-4(x+1)+3=0$

指針　**2次方程式の解の公式**　(1)　解の公式にあてはめる。
$\sqrt{\ }$ の中が負の数になるときは，i を使って表す。
(2)　$x+1=X$ とおき，まず X の値を求めてもよいが，左辺を整理すると1次の項が消えて解きやすくなる。

解答　(1)　$x=\dfrac{-(-\sqrt{5})\pm\sqrt{(-\sqrt{5})^2-4\cdot2\cdot1}}{2\cdot2}$

$=\dfrac{\sqrt{5}\pm\sqrt{-3}}{4}=\boldsymbol{\dfrac{\sqrt{5}\pm\sqrt{3}i}{4}}$　答

(2)　左辺のかっこをはずすと

$$2x^2+4x+2-4x-4+3=0$$

整理して　$2x^2+1=0$　すなわち　$x^2=-\dfrac{1}{2}$

よって　$x=\pm\sqrt{-\dfrac{1}{2}}=\pm\sqrt{\dfrac{1}{2}}i=\boldsymbol{\pm\dfrac{\sqrt{2}}{2}i}$　答

別解　(2)　$x+1=X$ とおくと　$2X^2-4X+3=0$

よって　$X=\dfrac{-(-2)\pm\sqrt{(-2)^2-2\cdot3}}{2}=\dfrac{2\pm\sqrt{2}i}{2}=1\pm\dfrac{\sqrt{2}}{2}i$

ゆえに　$x+1=1\pm\dfrac{\sqrt{2}}{2}i$

したがって　$\boldsymbol{x=\pm\dfrac{\sqrt{2}}{2}i}$　答

教 p.60

4　m は実数とし，x の2次方程式 $x^2+mx+2-m=0$ を考える。

(1)　この方程式が虚数解をもつような定数 m の値の範囲を求めよ。

(2)　この方程式が，実部が1である虚数解をもつように，定数 m の値を定め，そのときの解を求めよ。

指針　**2次方程式の解の種類**　2次方程式 $ax^2+bx+c=0$ の判別式を D とすると，虚数解をもつのは $D<0$ のときである。このとき，この2次方程式の解は $x=\dfrac{-b\pm\sqrt{D}}{2a}$ であるから，この虚数解の実部は $\dfrac{-b}{2a}$ である。

解答 (1) 2 次方程式 $x^2+mx+2-m=0$ の判別式を D とすると

$$D=m^2-4\cdot1\cdot(2-m)=m^2+4m-8$$

2 次方程式 $x^2+mx+2-m=0$ が虚数解をもつのは $D<0$ のときである。

2 次方程式 $m^2+4m-8=0$ の解は

$$m=\frac{-2\pm\sqrt{2^2-1\cdot(-8)}}{1}=-2\pm2\sqrt{3}$$

したがって，求める m の値の範囲は

$$\boldsymbol{-2-2\sqrt{3}<m<-2+2\sqrt{3}}$$ 答

←$\alpha<\beta$ のとき $(m-\alpha)(m-\beta)<0$ の解は $\alpha<m<\beta$

(2) 2 次方程式 $x^2+mx+2-m=0$ の解は

$$x=\frac{-m\pm\sqrt{m^2+4m-8}}{2}$$

←$D=m^2+4m-8$ は上で求めている。

m は実数，$m^2+4m-8<0$ であるから，

虚数解の実部が 1 であるとき

$$\frac{-m}{2}=1 \qquad よって \qquad \boldsymbol{m=-2}$$ 答

$m=-2$ のとき，2 次方程式 $x^2+mx+2-m=0$ は

$$x^2-2x+4=0$$

これを解くと $\boldsymbol{x}=\dfrac{-(-1)\pm\sqrt{(-1)^2-1\cdot4}}{1}=\boldsymbol{1\pm\sqrt{3}\,i}$ 答

教 p.60

5 2 次方程式 $2x^2+4x+3=0$ の 2 つの解を α，β とするとき，次の式の値を求めよ。

(1) $\alpha^2+\beta^2$ (2) $\alpha^2\beta+\alpha\beta^2$ (3) $\dfrac{\beta}{\alpha}+\dfrac{\alpha}{\beta}$

指針 **解と係数の関係** (1)～(3)の各式は，$\alpha+\beta$，$\alpha\beta$ を使った式で表される。解と係数の関係から $\alpha+\beta$，$\alpha\beta$ の値を求め，代入する。

解答 解と係数の関係から $\alpha+\beta=-\dfrac{4}{2}=-2$，$\alpha\beta=\dfrac{3}{2}$

(1) $\alpha^2+\beta^2=(\alpha+\beta)^2-2\alpha\beta=(-2)^2-2\cdot\dfrac{3}{2}=\boldsymbol{1}$ 答

(2) $\alpha^2\beta+\alpha\beta^2=\alpha\beta(\alpha+\beta)=\dfrac{3}{2}(-2)=\boldsymbol{-3}$ 答

(3) (1)から $\dfrac{\beta}{\alpha}+\dfrac{\alpha}{\beta}=\dfrac{\beta^2}{\alpha\beta}+\dfrac{\alpha^2}{\alpha\beta}=\dfrac{\alpha^2+\beta^2}{\alpha\beta}$

$$=1\div\frac{3}{2}=\boldsymbol{\frac{2}{3}}$$ 答

教 p.60

6　2 次方程式 $x^2-7x-1=0$ の 2 つの解を α，β とするとき，次の 2 数を解とする 2 次方程式を作れ。

(1)　$\alpha-2$，$\beta-2$　　(2)　$\dfrac{2}{\alpha}$，$\dfrac{2}{\beta}$　　(3)　$\alpha+\beta$，$\alpha\beta$

指針　**2 次方程式の解と方程式の決定**

①　解と係数の関係より，$\alpha+\beta$，$\alpha\beta$ の値を求める。

②　2 数の和と積をそれぞれ α，β の式で表し，①を利用して値を計算する。

求める 2 次方程式は　　$x^2-(2\text{ 数の和})x+(2\text{ 数の積})=0$

解答　α，β は 2 次方程式 $x^2-7x-1=0$ の解であるから，
解と係数の関係により　　$\alpha+\beta=7$，$\alpha\beta=-1$　……①

(1)　2 数 $\alpha-2$，$\beta-2$ の和と積は，①より

和　$(\alpha-2)+(\beta-2)=(\alpha+\beta)-4$
$=7-4=3$

積　$(\alpha-2)(\beta-2)=\alpha\beta-2(\alpha+\beta)+4$
$=-1-2\cdot7+4=-11$

よって　　$\boldsymbol{x^2-3x-11=0}$　答

(2)　2 数 $\dfrac{2}{\alpha}$，$\dfrac{2}{\beta}$ の和と積は，①より

和　$\dfrac{2}{\alpha}+\dfrac{2}{\beta}=\dfrac{2\beta}{\alpha\beta}+\dfrac{2\alpha}{\alpha\beta}=\dfrac{2(\alpha+\beta)}{\alpha\beta}$
$=\dfrac{2\cdot7}{-1}=-14$

積　$\dfrac{2}{\alpha}\cdot\dfrac{2}{\beta}=\dfrac{4}{\alpha\beta}=\dfrac{4}{-1}=-4$

よって　　$x^2-(-14)x-4=0$

すなわち　$\boldsymbol{x^2+14x-4=0}$　答

(3)　2 数 $\alpha+\beta$，$\alpha\beta$ の和と積は，①より

和　$(\alpha+\beta)+\alpha\beta=7-1=6$

積　$(\alpha+\beta)\alpha\beta=7(-1)=-7$

よって　　$\boldsymbol{x^2-6x-7=0}$　答

教 p.60

7 a, b, c は正の実数で，$a>b$ とする。2 次方程式 $ax^2+bx+c=0$ が実数解をもつとき，解の絶対値はすべて 1 未満であることを証明せよ。ただし，正の実数 A, B について

$$A+B<1 \quad ならば \quad A<1 \quad かつ \quad B<1$$

であることを利用してもよい。

指針 **2 次方程式の解の絶対値と数の大小**　解と係数の関係を利用する。

解答 この 2 次方程式の 2 つの実数解を α, β とする。

解と係数の関係により

$$\alpha+\beta=-\frac{b}{a},\ \alpha\beta=\frac{c}{a}$$

a, b, c は正の実数であるから

$$\alpha+\beta<0,\ \alpha\beta>0$$

α, β は実数であるから　　$\alpha<0$, $\beta<0$

ゆえに　　　$|\alpha|=-\alpha$, $|\beta|=-\beta$

したがって　　$|\alpha|+|\beta|=-(\alpha+\beta)=\dfrac{b}{a}$

a は正の実数で，$a>b$ であるから　　$\dfrac{b}{a}<1$

すなわち　　$|\alpha|+|\beta|<1$ ……①

$|\alpha|$, $|\beta|$ は正の実数であり，①から

$$|\alpha|<1 \quad かつ \quad |\beta|<1$$

よって，解の絶対値はすべて 1 未満である。　終

2 章 複素数と方程式

第2節 高次方程式

4 剰余の定理と因数定理

まとめ

1 剰余の定理

以下では，x の多項式を $P(x)$，$Q(x)$ などと書く。また，多項式 $P(x)$ の x に，数 k を代入したときの値を $P(k)$ と書く。

多項式 $P(x)$ を x の1次式 $x-k$ で割った商が $Q(x)$，余りが R であることは，次の等式で表される。

$$P(x)=(x-k)Q(x)+R$$ ← R は定数

ここで，両辺の x に k を代入すると，$P(k)=R$ が得られる。

したがって，次の **剰余の定理** が成り立つ。

剰余の定理

多項式 $P(x)$ を1次式 $x-k$ で割った余りは，$P(k)$ に等しい。

2 因数定理

剰余の定理により，次のことが成り立つ。

多項式 $P(x)$ が1次式 $x-k$ で割り切れる $\Longleftrightarrow$ $P(k)=0$

よって，$P(k)=0$ のとき，$P(x)$ は $P(x)=(x-k)Q(x)$ の形であるから，次の **因数定理** が成り立つ。

因数定理

多項式 $P(x)$ が1次式 $x-k$ を因数にもつ $\Longleftrightarrow$ $P(k)=0$

A 剰余の定理

練習 22 教 p.62

$P(x)=x^3+x^2-3x-2$ を次の1次式で割った余りを求めよ。

(1) $x-1$　(2) $x+1$　(3) $x+2$

指針 **1次式で割った余り**　1次式で割った余りを求めるとき，実際に多項式の割り算をするより剰余の定理を用いる方が簡単に求められる。

(1) $P(x)$ を $x-k$ で割った余りは $P(k)$ に等しいから，$x-1$ で割った余りは，$P(1)$ すなわち $P(x)$ の x に1を代入して計算した値である。代入する x の値は，(割る1次式)$=0$ の解と考えるとよい。

(2) $P(-1)$　(3) $P(-2)$　をそれぞれ計算する。

解答 (1) $P(1)=1^3+1^2-3\cdot1-2=-3$ 答

(2) $P(-1)=(-1)^3+(-1)^2-3(-1)-2=1$ 答

(3)　$P(-2)=(-2)^3+(-2)^2-3(-2)-2=\mathbf{0}$　答

教 p.62

練習 23

次のことを示せ。

多項式 $P(x)$ を 1 次式 $ax+b$ で割った余りは，$P\left(-\dfrac{b}{a}\right)$ に等しい。

指針　**1 次式で割った余り**　多項式を 1 次式 $ax+b$ で割った余りを求める。

$P(x)=(ax+b)Q(x)+R$ とおき，$ax+b=0$ の解 $x=-\dfrac{b}{a}$ を代入する。

解答　$P(x)$ を x の 1 次式 $ax+b$ で割った商を $Q(x)$，余りを R とすると，次の等式が成り立つ。

$$P(x)=(ax+b)Q(x)+R$$

この両辺の x に $-\dfrac{b}{a}$ を代入すると

$$P\left(-\frac{b}{a}\right)=\left\{a\left(-\frac{b}{a}\right)+b\right\}Q\left(-\frac{b}{a}\right)+R$$

$$=0\cdot Q\left(-\frac{b}{a}\right)+R=R$$

よって，多項式 $P(x)$ を 1 次式 $ax+b$ で割った余りは，

$P\left(-\dfrac{b}{a}\right)$ に等しい。　終

教 p.62

練習 24

多項式 $P(x)=2x^3+5ax^2+ax+1$ を $x+1$ で割った余りが -5 であるとき，定数 a の値を求めよ。

指針　**剰余の定理の利用**　$P(x)$ を $x+1$ で割った余りは $P(-1)$ に等しい。
よって，$P(-1)=-5$ を解き，a の値を求める。

解答　剰余の定理により $P(-1)=-5$ であるから

$$2(-1)^3+5a(-1)^2+a(-1)+1=-5$$

整理すると　　$4a=-4$

よって　　$\boldsymbol{a=-1}$　答

教 p.62

【?】

(応用例題 2)　余りを $ax+b$ とおくことができるのはなぜだろうか。

指針　**2 次式で割った余り**　割る式 $(x-1)(x+2)$ の次数に着目する。

解説　多項式を 2 次式 $(x-1)(x+2)$ で割った余りは，0 か 1 次以下の多項式であるから，1 次式か定数である。よって，求める余りを $ax+b$ とおくことができる。

教 p.62

練習 25

多項式 $P(x)$ を $x-3$ で割った余りが 1，$x+1$ で割った余りが 5 である。$P(x)$ を $(x-3)(x+1)$ で割った余りを求めよ。

指針 **2 次式で割った余り**　$P(x)$ を 2 次式 $(x-3)(x+1)$ で割った余りは，1 次式か定数である。これを $ax+b$ とおく。

$P(x)$ を $x-3$，$x+1$ で割った余りは，剰余の定理により，それぞれ $P(3)$，$P(-1)$ に等しいから，$P(3)=1$，$P(-1)=5$ が成り立つ。これらから a，b の値を求める。

解答 $P(x)$ を 2 次式 $(x-3)(x+1)$ で割った余りを $ax+b$ とおいて，商を $Q(x)$ とすると，次の等式が成り立つ。

$$P(x)=(x-3)(x+1)Q(x)+ax+b \qquad \leftarrow A=BQ+R$$

この等式より　$P(3)=3a+b$，$P(-1)=-a+b$

また，$x-3$ で割った余りが 1 であるから　$P(3)=1$

$x+1$ で割った余りが 5 であるから　$P(-1)=5$

よって　$3a+b=1$，　$-a+b=5$

これを解くと　$a=-1$，$b=4$

したがって，求める余りは　$\boldsymbol{-x+4}$　答

B 因数定理

教 p.63

練習 26

次の 1 次式のうち多項式 x^3+2x^2-5x-6 の因数であるものはどれか。

① $x-1$　② $x+1$　③ $x-2$　④ $x+2$

指針 **因数定理**　$P(x)=x^3+2x^2-5x-6$ とおくと

多項式 $P(x)$ が 1 次式 $x-k$ を因数にもつ $\Longleftrightarrow$ $P(k)=0$

①〜④のうち，$P(k)=0$ となるものを選ぶ。

解答 $P(x)=x^3+2x^2-5x-6$ とおく。

① $P(1)=1^3+2\cdot1^2-5\cdot1-6=-8$

② $P(-1)=(-1)^3+2(-1)^2-5(-1)-6=0$

③ $P(2)=2^3+2\cdot2^2-5\cdot2-6=0$

④ $P(-2)=(-2)^3+2(-2)^2-5(-2)-6=4$

よって，$P(x)$ の因数であるものは　②，③　答

練習 27 教 p.63

次の式を因数分解せよ。

(1) x^3-3x^2-6x+8　　(2) x^3-5x^2+3x+9

(3) $2x^3+3x^2-11x-6$

指針 **3次式の因数分解**　与えられた3次式を$P(x)$とし，まず，$P(k)=0$となるkの値をみつける（$P(x)$の定数項の正・負の約数を調べる）。
このとき，$P(x)$は$x-k$を因数にもち　$P(x)=(x-k)Q(x)$
$Q(x)$は，$P(x)$を$x-k$で割って求め，因数分解できるならする。

解説 (1) $P(x)=x^3-3x^2-6x+8$とすると

$P(1)=1^3-3\cdot1^2-6\cdot1+8$
$=0$

よって，$P(x)$は$x-1$を因数にもつ。
右の割り算から

$x^3-3x^2-6x+8=(x-1)(x^2-2x-8)$

さらに因数分解して

$x^3-3x^2-6x+8=(x-1)(x+2)(x-4)$ 答

$$\begin{array}{r|l} & x^2-2x-8 \\ x-1 & x^3-3x^2-6x+8 \\ & x^3-x^2 \\ \hline & -2x^2-6x \\ & -2x^2+2x \\ \hline & -8x+8 \\ & -8x+8 \\ \hline & 0 \end{array}$$

(2) $P(x)=x^3-5x^2+3x+9$とすると

$P(-1)=(-1)^3-5\cdot(-1)^2+3\cdot(-1)+9$
$=0$

よって，$P(x)$は$x+1$を因数にもつ。
右の割り算から

$x^3-5x^2+3x+9=(x+1)(x^2-6x+9)$

さらに因数分解して

$x^3-5x^2+3x+9=(x+1)(x-3)^2$ 答

$$\begin{array}{r|l} & x^2-6x+9 \\ x+1 & x^3-5x^2+3x+9 \\ & x^3+x^2 \\ \hline & -6x^2+3x \\ & -6x^2-6x \\ \hline & 9x+9 \\ & 9x+9 \\ \hline & 0 \end{array}$$

(3) $P(x)=2x^3+3x^2-11x-6$とすると

$P(2)=2\cdot2^3+3\cdot2^2-11\cdot2-6$
$=0$

よって，$P(x)$は$x-2$を因数にもつ。
右の割り算から

$2x^3+3x^2-11x-6=(x-2)(2x^2+7x+3)$

さらに因数分解して

$2x^3+3x^2-11x-6=(x-2)(x+3)(2x+1)$ 答

$$\begin{array}{r|l} & 2x^2+7x+3 \\ x-2 & 2x^3+3x^2-11x-6 \\ & 2x^3-4x^2 \\ \hline & 7x^2-11x \\ & 7x^2-14x \\ \hline & 3x-6 \\ & 3x-6 \\ \hline & 0 \end{array}$$

研究 組立除法

まとめ

1　組立除法

3 次式 ax^3+bx^2+cx+d を 1 次式 $x-k$ で割った商を lx^2+mx+n とし，余りを R とする。この商の係数 l，m，n と余り R を求めるのに，次のような方法がある。この方法を **組立除法** という。

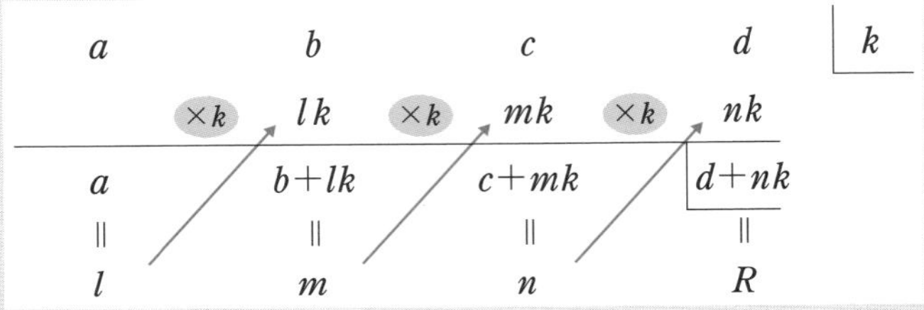

練習 1　x^3-4x^2+3 を $x-1$ で割った商と余りを求めよ。 教 p.64

指針　**組立除法**　割られる式 x^3-4x^2+3 は x の項が欠けているから，その項の係数を 0 として，x^3-4x^2+0x+3 と考えることに注意する。

解答　組立除法により

商　x^2-3x-3　余り　0　答

1	−4	0	3	1
	1	−3	−3	
1	−3	−3	0	

5 高次方程式

まとめ

1　高次方程式の解き方

x の多項式 $P(x)$ が n 次式のとき，方程式 $P(x)=0$ を x の **n 次方程式** という。

また，3 次以上の方程式を **高次方程式** という。

高次方程式 $P(x)=0$ は，$P(x)$ を 2 次以下の多項式の積に因数分解できれば解くことができる。

3 乗すると a になる数を a の **3 乗根** という。すなわち，$x^3=a$ となる数 x が a の 3 乗根である。1 の 3 乗根は

$$1,\ \frac{-1+\sqrt{3}\,i}{2},\ \frac{-1-\sqrt{3}\,i}{2}\quad である。$$

たとえば，方程式$(x-1)^2(x+2)=0$の解は$x=1$，-2であるが，このうち，解$x=1$を**2重解**という。また，方程式$(x-1)^3(x+2)=0$の解$x=1$，-2のうち，解$x=1$を**3重解**という。
2次方程式の重解を重なった2つの解と考えて，これを2個と数えると，2次方程式は複素数の範囲で常に2個の解をもつ。
一般に，高次方程式の解の個数を，2重解は2個，3重解は3個などと数えることにすると，

n次方程式は，複素数の範囲でn個の解をもつ

ことが知られている。

2　高次方程式の解と係数

係数が実数であるn次方程式について，次のことが知られている。

解の1つが虚数$a+bi$ならば，それと共役な複素数$a-bi$も解である。

A 高次方程式の解き方

練習 28 教 p.65

次の3次方程式を解け。

(1)　$x^3-8=0$　　(2)　$x^3+1=0$

指針　**因数分解の公式を利用する解き方**　ここで使う因数分解の公式は

$a^3+b^3=(a+b)(a^2-ab+b^2)$，$a^3-b^3=(a-b)(a^2+ab+b^2)$

因数分解を利用する解き方では，次のことを使う。

$AB=0$ ならば　$A=0$ または $B=0$

解答　(1)　左辺を因数分解すると　$(x-2)(x^2+2x+4)=0$

よって　$x-2=0$　または　$x^2+2x+4=0$

ゆえに　$x=2$

または　$x=\dfrac{-1\pm\sqrt{1^2-1\cdot4}}{1}=-1\pm\sqrt{3}\,i$

したがって　$x=2,\ -1\pm\sqrt{3}\,i$　答

(2)　左辺を因数分解すると　$(x+1)(x^2-x+1)=0$

よって　$x+1=0$　または　$x^2-x+1=0$

ゆえに　$x=-1$

または　$x=\dfrac{-(-1)\pm\sqrt{(-1)^2-4\cdot1\cdot1}}{2\cdot1}=\dfrac{1\pm\sqrt{3}\,i}{2}$

したがって　$x=-1,\ \dfrac{1\pm\sqrt{3}\,i}{2}$　答

教 p.66

練習 29

1の3乗根のうち虚数であるものの1つをωとするとき，次のことを示せ。

(1) 1の3乗根は，1，ω，ω^2 である。　　(2) $\omega^2+\omega+1=0$

指針 **1の3乗根**

(1) 方程式$x^3=1$を解く。

(2) $x^3-1=(x-1)(x^2+x+1)$を利用する。

解答 (1) 1の3乗根は，方程式$x^3=1$の解である。

移項すると　$x^3-1=0$　　左辺を因数分解して　$(x-1)(x^2+x+1)=0$

よって　　$x-1=0$　または　$x^2+x+1=0$

ゆえに，1の3乗根は　　$1,\ \dfrac{-1\pm\sqrt{3}\,i}{2}$

$\omega=\dfrac{-1+\sqrt{3}\,i}{2}$ とすると　$\omega^2=\left(\dfrac{-1+\sqrt{3}\,i}{2}\right)^2=\dfrac{-2-2\sqrt{3}\,i}{4}=\dfrac{-1-\sqrt{3}\,i}{2}$

$\omega=\dfrac{-1-\sqrt{3}\,i}{2}$ とすると　$\omega^2=\left(\dfrac{-1-\sqrt{3}\,i}{2}\right)^2=\dfrac{-2+2\sqrt{3}\,i}{4}=\dfrac{-1+\sqrt{3}\,i}{2}$

いずれにしても，1の3乗根のうち虚数であるものの1つをωとすると，他方はω^2となる。

よって，1の3乗根は1，ω，ω^2である。 終

(2) $x^3-1=(x-1)(x^2+x+1)$より，ωは$x^2+x+1=0$の解である。

よって　　$\omega^2+\omega+1=0$ 終

教 p.66

練習 30

次の4次方程式を解け。

(1) $x^4+x^2-12=0$　　(2) $x^4-1=0$

指針 **因数分解を利用する解き方**　左辺を因数分解して，数の積の性質を使う。この性質は因数が3つ以上の場合も同様に成り立つ。

解答 (1) 左辺を因数分解すると

$(x^2-3)(x^2+4)=0$

よって　$x^2-3=0$　または　$x^2+4=0$

ゆえに　$x^2=3$　　または　$x^2=-4$

したがって　$\boldsymbol{x=\pm\sqrt{3},\ \pm 2i}$ 答

← $(x^2)^2+x^2-12=0$
$x^2=X$ とおくと
$X^2+X-12=0$
$(X-3)(X+4)=0$

← $\pm\sqrt{-4}=\pm 2i$

(2) 左辺を因数分解すると

$(x+1)(x-1)(x^2+1)=0$

よって　$x+1=0$　または　$x-1=0$

または　$x^2+1=0$

したがって　$\boldsymbol{x=\pm 1,\ \pm i}$ 答

← $(x^2)^2-1=0$
$(x^2-1)(x^2+1)=0$

← $x^2=-1$
$x=\pm\sqrt{-1}=\pm i$

教 p.66

【?】 （例題 5） x^3-4x^2+8 を，3 つの 1 次式の積に因数分解してみよう。

指針 **3 次式の因数分解** 因数定理を利用する。

解説 例題 5 から $x^3-4x^2+8=(x-2)(x^2-2x-4)$

2 次方程式 $x^2-2x-4=0$ の解は $x=1\pm\sqrt{5}$

したがって $x^3-4x^2+8=\boldsymbol{(x-2)(x-1-\sqrt{5})(x-1+\sqrt{5})}$ 答

教 p.67

練習 31 次の 3 次方程式を解け。

(1) $2x^3-3x^2-4=0$ (2) $x^3+4x^2+x-6=0$

(3) $x^3+4x^2+5x+2=0$

指針 **因数定理を用いる解き方** 因数定理を用いて左辺を因数分解する。

多項式 $P(x)$ が 1 次式 $x-k$ を因数にもつ $\Longleftrightarrow$ $P(k)=0$

$P(k)=0$ となる k をみつけるには，$P(x)$ の定数項の正・負の約数のいずれかについて調べればよい。

解答 (1) $P(x)=2x^3-3x^2-4$ とすると

$P(2)=2\cdot2^3-3\cdot2^2-4=0$

よって，$P(x)$ は $x-2$ を因数にもち

$P(x)=(x-2)(2x^2+x+2)$

$P(x)=0$ から

$x-2=0$ または $2x^2+x+2=0$

ゆえに $x=2$

または $x=\dfrac{-1\pm\sqrt{1^2-4\cdot2\cdot2}}{2\cdot2}=\dfrac{-1\pm\sqrt{15}i}{4}$

したがって $\boldsymbol{x=2,\ \dfrac{-1\pm\sqrt{15}i}{4}}$ 答

$$\begin{array}{r|l} & 2x^2+x+2 \\ \hline x-2 & 2x^3-3x^2\quad-4 \\ & 2x^3-4x^2 \\ \hline & x^2 \\ & x^2-2x \\ \hline & 2x-4 \\ & 2x-4 \\ \hline & 0 \end{array}$$

(2) $P(x)=x^3+4x^2+x-6$ とすると

$P(1)=1^3+4\cdot1^2+1-6=0$

よって，$P(x)$ は $x-1$ を因数にもち

$P(x)=(x-1)(x^2+5x+6)$

$=(x-1)(x+2)(x+3)$

$P(x)=0$ から $\boldsymbol{x=-3,\ -2,\ 1}$ 答

$$\begin{array}{r|l} & x^2+5x+6 \\ \hline x-1 & x^3+4x^2+x-6 \\ & x^3-x^2 \\ \hline & 5x^2+x \\ & 5x^2-5x \\ \hline & 6x-6 \\ & 6x-6 \\ \hline & 0 \end{array}$$

(3) $P(x)=x^3+4x^2+5x+2$ とすると

$P(-1)=(-1)^3+4(-1)^2+5(-1)+2=0$

よって，$P(x)$ は $x+1$ を因数にもち

$P(x)=(x+1)(x^2+3x+2)$

$=(x+1)^2(x+2)$

$P(x)=0$ から　$\boldsymbol{x=-2,\ -1}$ 答

$$\begin{array}{r}
x^2+3x+2 \\
x+1\,\overline{)\,x^3+4x^2+5x+2} \\
\underline{x^3+\ x^2\qquad\qquad} \\
3x^2+5x\quad \\
\underline{3x^2+3x\quad} \\
2x+2 \\
\underline{2x+2} \\
0
\end{array}$$

教 p.67

練習 32

次の方程式を解け。

(1) $x^3+x^2+x+6=0$　　(2) $x^4+8x^2+16=0$

(3) $x^4+8x=0$　　(4) $x^3-9x^2+27x-27=0$

指針 **因数分解の利用**　すぐに因数分解できないときは，因数定理を利用する。

解答 (1) $P(x)=x^3+x^2+x+6$ とすると　$P(-2)=0$

よって，$P(x)$ は $x+2$ で割り切れるから，$P(x)$ を因数分解すると

$P(x)=(x+2)(x^2-x+3)$

$P(x)=0$ から　$x+2=0$ または $x^2-x+3=0$

したがって　$\boldsymbol{x=-2,\ \dfrac{1\pm\sqrt{11}\,i}{2}}$ 答

(2) 左辺を因数分解すると　$(x^2+4)^2=0$

よって　$x^2+4=0$　したがって　$\boldsymbol{x=\pm 2i}$ 答

(3) 左辺を因数分解すると　$x(x^3+8)=0$

すなわち　$x(x+2)(x^2-2x+4)=0$

よって　$x=0$ または $x+2=0$ または $x^2-2x+4=0$

したがって　$\boldsymbol{x=0,\ -2,\ 1\pm\sqrt{3}\,i}$ 答

(4) $P(x)=x^3-9x^2+27x-27$ とすると　$P(3)=0$

よって，$P(x)$ は $x-3$ で割り切れるから，$P(x)$ を因数分解すると

$P(x)=(x-3)(x^2-6x+9)=(x-3)^3$

$P(x)=0$ から　$\boldsymbol{x=3}$ 答

別解 左辺$=x^3-9x^2+27x-27=x^3-3\cdot x^2\cdot 3+3\cdot x\cdot 3^2-3^3=(x-3)^3$

よって，$(x-3)^3=0$ から　$\boldsymbol{x=3}$ 答

教 p.68

【?】

(応用例題 3)　$1+2i$ と $1-2i$ を解にもつ 2 次方程式は何だろうか。

指針 **2 つの虚数解をもつ 2 次方程式の決定**　解と係数の関係を利用する。

解説 $(1+2i)+(1-2i)=2$，$(1+2i)(1-2i)=1^2-(2i)^2=5$　よって，解と係数の関係から，求める 2 次方程式の 1 つは　$\boldsymbol{x^2-2x+5=0}$ 答

教 p.68

練習 33

教科書 $p.68$ 応用例題 3 について，$1+2i$ と共役な複素数 $1-2i$ が 3 次方程式の解になることを利用して解け。

指針 **高次方程式と虚数解**　$1+2i$ と $1-2i$ を解にもつ 2 次方程式は $x^2-2x+5=0$ であることを利用する。

解答 実数を係数とする 3 次方程式が虚数 $1+2i$ を解にもつから，共役な複素数 $1-2i$ もこの方程式の解になる。

2 つの解の和は　$(1+2i)+(1-2i)=2$

2 つの解の積は　$(1+2i)(1-2i)=1^2-(2i)^2=5$

よって，この 2 数を解とする 2 次方程式の 1 つは　$x^2-2x+5=0$

したがって，x^3-3x^2+ax+b は x^2-2x+5 を因数にもつから，実数 c を用いて

$$x^3-3x^2+ax+b=(x^2-2x+5)(x-c) \quad \cdots\cdots①$$

とおけて，c は $x^3-3x^2+ax+b=0$ の解の 1 つになる。

①の右辺を x について整理すると

$$x^3-3x^2+ax+b=x^3-(c+2)x^2+(2c+5)x-5c$$

両辺の同じ次数の項の係数を比較して

$$3=c+2,\ a=2c+5,\ b=-5c$$

これを解くと　$a=7,\ b=-5,\ c=1$

したがって　**$a=7$，$b=-5$，他の解は 1，$1-2i$** 答

教 p.68

練習 34

a，b は実数とする。3 次方程式 $x^3+x^2+ax+b=0$ が $1+i$ を解にもつとき，定数 a，b の値を求めよ。また，他の解を求めよ。

指針 **高次方程式と虚数解**　教科書の応用例題 3 と同様にして解く。

$1+i$ を代入して整理すると　$(a+b-2)+(a+4)i=0$

(別解) 練習 33 と同様にして解く。

解答 $1+i$ が解であるから

$$(1+i)^3+(1+i)^2+a(1+i)+b=0$$

整理して　$(a+b-2)+(a+4)i=0$

a，b は実数であるから，$a+b-2$，$a+4$ は実数である。

よって　$a+b-2=0,\ a+4=0$

これを解くと　$a=-4,\ b=6$

このとき，方程式は　$x^3+x^2-4x+6=0$

左辺を因数分解すると　$(x+3)(x^2-2x+2)=0$

よって　$x=-3,\ 1\pm i$

したがって　**$a=-4$，$b=6$，他の解は -3，$1-i$** 答

別解　実数を係数とする 3 次方程式が虚数 $1+i$ を解にもつから，それと共役な複素数 $1-i$ もこの方程式の解になる。

2 つの解の和は　$(1+i)+(1-i)=2$

2 つの解の積は　$(1+i)(1-i)=1^2-i^2=2$

よって，この 2 数を解とする 2 次方程式の 1 つは　$x^2-2x+2=0$

したがって，x^3+x^2+ax+b は x^2-2x+2 を因数にもつから，実数 c を用いて

$$x^3+x^2+ax+b=(x^2-2x+2)(x-c) \quad \cdots\cdots①$$

とおけて，c は $x^3+x^2+ax+b=0$ の解の 1 つになる。

①の右辺を x について整理すると

$$x^3+x^2+ax+b=x^3-(c+2)x^2+(2c+2)x-2c$$

両辺の同じ次数の項の係数を比較して

$$1=-(c+2),\ a=2c+2,\ b=-2c$$

これを解くと　$a=-4$，$b=6$，$c=-3$

したがって　　**$a=-4$，$b=6$，他の解は -3，$1-i$**　答

発展　3 次方程式の解と係数の関係

まとめ

1　3 次方程式の解と係数の関係

3 次方程式 $ax^3+bx^2+cx+d=0$ の 3 つの解を α，β，γ とすると

$$\alpha+\beta+\gamma=-\frac{b}{a},\quad \alpha\beta+\beta\gamma+\gamma\alpha=\frac{c}{a},\quad \alpha\beta\gamma=-\frac{d}{a}$$

第2章 第2節　問題

教 p.70

8 $P(x)=3x^3+x^2+x+1$ を $3x+1$ で割った余りを求めよ。

指針　**1次式で割った余り**　1次式で割ったときの余りは定数であるから，余りを R とおくと，$P\left(-\frac{1}{3}\right)=R$ である。

解答　$P(x)$ を $3x+1$ で割ったときの商を $Q(x)$，余りを R とすると

$$P(x)=(3x+1)Q(x)+R$$　←$A=BQ+R$

両辺の x に $-\frac{1}{3}$ を代入すると　$P\left(-\frac{1}{3}\right)=R$　←$3\left(-\frac{1}{3}\right)+1=0$

よって，余りは $P\left(-\frac{1}{3}\right)$ に等しい。

$P(x)=3x^3+x^2+x+1$ であるから，余りは

$$P\left(-\frac{1}{3}\right)=3\left(-\frac{1}{3}\right)^3+\left(-\frac{1}{3}\right)^2+\left(-\frac{1}{3}\right)+1=\frac{2}{3}$$ 答

教 p.70

9 $P(x)=x^3+ax+b$ を $(x+1)(x-3)$ で割った余りが $3x-2$ であるとき，次の問いに答えよ。

(1)　$P(-1)$，$P(3)$ を a，b で表せ。

(2)　定数 a，b の値を求めよ。

指針　**2次式で割った余り**　$P(-1)$，$P(3)$ は，$P(x)=x^3+ax+b$ の x にそれぞれ -1，3 を代入した値である。a，b の式で表される。

　一方，$P(x)$ は，$(x+1)(x-3)$ で割ると余りが $3x-2$ であるから，商を $Q(x)$ として，$P(x)=(x+1)(x-3)Q(x)+3x-2$ とも表される。この等式を使うと $P(-1)$，$P(3)$ は数で表される。

解答　(1)　$P(-1)=(-1)^3+a(-1)+b$，　$P(3)=3^3+a\cdot3+b$

すなわち　$\boldsymbol{P(-1)=-a+b-1}$，　$\boldsymbol{P(3)=3a+b+27}$ 答

(2)　$P(x)$ を $(x+1)(x-3)$ で割った余りが $3x-2$ であるから，商を $Q(x)$ とすると

$$P(x)=(x+1)(x-3)Q(x)+3x-2$$

ゆえに　$P(-1)=3\cdot(-1)-2=-5$，　$P(3)=3\cdot3-2=7$

よって，(1)の結果から

$$-a+b-1=-5,\quad 3a+b+27=7$$

すなわち　$-a+b=-4$，　$3a+b=-20$

これを解くと　$\boldsymbol{a=-4}$，$\boldsymbol{b=-8}$ 答

教 p.70

10 1の3乗根のうち，虚数であるものの1つを ω とするとき，次の値を求めよ。

(1) ω^6　　(2) $\omega^4+\omega^2+1$

指針　**1の3乗根**　$x^3=1$ より $x^3-1=0$　$(x-1)(x^2+x+1)=0$ より，1の3乗根は $x-1=0$，$x^2+x+1=0$ の解である。このうち，虚数であるものの1つを ω とすると，　$\omega^2+\omega+1=0$　　また　$\omega^3=1$

解答　(1) $\omega^3=1$ であるから　$\omega^6=(\omega^3)^2=1^2=1$ 答

(2) $\omega^3=1$，$\omega^2+\omega+1=0$ であるから

$\omega^4+\omega^2+1=\omega^3\cdot\omega+\omega^2+1=1\cdot\omega+\omega^2+1=\omega^2+\omega+1=\mathbf{0}$ 答

教 p.70

11 次の方程式を解け。

(1) $x^4+2x^2-24=0$　　(2) $2x^3+7x^2+2x-3=0$

(3) $x^4-x^3-2x^2+x+1=0$

指針　**高次方程式の解き方**　(2)，(3)は因数定理を利用する。

解答　(1) 左辺を因数分解すると　$(x^2-4)(x^2+6)=0$

よって　$x^2-4=0$ または $x^2+6=0$

したがって　$\boldsymbol{x=\pm 2,\ \pm\sqrt{6}\,i}$ 答

(2) $P(x)=2x^3+7x^2+2x-3$ とすると

$P(-1)=2\cdot(-1)^3+7\cdot(-1)^2+2\cdot(-1)-3=0$

よって，$P(x)$ は $x+1$ を因数にもち

$P(x)=(x+1)(2x^2+5x-3)$

$=(x+1)(x+3)(2x-1)$

$P(x)=0$ から　$\boldsymbol{x=-3,\ -1,\ \dfrac{1}{2}}$ 答

$$\begin{array}{r|l} & 2x^2+5x-3 \\ x+1 & 2x^3+7x^2+2x-3 \\ & 2x^3+2x^2 \\ & \quad 5x^2+2x \\ & \quad 5x^2+5x \\ & \quad\quad -3x-3 \\ & \quad\quad -3x-3 \\ & \quad\quad\quad 0 \end{array}$$

(3) $P(x)=x^4-x^3-2x^2+x+1$ とすると

$P(1)=1^4-1^3-2\cdot1^2+1+1=0$

よって，$P(x)$ は $x-1$ を因数にもち

$P(x)=(x-1)(x^3-2x-1)$

同様に，$Q(x)=x^3-2x-1$ とすると

$Q(-1)=(-1)^3-2\cdot(-1)-1=0$

から　$Q(x)=(x+1)(x^2-x-1)$

よって　$P(x)=(x-1)(x+1)(x^2-x-1)$

よって，$P(x)=0$ から　$\boldsymbol{x=\pm 1,\ \dfrac{1\pm\sqrt{5}}{2}}$ 答

$$\begin{array}{r|l} & x^3-2x-1 \\ x-1 & x^4-x^3-2x^2+x+1 \\ & x^4-x^3 \\ & \quad -2x^2+x \\ & \quad -2x^2+2x \\ & \quad\quad -x+1 \\ & \quad\quad -x+1 \\ & \quad\quad\quad 0 \end{array}$$

$$\begin{array}{r|l} & x^2-x-1 \\ x+1 & x^3\quad -2x-1 \\ & x^3+x^2 \\ & \quad -x^2-2x \\ & \quad -x^2-x \\ & \quad\quad -x-1 \\ & \quad\quad -x-1 \\ & \quad\quad\quad 0 \end{array}$$

教 p.70

12 a, b を実数とする。3 次方程式 $x^3+ax^2+bx-6=0$ が次の解をもつとき，定数 a, b の値と他の解を求めよ。

(1) 1 と -3　　(2) $1-i$

指針 **高次方程式と解**　$P(x)=x^3+ax^2+bx-6$ として考えると

方程式 $P(x)=0$ が α を解にもつ $\Leftrightarrow$ $P(\alpha)=0$

(1)は，$P(1)=0$, $P(-3)=0$, (2)は $P(1-i)=0$ であるから，それぞれ a と b についての連立方程式が得られる。

また，因数定理　$P(x)$ が 1 次式 $x-k$ を因数にもつ $\Leftrightarrow$ $P(k)=0$

(1)は，$P(x)$ が $(x-1)(x+3)$ を因数にもつ。(2)は，$P(x)=x^3-5x^2+8x-6$ となり，$P(3)=0$ から $x-3$ を因数にもつ。

解答 (1)　1, -3 がこの方程式の解であるから

$$1^3+a\cdot1^2+b\cdot1-6=0,\qquad (-3)^3+a\cdot(-3)^2+b\cdot(-3)-6=0$$

式を整理すると　$a+b-5=0$, $9a-3b-33=0$

これを解くと　$a=4$, $b=1$

よって，この方程式は　$x^3+4x^2+x-6=0$

この式の左辺は $(x-1)(x+3)$ で割り切れるから，左辺を因数分解すると

$$(x-1)(x+3)(x+2)=0$$

したがって　**$a=4$, $b=1$, 他の解は -2** 答

(2)　$1-i$ が解であるから　$(1-i)^3+a(1-i)^2+b(1-i)-6=0$

整理して　$(b-8)-(2a+b+2)i=0$

a, b は実数であるから，$b-8$, $2a+b+2$ は実数である。

よって　$b-8=0$, $2a+b+2=0$

これを解くと　$a=-5$, $b=8$

このとき，方程式は　$x^3-5x^2+8x-6=0$

左辺を因数分解すると　$(x-3)(x^2-2x+2)=0$

よって　$x=3$, $1\pm i$

したがって　**$a=-5$, $b=8$, 他の解は 3, $1+i$** 答

別解 (2)　実数を係数とする 3 次方程式が虚数 $1-i$ を解にもつから，それと共役な複素数 $1+i$ もこの方程式の解になる。

2 つの解の和は　$(1-i)+(1+i)=2$

2 つの解の積は　$(1-i)(1+i)=1^2-i^2=2$

よって，この 2 数を解とする 2 次方程式の 1 つは

$$x^2-2x+2=0$$

したがって，x^3+ax^2+bx-6 は x^2-2x+2 を因数にもつから，実数 c を用いて　$x^3+ax^2+bx-6=(x^2-2x+2)(x-c)$　……①

とおけて，c は $x^3+ax^2+bx-6=0$ の解の 1 つになる。

①の右辺を x について整理すると

$$x^3+ax^2+bx-6=x^3-(c+2)x^2+(2c+2)x-2c$$

両辺の同じ次数の項の係数を比較して

$$a=-(c+2),\ b=2c+2,\ -6=-2c$$

これを解くと　$a=-5,\ b=8,\ c=3$

したがって　$\boldsymbol{a=-5,\ b=8}$，**他の解は 3，$\boldsymbol{1+i}$**　答

教 p.70

13 縦 12 cm，横 18 cm の長方形の厚紙の四隅から，合同な正方形を切り取った残りで，ふたのない直方体の箱を作り，箱の深さは 2 cm 以上，容積は 160 cm^3 にしたい。切り取る正方形の 1 辺の長さを求めよ。

指針　**高次方程式の応用**　求める辺の長さを x cm として，容積についての方程式を作る。方程式は 3 次となるので，因数定理を利用して解く。求めた解について，縦，横が正で，深さが 2 cm 以上になるかどうかを調べる。

解答　切り取る正方形の辺の長さを x cm とする。

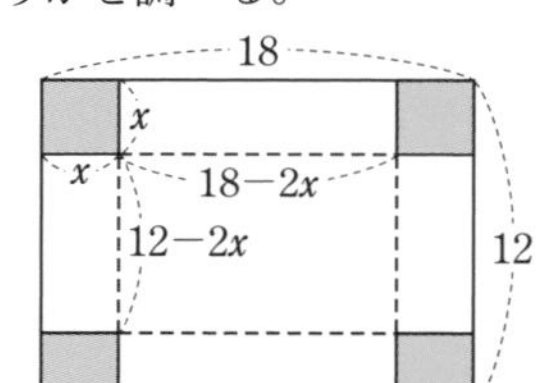

このとき，箱の各辺の長さは

縦 $(12-2x)$ cm，横 $(18-2x)$ cm，

深さ x cm

となる。

各辺の長さは正であり，深さは 2 cm 以上であるから

$$12-2x>0,\quad 18-2x>0,\quad x\geqq 2$$

よって　$2\leqq x<6$　……①

箱の容積について　$(12-2x)(18-2x)x=160$

整理すると　$x^3-15x^2+54x-40=0$　……②

$P(x)=x^3-15x^2+54x-40$ とすると，$P(1)=0$ より

$$P(x)=(x-1)(x^2-14x+40)=(x-1)(x-4)(x-10)$$

よって，方程式②の解は　$x=1,\ 4,\ 10$

このうち，①を満たすものは　$x=4$

すなわち，求める正方形の 1 辺の長さは　**4 cm**　答

第2章　章末問題 A

教 p.71

1. 次の式を計算せよ。

(1)　$(1+\sqrt{-2})(3-\sqrt{-8})$　　(2)　$\dfrac{1}{1+i}+\dfrac{1}{1-2i}$

指針　**複素数の計算**　文字 i の式と考えて計算を行い，i^2 が出てくればそれを -1 におき換える。ただし，(1)は，まず負の数の平方根を i を使って表してから計算を始める。(2)はそれぞれの分数の分母，分子に，分母と共役な複素数を掛けて，分母から i をなくす。

解答　(1)　$(1+\sqrt{-2})(3-\sqrt{-8})=(1+\sqrt{2}i)(3-2\sqrt{2}i)$　　←$\sqrt{-8}=\sqrt{8}i=2\sqrt{2}i$

$=3+\sqrt{2}i-4i^2$

$=3+\sqrt{2}i-4(-1)=\mathbf{7+\sqrt{2}i}$　答

(2)　$\dfrac{1}{1+i}+\dfrac{1}{1-2i}=\dfrac{1-i}{(1+i)(1-i)}+\dfrac{1+2i}{(1-2i)(1+2i)}$

$=\dfrac{1-i}{1^2+1^2}+\dfrac{1+2i}{1^2+2^2}=\dfrac{1-i}{2}+\dfrac{1+2i}{5}$

$=\dfrac{5(1-i)}{10}+\dfrac{2(1+2i)}{10}=\dfrac{5-5i}{10}+\dfrac{2+4i}{10}=\mathbf{\dfrac{7}{10}-\dfrac{1}{10}i}$　答

教 p.71

2. 次の方程式を解け。

(1)　$8x^3-1=0$　　(2)　$2x^4+x^2-6=0$

(3)　$x(x+1)(x+2)=3\cdot4\cdot5$　　(4)　$(x^2-x)^2-8(x^2-x)+12=0$

指針　**高次方程式の解き方**　それぞれ左辺を因数分解する。(1)は公式が利用できる。(2)は $x^2=X$ とみて考える。(4)は $x^2-x=X$ とおく。

(3)は，両辺の形から $x=3$ が1つの解であることがわかる。これは，方程式を整理した後，左辺に因数定理を使うときのヒントとなる。

解答　(1)　左辺を因数分解すると　$(2x-1)(4x^2+2x+1)=0$　　←$a^3-b^3=(a-b)\times(a^2+ab+b^2)$

よって　$2x-1=0$　または　$4x^2+2x+1=0$

したがって　$\boldsymbol{x=\dfrac{1}{2},\ \dfrac{-1\pm\sqrt{3}i}{4}}$　答

(2)　左辺を因数分解すると

$(2x^2-3)(x^2+2)=0$

←
```
2 ╲╱ -3 ──→ -3
1 ╱╲  2 ──→  4
───────────────
2    -6      1
```

よって　$2x^2-3=0$　または　$x^2+2=0$

したがって　$\boldsymbol{x=\pm\dfrac{\sqrt{6}}{2},\ \pm\sqrt{2}i}$　答

(3) 整理して　$x^3+3x^2+2x-60=0$

$P(x)=x^3+3x^2+2x-60$ とすると

$$P(3)=3^3+3\cdot3^2+2\cdot3-60=0$$

よって，$P(x)$ は $x-3$ を因数にもち

$$P(x)=(x-3)(x^2+6x+20)$$

$$\begin{array}{r} x^2+6x+20 \\ x-3\,\big)\overline{\,x^3+3x^2+\ \,2x-60} \\ \underline{x^3-3x^2\qquad\qquad} \\ 6x^2+\ \,2x\qquad \\ \underline{6x^2-18x\qquad} \\ 20x-60 \\ \underline{20x-60} \\ 0 \end{array}$$

$P(x)=0$ から

$$x-3=0\quad または\quad x^2+6x+20=0$$

したがって　$\boldsymbol{x=3,\ -3\pm\sqrt{11}i}$　答

(4) $x^2-x=X$ とおくと，方程式は　$X^2-8X+12=0$

左辺を因数分解すると　$(X-2)(X-6)=0$

よって　$(x^2-x-2)(x^2-x-6)=0$

さらに因数分解して　$(x+1)(x-2)(x+2)(x-3)=0$

したがって　$\boldsymbol{x=-2,\ -1,\ 2,\ 3}$　答

教 p.71

3. a，b は 0 でない定数とする。2 次方程式 $x^2+ax+b=0$ の 2 つの解の和と積を 2 つの解にもつ 2 次方程式の 1 つが，$x^2+bx+2a=0$ であるとき，a，b の値を求めよ。

指針　**解と係数の関係，2 次方程式の決定**　$x^2+ax+b=0$ の 2 つの解の和は $-a$，積は b である。この $-a$ と b を解にもつ 2 次方程式の 1 つは，
$x^2-(-a+b)x+(-ab)=0$

解答　2 次方程式 $x^2+ax+b=0$ について，解と係数の関係により

2 つの解の　和は $-a$，　積は b

よって，2 次方程式 $x^2+bx+2a=0$ は $-a$ と b を解にもつから，

解と係数の関係により　$-a+b=-b$，　$-a\times b=2a$

すなわち　$a=2b$ ……①，　$ab+2a=0$ ……②

②より　$a(b+2)=0$

$a\neq0$ であるから　$b+2=0$　よって　$b=-2$

このとき，①から　$a=2(-2)=-4$

答　$\boldsymbol{a=-4,\ b=-2}$

第2章　章末問題 B

教 p.71

4. 2乗して $5+12i$ となる複素数 z は2つある。このような z を求めよ。

指針 **複素数の相等，高次方程式**　$(a+bi)^2=5+12i$ を満たす実数 a，b を求める。この等式の左辺を整理し，両辺の実部，虚部がそれぞれ一致することから，a，b についての連立方程式を作る。

解答 $z=a+bi$（a，b は実数）とおく。
$z^2=5+12i$ であるから　$(a+bi)^2=5+12i$
左辺を整理すると　$(a^2-b^2)+2abi=5+12i$
a^2-b^2，ab は実数であるから

$a^2-b^2=5$　……①，　$2ab=12$　すなわち　$ab=6$　……②

②から　$b=\dfrac{6}{a}\ (a\neq 0)$　これを①に代入して　$a^2-\dfrac{36}{a^2}=5$
両辺に a^2 を掛けて整理すると　$a^4-5a^2-36=0$
$(a^2+4)(a^2-9)=0$ から　$(a^2+4)(a+3)(a-3)=0$
a は実数であるから　$a=-3,\ 3$　←$a^2+4>0$
$a=-3$ のとき，②より　$b=-2$
$a=3$　のとき，②より　$b=2$
したがって　$\boldsymbol{z=3+2i,\ -3-2i}$　答

教 p.71

5. 2次方程式 $x^2-2(m-1)x+m+5=0$ が異なる2つの解をもち，その解がともに1より大きいとき，定数 m の値の範囲を求めよ。

指針 **2次方程式の解の存在範囲**　2次方程式 $x^2-2(m-1)x+m+5=0$ の，異なる2つの解を α，β とする。

2つの解がともに1より大きい　→　$\alpha-1>0$　かつ　$\beta-1>0$

解と係数の関係を利用する。

解答 この2次方程式の2つの解を α，β とし，判別式を D とする。
この2次方程式が，異なる2つの正の解をもち，その解がともに1より大きいのは，次が成り立つときである。

$D>0$ で，$(\alpha-1)+(\beta-1)>0$　かつ　$(\alpha-1)(\beta-1)>0$

ここで　$\dfrac{D}{4}=\{-(m-1)\}^2-1\cdot(m+5)=m^2-3m-4=(m+1)(m-4)$
$D>0$ より　$(m+1)(m-4)>0$

よって　　$m<-1$, $4<m$ ……①

また，解と係数の関係により　$\alpha+\beta=2(m-1)$，$\alpha\beta=m+5$

$(\alpha-1)+(\beta-1)>0$ より　$(\alpha+\beta)-2>0$

よって　$2(m-1)-2>0$

これを解くと　$m>2$ ……②

$(\alpha-1)(\beta-1)>0$ より

$\alpha\beta-(\alpha+\beta)+1>0$

よって　$m+5-2(m-1)+1>0$

これを解くと　$m<8$ ……③

①，②，③の共通範囲を求めて　　**$4<m<8$** 答

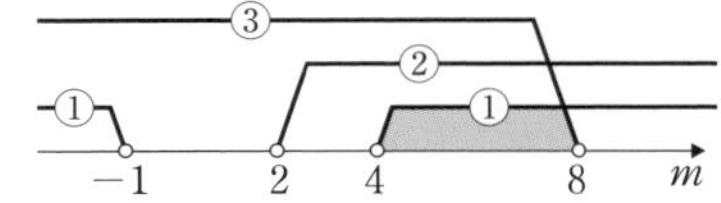

教 p.71

6. $x=-1+\sqrt{2}i$ のとき，次の問いに答えよ。

(1) $x^2+2x+3=0$ であることを示せ。

(2) (1)の結果を用いて，x^3+6x^2+8x+7 の値を求めよ。

指針　**式の値**　(2) x^3+6x^2+8x+7 を x^2+2x+3 で割った商を $Q(x)$，余りを $R(x)$ とすると　$x^3+6x^2+8x+7=(x^2+2x+3)Q(x)+R(x)$

$R(x)$ に $x=-1+\sqrt{2}i$ を代入した値を求めればよい。

解答　(1) $x=-1+\sqrt{2}i$ から　$x+1=\sqrt{2}i$

両辺を2乗すると　$(x+1)^2=-2$　　よって　$x^2+2x+3=0$ 終

(2) x^3+6x^2+8x+7 を x^2+2x+3 で割ると，

商 $x+4$，余り $-3x-5$ であるから

x^3+6x^2+8x+7

$=(x^2+2x+3)(x+4)-3x-5$

(1)より，$x^2+2x+3=0$ であるから，

$x=-1+\sqrt{2}i$ のときの x^3+6x^2+8x+7 の値は

$-3\cdot(-1+\sqrt{2}i)-5=$ **$-2-3\sqrt{2}i$** 答

$$\begin{array}{r} x+4 \\ x^2+2x+3 \,\overline{)\, x^3+6x^2+8x+7} \\ x^3+2x^2+3x \\ \hline 4x^2+5x+7 \\ 4x^2+8x+12 \\ \hline -3x-5 \end{array}$$

教 p.71

7. a，b は実数の定数とする。3次方程式 $x^3+(a-1)x^2+(1-a)x+b=0$ の実数解が $x=1$ だけであるとき，a の値の範囲と b の値を求めよ。

指針　**高次方程式と解**　$x=1$ を代入すると方程式が成り立つ。このとき a が消え，b の値を求めることができる。これをもとにして，方程式の左辺を $(x-1)(\quad)$ の形に因数分解する。

実数解が $x=1$ だけであるのは，$x=1$ が3重解の場合と，1以外の解は虚数解となる場合の2通りあることに注意する。

解答　$x=1$ がこの方程式の解であるから

$$1^3+(a-1)\cdot 1^2+(1-a)\cdot 1+b=0$$

整理して　$1+b=0$　　よって　$\boldsymbol{b=-1}$　答

このとき，方程式は

$$x^3+(a-1)x^2+(1-a)x-1=0$$

左辺は $x-1$ を因数にもつから，因数分解すると

$$(x-1)(x^2+ax+1)=0$$

この方程式の実数解が $x=1$ だけであるとき，次の[1]，[2]の場合が考えられる。

[1]　2 次方程式 $x^2+ax+1=0$ が重解 $x=1$ をもつ。

$x=1$ はこの方程式の解であるから

$$1^2+a\cdot 1+1=0$$

よって　$a=-2$　……①

このとき，方程式は $x^2-2x+1=0$ となり，重解 $x=1$ をもつ。

[2]　2 次方程式 $x^2+ax+1=0$ が実数解をもたない。

判別式を D とすると　$D=a^2-4\cdot 1\cdot 1=(a+2)(a-2)$

実数解をもたないのは $D<0$ のときであるから

$$(a+2)(a-2)<0$$

よって　$-2<a<2$　……②

したがって，①，②から　$\boldsymbol{-2\leqq a<2}$　答

教 p.71

8. 3 次方程式 $x^3+6x^2+13x+12=0$ の 3 つの解を α，β，γ とするとき，次の式の値を求めよ。

(1)　$\dfrac{1}{\alpha}+\dfrac{1}{\beta}+\dfrac{1}{\gamma}$　　(2)　$\alpha^2+\beta^2+\gamma^2$　　(3)　$\alpha^3+\beta^3+\gamma^3$

指針　**3 次方程式の解と係数の関係**　3 次方程式 $x^3+6x^2+13x+12=0$ の 3 つの解が α，β，γ であるから，解と係数の関係より

$$\alpha+\beta+\gamma=-6,\quad \alpha\beta+\beta\gamma+\gamma\alpha=13,\quad \alpha\beta\gamma=-12$$

これらを利用できるように，式を変形して求める。

解答　解と係数の関係から

$$\alpha+\beta+\gamma=-6,\quad \alpha\beta+\beta\gamma+\gamma\alpha=13,\quad \alpha\beta\gamma=-12$$

(1)　$\dfrac{1}{\alpha}+\dfrac{1}{\beta}+\dfrac{1}{\gamma}=\dfrac{\beta\gamma+\gamma\alpha+\alpha\beta}{\alpha\beta\gamma}$

$=\dfrac{13}{-12}=\boldsymbol{-\dfrac{13}{12}}$　答

(2)　$\alpha^2+\beta^2+\gamma^2=(\alpha+\beta+\gamma)^2-2(\alpha\beta+\beta\gamma+\gamma\alpha)$

$=(-6)^2-2\cdot 13=\boldsymbol{10}$　答

(3) $(\alpha+\beta+\gamma)(\alpha^2+\beta^2+\gamma^2)$

$=\alpha^3+\beta^3+\gamma^3+\alpha^2\beta+\alpha\beta^2+\beta^2\gamma+\beta\gamma^2+\gamma^2\alpha+\gamma\alpha^2$

よって

$\alpha^3+\beta^3+\gamma^3$

$=(\alpha+\beta+\gamma)(\alpha^2+\beta^2+\gamma^2)-(\alpha^2\beta+\alpha\beta^2+\beta^2\gamma+\beta\gamma^2+\gamma^2\alpha+\gamma\alpha^2)$

ここで　$(\alpha+\beta+\gamma)(\alpha^2+\beta^2+\gamma^2)=-6\cdot10=-60$

$\alpha^2\beta+\alpha\beta^2+\beta^2\gamma+\beta\gamma^2+\gamma^2\alpha+\gamma\alpha^2=(\alpha+\beta+\gamma)(\alpha\beta+\beta\gamma+\gamma\alpha)-3\alpha\beta\gamma$

$=-6\cdot13-3\cdot(-12)=-42$

したがって　$\alpha^3+\beta^3+\gamma^3=-60-(-42)=\mathbf{-18}$　答

(3)の 別解 1

$\alpha^3+\beta^3+\gamma^3-3\alpha\beta\gamma=(\alpha+\beta+\gamma)(\alpha^2+\beta^2+\gamma^2-\alpha\beta-\beta\gamma-\gamma\alpha)$

を用いると

$\alpha^3+\beta^3+\gamma^3=(\alpha+\beta+\gamma)\{(\alpha^2+\beta^2+\gamma^2)-(\alpha\beta+\beta\gamma+\gamma\alpha)\}+3\alpha\beta\gamma$

$=-6(10-13)+3\cdot(-12)=\mathbf{-18}$　答

(3)の 別解 2

α，β，γ は 3 次方程式 $x^3+6x^2+13x+12=0$ の解であるから

$\alpha^3+6\alpha^2+13\alpha+12=0$，$\beta^3+6\beta^2+13\beta+12=0$，$\gamma^3+6\gamma^2+13\gamma+12=0$

すなわち

$\alpha^3=-6\alpha^2-13\alpha-12$，$\beta^3=-6\beta^2-13\beta-12$，$\gamma^3=-6\gamma^2-13\gamma-12$

よって

$\alpha^3+\beta^3+\gamma^3=-6(\alpha^2+\beta^2+\gamma^2)-13(\alpha+\beta+\gamma)-36$

$=-6\cdot10-13\cdot(-6)-36=\mathbf{-18}$　答

別解　$x^3+6x^2+13x+12=0$ から　$(x+3)(x^2+3x+4)=0$

よって，方程式の解の 1 つは -3 であるから，$\gamma=-3$ とすると，2 次方程式 $x^2+3x+4=0$ について，解と係数の関係から

$\alpha+\beta=-3$，　$\alpha\beta=4$

(1) $\dfrac{1}{\alpha}+\dfrac{1}{\beta}+\dfrac{1}{\gamma}=\dfrac{\alpha+\beta}{\alpha\beta}+\dfrac{1}{-3}$

$=\dfrac{-3}{4}-\dfrac{1}{3}=\mathbf{-\dfrac{13}{12}}$　答

(2) $\alpha^2+\beta^2+\gamma^2=(\alpha+\beta)^2-2\alpha\beta+(-3)^2$

$=(-3)^2-2\cdot4+9=\mathbf{10}$　答

(3) $\alpha^3+\beta^3+\gamma^3=(\alpha+\beta)^3-3\alpha\beta(\alpha+\beta)+(-3)^3$

$=(-3)^3-3\cdot4\cdot(-3)-27=\mathbf{-18}$　答

教科書 p.74〜76

第3章 図形と方程式

第1節 点と直線

1 直線上の点

まとめ

1 数直線上の 2 点間の距離

数直線上で，点 P に実数 a が対応しているとき，a を点 P の座標といい，座標が a である点 P を P(a) で表す。

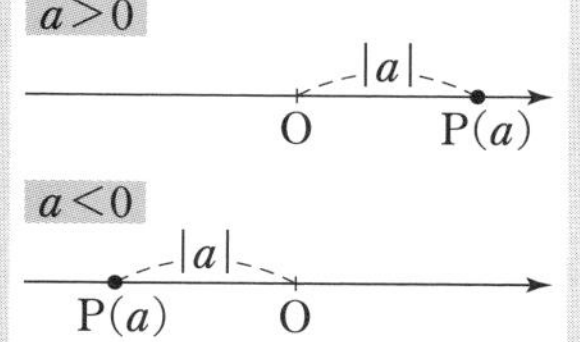

数直線上の原点 O と点 P(a) の距離を，a の絶対値といい，$|a|$ で表す。すなわち，2 点 O，P 間の距離 OP は次のように表される。

$$\mathbf{OP}=|a|$$

数直線上の 2 点 A(a)，B(b) 間の距離 AB は　$\mathbf{AB}=|b-a|$

注意　AB$=|a-b|$ と表すこともできる。

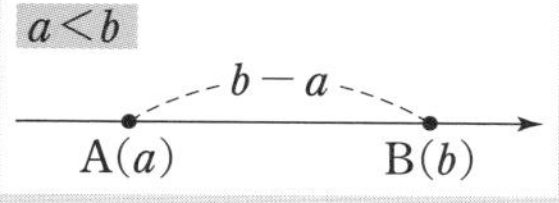

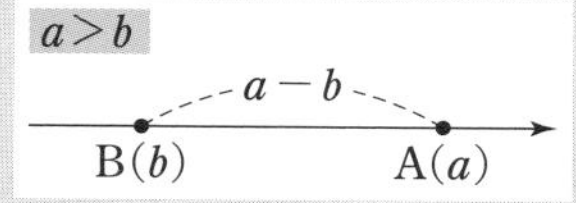

2 線分の内分点・外分点

m，n は正の数とする。

線分 AB 上の点 P が

AP：PB$=m：n$

を満たすとき，点 P は線分 AB を $m：n$ に **内分する** という。

また，線分 AB の延長上の点 Q が

AQ：QB$=m：n$　$(m \neq n)$

を満たすとき，点 Q は線分 AB を $m：n$ に **外分する** という。

点 P を線分 AB の **内分点**，点 Q を線分 AB の **外分点** という。

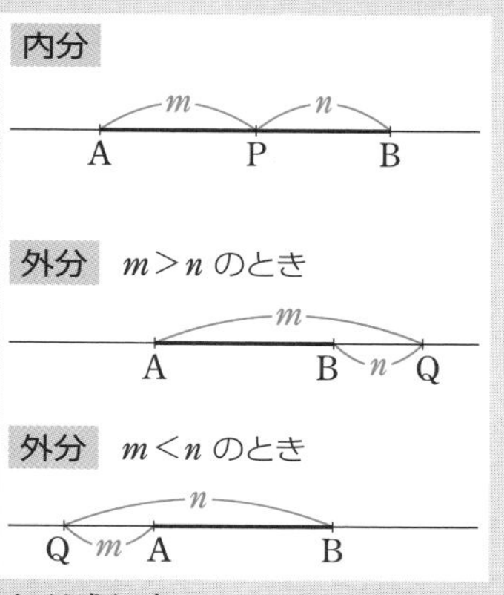

数直線上の 2 点 A(a)，B(b) に対して，次のことが成り立つ。

線分の内分点・外分点

2 点 A(a)，B(b)を結ぶ線分 AB を，$m:n$ に内分する点を P，外分する点を Q とする。

内分点 P の座標は $\dfrac{na+mb}{m+n}$，外分点 Q の座標は $\dfrac{-na+mb}{m-n}$

とくに，線分 AB の中点の座標は $\dfrac{a+b}{2}$

補足　内分点の座標で n を $-n$ におき換えたものが，外分点の座標である。

A 数直線上の 2 点間の距離

教 p.75

練習 1

次の 2 点間の距離を求めよ。

(1)　A(−1)，B(6)　　(2)　A(4)，B(2)　　(3)　O(0)，A(−3)

指針　**数直線上の 2 点間の距離**　2 点の座標の差の絶対値を求める。

解答　(1)　$AB=|6-(-1)|=|7|=\mathbf{7}$　答

(2)　$AB=|2-4|=|-2|=\mathbf{2}$　答

(3)　$OA=|-3|=\mathbf{3}$　答

B 線分の内分点・外分点

Expression

教 p.75

数直線上の 3 点 A(3)，B(1)，C(7)について，点 A，B，C それぞれの位置を「内分」「外分」およびその具体的な比を用いて言葉で表現してみよう。

指針　**内分と外分**　「内分する」，「外分する」の意味をしっかりと理解して考える。

解答　**「点 A は線分 BC を 1：2 に内分する」**

「点 B は線分 AC を 1：3 に外分する」

「点 C は線分 BA を 3：2 に外分する」　答

教 p.76

練習 2

2 点 A(4)，B(8)を結ぶ線分 AB について，次の点の座標を求めよ。

(1)　3：2 に内分する点 C　　(2)　3：1 に外分する点 D

(3)　2：3 に外分する点 E　　(4)　中点 M

指針 **線分の内分点・外分点の座標**　まとめの公式を用いる。内分点の分子は $ma+nb$ ではなく，$na+mb$ である。
右のようなメモを書いてミスを防ぐとよい。
(2)は「3：1 に外分」を「3：(−1)に内分」，
(3)は「2：3 に外分」を「2：(−3)に内分」
と考えれば内分点の公式がそのまま使える。

A(a)　B(b)
m ： n　→ $\dfrac{na+mb}{m+n}$

解答 (1)　$\dfrac{2\times4+3\times8}{3+2}=\dfrac{32}{5}$ より

$\mathbf{C}\left(\dfrac{32}{5}\right)$ 答

(2)　$\dfrac{-1\times4+3\times8}{3-1}=\dfrac{20}{2}=10$ より

D(10) 答

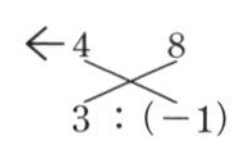

(3)　$\dfrac{-3\times4+2\times8}{2-3}=\dfrac{4}{-1}=-4$ より

E(−4) 答

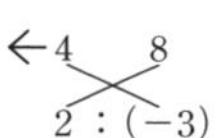

(4)　$\dfrac{4+8}{2}=6$ より　**M(6)** 答

2　平面上の点

まとめ

1　座標平面上の 2 点間の距離

2 点 $A(x_1,\ y_1)$，$B(x_2,\ y_2)$ 間の距離 AB は

$$\mathbf{AB}=\sqrt{(x_2-x_1)^2+(y_2-y_1)^2}$$

とくに，原点 O と点 $A(x_1,\ y_1)$ の距離 OA は

$$\mathbf{OA}=\sqrt{x_1^{\ 2}+y_1^{\ 2}}$$

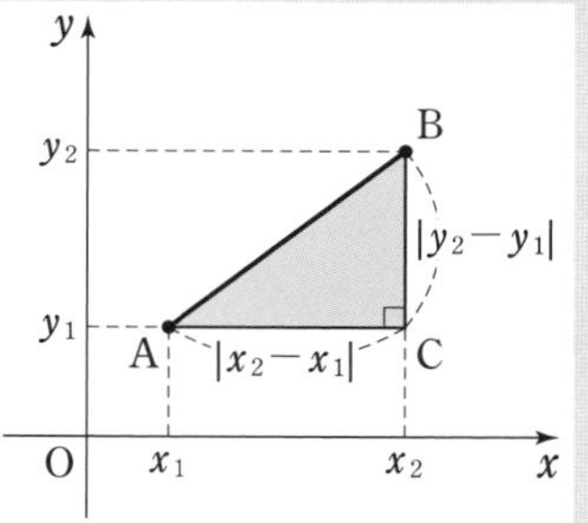

2　内分点・外分点の座標

座標平面上の 2 点 $A(x_1,\ y_1)$，$B(x_2,\ y_2)$ を結ぶ線分 AB を，$m：n$ に内分する点を P，外分する点を Q とする。

内分点 P の座標は　$\left(\dfrac{nx_1+mx_2}{m+n},\ \dfrac{ny_1+my_2}{m+n}\right)$

外分点 Q の座標は　$\left(\dfrac{-nx_1+mx_2}{m-n},\ \dfrac{-ny_1+my_2}{m-n}\right)$

とくに，線分 AB の中点の座標は　$\left(\dfrac{x_1+x_2}{2},\ \dfrac{y_1+y_2}{2}\right)$

補足　内分点の座標で n を $-n$ におき換えたものが，外分点の座標である。

3　三角形の重心の座標

三角形の頂点とそれに向かい合う辺の中点とを結ぶ線分を，三角形の **中線** という。三角形の3本の中線は1点で交わり，その点は各中線を2:1に内分する。

三角形の3本の中線が交わる点を，三角形の **重心** という。

3点 $A(x_1,\ y_1)$，$B(x_2,\ y_2)$，$C(x_3,\ y_3)$ を頂点とする△ABCの重心の座標は

$$\left(\frac{x_1+x_2+x_3}{3},\ \frac{y_1+y_2+y_3}{3}\right)$$

A 座標平面上の2点間の距離

教 p.78

練習 3

次の2点間の距離を求めよ。

(1) A(1, 2)，B(4, 6)　(2) A(−3, 1)，B(2, −4)

(3) A(5, −2)，B(3, −2)　(4) 原点O，A(2, −3)

指針 **座標平面上の2点間の距離**　まとめに示した公式は，x 軸，y 軸にそれぞれ平行な辺をもつ直角三角形を考え，三平方の定理を用いたもの。これを理解した上で公式を適用する。

解答 (1) $AB=\sqrt{(4-1)^2+(6-2)^2}$

$=\sqrt{3^2+4^2}=\sqrt{25}=5$ 答

(2) $AB=\sqrt{\{2-(-3)\}^2+(-4-1)^2}$

$=\sqrt{5^2+5^2}=\sqrt{5^2\times2}=5\sqrt{2}$ 答

(3) $AB=\sqrt{(3-5)^2+\{-2-(-2)\}^2}$

$=\sqrt{4}=2$ 答

(4) $OA=\sqrt{2^2+(-3)^2}=\sqrt{4+9}=\sqrt{13}$ 答

注意 (3) y 座標が等しいから，AB // x 軸であり　$AB=|3-5|=2$

教 p.78

【?】

(例題1)　点Pの座標が $(x,\ 0)$ とおけるのはなぜだろうか。

指針 **座標平面上の点の座標**　x 軸上の点の y 座標に着目する。

解説 座標平面の x 軸上の点Pの y 座標は0であるから，Pの座標は $(x,\ 0)$ とおける。

教 p.78

練習 4

点Pは y 軸上にあり，2点A(−4, 2)，B(1, −1)から等距離にある。Pの座標を求めよ。

指針 **2点間の距離**　点Pは y 軸上にあるから，$P(0,\ y)$ とおき，AP=BP となることから，y についての方程式を作って，それを解く。

解答　点Pの座標を$(0,\ y)$とする。

$AP=BP$　　すなわち　　$AP^2=BP^2$ より

$$\{0-(-4)\}^2+(y-2)^2=(0-1)^2+\{y-(-1)\}^2$$

式を整理すると　　$16+(y^2-4y+4)=1+(y^2+2y+1)$

$$-6y=-18$$

これを解くと　　$y=3$

よって，点Pの座標は　　$(0,\ 3)$　答

【?】 教 p.79

（応用例題 1）　B，Cの座標はそのままで$A(0,\ b)$と表すとさらに計算がらくになるが，このように表すのは不適切である。この理由を説明してみよう。

指針　**座標の利用と図形の性質の証明**　$A(0,\ b)$と表した場合に，すべての場合を証明できるかどうかを考える。

解説　$A(0,\ b)$とおくと，Aはy軸上の点であり，$\triangle ABC$は$AB=AC$の二等辺三角形である。よって，Aがy軸上にない一般の三角形の場合についての証明ができない。

練習 5 教 p.79

応用例題1について，座標軸を上の証明とは別の位置にとって証明せよ。

指針　**座標の利用と図形の性質の証明**　1辺を座標軸上におくためにBCに重なるようにx軸をとる。[1]　$A(a,\ b)$，$B(0,\ 0)$，$C(c,\ 0)$や
[2] $A(0,\ a)$，$B(b,\ 0)$，$C(c,\ 0)$などの場合が考えられるが，ここでは
$A(a,\ b)$，$B(0,\ 0)$，$C(2c,\ 0)$として解く。

解答　辺BCに重なるようにx軸をとり，Bを通り辺BCと垂直になるようにy軸をとる。

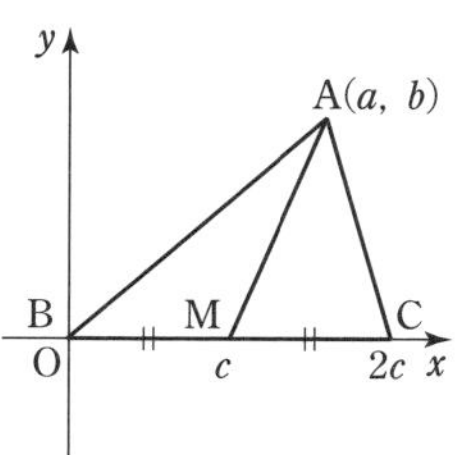

このとき，Bが原点に重なり，

$A(a,\ b)$，$C(2c,\ 0)$，$M(c,\ 0)$

と表すことができる。

このとき

$$AB^2+AC^2=(a^2+b^2)+\{(a-2c)^2+b^2\}$$
$$=2(a^2+b^2+2c^2-2ac)$$

$$2(AM^2+BM^2)=2[\{(a-c)^2+b^2\}+c^2]=2(a^2+b^2+2c^2-2ac)$$

よって　　$AB^2+AC^2=2(AM^2+BM^2)$　終

教 p.79

練習 6

△ABCにおいて，辺BCを1：2に内分する点をDとするとき，等式$2\mathrm{AB}^2+\mathrm{AC}^2=3(\mathrm{AD}^2+2\mathrm{BD}^2)$が成り立つ。このことを証明せよ。

指針 **座標の利用と図形の性質の証明** 座標平面上に△ABCをとり，2点間の距離の公式を使って証明する。このとき，Dを原点にとると，辺の長さの平方が計算しやすくなる。

解答 直線BCをx軸に，点Dを原点Oにとると，3頂点は

$\mathrm{A}(a,\ b)$，$\mathrm{B}(-c,\ 0)$，$\mathrm{C}(2c,\ 0)$

と表すことができる。

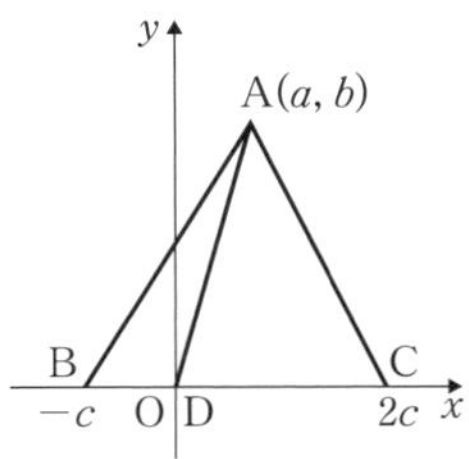

このとき $\mathrm{AB}^2=(-c-a)^2+(-b)^2$

$=a^2+b^2+c^2+2ca$

$\mathrm{AC}^2=(2c-a)^2+(-b)^2$

$=a^2+b^2+4c^2-4ca$

よって $2\mathrm{AB}^2+\mathrm{AC}^2=3(a^2+b^2+2c^2)$

また $\mathrm{AD}^2+2\mathrm{BD}^2=(a^2+b^2)+2c^2=a^2+b^2+2c^2$

したがって $2\mathrm{AB}^2+\mathrm{AC}^2=3(\mathrm{AD}^2+2\mathrm{BD}^2)$ 終

B 内分点・外分点の座標

教 p.81

練習 7

2点A(−3, 2)，B(4, 5)を結ぶ線分ABについて，次の点の座標を求めよ。

(1) 2：1に内分する点C　(2) 2：1に外分する点D

(3) 2：3に外分する点E　(4) 中点M

指針 **内分点・外分点の座標** 座標平面上の線分の内分点，外分点については，x座標，y座標のそれぞれで，数直線上の線分の内分点，外分点の座標と同様に考えればよい。分子の計算法，内分点の座標でnを$-n$におき換えると外分点の座標となることも同じである。

解答 (1) $\left(\dfrac{1\times(-3)+2\times4}{2+1},\ \dfrac{1\times2+2\times5}{2+1}\right)$

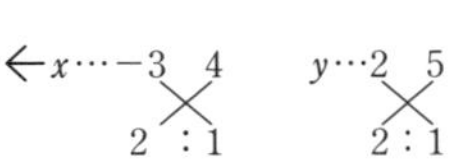

より $\mathbf{C}\left(\dfrac{5}{3},\ 4\right)$ 答

(2) $\left(\dfrac{-1\times(-3)+2\times4}{2-1},\ \dfrac{-1\times2+2\times5}{2-1}\right)$

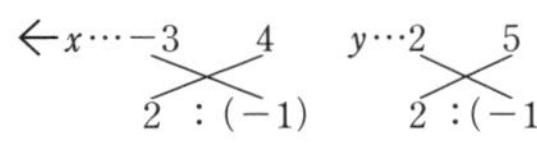

より **D(11, 8)** 答

(3) $\left(\dfrac{-3\times(-3)+2\times4}{2-3},\ \dfrac{-3\times2+2\times5}{2-3}\right)$

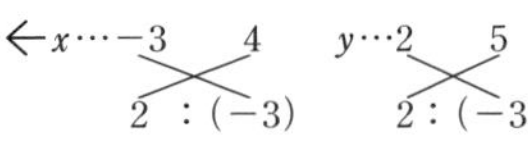

より **E(−17, −4)** 答

(4) $\left(\dfrac{-3+4}{2},\ \dfrac{2+5}{2}\right)$ より $\mathbf{M}\left(\dfrac{1}{2},\ \dfrac{7}{2}\right)$ 答

教 p.81

【?】 (例題 2) 点 Q は線分 PA に対してどのような点だろうか。また，そのことを利用して点 Q の座標を求めてみよう。

指針 **点に関して対称な点** 点 Q は線分 PA の延長上の点であることに着目する。

解説 点 Q は線分 PA の延長上の点で，PA=AQ であるから PQ：QA=2：1

よって，点 Q は線分 PA を 2：1 に外分する点である。

よって，点 Q の座標は

$$\left(\frac{(-1)\times(-2)+2\times2}{2-1},\ \frac{(-1)\times3+2\times1}{2-1}\right) \text{より} \quad \mathbf{(6,\ -1)}$$ 答

教 p.81

練習 8 点 A(−3, 2) に関して，点 P(0, −4) と対称な点 Q の座標を求めよ。

指針 **点に関して対称な点** A は線分 PQ の中点であることから Q の座標を求める。

解答 点 Q の座標を $(x,\ y)$ とすると，線分 PQ の中点が点 A であるから

$$\frac{0+x}{2}=-3, \qquad \frac{-4+y}{2}=2$$

これを解くと $x=-6,\ y=8$

よって，点 Q の座標は $\mathbf{(-6,\ 8)}$ 答

C 三角形の重心の座標

教 p.82

練習 9 次の 3 点 A, B, C を頂点とする△ABC の重心の座標を求めよ。

(1) A(1, 1), B(5, 2), C(3, 4)

(2) A(−2, 4), B(0, −3), C(2, 1)

指針 **三角形の重心の座標** 重心は中線を 2：1 に内分する点であるが，その座標の公式は整った形をしており，覚えやすい。公式を使う。

解答 (1) $\left(\dfrac{1+5+3}{3},\ \dfrac{1+2+4}{3}\right)$ より $\left(\mathbf{3},\ \dfrac{\mathbf{7}}{\mathbf{3}}\right)$ 答

(2) $\left(\dfrac{-2+0+2}{3},\ \dfrac{4+(-3)+1}{3}\right)$ より $\left(\mathbf{0},\ \dfrac{\mathbf{2}}{\mathbf{3}}\right)$ 答

教科書 $p.83\sim86$

3 直線の方程式

まとめ

1 x, yの 1 次方程式の表す図形

x, yの方程式を満たす点$(x,\ y)$全体の集合を **方程式の表す図形** といい，その方程式を **図形の方程式** という。

一般に，x, yの 1 次方程式 $ax+by+c=0$ の表す図形は直線である。

ここで，a, b, c は定数で，$a\neq0$ または $b\neq0$ である。実際に，

$b\neq0$ のとき，直線 $y=-\dfrac{a}{b}x-\dfrac{c}{b}$ を表し， ← 傾きが $-\dfrac{a}{b}$ の直線

$b=0$ のとき，直線 $x=-\dfrac{c}{a}$ を表す。 ← x軸に垂直な直線

逆に，座標平面上のすべての直線は，x, yの 1 次方程式 $ax+by+c=0$ で表される。ただし，a, b, c は定数で $a\neq0$ または $b\neq0$ である。

2 直線の方程式のいろいろな形

直線の方程式(1)

点$(x_1,\ y_1)$を通り，傾きが m の直線の方程式は

$$y-y_1=m(x-x_1)$$

直線の方程式(2)

異なる 2 点$(x_1,\ y_1)$，$(x_2,\ y_2)$を通る直線の方程式は

$x_1\neq x_2$ のとき　$y-y_1=\dfrac{y_2-y_1}{x_2-x_1}(x-x_1)$

$x_1=x_2$ のとき　$x=x_1$

直線がx軸，y軸とそれぞれ点$(a,\ 0)$，$(0,\ b)$で交わるとき，aをこの直線の **x切片**，bをこの直線の **y切片** という。

A x, yの 1 次方程式の表す図形

練習 10 教 p.84

次の方程式の表す直線を座標平面上にかけ。

(1) $3x-y+1=0$　(2) $y+1=0$　(3) $x-2=0$

指針 **1 次方程式の表す図形**　1 次方程式 $ax+by+c=0$ の表す図形は直線である。

(1) $a\neq0$, $b\neq0$ の場合で，yについて解き，傾きと切片を求める。

(2) $a=0$, $b\neq0$ の場合で，y軸に垂直な直線である。

(3) $a\neq0$, $b=0$ の場合で，x軸に垂直な直線である。

解答 (1)　この方程式を変形すると

$$y=3x+1$$

よって，この方程式の表す図形は，傾きが 3，切片が 1 の直線である。

(2)　$y=-1$ であるから，この方程式の表す図形は，点$(0,\ -1)$を通り y 軸に垂直な直線である。

(3)　$x=2$ であるから，この方程式の表す図形は，点$(2,\ 0)$を通り x 軸に垂直な直線である。

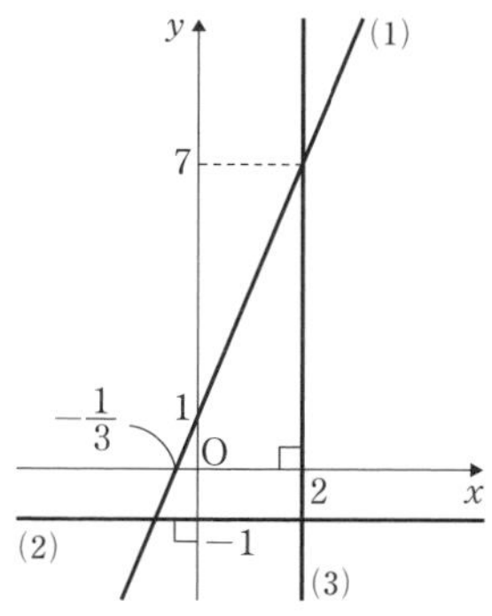

B 直線の方程式のいろいろな形

練習 11　教 p.85

次のような直線の方程式を求めよ。

(1)　点$(2,\ -4)$を通り，傾きが 3 の直線

(2)　点$(-3,\ 1)$を通り，傾きが-2 の直線

指針　**1 点と傾きが与えられた直線の方程式**　公式 $y-y_1=m(x-x_1)$ に x_1，y_1，m の値を代入する。(1)は $y=3x+k$ とおき，点$(2,\ -4)$を通ることから k の値を求めてもよいが，今後の学習のためには，公式の扱いに慣れておく必要があるから，ここでは公式を用いて解く。

解答 (1)　$y-(-4)=3(x-2)$　　← $y-y$ 座標 $=m(x-x$ 座標$)$

すなわち　$\boldsymbol{y=3x-10}$　答

(2)　$y-1=-2\{x-(-3)\}$

すなわち　$\boldsymbol{y=-2x-5}$　答

練習 12　教 p.86

次の 2 点を通る直線の方程式を求めよ。

(1)　$(3,\ 2)$，$(5,\ 6)$　　(2)　$(-1,\ 4)$，$(2,\ -2)$

(3)　$(2,\ -1)$，$(1,\ -1)$　　(4)　$(3,\ -1)$，$(3,\ 4)$

指針　**2 点が与えられた直線の方程式**　$x_1 \neq x_2$ のときの公式は複雑だが，公式 $y-y_1=m(x-x_1)$ で，傾き m を $\dfrac{y\text{ の増加量}}{x\text{ の増加量}}=\dfrac{y_2-y_1}{x_2-x_1}$ におき換えると理解しておくとよい。(4)は $x_1=x_2$ の場合である。

解答 (1) $y-2=\frac{6-2}{5-3}(x-3)$

←$y-②=\frac{6-②}{5-\boxed{3}}(x-\boxed{3})$

すなわち　$\boldsymbol{y=2x-4}$ 答

(2) $y-4=\frac{-2-4}{2-(-1)}\{x-(-1)\}$

すなわち　$\boldsymbol{y=-2x+2}$ 答

(3) $y-(-1)=\frac{-1-(-1)}{1-2}(x-2)$

すなわち　$\boldsymbol{y=-1}$ 答

(4) 2つの点の x 座標は等しく3であるから

←$x_1=x_2$ のとき $x=x_1$

$\boldsymbol{x=3}$ 答

注意 (3) 異なる2点$(x_1,\ y_1)$，$(x_2,\ y_2)$を通る直線の方程式は

$y_1=y_2$ のとき　$y=y_1$

教 p.86

練習 13

$a \fallingdotseq 0$，$b \fallingdotseq 0$ とする。x 切片が a，y 切片が b である直線の方程式は，$\frac{x}{a}+\frac{y}{b}=1$ で表されることを示せ。

指針 **x切片，y切片が与えられた直線の方程式**　x切片がa，y切片がbであるから，この直線は2点$(a,\ 0)$，$(0,\ b)$を通る。公式を使う。

解答 2点$(a,\ 0)$，$(0,\ b)$を通る直線であるから

$$y-0=\frac{b-0}{0-a}(x-a)$$

すなわち　$y=-\frac{b}{a}x+b$　よって　$\frac{bx}{a}+y=b$

両辺を b で割ると　$\frac{x}{a}+\frac{y}{b}=1$ 終

別解 傾きが $\frac{-b}{a}=-\frac{b}{a}$，$y$ 切片が b の直線であるから　$y=-\frac{b}{a}x+b$

よって　$\frac{bx}{a}+y=b$　両辺を b で割ると　$\frac{x}{a}+\frac{y}{b}=1$ 終

4 2直線の関係

まとめ

1　2直線の平行・垂直

2直線 $y=m_1x+n_1$，$y=m_2x+n_2$ について

　　2直線が平行　⇔　$m_1=m_2$　　←傾きが等しい

　　2直線が垂直　⇔　$m_1m_2=-1$　　←傾きの積が -1

注意　$m_1=m_2$ かつ $n_1=n_2$ のとき，2直線は一致するが，この場合も2直線は平行であると考えることにする。

2　直線に関して対称な点

2点A，Bが直線 ℓ に関して対称であるとき，直線 ℓ は線分ABの垂直二等分線になる。

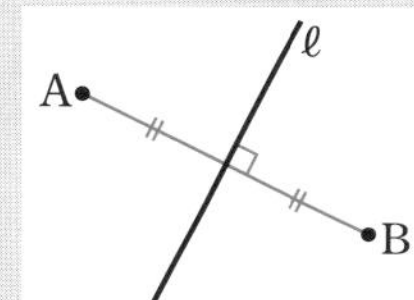

3　点と直線の距離

点Pから直線 ℓ に下ろした垂線と ℓ との交点をHとする。このとき，線分PHの長さ d を，点Pと直線 ℓ の距離という。

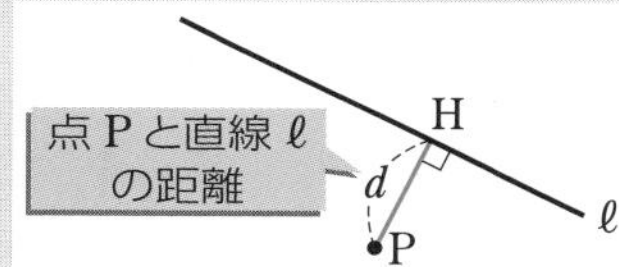

点と直線の距離について，次のことが成り立つ。

点と直線の距離

点 $(x_1,\ y_1)$ と直線 $ax+by+c=0$ の距離 d は

$$d=\frac{|ax_1+by_1+c|}{\sqrt{a^2+b^2}}$$

A 2直線の平行・垂直

教 p.87

練習 14

次の直線のうち，直線 $y=-2x$ と平行であるものはどれか。

①　$y=2x-3$　　②　$y=-2x+4$　　③　$2x+y+5=0$

指針　**2直線の平行**　2直線の傾きが等しいとき，その2直線は平行である。①〜③の中から，傾きが -2 であるものを選ぶ。

解答　直線①の傾きは　2

直線②の傾きは　-2

直線③の傾きは $y=-2x-5$ から　-2

よって，直線 $y=-2x$ と平行であるものは　②，③　答

教 p.88

練習 15

次の 2 直線は，それぞれ平行，垂直のいずれであるか。

(1) $y=4x+1$，$y=4x-3$　(2) $y=3x-1$，$x+3y+2=0$

(3) $2x+3y=3$，$4x+6y=5$　(4) $3x+4y=2$，$4x-3y=1$

指針 **2 直線の平行，垂直**　2 直線の傾きをそれぞれ m_1，m_2 とし，その値を求める。

$m_1=m_2$ のとき，平行である。　$m_1m_2=-1$ のとき，垂直である。

解答 (1) 直線 $y=4x+1$ の傾きは 4，　直線 $y=4x-3$ の傾きは 4

傾きが等しいから，2 直線は **平行** である。 答

(2) 直線 $y=3x-1$ の傾きを m_1 とすると　$m_1=3$

直線 $x+3y+2=0$ の傾きを m_2 とすると

$$y=-\frac{1}{3}x-\frac{2}{3} \text{ より }\quad m_2=-\frac{1}{3}$$

←y について解く。

$m_1m_2=3\cdot\left(-\frac{1}{3}\right)=-1$ であるから，2 直線は **垂直** である。 答

(3) 直線 $2x+3y=3$ の傾きを m_1 とすると

$$y=-\frac{2}{3}x+1 \text{ より }\quad m_1=-\frac{2}{3}$$

直線 $4x+6y=5$ の傾きを m_2 とすると

$$y=-\frac{2}{3}x+\frac{5}{6} \text{ より }\quad m_2=-\frac{2}{3}$$

$m_1=m_2$ であるから，2 直線は **平行** である。 答

(4) 直線 $3x+4y=2$ の傾きを m_1 とすると

$$y=-\frac{3}{4}x+\frac{1}{2} \text{ より }\quad m_1=-\frac{3}{4}$$

直線 $4x-3y=1$ の傾きを m_2 とすると

$$y=\frac{4}{3}x-\frac{1}{3} \text{ より }\quad m_2=\frac{4}{3}$$

$m_1m_2=\left(-\frac{3}{4}\right)\cdot\frac{4}{3}=-1$ であるから，2 直線は **垂直** である。 答

教 p.88

練習 16

点 A(2，1) を通り，直線 $2x+3y+4=0$ に垂直な直線を ℓ とする。

(1) 直線 ℓ の傾きを求めよ。

(2) 直線 ℓ の方程式を求めよ。

指針 **垂直な直線の方程式**

(1) 2 直線の傾きを m_1，m_2 とすると，垂直のとき　$m_1m_2=-1$

(2) ℓ の傾きを m とすると，方程式は　$y=m(x-2)+1$

解答 (1) 直線 $2x+3y+4=0$ の傾きは $-\dfrac{2}{3}$

直線 ℓ の傾きを m とすると，$-\dfrac{2}{3}m=-1$ から $m=\dfrac{3}{2}$ 答

(2) ℓ は点 A$(2,\ 1)$ を通り，傾き $\dfrac{3}{2}$ の直線であるから，その方程式は

$y-1=\dfrac{3}{2}(x-2)$ すなわち $\boldsymbol{3x-2y-4=0}$ 答

練習 17 教 p.88

点 A$(3,\ -1)$ を通り，直線 $3x+2y+1=0$ に垂直な直線，平行な直線の方程式をそれぞれ求めよ。

指針 **平行な直線，垂直な直線の方程式** 点$(3,\ -1)$を通る直線であるから，$y-(-1)=m(x-3)$ と表される。直線 $3x+2y+1=0$ と垂直(傾きの積が-1)，平行(傾きが等しい)という条件から，それぞれの m の値を求めて代入する。一般に，求める直線の方程式は出題の直線の式の形にあわせる。よって，ここでは $ax+by+c=0$ の形で答える。

解答 $3x+2y+1=0$ ……①

直線①の傾きは $-\dfrac{3}{2}$

点 A を通り，直線①に垂直な直線②の傾きを m とすると

$-\dfrac{3}{2}m=-1$ から $m=\dfrac{2}{3}$ ← $m_1m_2=-1$

直線②の方程式は $y-(-1)=\dfrac{2}{3}(x-3)$

よって $2(x-3)-3(y+1)=0$ すなわち $2x-3y-9=0$

次に，点 A を通り，直線①に平行な直線の方程式は

$y-(-1)=-\dfrac{3}{2}(x-3)$

よって $3(x-3)+2(y+1)=0$ すなわち $3x+2y-7=0$

答 **垂直な直線 $\boldsymbol{2x-3y-9=0}$，平行な直線 $\boldsymbol{3x+2y-7=0}$**

注意 点$(x_1,\ y_1)$を通り，直線 $ax+by+c=0$ に平行な直線，垂直な直線は，それぞれ次の方程式で表される。

平行 $\boldsymbol{a(x-x_1)+b(y-y_1)=0}$ **垂直** $\boldsymbol{b(x-x_1)-a(y-y_1)=0}$

B 直線に関して対称な点

教 p.89

【?】 (応用例題 2) ①, ②をそれぞれどのように導いたかを考えて，2 点 A, B が直線 ℓ に関して対称である条件を言葉で表現してみよう。

指針 **直線に関して対称な点** ①は $AB\perp\ell$，②は線分 AB の中点が直線 ℓ 上にあることを利用している。

解説 直線 AB は ℓ に垂直であり，線分 AB の中点は ℓ 上にあることが求める条件である。

教 p.89

練習 18 直線 $x-2y+10=0$ を ℓ とする。直線 ℓ に関して点 A(2, 1) と対称な点 B の座標を求めよ。

指針 **直線に関して対称な点** 2 点 A, B が ℓ に関して対称であるのは

[1] 直線 AB は ℓ に垂直である $\Longrightarrow$ 傾きの積が -1

[2] 線分 AB の中点は ℓ 上にある $\Longrightarrow$ 中点の座標は ℓ の式を満たす

点 B の座標を $(p,\ q)$ として，上の [1], [2] が成り立つように，p, q についての方程式を作る。

解答 点 B の座標を $(p,\ q)$ とする。

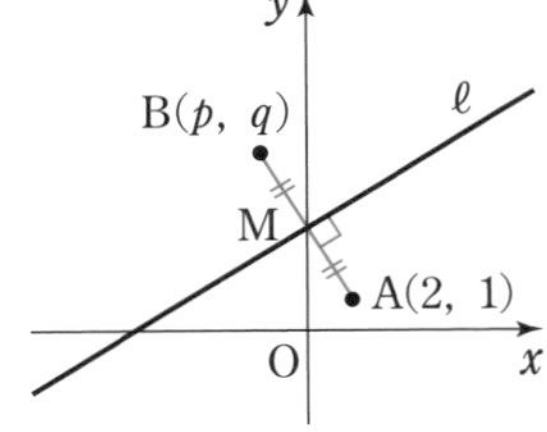

[1] 直線 ℓ の傾きは $\frac{1}{2}$,

直線 AB の傾きは $\frac{q-1}{p-2}$ である。

$AB\perp\ell$ であるから $\quad \frac{1}{2}\cdot\frac{q-1}{p-2}=-1$

すなわち $\quad 2p+q-5=0 \quad \cdots\cdots①$

[2] 線分 AB の中点 $M\left(\frac{p+2}{2},\ \frac{q+1}{2}\right)$ は直線 ℓ 上にあるから

$$\frac{p+2}{2}-2\cdot\frac{q+1}{2}+10=0$$

すなわち $\quad p-2q+20=0 \quad \cdots\cdots②$

①, ②を解くと $\quad p=-2,\ q=9$

よって，点 B の座標は $\quad (-2,\ 9)$ 答

C 点と直線の距離

教 p.91

練習 19

次の点と直線の距離を求めよ。

(1) 原点，直線 $2x+3y+4=0$

(2) 点$(1,\ 2)$，直線 $3x-4y-1=0$

(3) 点$(-1,\ 5)$，直線 $y=3x-2$

指針 **点と直線の距離**　点$(x_1,\ y_1)$と直線 $ax+by+c=0$ の距離 d は

$$d=\frac{|ax_1+by_1+c|}{\sqrt{a^2+b^2}}$$

(3) 直線の方程式 $y=3x-2$ を $ax+by+c=0$ の形にしてから求める。

解答 (1) $d=\dfrac{|4|}{\sqrt{2^2+3^2}}=\dfrac{4}{\sqrt{13}}=\dfrac{4\sqrt{13}}{13}$ 答

(2) $d=\dfrac{|3\cdot1-4\cdot2-1|}{\sqrt{3^2+(-4)^2}}=\dfrac{|-6|}{\sqrt{25}}=\dfrac{6}{5}$ 答

(3) $y=3x-2$ から　$3x-y-2=0$

よって　$d=\dfrac{|3\cdot(-1)-5-2|}{\sqrt{3^2+(-1)^2}}=\dfrac{|-10|}{\sqrt{10}}=\dfrac{10}{\sqrt{10}}=\sqrt{10}$ 答

研究 2直線の交点を通る直線

まとめ

1　2直線の交点を通る直線の方程式

2直線　$x+2y-4=0$　……①，　$x-y-1=0$　……②

は1点で交わる。その交点をAとする。ここで，k を定数として，方程式

$k(x+2y-4)+(x-y-1)=0$　……③　を考える。

③を整理すると　$(k+1)x+(2k-1)y-4k-1=0$

係数 $k+1$，$2k-1$ は同時に0になることはないから，③は x，y の1次方程式である。したがって，③は2直線①，②の交点Aを通る直線を表す。ただし，直線①は表さない。

教 p.92

練習 1

k を定数として，方程式 $k(x+2y-4)+(x-y-1)=0$　……③を考える。方程式③の表す図形は，k の値に関わらず

2直線 $x+2y-4=0$　……①，$x-y-1=0$　……②の交点Aを通る。

この理由を説明せよ。

指針　**2直線の交点を通る直線**　点Aの座標を$(a,\ b)$とすると，③において
$k(a+2b-4)+(a-b-1)=0$ が k の値にかかわらず成り立つことを示す。

解答　点Aの座標を$(a,\ b)$とする。
点Aは直線①と直線②の交点であるから

$$a+2b-4=0,\qquad a-b-1=0$$

ここで，③の方程式の左辺に $x=a$，$y=b$ を代入すると

$$k(a+2b-4)+(a-b-1)=k\cdot0+0=0$$

よって，$x=a$，$y=b$ は③の方程式を満たす。
したがって，k の値に関わらず，③の表す図形は点$\mathrm{A}(a,\ b)$を通る。　終

教 p.92

練習 2　教科書 $p.92$ 例1を，方程式$(x+2y-4)+k(x-y-1)=0$ を用いて解け。

指針　**2直線の交点を通る直線**　例1と同様にする。

解答　k を定数として　$(x+2y-4)+k(x-y-1)=0$　……(＊)
とすると，(＊)は2直線の交点を通る直線を表す。
直線(＊)が点$(0,\ 3)$を通るから，(＊)に $x=0$，$y=3$ を代入して

$$2-4k=0\qquad よって\qquad k=\frac{1}{2}$$

これを(＊)に代入して整理すると　$\boldsymbol{x+y-3=0}$　答

教 p.92

練習 3　2直線 $2x-y+1=0$，$x+y-4=0$ の交点と，点$(-2,\ 1)$を通る直線の方程式を求めよ。

指針　**2直線の交点を通る直線**　直線 $k(2x-y+1)+(x+y-4)=0$ が点$(-2,\ 1)$を通ると考えて，$x=-2$，$y=1$ を代入して，k の値を決定する。

解答　2直線 $2x-y+1=0$，$x+y-4=0$ の交点を通る直線の方程式は，k を定数として

$$k(2x-y+1)+(x+y-4)=0\quad……①$$

と表される。
この直線が点$(-2,\ 1)$を通るとすると，①に $x=-2$，$y=1$ を代入して

$$-4k-5=0\qquad よって\quad k=-\frac{5}{4}$$

これを①に代入して整理すると

$$\boldsymbol{2x-3y+7=0}$$　答

第3章 第1節　問　題

教 p.93

1 原点Oと点A(6, 2), B(2, 4)の3点を頂点とする△OABは，直角二等辺三角形であることを示せ。

指針 **三角形の形状**　まず，2点間の距離の公式を使って3辺の長さを調べ，さらに三平方の定理の逆により直角について調べる。

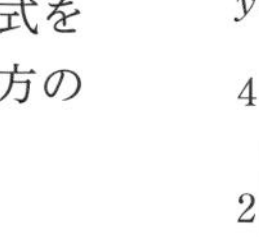

解答 各辺の長さの平方は

$$OA^2=6^2+2^2=40,\ OB^2=2^2+4^2=20,$$
$$AB^2=(2-6)^2+(4-2)^2=4^2+2^2=20$$

よって　$OB=AB=\sqrt{20}=2\sqrt{5}$

また，$OA^2=OB^2+AB^2$ が成り立つから，

三平方の定理の逆により

$$\angle ABO=90°$$

よって　△OABはOAを斜辺とする直角二等辺三角形である。 終

教 p.93

2 4点A(1, 1), B(4, 3), C(2, 6), Dを頂点とする平行四辺形ABCDについて，次の点の座標を求めよ。

(1) 対角線ACの中点M　　(2) 頂点D

指針 **中点の座標の応用**　平行四辺形の対角線はそれぞれの中点で交わる。対角線DB, ACの中点の x 座標，y 座標に着目して方程式を作る。

解答 (1) 線分ACの中点Mの座標は

$\left(\dfrac{1+2}{2},\ \dfrac{1+6}{2}\right)$　すなわち　$\left(\dfrac{3}{2},\ \dfrac{7}{2}\right)$ 答

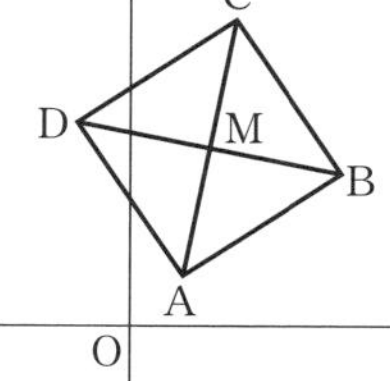

(2) 平行四辺形の対角線はそれぞれの中点で交わる。点Dの座標を$(x,\ y)$とすると，線分DBの中点の座標は　$\left(\dfrac{x+4}{2},\ \dfrac{y+3}{2}\right)$

中点Mの座標と一致するから，(1)より

$$\frac{x+4}{2}=\frac{3}{2},\ \frac{y+3}{2}=\frac{7}{2}$$

これを解いて　$x=-1,\ y=4$

よって，Dの座標は　$(-1,\ 4)$ 答

3章 図形と方程式

教 p.93

3　3点A(1, 5), B(6, −3), C(x, y)を頂点とする△ABCの重心の座標が(1, 3)であるとき, x, yの値を求めよ。

指針　**三角形の重心の座標**　3点P(x_1, y_1), Q(x_2, y_2), R(x_3, y_3)を頂点とする△PQRの重心の座標は

$$\left(\frac{x_1+x_2+x_3}{3},\ \frac{y_1+y_2+y_3}{3}\right)$$

これにあてはめて, x, yについての方程式を作る。

解答　3点A(1, 5), B(6, −3), C(x, y)を頂点とする△ABCの重心の座標は

$$\left(\frac{1+6+x}{3},\ \frac{5-3+y}{3}\right)$$

これが点(1, 3)と一致するとき

$$\frac{1+6+x}{3}=1,\ \frac{5-3+y}{3}=3$$

よって　$\boldsymbol{x=-4,\ y=7}$　答

教 p.93

4　2点A(4, 0), B(0, 2)を通る直線の方程式を求めよ。

指針　**2点を通る直線の方程式**　異なる2点(x_1, y_1), (x_2, y_2)を通る直線の方程式は　$x_1 \neq x_2$のとき　$y-y_1=\dfrac{y_2-y_1}{x_2-x_1}(x-x_1)$

この式にあてはめる。

解答　2点A(4, 0), B(0, 2)を通る直線の方程式は

$$y-0=\frac{2-0}{0-4}(x-4)$$

すなわち　$y=-\dfrac{1}{2}(x-4)$

両辺に2を掛けて整理すると

$$\boldsymbol{x+2y-4=0}$$　答

教 p.93

5　2 直線 $3x-4y+5=0$，$2x+y-4=0$ の交点を通り，次の条件を満たす直線の方程式を，それぞれ求めよ。

(1)　直線 $2x+5y=0$ に平行

(2)　直線 $2x+5y=0$ に垂直

指針　**平行な直線，垂直な直線の方程式**　まず，2 直線 $3x-4y+5=0$ と $2x+y-4=0$ の交点の座標を求める。次に，その交点を通り傾きが m の直線の方程式を求める。ただし，傾き m は，

(1)のときは，平行であるから傾きが等しいことより m を求める。

(2)のときは，垂直であるから，傾きの積が -1 であることより m を求める。

解答

$3x-4y+5=0$　……①

$2x+y-4=0$　……②

①，②を連立方程式として解くと　$x=1$，$y=2$

よって，2 直線①，②の交点の座標は　$(1,\ 2)$

この交点を通り傾き m の直線は

$y-2=m(x-1)$　……③

(1)　直線 $2x+5y=0$ の傾きは $-\dfrac{2}{5}$

よって，求める直線の傾き m は $m=-\dfrac{2}{5}$ であるから，その直線の方程式は，③で $m=-\dfrac{2}{5}$ として

$y-2=-\dfrac{2}{5}(x-1)$　すなわち　$\boldsymbol{2x+5y-12=0}$　答

(2)　直線 $2x+5y=0$ の傾きは $-\dfrac{2}{5}$

$-\dfrac{2}{5}m=-1$ より　$m=\dfrac{5}{2}$

よって，求める直線の方程式は，③で $m=\dfrac{5}{2}$ として

$y-2=\dfrac{5}{2}(x-1)$　すなわち　$\boldsymbol{5x-2y-1=0}$　答

3章 図形と方程式

教 p.93

6　2点A$(a,\ b)$，B$(b,\ a)$は，直線$y=x$に関して対称であることを示せ。ただし，$a \neq b$とする。

指針　**直線に関して対称な点**　2点A，Bが直線ℓに関して対称であることを示すためには，次の［1］，［2］をいえばよい。

［1］　直線ABはℓに垂直である。

［2］　線分ABの中点はℓ上にある。

解答　直線$y=x$をℓとする。

［1］　$a \neq b$であるから，直線ABの傾きは

$$\frac{a-b}{b-a}=\frac{-(b-a)}{b-a}=-1$$

また，直線ℓの傾きは　1

よって，直線ABとℓの傾きの積は$(-1)\cdot 1=-1$であるから，直線ABはℓに垂直である。

［2］　線分ABの中点の座標は　$\left(\frac{a+b}{2},\ \frac{b+a}{2}\right)$

$x=\frac{a+b}{2}$，$y=\frac{b+a}{2}$をℓの方程式$y=x$に代入すると

$$\frac{b+a}{2}=\frac{a+b}{2}$$

この等式は成り立つから，線分ABの中点はℓ上にある。

［1］，［2］が成り立つから，2点A，Bは直線$y=x$に関して対称である。　終

教 p.93

7　2点A$(4,\ -2)$，B$(-2,\ 6)$について，次の問いに答えよ。

(1)　2点A，Bを通る直線ℓの方程式を求めよ。

(2)　原点Oと直線ℓの距離を求めよ。

(3)　△OABの面積を求めよ。

指針　**直線と図形の面積**　(3)　△OABの面積は，原点Oと直線ABの距離をdとすると　$\triangle \mathrm{OAB}=\frac{1}{2}\cdot \mathrm{AB}\cdot d$

解答 (1) 2点A，Bを通る直線ℓの方程式は

$$y-(-2)=\frac{6-(-2)}{-2-4}(x-4)$$

整理して　$\boldsymbol{4x+3y-10=0}$ 答

(2) 原点Oと直線$4x+3y-10=0$の距離dは

$$d=\frac{|-10|}{\sqrt{4^2+3^2}}=\frac{10}{5}=\boldsymbol{2}$$ 答

(3) 線分ABの長さは

$$\mathrm{AB}=\sqrt{(-2-4)^2+\{6-(-2)\}^2}=\sqrt{100}=10$$

△OABの底辺を線分ABとすると，高さはdであるから

$$\triangle\mathrm{OAB}=\frac{1}{2}\times\mathrm{AB}\times d=\frac{1}{2}\times10\times2=\boldsymbol{10}$$ 答

教 p.93

8 2直線$ax+by+c=0$，$a'x+b'y+c'=0$について，次のことを証明せよ。ただし，$b\neq0$，$b'\neq0$とする。

2直線が平行 $\Leftrightarrow$ $ab'-ba'=0$

2直線が垂直 $\Leftrightarrow$ $aa'+bb'=0$

指針 **2直線の平行条件・垂直条件**

2直線が平行 $\Leftrightarrow$ 傾きが等しい
2直線が垂直 $\Leftrightarrow$ 傾きの積が-1
の関係を利用する。

解答 $b\neq0$，$b'\neq0$であるから2直線$ax+by+c=0$，$a'x+b'y+c'=0$の傾きは，

それぞれ　$-\frac{a}{b}$，$-\frac{a'}{b'}$

よって　2直線が平行 $\Leftrightarrow$ $-\frac{a}{b}=-\frac{a'}{b'}$

すなわち　2直線が平行 $\Leftrightarrow$ $ab'-ba'=0$

また　2直線が垂直 $\Leftrightarrow$ $-\frac{a}{b}\cdot\left(-\frac{a'}{b'}\right)=-1$

すなわち　2直線が垂直 $\Leftrightarrow$ $aa'+bb'=0$ 終

教科書 $p.94〜97$

第2節　円

5 円の方程式

まとめ

1　円の方程式

点$(a,\ b)$を中心とする半径 r の円の方程式は

$$(x-a)^2+(y-b)^2=r^2$$

とくに，原点を中心とする半径 r の円の方程式は

$$x^2+y^2=r^2$$

2　$x^2+y^2+lx+my+n=0$ の表す図形

円の方程式$(x-5)^2+(y+3)^2=16$ を変形すると，

$x^2+y^2-10x+6x+18=0$　　となる。

このように，円の方程式は，l，m，n を定数として

$x^2+y^2+lx+my+n=0$　← x，y の2次方程式で，x^2 と y^2 の係数が等しく，かつ xy の項がない。

の形にも表される。

補足　方程式$(x-a)^2+(y-b)^2=k$ において

$k>0$ ならば，この方程式は点$(a,\ b)$を中心とする半径 $\sqrt{k}$ の円を表す。

$k<0$ ならば，この方程式が表す図形はない。

3　3点を通る円の方程式

直線については，異なる2点が与えられれば，それらを通る直線が1つに定まる。

一方，円については，異なる2点が与えられても，それらを通る円は1つには定まらない。1つの直線上にない3点が与えられたとき，それらを通る円が1つに定まる。

3点A，B，Cを通る円の方程式は，方程式 $x^2+y^2+lx+my+n=0$ に3点A，B，Cの座標を代入して求める。

△ABCの3つの頂点を通る円を△ABCの **外接円** といい，外接円の中心を△ABCの **外心** という。

A 円の方程式

教 p.95

練習20　次のような円の方程式を求めよ。

(1)　中心が原点，半径が2　　(2)　中心が点$(2,\ 3)$，半径が5

(3)　中心が点$(-2,\ 1)$，半径が$\sqrt{10}$

教科書 p.95

指針 **円の方程式** 中心から一定の距離(＝半径)にある点P$(x,\ y)$全体の集合が円である。その方程式は，2点間の距離の公式をもとにしたものであることを理解しておく。

解答 (1) $x^2+y^2=2^2$ すなわち $x^2+y^2=4$ 答

(2) $(x-2)^2+(y-3)^2=5^2$ すなわち $(x-2)^2+(y-3)^2=25$ 答

(3) $\{x-(-2)\}^2+(y-1)^2=(\sqrt{10})^2$

すなわち $(x+2)^2+(y-1)^2=10$ 答

練習 21 教 p.95

次の円の中心の座標と半径を求めよ。

(1) $(x-3)^2+(y+2)^2=8$　　(2) $x^2+(y-1)^2=9$

指針 **円の方程式** 方程式$(x-a)^2+(y-b)^2=r^2$は中心が$(a,\ b)$，半径がrの円を表す。

解答 (1) 中心の座標は$(3,\ -2)$，半径は$\sqrt{8}=2\sqrt{2}$ 答

(2) 中心の座標は$(0,\ 1)$，半径は$\sqrt{9}=3$ 答

練習 22 教 p.95

2点A$(3,\ 4)$，B$(-1,\ 2)$を直径の両端とする円について，次の問いに答えよ。

(1) 中心Cの座標と半径を求めよ。

(2) 円の方程式を求めよ。

指針 **2点を直径の両端とする円の方程式**

(1) Cは線分ABの中点，半径＝CA

(2) (1)の結果を利用する。

解答 (1) Cは線分ABの中点で，その座標は

$$\left(\frac{3+(-1)}{2},\ \frac{4+2}{2}\right)$$

すなわち $(1,\ 3)$ 答

また，半径をrとすると

$$r=\mathrm{CA}$$
$$=\sqrt{(3-1)^2+(4-3)^2}$$
$$=\sqrt{5}$$ 答

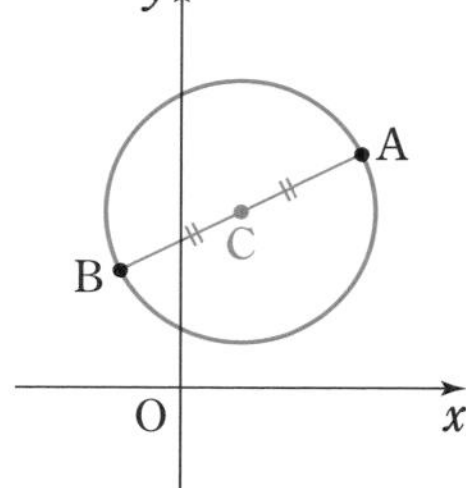

(2) (1)より，円の方程式は

$$(x-1)^2+(y-3)^2=(\sqrt{5})^2$$

すなわち $(x-1)^2+(y-3)^2=5$ 答

教 p.95

練習 23
2 点 A$(-3,\ 2)$，B$(1,\ 6)$を直径の両端とする円の方程式を求めよ。

指針　**2 点を直径の両端とする円の方程式**　円の中心 C の座標と半径 r を求めて，$(x-a)^2+(y-b)^2=r^2$ に代入する。中心 C は線分 AB の中点であり，半径 r は線分 CA の長さである。

解答　円の中心を C とすると，C は線分 AB の中点で，その座標は

$$\left(\frac{-3+1}{2},\ \frac{2+6}{2}\right)\quad すなわち \quad (-1,\ 4)$$

また，円の半径を r とすると

$$r=\mathrm{CA}=\sqrt{\{-3-(-1)\}^2+(2-4)^2}=2\sqrt{2}$$

よって，円の方程式は

$$\{x-(-1)\}^2+(y-4)^2=(2\sqrt{2})^2$$

すなわち　$\boldsymbol{(x+1)^2+(y-4)^2=8}$　答

B　$x^2+y^2+lx+my+n=0$ の表す図形

教 p.96

練習 24
方程式$(x-a)^2+(y-b)^2=k$ において，$k=0$ ならば，この方程式はどのような図形を表すか。

指針　**$(x-a)^2+(y-b)^2=k$ の表す図形**　$k=0$ のとき　$(x-a)^2+(y-b)^2=0$
よって　$(x-a)^2=0,\ (y-b)^2=0$

解答　$k=0$ のとき　　$(x-a)^2+(y-b)^2=0$
$x-a,\ y-b$ は実数であるから

$$x-a=0,\ y-b=0 \quad すなわち \quad x=a,\ y=b$$

よって，$k=0$ ならば，この方程式が表す図形は　**点$(a,\ b)$**　答

教 p.96

練習 25
次の方程式はどのような図形を表すか。
(1)　$x^2+y^2+4x-2y-4=0$　　　(2)　$x^2+y^2+6x+8y+12=0$

指針　**$x^2+y^2+lx+my+n=0$ の表す図形**　$(x-a)^2+(y-b)^2=r^2$ を変形すると，$x^2+y^2+lx+my+n=0$ の形が得られる。ここでは，逆に，各方程式を x と y のそれぞれについて平方完成し，$(x-a)^2+(y-b)^2=r^2$ の形を導いて中心の座標と半径を求める。

解答 (1) 方程式を変形すると

$$(x^2+4x)+(y^2-2y)=4$$

すなわち　$(x+2)^2-2^2+(y-1)^2-1^2=4$

よって　$(x+2)^2+(y-1)^2=3^2$

これは，**中心が点 $(-2,\ 1)$，半径が 3 の円** を表す。 答

(2) 方程式を変形すると

$$(x^2+6x)+(y^2+8y)=-12$$

すなわち　$(x+3)^2-3^2+(y+4)^2-4^2=-12$

よって　$(x+3)^2+(y+4)^2=(\sqrt{13})^2$

これは，**中心が点 $(-3,\ -4)$，半径が $\sqrt{13}$ の円** を表す。 答

注意 方程式 $x^2+y^2+lx+my+n=0$ が，常に円を表すとは限らない。
方程式を変形すると

$$\left(x+\frac{l}{2}\right)^2+\left(y+\frac{m}{2}\right)^2=\frac{l^2+m^2-4n}{4}$$

$l^2+m^2-4n>0$ のとき

円を表す。半径は $\dfrac{\sqrt{l^2+m^2-4n}}{2}$

$l^2+m^2-4n=0$ のとき

点 $\left(-\dfrac{l}{2},\ -\dfrac{m}{2}\right)$ を表す。

$l^2+m^2-4n<0$ のとき

表す図形はない。

C 3点を通る円の方程式

【?】 教 p.97

(例題 3)　求める円の方程式を $(x-a)^2+(y-b)^2=r^2$ とせず，$x^2+y^2+lx+my+n=0$ としたのはなぜだろうか。

指針 **3点を通る円の方程式**　3点の座標を代入して得られる連立方程式を比較する。

解説 $(x-a)^2+(y-b)^2=r^2$ に3点の座標を代入すると，連立3元2次方程式が得られるから，例題3の連立3元1次方程式から求めるよりも計算が煩雑になる。

教科書 p.97

教 p.97

練習 26

次の3点A，B，Cを通る円の方程式を求めよ。

(1) A(1, 1)，B(2, 1)，C(−1, 0)

(2) A(1, 3)，B(5, −5)，C(4, 2)

指針 **3点を通る円の方程式**　円の方程式を $x^2+y^2+lx+my+n=0$ とし，3点の座標を代入して，l，m，n についての連立方程式を作る。
方程式 $(x-a)^2+(y-b)^2=r^2$ に代入して求めてもよいが2次の連立方程式を解くことになり，慣れていないと，計算ミスをしやすい。

解答 (1) 求める円の方程式を $x^2+y^2+lx+my+n=0$ とする。

点Aを通るから　$1^2+1^2+l+m+n=0$

点Bを通るから　$2^2+1^2+2l+m+n=0$

点Cを通るから　$(-1)^2+(-1)l+n=0$

整理すると　$l+m+n+2=0$

$2l+m+n+5=0$

$-l+n+1=0$

これを解くと　$l=-3$，　$n=-4$，　$m=5$

よって，求める円の方程式は　$\boldsymbol{x^2+y^2-3x+5y-4=0}$　答

(2) 求める円の方程式を $x^2+y^2+lx+my+n=0$ とする。

点Aを通るから　$1^2+3^2+l+3m+n=0$

点Bを通るから　$5^2+(-5)^2+5l+(-5)m+n=0$

点Cを通るから　$4^2+2^2+4l+2m+n=0$

整理すると　$l+3m+n+10=0$

$5l-5m+n+50=0$

$4l+2m+n+20=0$

これを解くと　$l=-2$，　$m=4$，　$n=-20$

よって，求める円の方程式は　$\boldsymbol{x^2+y^2-2x+4y-20=0}$　答

注意 円の方程式の決定

→ 与えられた条件により，2つの形の方程式を使い分ける。

[1] 中心の座標や半径が与えられたとき

または，これに準ずる条件が与えられたとき

→ 中心の座標 (a, b)，半径 r を次の式に代入する。

$(x-a)^2+(y-b)^2=r^2$

[2] 円が通る3点が与えられたとき

→ 円の方程式を　$x^2+y^2+lx+my+n=0$

として，3点の座標を代入して l，m，n の値を求める。

6 円と直線

まとめ

1 円と直線の位置関係

円の方程式と直線の方程式から y を消去して得られる x の2次方程式を $ax^2+bx+c=0$ とする。

この2次方程式の実数解の個数は，円と直線の共有点の個数と一致する。よって，その判別式 D を用いると，円と直線の位置関係は次のようになる。

$D=b^2-4ac$	$D>0$	$D=0$	$D<0$
$ax^2+bx+c=0$ の実数解	異なる2つの実数解	重解（ただ1つ）	実数解をもたない
円と直線の位置関係	異なる2点で交わる	接する（接線，接点）	共有点をもたない
共有点の個数	2個	1個	0個

注意　円と直線が共有点をもつのは，$ax^2+bx+c=0$ が実数解をもつとき，すなわち $D \geqq 0$ のときである。

半径 r の円の中心と直線の距離を d とするとき，円と直線の位置関係は d と r の大小関係によって定まり，次のようになる。

d と r の大小	$d<r$	$d=r$	$d>r$
円と直線の位置関係	異なる2点で交わる	接する	共有点をもたない

2 円の接線の方程式

円上の点における接線の方程式

中心が原点である円 $x^2+y^2=r^2$ 上の点 $\mathrm{P}(x_1,\ y_1)$ における接線の方程式は

$$x_1x+y_1y=r^2$$

円の外部の点から円に引いた接線の方程式は，円上の点における接線の方程式の公式を用いて求める。

A 円と直線の位置関係

教 p.98

【?】

（例題 4）（2）円と直線の位置関係はどのようになっているだろうか。

指針 **円と直線の共有点と位置関係**　例題 4 の共有点の個数で判断する。

解説 例題 4 の解答より，円と直線の共有点の個数は 1 個で，点$(-2,\ 1)$で接している。

教 p.99

練習 27

次の円と直線の共有点の座標を求めよ。

(1) $x^2+y^2=25$, $y=x+1$　　(2) $x^2+y^2=8$, $x+y=4$

指針 **円と直線の共有点の座標**　2 直線の共有点の座標と同様に，円の方程式と直線の方程式を連立させた連立方程式を解く。

解答 (1) $\begin{cases} x^2+y^2=25 & \cdots\cdots① \\ y=x+1 & \cdots\cdots② \end{cases}$

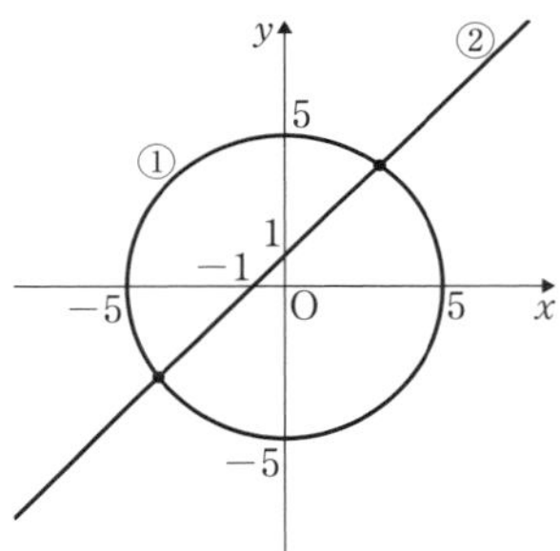

②を①に代入して

$x^2+(x+1)^2=25$

整理すると　$x^2+x-12=0$

これを解くと　$x=-4,\ 3$

②に代入して

$x=-4$ のとき　$y=-3$

$x=3$　のとき　$y=4$

よって，共有点の座標は

$(-4,\ -3)$, $(3,\ 4)$ 答

(2) 
$\begin{cases} x^2+y^2=8 & \cdots\cdots① \\ x+y=4 & \cdots\cdots② \end{cases}$

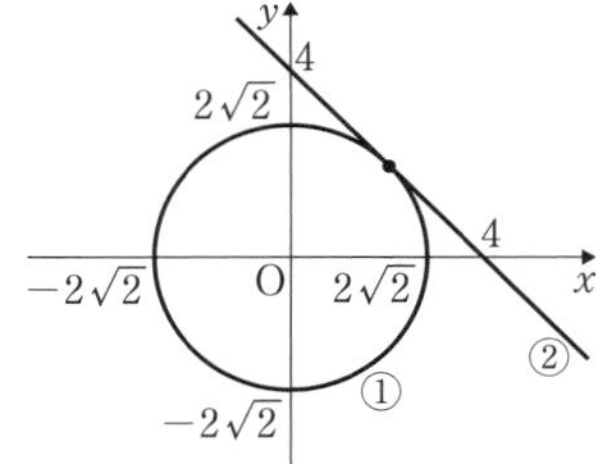

②より　$y=4-x$　……③

③を①に代入して

$x^2+(4-x)^2=8$

整理すると　$x^2-4x+4=0$

これを解くと　$x=2$

③に代入して　$y=2$

よって，共有点の座標は　$(2,\ 2)$ 答

練習 28 教 p.99

円 $x^2+y^2=5$ と直線 $y=2x+m$ について，次の問いに答えよ。

(1) 円と直線が共有点をもつとき，定数 m の値の範囲を求めよ。

(2) 円と直線が接するとき，定数 m の値と接点の座標を求めよ。

指針 **円と直線の位置関係**　円の方程式と直線の方程式から y を消去して，x についての 2 次方程式を作る。これを解くと，(共有点があれば)共有点の x 座標が求められるが，円と直線の位置関係を知るには，この 2 次方程式の判別式 D の符号を調べればよい。

(1) 共有点をもつ ⟶ 共有点は 2 個または 1 個　⟺　$D \geqq 0$

(2) 接する ⟶ 共有点は 1 個　⟺　$D=0$

解答 $x^2+y^2=5$ と $y=2x+m$ から y を消去すると

$$x^2+(2x+m)^2=5$$

整理すると　$5x^2+4mx+(m^2-5)=0$　……①

判別式を D とすると　$\dfrac{D}{4}=(2m)^2-5(m^2-5)=-(m^2-25)$

(1) この円と直線が共有点をもつのは，$D \geqq 0$ のときである。

よって，$m^2-25 \leqq 0$ より　**$-5 \leqq m \leqq 5$**　答

(2) この円と直線が接するのは，$D=0$ のときである。

よって，$m^2-25=0$ より

$$m=\pm 5$$

また，方程式①が重解をもつとき，

その重解は　$x=-\dfrac{4m}{2\cdot 5}=-\dfrac{2}{5}m$

この値を $y=2x+m$ に代入すると

$$y=2\left(-\frac{2}{5}m\right)+m=\frac{1}{5}m$$

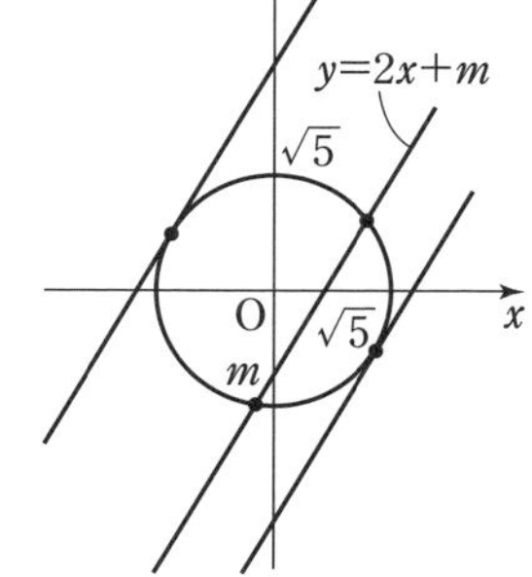

であるから，接点の座標は，$\left(-\dfrac{2}{5}m,\ \dfrac{1}{5}m\right)$ と表される。

よって　**$m=5$ のとき　$(-2,\ 1)$，$m=-5$ のとき　$(2,\ -1)$**　答

注意 (2) 2 次方程式 $ax^2+bx+c=0$ が重解をもつとき，その重解は

$$x=\frac{-b\pm\sqrt{0}}{2a} \text{ より } \quad x=-\frac{b}{2a}$$

また，後で学ぶ「円の接線の方程式」を用いると，次のようにして求めることができる。

$m=5$　のとき，接線は $-2x+y=5$ より，接点は　$(-2,\ 1)$

$m=-5$ のとき，接線は $2x-y=5$　より，接点は　$(2,\ -1)$

教 p.100

【?】

(例題 5) 前ページの判別式を用いる方法では，どのように解けるだろうか。

指針 **円と直線の位置関係** 円と直線の方程式から得られる x の 2 次方程式を利用する。

解説 円と直線の方程式から，y を消去して整理すると

$$10x^2-60x+100-r^2=0$$

この方程式の判別式を D とすると $\dfrac{D}{4}=10r^2-100$

$\dfrac{D}{4}=0$ とすると $r^2=10$　　$r>0$ であるから $\boldsymbol{r=\sqrt{10}}$ 答

教 p.100

練習 29

半径 r の円 $x^2+y^2=r^2$ と直線 $x+2y-5=0$ について，次の問いに答えよ。

(1) 円と直線が接するとき，r の値を求めよ。

(2) 円と直線が共有点をもたないとき，r の値の範囲を求めよ。

指針 **円と直線の位置関係** 次のことを用いる。

原点と直線 $ax+by+c=0$ の距離 d は $d=\dfrac{|c|}{\sqrt{a^2+b^2}}$

接するとき $d=r$，共有点をもたないとき $d>r$

解答 円の中心は原点であり，原点と直線 $x+2y-5=0$ の距離 d は

$$d=\frac{|-5|}{\sqrt{1^2+2^2}}=\frac{5}{\sqrt{5}}=\sqrt{5}$$

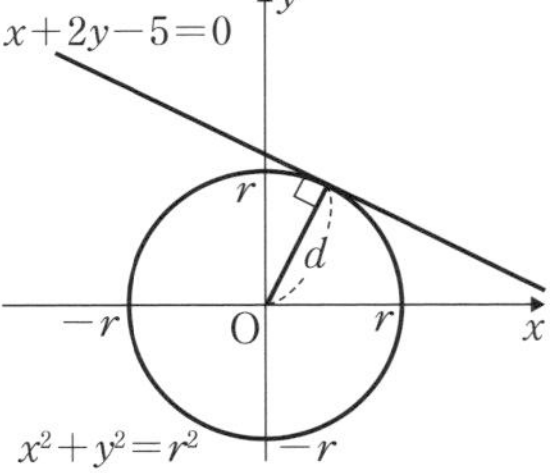

(1) 円と直線が接するのは $r=d$ のときである。

よって $\boldsymbol{r=\sqrt{5}}$ 答

(2) 円と直線が共有点をもたないのは $d>r$ のときである。

よって $r<\sqrt{5}$

$r>0$ であるから，求める r の値の範囲は

$\boldsymbol{0<r<\sqrt{5}}$ 答

B 円の接線の方程式

教 p.102

練習 30

次の円上の点 P における接線の方程式を求めよ。

(1) $x^2+y^2=10$, P(3, 1)

(2) $x^2+y^2=13$, P(2, −3)

(3) $x^2+y^2=16$, P(4, 0)

(4) $x^2+y^2=5$, P$(0, -\sqrt{5})$

指針 **円上の点における接線の方程式**　接線の公式を用いる。

円 $x^2+y^2=r^2$ 上の点 $P(x_1, y_1)$ における接線の方程式は　$x_1x+y_1y=r^2$

解答 (1) $3x+1\cdot y=10$　すなわち　$\boldsymbol{3x+y=10}$ 答

(2) $2x+(-3)y=13$　すなわち　$\boldsymbol{2x-3y=13}$ 答

(3) $4x+0\cdot y=16$　すなわち　$\boldsymbol{x=4}$ 答

(4) $0\cdot x+(-\sqrt{5})y=5$　すなわち　$\boldsymbol{y=-\sqrt{5}}$ 答

注意 念のため，点 P がそれぞれの円上にあることを確かめておこう。

教 p.103

【?】

(応用例題 3)　求めた 2 つの接線が，円 $x^2+y^2=5$ に接していることを確認してみよう。

指針 **円外の点から引いた円の接線**　点と直線の距離の公式を利用する。

解説 円の中心(0, 0)と直線 $2x+y-5=0$ の距離は

$$\frac{|-5|}{\sqrt{2^2+1^2}}=\sqrt{5}$$　これは，円の半径と等しい。

円の中心(0, 0)と直線 $-x+2y-5=0$ の距離は

$$\frac{|-5|}{\sqrt{(-1)^2+2^2}}=\sqrt{5}$$　これは，円の半径と等しい。

よって，2 つの接線は円に接している。

教 p.103

練習 31

点 A(2, 1)から円 $x^2+y^2=1$ に引いた接線の方程式と接点の座標を求めよ。

指針 **円外の点から引いた円の接線**　円 $x^2+y^2=1$ 上の点(p, q)における接線の方程式は　$px+qy=1$

この直線が点 A(2, 1)を通るように，p, q の値を定める。

円外の 1 点を通り円に接する直線は 2 本あることに注意する。

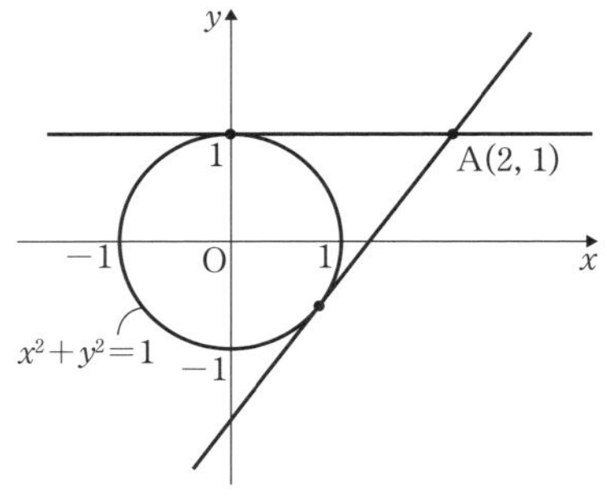

解答 接点を $\mathrm{P}(p,\ q)$ とすると，P は円上にあるから

$$p^2+q^2=1 \quad \cdots\cdots①$$

また，P における円の接線の方程式は

$$px+qy=1 \quad \cdots\cdots②$$

直線②が点 $\mathrm{A}(2,\ 1)$ を通るから

$$2p+q=1 \quad \cdots\cdots③$$

①，③から q を消去すると

$$p^2+(1-2p)^2=1$$

整理して　$5p^2-4p=0$　　これを解くと　$p=0,\ \dfrac{4}{5}$

③に代入して，$p=0$ のとき $q=1$，　$p=\dfrac{4}{5}$ のとき $q=-\dfrac{3}{5}$

よって，接線の方程式②と接点 P の座標は，次のようになる。

$0\cdot x+1\cdot y=1$ から　**接線 $y=1$，**　**接点 $(0,\ 1)$**

$\dfrac{4}{5}x-\dfrac{3}{5}y=1$ から　**接線 $4x-3y=5$，接点 $\left(\dfrac{4}{5},\ -\dfrac{3}{5}\right)$**　答

7 2つの円

まとめ

1　2つの円の位置関係

半径がそれぞれ r，r' である2つの円の中心 C，C′ 間の距離を d とする。このとき，$r>r'$ とすると，2つの円の位置関係は，r と r' の和や差と d の大小関係によって定まり，次のようになる。

[1]　互いに外部にある
$d>r+r'$

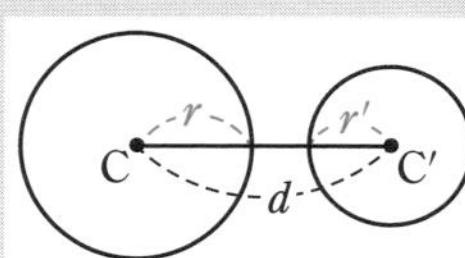

[2]　外接する
(1点を共有する)
$d=r+r'$

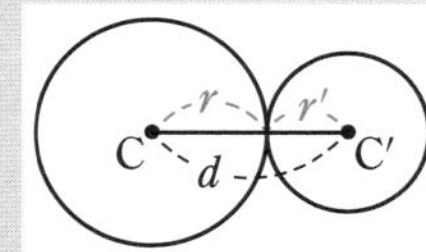

[3]　2点で交わる
$r-r'<d<r+r'$

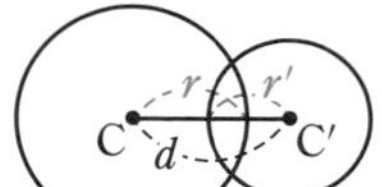

[4]　内接する
(1点を共有する)
$d=r-r'$

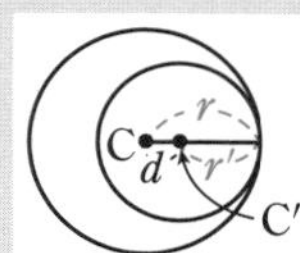

[5]　一方が他方の
内部にある
$d<r-r'$

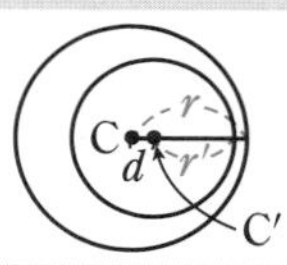

注意　$r=r'$ の場合も，[1]〜[3]の位置関係と関係式は成り立つ。

上の[2]，[4]のように，2つの円がただ1つの共有点をもつとき，2つの円は **接する** といい，この共有点を **接点** という。[2]のように接する場合，2つの円は **外接する** という。[4]のように接する場合，2つの円は **内接する** という。

2　2つの円の共有点の座標

2つの円が共有点をもつとき，その共有点の座標は，2つの円の方程式を連立させた連立方程式を解くことによって求めることができる。

3章 図形と方程式

A 2つの円の位置関係

練習 32　教 p.105

円 $(x-4)^2+(y-3)^2=9$ と次の円の位置関係を調べよ。

(1)　$x^2+y^2=4$　　(2)　$x^2+y^2=36$　　(3)　$x^2+y^2=100$

指針　**2つの円の位置関係**　円 $(x-4)^2+(y-3)^2=9$ の中心 $(4,\ 3)$ と(1)〜(3)の円の中心 $(0,\ 0)$ の距離はすべて5

2つの円の半径の和，差と中心間の距離5の大小関係を調べる。

解答　円 $(x-4)^2+(y-3)^2=9$ を①とし，(1)で与えられた円を②，(2)で与えられた円を③，(3)で与えられた円を④とする。

円①の中心は点 $(4,\ 3)$，円②，③，④の中心はすべて原点である。

よって，円①と円②，③，④の中心間の距離 d はすべて　　$d=\sqrt{4^2+3^2}=5$

また，円①の半径を r_1 とする。

(1)　円②の半径を r_2 とする。

$r_1=3$，$r_2=2$ であるから　　$r_1+r_2=5$

$d=5$ であるから　　$d=r_1+r_2$

よって，円①と円②は外接する。　終

(2)　円③の半径を r_3 とする。

$r_1=3$，$r_3=6$ であるから　　$r_3-r_1=3$，$r_3+r_1=9$

$d=5$ であるから　　$r_3-r_1<d<r_3+r_1$

よって，2つの円①，③は2点で交わる。　終

(3) 円④の半径を r_4 とする。

$r_1=3$, $r_4=10$ であるから　　$r_4-r_1=7$

$d=5$ であるから　　$d<r_4-r_1$

よって，円①は円④の内部にある。 終

教 p.105

【?】 (例題 6)　2 つの円の接点は，2 つの円の中心を結ぶ線分をどのような比に内分する点だろうか。また，接点の座標を求めてみよう。

指針 **2 つの円の位置関係と方程式**　2 つの円の半径に着目する。

解説 2 つの円の接点を P，円 C の中心を C とすると

$$\mathrm{OP}:\mathrm{PC}=2\sqrt{5}:\sqrt{5}=2:1$$

よって，点 P は線分 OC を 2：1 に内分する点である。

また，P の座標は $\left(\dfrac{1\times0+2\times6}{2+1},\ \dfrac{1\times0+2\times3}{2+1}\right)$

すなわち　(4, 2)　答

教 p.105

練習 33 中心が点$(-3,\ 4)$である円 C と，円 $x^2+y^2=1$ が内接するとき，円 C の方程式を求めよ。

指針 **2 つの円の位置関係と方程式**　2 つの円の半径を r, r' $(r>r')$とし，中心間の距離を d とするとき，小さい方の円が大きい方の円に内接するのは，$d=r-r'$ のときである。

解答 円 $x^2+y^2=1$ は中心が原点，半径が 1 の円である。

よって，2 つの円の中心間の距離 d は　　$d=\sqrt{(-3)^2+4^2}=5$

$d>1$ であるから，円 C の半径を r とすると

$$5=r-1$$

よって　　$r=5+1=6$

したがって，求める円 C の方程式は

$$(x+3)^2+(y-4)^2=36$$ 答

B 2つの円の共有点の座標

教 p.106

【?】 (応用例題4) ③の方程式は，どのような直線を表しているだろうか。

指針 **2つの円の共有点と直線** 応用例題4で求めた2つの共有点の座標は，方程式③の表す直線上にある。

解説 $2=-3\cdot1+5$，$-1=-3\cdot2+5$ であるから，方程式③の表す直線は，2点$(1,\ 2)$，$(2,\ -1)$を通る。よって，2つの円の共有点を通る直線を表している。

教 p.106

練習 34 次の2つの円の共有点の座標を求めよ。

$$x^2+y^2=10,\qquad x^2+y^2-2x-y-5=0$$

指針 **2つの円の共有点の座標** 2つの円の方程式を連立させて，連立2元2次方程式を次のように解けばよい。解は2組ある。

[1] 2つの円の方程式の辺々を引くと，x，yの1次式が得られる。

[2] その1次方程式をxまたはyについて解き，円の方程式のどちらかに代入してyかxを消去すると，2次方程式が得られる。

[3] その2次方程式を解くと，2つの実数解となる。それぞれを[1]の1次式に代入して，もう一方の文字の値を求める。

解答

$$\begin{cases} x^2+y^2=10 & \cdots\cdots① \\ x^2+y^2-2x-y-5=0 & \cdots\cdots② \end{cases}$$

①−②から　　$2x+y+5=10$

すなわち　　$y=-2x+5$　……③

③を①に代入すると

$$x^2+(-2x+5)^2=10$$

整理すると　　$x^2-4x+3=0$

$$(x-1)(x-3)=0$$

これを解くと　$x=1,\ 3$

③に代入して

$x=1$ のとき $y=3$，　$x=3$ のとき $y=-1$

よって，共有点の座標は　　$(1,\ 3)$，$(3,\ -1)$　答

研究 2つの円の交点を通る図形

まとめ

1　2つの円の交点を通る図形

2つの円　$x^2+y^2-5=0$ ……①，$x^2+y^2-6x-2y+5=0$ ……②

は2点で交わる。その交点をA，Bとする。ここで，k を定数として，方程式

$k(x^2+y^2-5)+(x^2+y^2-6x-2y+5)=0$ ……③　を考える。

③を整理すると　$(k+1)x^2+(k+1)y^2-6x-2y-5k+5=0$

よって，$k \neq -1$ のとき，③は①，②の交点A，Bを通る円を表し，

$k=-1$ のとき，③は①，②の交点A，Bを通る直線を表す。

注意　③は，円①は表さない。

教 p.107

練習 1

2つの円 $x^2+y^2-4=0$，$x^2+y^2-4x+2y-6=0$ の2つの交点と点(1，2)を通る円の方程式を求めよ。

指針　**2つの円の交点を通る図形**　求める円の方程式を，2つの交点の座標を直接求めないで，　$k(x^2+y^2-4)+(x^2+y^2-4x+2y-6)=0$

とおき，k の値を求めることによって決める。

解答　2つの円 $x^2+y^2-4=0$，$x^2+y^2-4x+2y-6=0$ の2つの交点を通る円の方程式は，k を定数として

$$k(x^2+y^2-4)+(x^2+y^2-4x+2y-6)=0 \quad \cdots\cdots ①$$

と表すことができる。

この円が点(1，2)を通るから，$x=1$，$y=2$ を①に代入すると

$$k(1^2+2^2-4)+(1^2+2^2-4\cdot 1+2\cdot 2-6)=0$$

よって　$k=1$

①に代入して整理すると

$$\boldsymbol{x^2+y^2-2x+y-5=0}$$ 答

第3章 第2節　問題

教 p.108

9 円 $x^2+y^2+x-3y=0$ について，次の問いに答えよ。

(1) この円の中心の座標と半径を求めよ。

(2) この円と中心が同じで点(2，1)を通る円の方程式を求めよ。

指針 **円の方程式**

(1) $x^2+y^2+lx+my+n=0$ の形の円の方程式から円の中心の座標と半径を求めるには，2 次式の平方完成を利用して

$$(x-a)^2+(y-b)^2=r^2$$

の形に変形する。

(2) 中心が $(a,\ b)$ で半径が r の円の方程式は

$$(x-a)^2+(y-b)^2=r^2$$

通る点が与えられたときは，x，y に点の x 座標，y 座標の数値を代入すればよい。

解答 (1) 方程式を変形すると

$$\left(x^2+x+\frac{1}{4}\right)-\frac{1}{4}+\left(y^2-3y+\frac{9}{4}\right)-\frac{9}{4}=0$$

すなわち　$\left(x+\dfrac{1}{2}\right)^2+\left(y-\dfrac{3}{2}\right)^2=\left(\dfrac{\sqrt{10}}{2}\right)^2$

よって，この円の中心の座標は　$\left(-\dfrac{1}{2},\ \dfrac{3}{2}\right)$，半径は　$\dfrac{\sqrt{10}}{2}$　答

(2) 求める円の中心は点 $\left(-\dfrac{1}{2},\ \dfrac{3}{2}\right)$ であり，半径を r とすると，

方程式は　$\left(x+\dfrac{1}{2}\right)^2+\left(y-\dfrac{3}{2}\right)^2=r^2$

点(2，1)を通るから

$$\left(2+\frac{1}{2}\right)^2+\left(1-\frac{3}{2}\right)^2=r^2$$

よって　$r^2=\dfrac{13}{2}$

したがって，求める円の方程式は

$$\left(x+\frac{1}{2}\right)^2+\left(y-\frac{3}{2}\right)^2=\frac{13}{2}$$　答

教 p.108

10 3点A(−2, 1), B(1, 4), C(0, 5)を頂点とする△ABCの外接円の半径と, 外心の座標を求めよ。

指針 **外接円の半径・外心**　△ABCの3つの頂点を通る円を△ABCの外接円といい, その円の中心を△ABCの外心という。

3点の座標 ⟶ 外接円の方程式を $x^2+y^2+lx+my+n=0$ とおく。

l, m, n の値を求めた後, $(x-a)^2+(y-b)^2=r^2$ の形に変形し, 半径と, 中心(外心)の座標を求める。

解答 外接円の方程式を $x^2+y^2+lx+my+n=0$　とする。

点A, B, Cを通るから, それぞれ

$$(-2)^2+1^2+(-2)l+m+n=0$$
$$1^2+4^2+l+4m+n=0$$
$$5^2+5m+n=0$$

整理すると

$$-2l+m+n+5=0$$
$$l+4m+n+17=0$$
$$5m+n+25=0$$

これを解くと　$m=-6$,　$n=5$,　$l=2$

ゆえに, 外接円の方程式は

$$x^2+y^2+2x-6y+5=0$$

変形すると　$(x^2+2x+1)+(y^2-6y+9)=1+9-5$

すなわち　$(x+1)^2+(y-3)^2=5$

したがって　**外接円の半径 $\sqrt{5}$, 外心の座標 $(-1,\ 3)$**　答

y
C
5
B(1, 4)
A(−2, 1)
O
x

教 p.108

11 次の円の方程式を求めよ。

(1) 点(2, 1)を中心とし, 直線 $x+2y+1=0$ に接する円

(2) 中心が直線 $y=x+1$ 上にあり, x 軸に接して, 点(3, 2)を通る円

指針 **円の方程式**　公式 $(x-a)^2+(y-b)^2=r^2$ を用いる。

(1) 半径は円の中心と直線の距離として求められる。

(2) 円の中心の x 座標を a として, y 座標, 半径を a で表す。

解答 (1) 求める円の半径を r とすると，r は点(2，1)と直線 $x+2y+1=0$ の距離であるから

$$r=\frac{|1\cdot 2+2\cdot 1+1|}{\sqrt{1^2+2^2}}=\sqrt{5}$$

よって，求める円の方程式は

$$(x-2)^2+(y-1)^2=5$$ 答

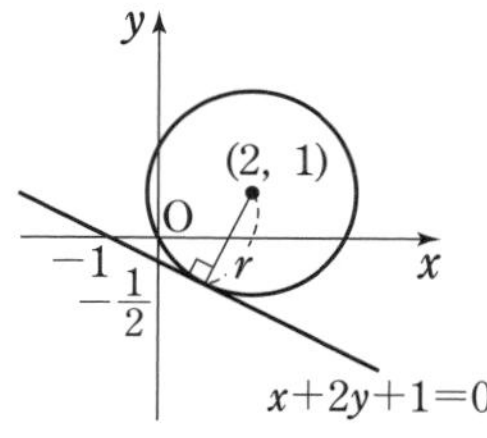

(2) 円の中心の x 座標を a とすると，y 座標は $a+1$，半径は $|a+1|$ であるから，求める円の方程式は

$$(x-a)^2+(y-a-1)^2=(a+1)^2 \quad \cdots\cdots①$$

と表すことができる。

①は点(3，2)を通るから

$$(3-a)^2+(1-a)^2=(a+1)^2$$

整理して　$a^2-10a+9=0$

よって　$a=1,\ 9$

ゆえに，求める円の方程式は

$$(x-1)^2+(y-2)^2=4,\quad (x-9)^2+(y-10)^2=100$$ 答

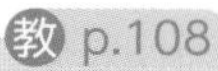

12 直線 $y=x-2$ が円 $x^2+y^2=10$ によって切り取られてできる線分の長さを求めよ。

指針 **円と直線(弦)**　直線と円の共有点の座標を求めて計算する。

解答 直線と円の交点の座標は，次の連立方程式の実数解で表される。

$$\begin{cases} y=x-2 & \cdots\cdots① \\ x^2+y^2=10 & \cdots\cdots② \end{cases}$$

①を②に代入して整理すると　$x^2-2x-3=0$

これを解いて　$x=-1,\ 3$

①から　$x=-1$ のとき $y=-3$

$x=3$ のとき $y=1$

よって，直線①と円②の交点の座標は

$(-1,\ -3)$，$(3,\ 1)$

したがって，求める線分の長さは

$$\sqrt{(-1-3)^2+(-3-1)^2}=\sqrt{32}=4\sqrt{2}$$ 答

教 p.108

13 円 $x^2+y^2=5$ と直線 $x+3y+c=0$ が異なる2点で交わるとき，定数 c の値の範囲を求めよ。

指針 **円と直線**　円の方程式と直線の方程式から x を消去し（本問では y を消去するより計算が楽になる），y についての2次方程式を作る。

異なる2点で交わる　$\Longleftrightarrow$　判別式 $D>0$

解答 $x^2+y^2=5$ と $x+3y+c=0$ から x を消去すると

$$(-3y-c)^2+y^2=5$$

すなわち　$10y^2+6cy+c^2-5=0$

この方程式の判別式を D とすると

$$\frac{D}{4}=(3c)^2-10(c^2-5)=-(c^2-50)$$

この円と直線が異なる2点で交わるのは，$D>0$ のときである。

よって，$c^2-50<0$ を解いて

$$-5\sqrt{2}<c<5\sqrt{2}$$ 答

別解 円の半径を r とし，円の中心と直線の距離を d とする。

$d<r$ から　$\dfrac{|c|}{\sqrt{1^2+3^2}}<\sqrt{5}$

よって　$|c|<5\sqrt{2}$

したがって　$-5\sqrt{2}<c<5\sqrt{2}$ 答

教 p.108

14 点(4，2)から円 $x^2+y^2=10$ に引いた2つの接線の接点をA，Bとする。

(1) 2点A，Bの座標を求めよ。

(2) 直線ABの方程式を求めよ。

指針 **円の接線**　公式 $x_1x+y_1y=r^2$ を利用する。

接点 $\mathrm{P}(x_1,\ y_1)$ は円上の点 → $x_1{}^2+y_1{}^2=10$

この接線が点(4，2)を通る → $4x_1+2y_1=10$

この2つの方程式を連立させて解き，x_1，y_1 を求める。

解答 (1) 接点を $P(x_1,\ y_1)$ とする。

Pは円上にあるから　$x_1{}^2+y_1{}^2=10$　……①

Pにおける円の接線の方程式は

$$x_1x+y_1y=10$$

この直線が点 $(4,\ 2)$ を通るから

$$4x_1+2y_1=10$$

すなわち　$2x_1+y_1=5$　……②

①，②から y_1 を消去して整理すると

$$x_1{}^2-4x_1+3=0$$

これを解くと　$x_1=1,\ 3$

②から　$x_1=1$ のとき　$y_1=3$，　$x_1=3$ のとき　$y_1=-1$

よって，求める座標は　$(1,\ 3)$，$(3,\ -1)$　答

(2) 求める方程式は　$y-3=\dfrac{-1-3}{3-1}(x-1)$　から

$$\boldsymbol{2x+y-5=0}$$　答

注意 (2) 一般に，点 $(p,\ q)$ を通り，円 $x^2+y^2=r^2$ に接する2つの直線の接点をA，Bとするとき，直線ABの方程式は　$\boldsymbol{px+qy=r^2}$

すなわち，A，Bの座標を具体的に求めなくても求められる。

教 p.108

15 半径 r の円 $(x+1)^2+(y-3)^2=r^2$ が円 $(x-2)^2+(y+1)^2=49$ の内部にあるとき，r の値の範囲を求めよ。

指針 **2つの円の位置関係**　2円の，半径を r，$r'\ (r>r')$，中心間の距離を d とすると　一方の円が他方の円の内部にある　$\Longleftrightarrow$　$d<r-r'$

解答 円 $(x+1)^2+(y-3)^2=r^2$　……①は，中心が $(-1,\ 3)$，半径が r

円 $(x-2)^2+(y+1)^2=49$　……②は，中心が $(2,\ -1)$，半径が7

よって，2つの円の中心間の距離 d は

$$d=\sqrt{\{2-(-1)\}^2+(-1-3)^2}=5$$

円①が円②の内部にあるとき

$$5<7-r\quad すなわち\quad r<2$$

r は半径であるから　$0<r$

したがって，半径 r の値の範囲は　$\boldsymbol{0<r<2}$　答

教 p.108

16 点A(4, 6)と円$(x-1)^2+(y-2)^2=9$上の点Pを考える。このとき，2点A，P間の距離の最大値，最小値を求めよ。また，それぞれの場合について，点Pの座標を求めよ。

指針 **円上の点と定点との距離の最大・最小** 円の中心をCとするとき，円上の点Pと円外の点Aとの距離APが最大になるのは，線分ACをCの方に延長した半直線と円との交点がPのときである。このとき，AP=AC+CPが成り立つ。APの最小値についても，同じように考える。
また，最小になるときの点Pの座標は，点Pが線分ACの内分点であることから求めるのが簡単である。

解答 円$(x-1)^2+(y-2)^2=3^2$は，中心がC(1, 2)，半径が3の円である。

$$AC=\sqrt{(4-1)^2+(6-2)^2}=5$$

APが最大になるのは，線分ACをCの方に延長した線と円との交点にPが一致するときである。

このとき　AP=AC+CP=5+3=**8** 答

APが最小になるのは，線分ACと円との交点にPが一致するときである。

このとき　AP=AC−CP=5−3=**2** 答

y
A(4, 6)
P(最小)
C
(1, 2)
O
x
P(最大)

APが最大になるときの点Pは，線分CAをCP：PA=3：8に外分する点である。

求める点Pの座標は

$$\left(\frac{-8\times1+3\times4}{3-8},\ \frac{-8\times2+3\times6}{3-8}\right)$$

すなわち　$\left(-\frac{4}{5},\ -\frac{2}{5}\right)$ 答

APが最小になるときの点Pは，線分ACをAP：PC=2：3に内分する点である。

求める点Pの座標は

$$\left(\frac{3\times4+2\times1}{2+3},\ \frac{3\times6+2\times2}{2+3}\right)$$

すなわち　$\left(\frac{14}{5},\ \frac{22}{5}\right)$ 答

第 3 節　軌跡と領域

8 軌跡と方程式

まとめ

1　座標平面上の点の軌跡

与えられた条件を満たす点全体の集合を，その条件を満たす点の **軌跡** という。
一般に，座標を用いて点 P の軌跡を求める手順は，次のようになる。

軌跡を求める手順

1　条件を満たす点 P の座標を$(x,\ y)$として，P に関する条件を x，y の式で表し，この方程式の表す図形が何かを調べる。

2　逆に，1 で求めた図形上のすべての点 P が，与えられた条件を満たすことを確かめる。

補足　1 で求めた図形の方程式と与えられた条件が同値であることが明らかな場合は，解答では 2 の証明を省略することがある。

補足　一般に，2 点 A，B からの距離の比が $m:n$ である点 P の軌跡は，$m \neq n$ のとき円になる。この円を **アポロニウスの円** という。この円は，線分 AB を $m:n$ に内分する点と外分する点を直径の両端とする円である。
$m=n$ のとき，点 P の軌跡は線分 AB の垂直二等分線になる。

2　連動して動く点の軌跡

点 Q が与えられた条件を満たしながら動くときに，Q と連動して動く点 P の軌跡を求める場合，P$(x,\ y)$として x，y の関係式を求める。このとき，点 P の座標を表すには点 Q の座標が必要となるから，Q$(s,\ t)$として，s，t と x，y の関係を調べる。

A 座標平面上の点の軌跡

【?】　教 p.111

(例題 7)　前ページの軌跡を求める手順 1，2 は，それぞれ上の解答のどの部分にあたるだろうか。

指針　**座標平面上の点の軌跡**　軌跡を求める手順がどの部分にあたるかをよく確認する。

解説　教科書 $p.111$ の 4 行目から 13 行目までが手順 1，14 行目が手順 2 に該当する。

3 章　図形と方程式

教 p.111

練習 35 2点A(−3, 0), B(2, 0)からの距離の比が3：2である点Pの軌跡を求めよ。

指針 **座標平面上の点の軌跡** 点Pの座標を$(x,\ y)$とする。Pに関する条件は AP：BP=3：2 すなわち 2AP=3BP であるが，このままでは$\sqrt{\ }$が出てきて扱いにくいので，$4\mathrm{AP}^2=9\mathrm{BP}^2$として，$x$, yの関係式を導く。

解答 点Pの座標を$(x,\ y)$とする。

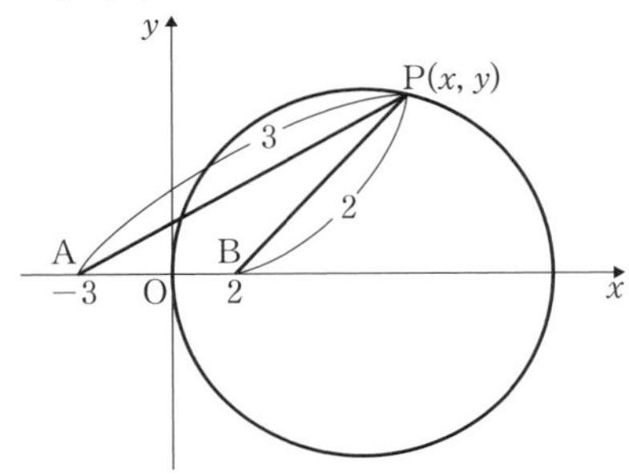

Pに関する条件は

AP：BP=3：2

これより　2AP=3BP

すなわち　$4\mathrm{AP}^2=9\mathrm{BP}^2$

$\mathrm{AP}^2=\{x-(-3)\}^2+y^2$

$=(x+3)^2+y^2$

$\mathrm{BP}^2=(x-2)^2+y^2$

を代入すると

$4\{(x+3)^2+y^2\}=9\{(x-2)^2+y^2\}$

各辺を展開して

$4x^2+24x+36+4y^2=9x^2-36x+36+9y^2$　　←$5x^2-60x+5y^2=0$

整理すると　$x^2-12x+y^2=0$　　←両辺を5で割る。

すなわち　$(x-6)^2+y^2=6^2$　　←両辺に6^2を加える。

よって，点Pは円$(x-6)^2+y^2=6^2$上にある。

逆に，この円上のすべての点$(x,\ y)$は，条件を満たす。　　←ここまでの変形を逆にたどると AP：BP=3：2

したがって，求める軌跡は，

点(6, 0)を中心とする半径6の円 である。 答

注意 一般に，2点A, Bからの距離の比が$m:n$である点Pの軌跡は

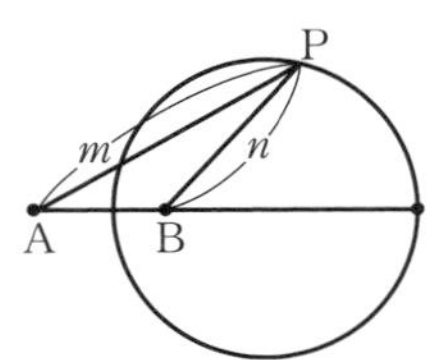

$m \neq n$ のとき

円(アポロニウスの円という)になる。この円は，線分ABを$m:n$に内分する点と外分する点を直径の両端とする円である。

$m=n$ のとき

AP=BPであるから，点Pの軌跡は線分ABの垂直二等分線となる。

B 連動して動く点の軌跡

【?】 教 p.112

（応用例題 5）　求めた軌跡の円と，円 $x^2+y^2=4$ および点 A はどのような位置関係にあるだろうか。

指針　**線分の中点の軌跡**　解答にある図を見て考える。

解説　求めた軌跡の円と，円 $x^2+y^2=4$ は，点 A を中心とした相似の位置にある。

練習 36 教 p.112

点 Q が直線 $y=x+2$ 上を動くとき，点 A(1, 6) と点 Q を結ぶ線分 AQ を 2：1 に内分する点 P の軌跡を求めよ。

指針　**線分の内分点の軌跡**　$Q(s,\ t)$，$P(x,\ y)$ とする。

Q は直線 $y=x+2$ 上の点であるから，$t=s+2$ を満たす。

また，$P(x,\ y)$ は線分 AQ を 2：1 に内分する点であるから

$$x=\frac{1+2s}{2+1},\quad y=\frac{6+2t}{2+1}$$

以上の 3 つの式から s，t を消去し，x と y だけの関係式を導く。

解答　点 Q の座標を $(s,\ t)$ とすると，

Q は直線 $y=x+2$ 上にあるから

$$t=s+2 \quad \cdots\cdots ①$$

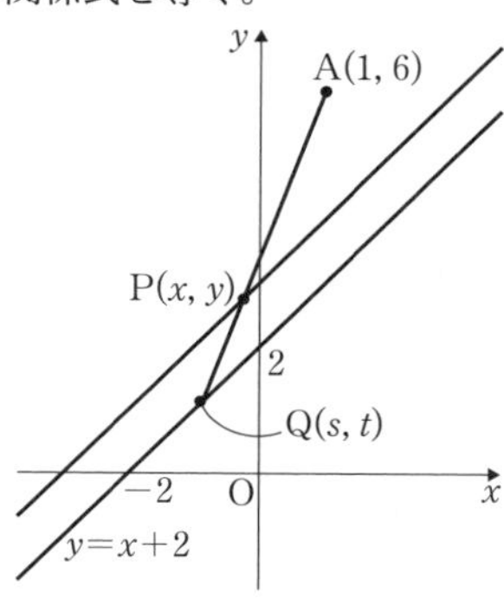

また，点 P の座標を $(x,\ y)$ とすると，

条件から　$x=\dfrac{1+2s}{2+1}$，$y=\dfrac{6+2t}{2+1}$

すなわち　$s=\dfrac{3x-1}{2}$，$t=\dfrac{3y-6}{2}$

これらを①に代入して

$$\frac{3y-6}{2}=\frac{3x-1}{2}+2$$

整理すると　$y=x+3$

よって，点 P は直線 $y=x+3$ 上にある。

逆に，この直線上のすべての点 $P(x,\ y)$ は，条件を満たす。

したがって，求める軌跡は，**直線 $y=x+3$** である。　答

9 不等式の表す領域

まとめ

1 直線を境界線とする領域

一般に，座標平面上において x，y の不等式を満たす点 (x, y) 全体の集合を，その不等式の表す **領域** という。

直線で分けられる領域について，一般に次のことがいえる。

直線と領域

直線 $y=mx+n$ を ℓ とする。

1 不等式 $\boldsymbol{y>mx+n}$ の表す領域は，
直線 ℓ の **上側** の部分

2 不等式 $\boldsymbol{y<mx+n}$ の表す領域は，
直線 ℓ の **下側** の部分

注意 $y \geqq mx+n$ や $y \leqq mx+n$ の表す領域は，
直線 $y=mx+n$ を含む。

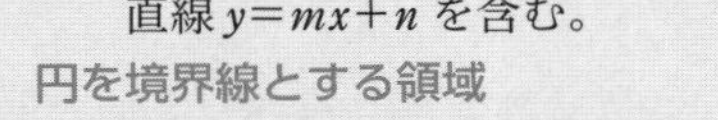

2 円を境界線とする領域

半径 r の円で分けられる領域について，一般に次のことがいえる。

円と領域

円 $(x-a)^2+(y-b)^2=r^2$ を C とする。

1 不等式 $\boldsymbol{(x-a)^2+(y-b)^2<r^2}$ の
表す領域は，円 C の **内部**

2 不等式 $\boldsymbol{(x-a)^2+(y-b)^2>r^2}$ の
表す領域は，円 C の **外部**

注意 $(x-a)^2+(y-b)^2 \leqq r^2$ や
$(x-a)^2+(y-b)^2 \geqq r^2$ の表す領域は，
円 $(x-a)^2+(y-b)^2=r^2$ を含む。

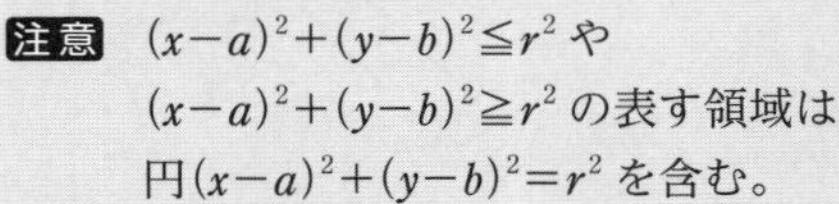

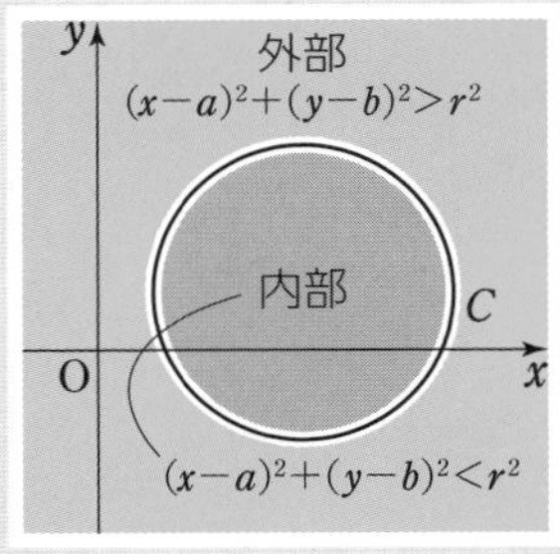

3 連立不等式の表す領域

x，y の連立不等式で表される領域は，それぞれの不等式を同時に成り立たせるような点 (x, y) 全体の集合であり，それぞれの不等式が表す領域の共通部分として求められる。

4 領域と最大・最小

たとえば，x，y が 4 つの不等式 $x \geqq 0$，$y \geqq 0$，$2x+y \leqq 8$，$2x+3y \leqq 12$ を同時に満たすとき，$x+y$ の最大値，最小値を求める場合，直線 $x+y=k$ が，これら 4 つの不等式を連立させた連立不等式の表す領域と共有点をもつような k の値の範囲を調べるとよい。

5　領域を利用した証明

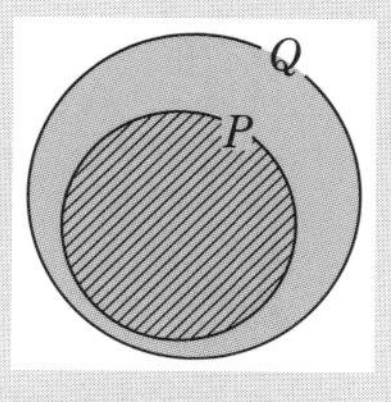

2つの条件 p, q について
　条件 p を満たすもの全体の集合を P
　条件 q を満たすもの全体の集合を Q
とすると，次のことがいえる。
　　「p ならば q が真である」 $\Leftrightarrow$ 「$P \subset Q$ が成り立つ」
x, y の不等式で表される条件 p, q について，その不等式の表す領域をそれぞれ P, Q とすると，上と同様に
　　「p ならば q が真である」 $\Leftrightarrow$ 「$P \subset Q$ が成り立つ」
がいえる。このことを用いて命題を証明することができる。

3章　図形と方程式

A 直線を境界線とする領域

練習 37 教 p.115

次の不等式の表す領域を図示せよ。

(1)　$3x+y+2\leqq 0$　　(2)　$2x-3y+6>0$

(3)　$y>2$　　(4)　$x\leqq -1$

指針　**直線と領域**　$ax+by+c\leqq 0$ などのように一般形の形で不等式が与えられたときは，まず y について解き $y\leqq \sim$ などの形に変形する。

(3)　$y>k$ の表す領域は　直線 $y=k$ の上側の部分，
　　$y<k$ の表す領域は　直線 $y=k$ の下側の部分である。

(4)　$x>k$ の表す領域は　直線 $x=k$ の右側の部分，
　　$x<k$ の表す領域は　直線 $x=k$ の左側の部分である。

≧，≦のときは境界線を含み，＞，＜のときは境界線を含まない。

解答　(1)　不等式を変形すると

$$y\leqq -3x-2$$

したがって，この領域は，直線 $y=-3x-2$ およびその下側の部分で，図の斜線部分である。
ただし，境界線を含む。

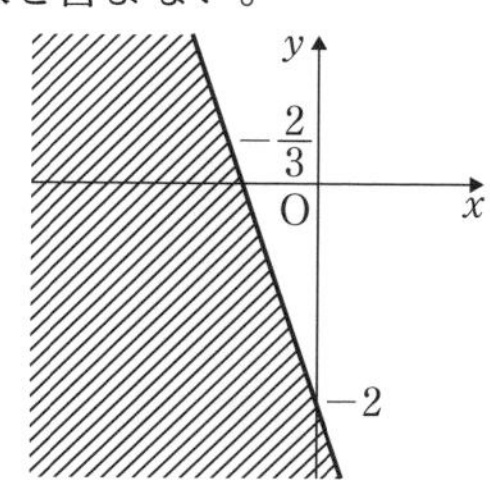

(2)　不等式を変形すると

$$y<\frac{2}{3}x+2$$

したがって，この領域は，直線

$y=\frac{2}{3}x+2$ の下側の部分で，図の斜線部分である。

ただし，境界線を含まない。

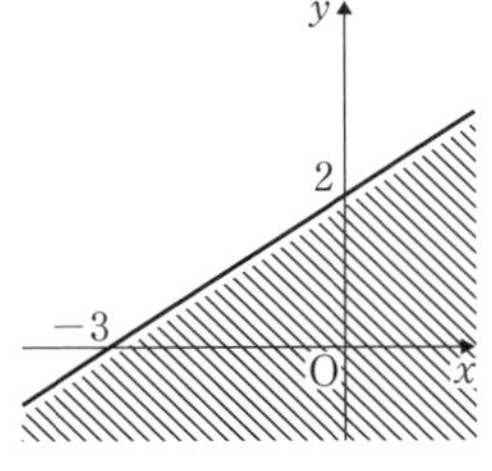

(3)　この領域は，y 座標が 2 より大きい点 $(x,\ y)$ 全体の集合である。

したがって，この領域は，直線 $y=2$ の上側の部分で，図の斜線部分である。

ただし，境界線を含まない。

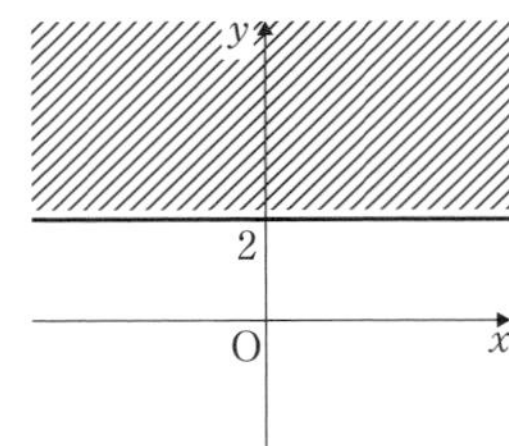

(4)　この領域は，x 座標が -1 以下の点 $(x,\ y)$ 全体の集合である。

したがって，この領域は，直線 $x=-1$ およびその左側の部分で，図の斜線部分である。

ただし，境界線を含む。

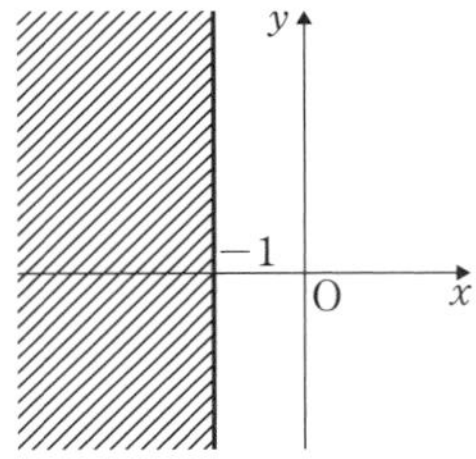

注意 (1)　境界線は直線 $3x+y+2=0$ である。この直線は

$x=0$ のとき　$y=-2$，　$y=0$ のとき　$x=-\frac{2}{3}$

であるから，2 点 $(0,\ -2)$，$\left(-\frac{2}{3},\ 0\right)$ を通る。→ 直線を引く。

座標平面は直線 $3x+y+2=0$ によって 2 つの部分に分けられるが，$x=0$，$y=0$ は不等式 $3x+y+2\leqq 0$ を満たさないから，2 つの部分のうち原点 O を含まない方である。→ 領域を斜線で図示する。

B 円を境界線とする領域

教 p.116

練習 38

次の不等式の表す領域を図示せよ。

(1)　$x^2+y^2<4$　　(2)　$x^2+y^2\geqq 6$

(3)　$(x-1)^2+(y+3)^2>9$　　(4)　$x^2+y^2+4x\leqq 0$

指針 **円と領域**　座標平面は，1 つの円によって 2 領域に分かれる。
$\sim<r^2$ ならば内部，$\sim>r^2$ ならば外部。$\sim\leqq r^2$，$\sim\geqq r^2$ なら円も含めた内部と外部。

解答 (1)　この領域は，円 $x^2+y^2=2^2$ の内部である。
すなわち，図の斜線部分である。ただし，境界線を含まない。

(2)　この領域は，円 $x^2+y^2=(\sqrt{6})^2$ およびその外部である。
すなわち，図の斜線部分である。ただし，境界線を含む。

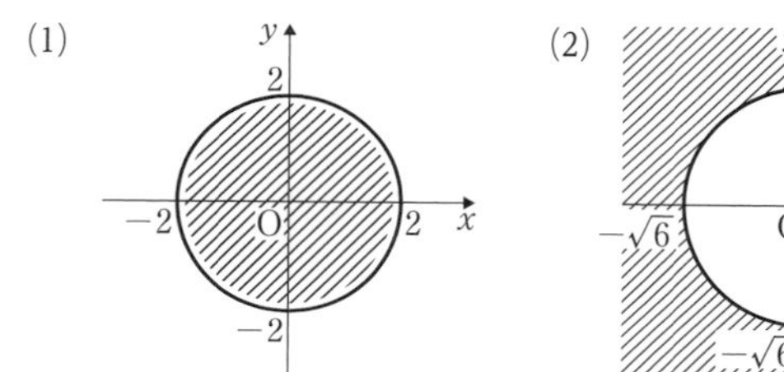

(3)　この領域は，円 $(x-1)^2+(y+3)^2=3^2$ の外部である。
すなわち，図の斜線部分である。ただし，境界線を含まない。

(4)　この領域は，円 $(x+2)^2+y^2=2^2$ およびその内部である。
すなわち，図の斜線部分である。ただし，境界線を含む。

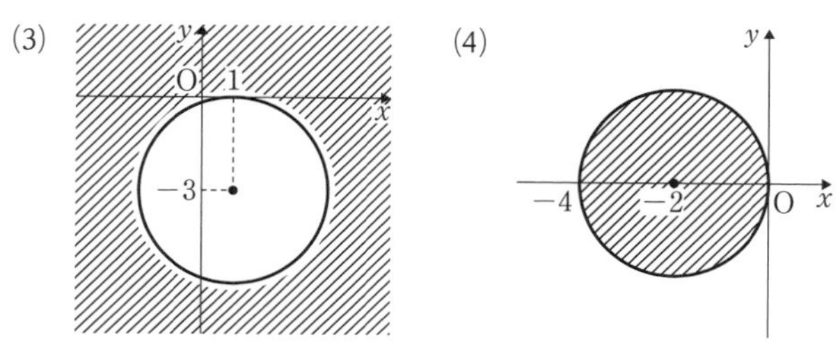

注意 円の中心の座標を代入したとき，不等式が成り立てば，その不等式の表す領域は円の内部である。成り立たなければ外部である。

C 連立不等式の表す領域

練習 39　教 p.117

次の連立不等式の表す領域を図示せよ。

(1) $\begin{cases} x-y+1>0 \\ 2x+y-1>0 \end{cases}$　　(2) $\begin{cases} x+y-3\leqq 0 \\ 4x-y-2\geqq 0 \end{cases}$

教科書 p.117

指針 **連立不等式の表す領域**　それぞれの不等式の表す領域に共通する部分を求める。たとえば(1)では，不等式は $y<x+1$，$y>-2x+1$ と変形されるから，それぞれの領域は図の①，②であり，その共通する部分は③のようになる。

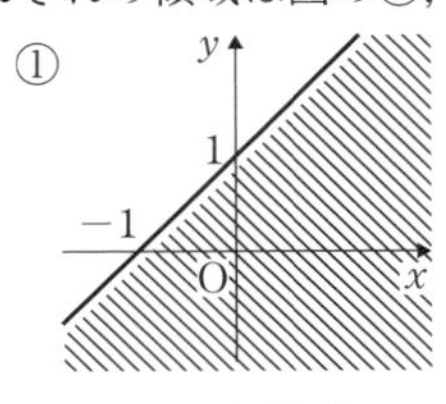

$x-y+1>0$

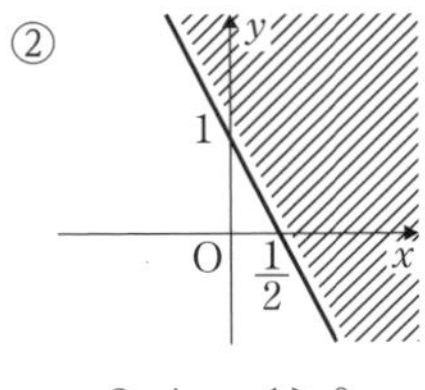

$2x+y-1>0$

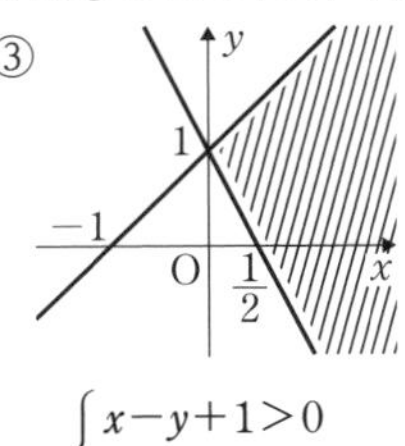

$\begin{cases} x-y+1>0 \\ 2x+y-1>0 \end{cases}$

解答 (1)　この領域は

直線 $x-y+1=0$　の下側と

直線 $2x+y-1=0$ の上側

に共通する部分である。

すなわち，図の斜線部分である。

ただし，境界線を含まない。

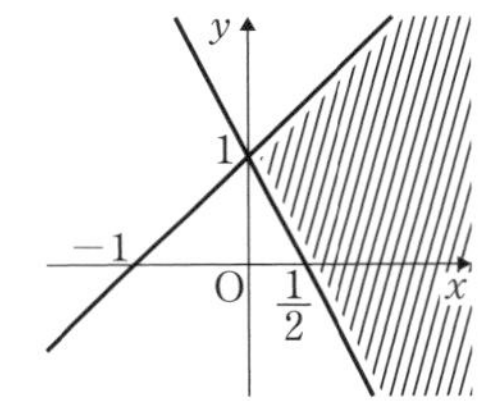

(2)　この領域は

直線 $x+y-3=0$ およびその下側と

直線 $4x-y-2=0$ およびその下側

に共通する部分である。

すなわち，図の斜線部分である。

ただし，境界線を含む。

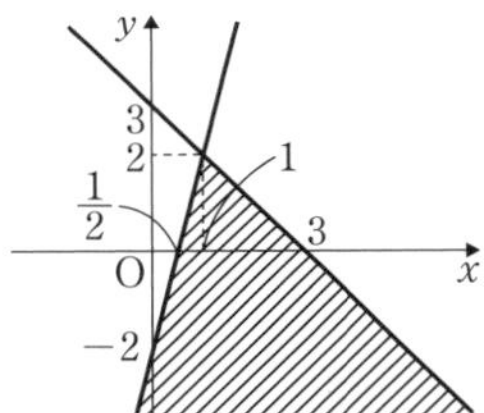

練習 40　教 p.117

次の連立不等式の表す領域を図示せよ。

(1) $\begin{cases} x^2+y^2<25 \\ 3x-y+3<0 \end{cases}$　　(2) $\begin{cases} (x+1)^2+y^2 \geqq 1 \\ x+2y+2 \geqq 0 \end{cases}$

指針 **連立不等式の表す領域**　練習 39 と同様に，それぞれの不等式の表す領域に共通する部分を求める。

解答 (1)　この領域は

円 $x^2+y^2=5^2$ の内部と

直線 $3x-y+3=0$ の上側

に共通する部分である。

すなわち，図の斜線部分である。

ただし，境界線を含まない。

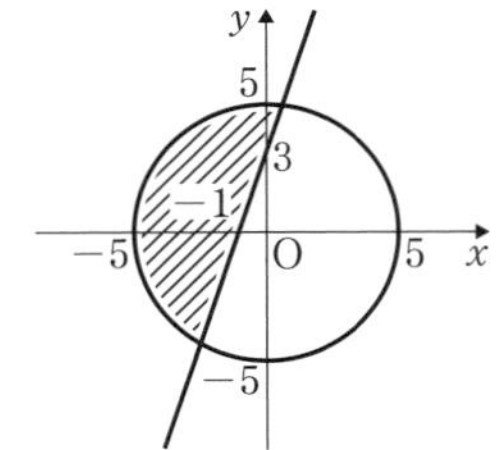

(2) この領域は

円 $(x+1)^2+y^2=1^2$ およびその外部と

直線 $x+2y+2=0$ およびその上側

に共通する部分である。

すなわち，図の斜線部分である。

ただし，境界線を含む。

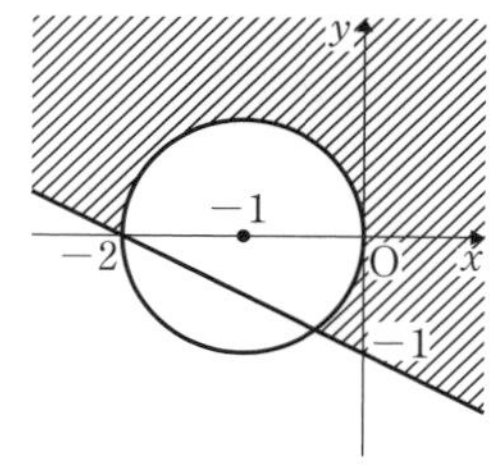

注意 座標平面は，交わる 2 直線あるいは交わる円と直線によって，4 つの領域に分けられる。連立不等式の表す領域は，そのうちの 1 つの部分である。

3章 図形と方程式

【?】 教 p.117

(応用例題 6)　$x-y+1>0$，$x+y-1<0$，$x-y+1<0$，$x+y-1>0$ の表す領域をそれぞれ A, B, C, D とする。求める領域を，「共通部分」「和集合」を用いて表現してみよう。また，記号∩，∪を用いて表してみよう。

指針 **連立不等式の表す領域**　連立不等式の表す領域は「共通部分」である。

解説 求める領域は，A と B の共通部分と C と D の共通部分の和集合である。これを記号∩，∪を用いて表すと，$(A\cap B)\cup(C\cap D)$ となる。

練習 41 教 p.117

次の不等式の表す領域を図示せよ。

(1)　$(x-y)(3x-y+2)<0$　　　(2)　$(x+y+2)(x+y-1)\geqq 0$

指針 **不等式 $AB>0$ の表す領域**　不等式の次の性質を利用する。

(1)　$AB<0 \iff \begin{cases} A>0 \\ B<0 \end{cases}$ または $\begin{cases} A<0 \\ B>0 \end{cases}$　　←2 つの連立不等式

(2)　$AB\geqq 0 \iff \begin{cases} A\geqq 0 \\ B\geqq 0 \end{cases}$ または $\begin{cases} A\leqq 0 \\ B\leqq 0 \end{cases}$

(1)　2 直線 $x-y=0$，$3x-y+2=0$ によって 4 つの領域に分けられるが，それぞれの連立不等式が 1 つずつの領域を表すから，求める領域は 4 つのうちの 2 つの部分となる。その 2 つは隣り合わない。

(2)　直線 $x+y+2=0$ と直線 $x+y-1=0$ は平行であるから，これら 2 直線によって 3 つの領域に分けられる。このうち，たとえば $x+y\geqq 1$ のとき $x+y\geqq -2$ であるから，$\begin{cases} x+y+2\geqq 0 \\ x+y-1\geqq 0 \end{cases}$ は，$x+y-1\geqq 0$ と同じで，直線 $x+y-1=0$ およ

びその上側の部分を表す。また，$\begin{cases} x+y+2 \leqq 0 \\ x+y-1 \leqq 0 \end{cases}$ は $x+y+2 \leqq 0$ およびその下側の部分を表す。したがって，求める領域は，3 つの領域のうちの隣り合わない 2 つの領域になる。

解答 (1) 不等式 $(x-y)(3x-y+2)<0$ が成り立つことは

$\begin{cases} x-y>0 & \leftarrow y<x \\ 3x-y+2<0 & \leftarrow y>3x+2 \end{cases}$

または

$\begin{cases} x-y<0 & \leftarrow y>x \\ 3x-y+2>0 & \leftarrow y<3x+2 \end{cases}$

が成り立つことと同値である。

よって，求める領域は図の斜線部分である。

ただし，境界線を含まない。

(1)

(2) 不等式 $(x+y+2)(x+y-1) \geqq 0$ が成り立つことは

$\begin{cases} x+y+2 \geqq 0 & \leftarrow y \geqq -x-2 \\ x+y-1 \geqq 0 & \leftarrow y \geqq -x+1 \end{cases}$

または

$\begin{cases} x+y+2 \leqq 0 & \leftarrow y \leqq -x-2 \\ x+y-1 \leqq 0 & \leftarrow y \leqq -x+1 \end{cases}$

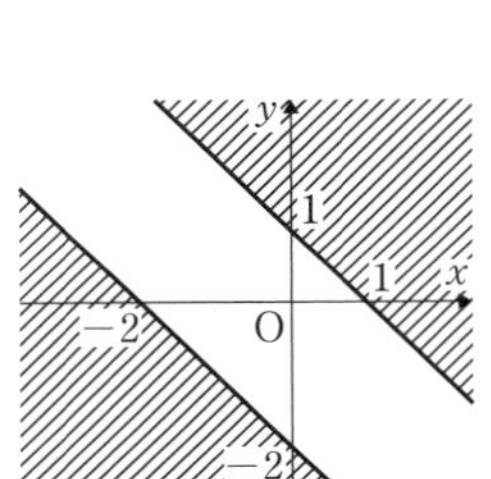

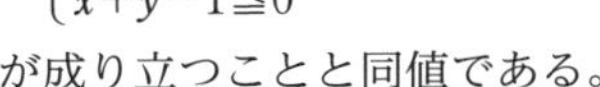

が成り立つことと同値である。

よって，求める領域は図の斜線部分である。

ただし，境界線を含む。

D 領域と最大・最小

教 p.118

【?】 (応用例題 7) x，y が応用例題 7 と同じ 4 つの不等式を同時に満たすとき，$5x+y$ が最大値をとるような x，y の値を求めてみよう。

指針 **領域と最大・最小** $5x+y=k$ とおいて，応用例題 7 と同様に考える。

解説 $5x+y=k$ とおくと，これは傾き -5 の直線を表す。

直線の傾きについて $-5<-2$ であるから，

点 $(4,\ 0)$ を通るときに k は最大となる。

すなわち $5x+y$ は $x=4$，$y=0$ のとき最大値 20 をとる。答 $x=4$，$y=0$

教科書 $p.119$

練習 42 教 p.119

教科書 $p.118$ 応用例題 7 について，m を定数として，$x+y$ を $mx+y$ に変更した問題について考えてみよう。
x，y が応用例題 7 と同じ 4 つの不等式を同時に満たすとき，$mx+y$ が $x=0$，$y=4$ のときに最大値をとるような m の値を 1 つ求めよ。

指針 **領域と最大・最小**　$mx+y=k$ とおくと，これは傾きが $-m$，y 切片が k の直線を表す。この直線が点 $(0,\ 4)$ を通り，領域の内部を通らない場合を考える。

解答 与えられた連立不等式の表す領域を A とする。

領域 A は 4 点

$$(0,\ 0),\ (4,\ 0),\ (3,\ 2),\ (0,\ 4)$$

を頂点とする四角形の周および内部である。

$$mx+y=k \quad \cdots\cdots①$$

とおくと，$y=-mx+k$ であり，これは傾きが $-m$，y 切片が k である直線を表す。

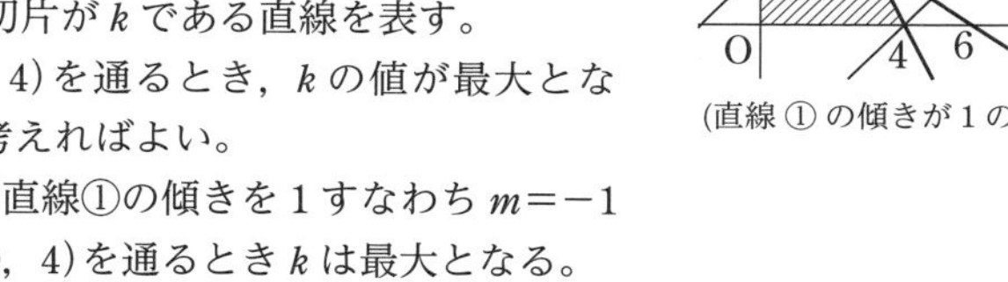

(直線 ① の傾きが 1 のとき)

直線①が点 $(0,\ 4)$ を通るとき，k の値が最大となるような m を考えればよい。

右上の図から，直線①の傾きを 1 すなわち $m=-1$ とすると，点 $(0,\ 4)$ を通るとき k は最大となる。

よって，$x=0$，$y=4$ のときに最大値をとるような m の値の 1 つは

$$m=-1 \quad \text{答}$$

参考 直線①が点 $(0,\ 4)$ を通るとき k の値が最大となるような m の条件は

　直線①の傾きが，直線 $2x+3y=12$ の傾きより大きいか等しいことである。

よって　$-m \geqq -\dfrac{2}{3}$　すなわち　$m \leqq \dfrac{2}{3}$

練習 43 教 p.119

x，y が 4 つの不等式 $x \geqq 0$，$y \geqq 0$，$x+3y \leqq 5$，$3x+2y \leqq 8$ を同時に満たすとき，次の式の最大値，最小値を求めよ。

(1)　$x+y$　　　(2)　$x-y$

指針 **領域と最大・最小**　(1)　$x+y=k$ とおくと，これは傾きが -1，y 切片が k の直線を表す。この直線が連立不等式の表す領域と共有点をもつときの k の値の範囲を調べる。

解答 与えられた連立不等式の表す領域を A とする。

直線 $x+3y=5$ の x 切片は 5，y 切片は $\dfrac{5}{3}$

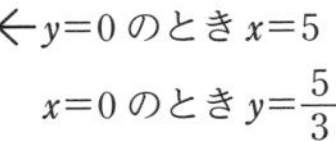

直線 $3x+2y=8$ の x 切片は $\dfrac{8}{3}$，y 切片は 4

また，この 2 直線の交点は点(2, 1)であるから，領域 A は図のように，　←連立方程式を解く。

点 O(0, 0)，$\mathrm{P}\left(\dfrac{8}{3},\ 0\right)$，Q(2, 1)，$\mathrm{R}\left(0,\ \dfrac{5}{3}\right)$ を頂点とする四角形の周および内部である。

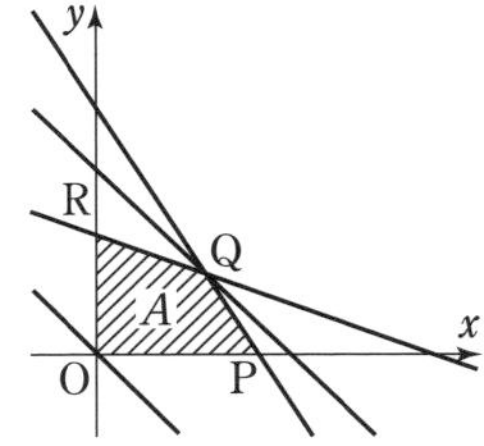

(1)　$x+y=k$ とおくと，$y=-x+k$ であり，これは傾きが -1，y 切片が k である直線を表す。
この直線 $x+y=k$ が領域 A と共有点をもつときの k の値の最大値，最小値を求めればよい。
領域 A においては，直線 $y=-x+k$ が
　点 Q を通るとき k は最大で，そのとき　$k=3$
　点 O を通るとき k は最小で，そのとき　$k=0$
である。したがって，$x+y$ は
　　$x=2$，$y=1$ のとき最大値 3 をとり，
　　$x=0$，$y=0$ のとき最小値 0 をとる。 答

(2)　$x-y=k$ とおくと，$y=x-k$ であり，これは傾きが 1，y 切片が $-k$ である直線を表す。
この直線 $x-y=k$ が領域 A と共有点をもつときの k の値の最大値，最小値を求めればよい。
領域 A においては，直線 $y=x-k$ が
　点 P を通るとき $-k$ は最小，
　すなわち k は最大で，そのとき　$k=\dfrac{8}{3}$
　点 R を通るとき $-k$ は最大，
　すなわち k は最小で，そのとき　$k=-\dfrac{5}{3}$
である。したがって，$x-y$ は
　　$x=\dfrac{8}{3}$，$y=0$ のとき最大値 $\dfrac{8}{3}$ をとり，
　　$x=0$，$y=\dfrac{5}{3}$ のとき最小値 $-\dfrac{5}{3}$ をとる。 答

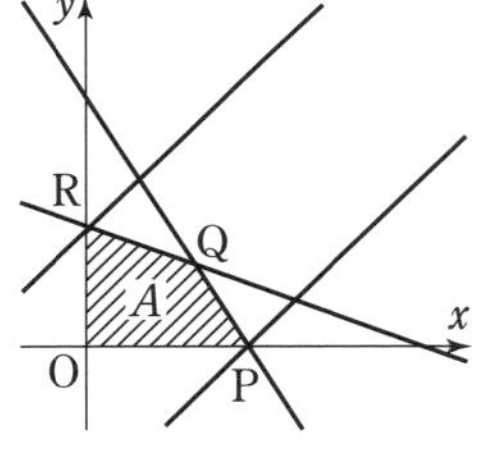

E 領域を利用した証明

教 p.120

【?】

（応用例題 8）　証明した命題の逆「$(x+1)^2+y^2<4$ ならば $x^2+y^2<1$」は成り立たない。この命題における反例を，上の図を用いて 1 つあげてみよう。

指針　**領域を利用した不等式の証明**　命題 $p \Longrightarrow q$ において，p を満たすが q を満たさない例をあげる。すなわち，集合 Q に属するが，集合 P に属さない例をあげる。

解説　図において，Q に属して P に属さない例をあげる。たとえば，点$(-2,\ 0)$が反例である。

教 p.120

練習 44

x，y は実数とする。次のことを証明せよ。

$$x^2+y^2 \leqq 1 \quad ならば \quad x+y \leqq \sqrt{2}$$

指針　**領域を利用した不等式の証明**　不等式 $x^2+y^2 \leqq 1$ の表す領域を P，不等式 $x+y \leqq \sqrt{2}$ の表す領域を Q とするとき，$P \subset Q$ であることを示せばよい。

解答　不等式 $x^2+y^2 \leqq 1$ の表す領域を P，
不等式 $x+y \leqq \sqrt{2}$ の表す領域を Q とする。
P は円 $x^2+y^2=1$ およびその内部，
Q は直線 $x+y=\sqrt{2}$ およびその下側の部分である。
円 $x^2+y^2=1$ と直線 $x+y=\sqrt{2}$ は接するから，図より　$P \subset Q$
が成り立つ。
よって，$x^2+y^2 \leqq 1$ ならば $x+y \leqq \sqrt{2}$ である。 終

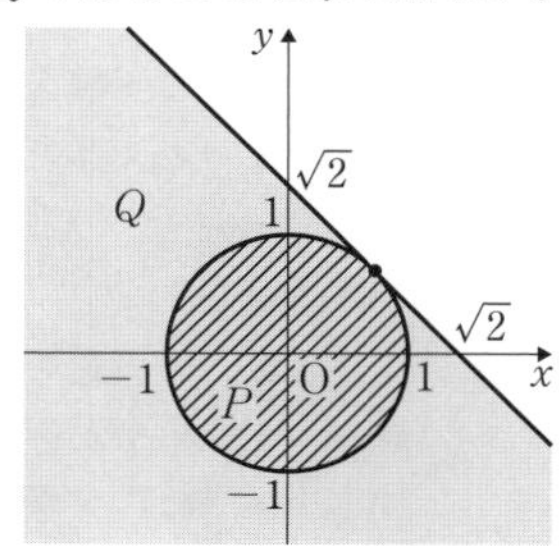

研究 $y=f(x)$ のグラフを境界線とする領域

まとめ

1　$y=f(x)$ のグラフを境界線とする領域

関数 $y=f(x)$ のグラフを F とすると，次のことが成り立つ。

不等式 $y>f(x)$ の表す領域は，曲線 F の上側の部分

不等式 $y<f(x)$ の表す領域は，曲線 F の下側の部分

補足　$y \geqq f(x)$ や $y \leqq f(x)$ の表す領域は，曲線 F を含む。

練習 1　教 p.121

次の不等式の表す領域を図示せよ。

(1)　$y>x^2-4x+3$　　　(2)　$y \leqq 1-x^2$

指針　**放物線を境界線とする領域**

(1)　不等式 $y>f(x)$ の表す領域は，曲線 $y=f(x)$ の上側の部分である。ただし，境界線を含まない。

(2)　不等式 $y \leqq f(x)$ の表す領域は，曲線 $y=f(x)$ およびその下側の部分である。ただし，境界線を含む。

解答　(1)　$y=x^2-4x+3$ を変形すると　$y=(x-2)^2-1$

$y>x^2-4x+3$ の表す領域は，放物線 $y=(x-2)^2-1$ の上側の部分で，図の斜線部分である。

ただし，境界線を含まない。

(2)　$y=1-x^2$ を変形すると　$y=-x^2+1$

$y \leqq 1-x^2$ の表す領域は，放物線 $y=-x^2+1$ およびその下側の部分で，図の斜線部分である。

ただし，境界線を含む。

(1)

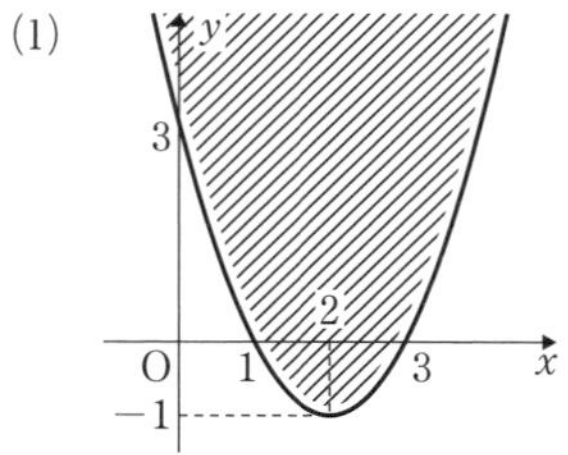

(2)

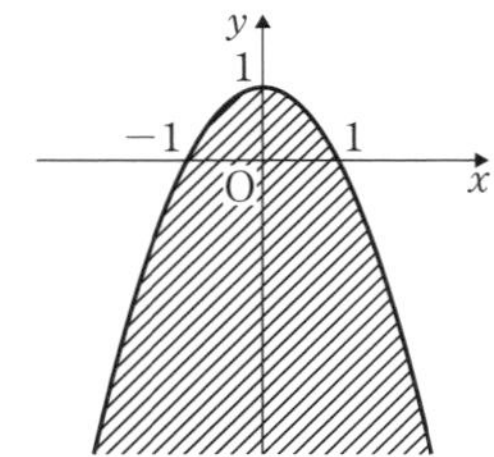

第3章 第3節　問　題

教 p.122

17 2点 A$(-1,\ 0)$，B$(1,\ 0)$ に対して，$AP^2+BP^2=10$ を満たす点 P の軌跡を求めよ。

指針 **座標平面上の点の軌跡**　次の手順に従って求める。

[1]　条件を満たす点 P の座標を P$(x,\ y)$ として，P に関する条件を x，y の方程式で表し，この方程式が表す図形が何かを調べる。

[2]　逆に，[1] で求めた図形上のすべての点 P が，与えられた条件を満たすことを確かめる。

解答 点 P の座標を $(x,\ y)$ とすると，

$$AP^2=\{x-(-1)\}^2+y^2=(x+1)^2+y^2$$

$$BP^2=(x-1)^2+y^2=(x-1)^2+y^2$$

$AP^2+BP^2=10$ であるから

$$\{(x+1)^2+y^2\}+\{(x-1)^2+y^2\}=10$$

整理すると　　$x^2+y^2=4$

よって，点 P は円 $x^2+y^2=4$ 上にある。

逆に，この円上のすべての点 P$(x,\ y)$ について $AP^2+BP^2=10$ が成り立つ。

ここで，円 $x^2+y^2=4$ は，原点を中心とする半径 2 の円である。

ゆえに点 P の軌跡は，**原点を中心とする半径 2 の円** である。 答

教 p.122

18 放物線 $y=x^2-2(a+3)x+4a^2+12a+8$ の頂点を P とする。

(1)　点 P の座標を a を用いて表せ。

(2)　a がすべての実数値をとって変化するとき，点 P の軌跡を求めよ。

指針 **放物線の頂点の軌跡**

(1)　式を変形すると　$y=\{x-(a+3)\}^2+3a^2+6a-1$

(2)　頂点の座標を $(x,\ y)$ とし，x，y をそれぞれ a を含む式で表し，a を消去して x と y の関係式を求める。この関係式（方程式）が表す図形が何かを調べるとよい。ただし，逆に，この図形上のすべての点が，どれかの放物線の頂点であることを確かめておくこと。

解答 (1)　$x^2-2(a+3)x+4a^2+12a+8$

$$=\{x-(a+3)\}^2-(a+3)^2+4a^2+12a+8$$

$$=\{x-(a+3)\}^2+3a^2+6a-1$$

よって，頂点の座標は　$(a+3,\ 3a^2+6a-1)$ 答

(2) P$(x,\ y)$とすると

$$x=a+3,\quad y=3a^2+6a-1$$

$x=a+3$ より　$a=x-3$

これを $y=3a^2+6a-1$ に代入して

$$y=3(x-3)^2+6(x-3)-1$$

整理して　　$y=3x^2-12x+8$　……①

よって，a がすべての実数値をとって変化するとき，点Pは放物線①上にある。

逆に，放物線①上のすべての点P$(x,\ y)$は条件を満たす。

よって，求める軌跡は　**放物線 $y=3x^2-12x+8$**　答

教 p.122

19 直線 $3x-2y-4=0$ で分けられる2つの領域のうち，点P$(1,\ -2)$と同じ領域にある点を，次の中から選べ。

原点O，　A$(-2,\ -6)$，　B$(-1,\ 3)$，　C$(3,\ 2)$

指針　**直線と領域**　各点が，$3x-2y-4>0$，$3x-2y-4<0$ のどちらの領域にあるかを調べる。

解答　$3x-2y-4$ に，点Pの座標 $x=1$，$y=-2$ を代入すると

$$3\cdot1-2\cdot(-2)-4=3>0$$

であるから，Pは不等式 $3x-2y-4>0$ の表す領域にある。

同様にして，その他の点について，$3x-2y-4$ の符号を調べると

原点O$(0,\ 0)$について　　$3\cdot0-2\cdot0-4=-4<0$

A$(-2,\ -6)$ について　　$3\cdot(-2)-2\cdot(-6)-4=2>0$

B$(-1,\ 3)$　について　　$3\cdot(-1)-2\cdot3-4=-13<0$

C$(3,\ 2)$　　について　　$3\cdot3-2\cdot2-4=1>0$

であるから，$3x-2y-4>0$ の表す領域にある点はA，Cである。

答　**A，C**

教 p.122

20 次の不等式の表す領域を図示せよ。

(1)　$1\leqq x+y\leqq3$　　　　(2)　$4\leqq x^2+y^2\leqq9$

指針　**不等式 $A\leqq B\leqq C$ の表す領域**　$A\leqq B$ かつ $B\leqq C$ を表すから，

連立不等式 $\begin{cases}A\leqq B\\B\leqq C\end{cases}$ の表す領域と考えればよい。

解答 (1) この不等式の表す領域は
直線 $x+y=1$ およびその上側と
直線 $x+y=3$ およびその下側
に共通する部分である。
すなわち，図の斜線部分である。
ただし，境界線を含む。

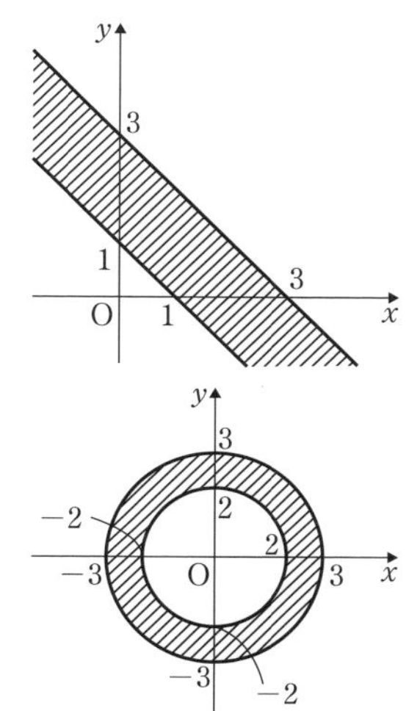

(2) この不等式の表す領域は
円 $x^2+y^2=2^2$ およびその外部と
円 $x^2+y^2=3^2$ およびその内部
に共通する部分である。
すなわち，図の斜線部分である。
ただし，境界線を含む。

教 p.122

21 次の不等式の表す領域を図示せよ。

$$(3x-y-5)(x^2+y^2-25)\geqq 0$$

指針 **不等式 $AB\geqq 0$ の表す領域** 不等式の次の性質を利用する。

$$AB\geqq 0 \iff \begin{cases} A\geqq 0 \\ B\geqq 0 \end{cases} \text{または} \begin{cases} A\leqq 0 \\ B\leqq 0 \end{cases}$$

解答 不等式 $(3x-y-5)(x^2+y^2-25)\geqq 0$ が成り立つことは

$$\begin{cases} 3x-y-5\geqq 0 \\ x^2+y^2-25\geqq 0 \end{cases} \text{または} \begin{cases} 3x-y-5\leqq 0 \\ x^2+y^2-25\leqq 0 \end{cases}$$

が成り立つことと同じである。

$\begin{cases} 3x-y-5\geqq 0 \\ x^2+y^2-25\geqq 0 \end{cases}$ の表す領域は

直線 $3x-y-5=0$ およびその下側の部分と
円 $x^2+y^2-25=0$ およびその外部
に共通する部分である。

$\begin{cases} 3x-y-5\leqq 0 \\ x^2+y^2-25\leqq 0 \end{cases}$ の表す領域は

直線 $3x-y-5=0$ およびその上側の部分と
円 $x^2+y^2-25=0$ およびその内部
に共通する部分である。
よって，求める領域は図の斜線部分である。

ただし，境界線を含む。

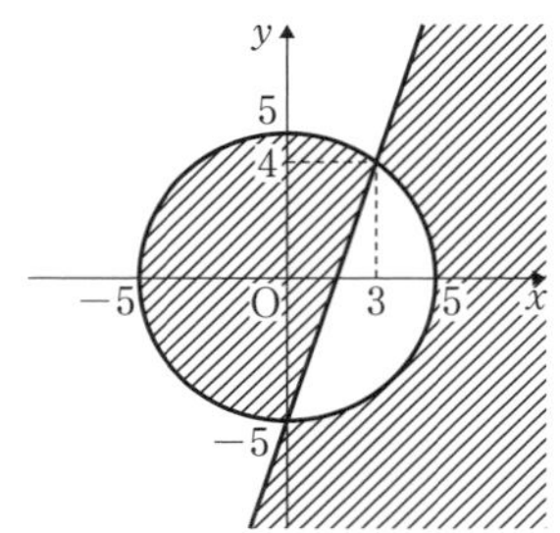

教 p.122

22 不等式 $x^2+y^2\leqq 1$ を満たす x, y に対して，$x+y$ の最大値および最小値と，そのときの x, y の値を求めよ。

指針 **領域と最大・最小**　$x+y=k$ とおくと，これは傾きが -1, y 切片が k の直線を表す。この直線が不等式 $x^2+y^2\leqq 1$ の表す領域と共有点をもつときの k の値の範囲を調べる。

解答 不等式 $x^2+y^2\leqq 1$ の表す領域を A とすると，A は円 $x^2+y^2=1$ の周および内部である。

$x+y=k$ ……①

とおくと，$y=-x+k$ であり，これは傾きが -1, y 切片が k である直線を表す。この直線①が領域 A と共有点をもつときの k の最大値，最小値を求めればよい。

この直線①が領域 A の円と接するとき，図のように接点を P, Q とすると，OP=OQ=1 で，直角二等辺三角形の辺の比が $1:1:\sqrt{2}$ であることより，

直線①が点 P で円と接するとき　$k=\sqrt{2}$　$\left(このとき\ x=y=\dfrac{\sqrt{2}}{2}\right)$

直線①が点 Q で円と接するとき　$k=-\sqrt{2}$　$\left(このとき\ x=y=-\dfrac{\sqrt{2}}{2}\right)$

それぞれのときに，k は最大値，最小値をとる。

したがって，$x+y$ は

$x=y=\dfrac{\sqrt{2}}{2}$ **のとき最大値** $\sqrt{2}$ をとり，

$x=y=-\dfrac{\sqrt{2}}{2}$ **のとき最小値** $-\sqrt{2}$ をとる。 答

教 p.122

23 A$(-1,\ 0)$，B$(3,\ 0)$と点Pを頂点とする△ABPが，
AP：BP=3：1を満たしながら変化するとき，次の問いに答えよ。
(1) 点Pはある円上にある。この円の方程式を求めよ。
(2) (1)で求めた円上のすべての点について，条件を満たすかどうかを考え，点Pの軌跡を求めよ。

指針 **アポロニウスの円**　点Pの座標を$(x,\ y)$とし，条件からx，yについての関係式を導く。

解答 (1) 点Pの座標を$(x,\ y)$とする。

Pに関する条件は　AP：BP=3：1

これより　AP=3BP

すなわち　$AP^2=9BP^2$ ……①

$$AP^2=\{x-(-1)\}^2+y^2=(x+1)^2+y^2$$

$$BP^2=(x-3)^2+y^2$$

これらを①に代入すると

$$(x+1)^2+y^2=9\{(x-3)^2+y^2\}$$

整理すると　$x^2+y^2-7x+10=0$

すなわち　$\left(x-\frac{7}{2}\right)^2+y^2=\frac{9}{4}$ ……②

よって，点Pは円$\left(x-\frac{7}{2}\right)^2+y^2=\frac{9}{4}$上にあり，求める方程式は

$\left(x-\frac{7}{2}\right)^2+y^2=\frac{9}{4}$　である。 答

(2) 円②上のすべての点Pについて，
AP：BP=3：1を満たす。
また，円②上の点のうち
2点$(2,\ 0)$，$(5,\ 0)$については，△ABPが存在しないため，条件を満たさない。
それ以外の点は，△ABPが存在し，条件を満たす。

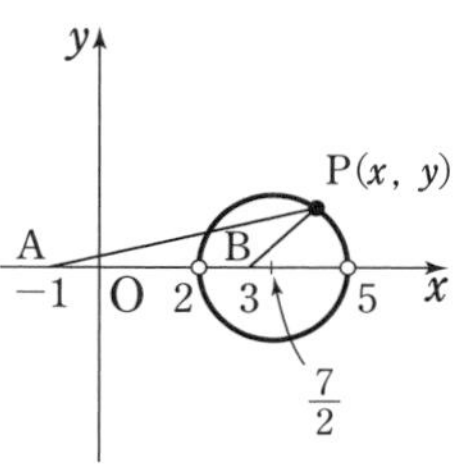

したがって，点Pの軌跡は

点$\left(\frac{7}{2},\ 0\right)$を中心とする半径$\frac{3}{2}$の円。

ただし，2点$(2,\ 0)$，$(5,\ 0)$を除く。 答

第3章　章末問題 A

教 p.123

1. 三角形の各辺の中点の座標が，$(-1,\ 1)$，$(1,\ 2)$，$(2,\ 0)$であるとき，この三角形の3つの頂点の座標を求めよ。

指針 **中点の座標**　$A(x_1,\ y_1)$，$B(x_2,\ y_2)$のとき，線分ABの中点の座標は $\left(\dfrac{x_1+x_2}{2},\ \dfrac{y_1+y_2}{2}\right)$である。三角形の3つの頂点の x 座標，y 座標のそれぞれについて満たす等式をまず考える。

解答 図のように，△ABC の各辺の中点を

$P(-1,\ 1)$，$Q(1,\ 2)$，$R(2,\ 0)$

とする。

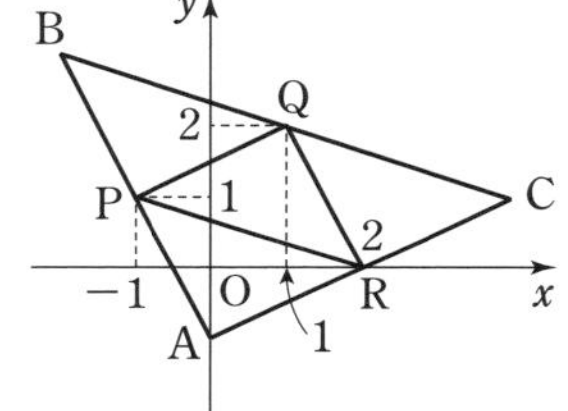

また，△ABC の各頂点を

$A(x_1,\ y_1)$，$B(x_2,\ y_2)$，$C(x_3,\ y_3)$

とする。

P，Q，R の x 座標について

$$\frac{x_1+x_2}{2}=-1 \quad \cdots\cdots ①$$

$$\frac{x_2+x_3}{2}=1 \quad \cdots\cdots ②$$

$$\frac{x_3+x_1}{2}=2 \quad \cdots\cdots ③$$

等式①，②，③の辺々を加えると

$$x_1+x_2+x_3=2 \quad \cdots\cdots ④$$

①，④から　$x_3=4$　　②，④から　$x_1=0$　　③，④から　$x_2=-2$

P，Q，R の y 座標について

$$\frac{y_1+y_2}{2}=1,\quad \frac{y_2+y_3}{2}=2,\quad \frac{y_3+y_1}{2}=0$$

3つの等式の辺々を加えると

$$y_1+y_2+y_3=3$$

同様にして　$y_3=1$，$y_1=-1$，$y_2=3$

よって　$A(0,\ -1)$，$B(-2,\ 3)$，$C(4,\ 1)$

したがって，求める3つの頂点の座標は

$(0,\ -1)$，$(-2,\ 3)$，$(4,\ 1)$ 答

教 p.123

2. 2 直線 $ax+3y+1=0$，$2x+(a-1)y=0$ が平行であるとき，および垂直であるときの定数 a の値を，それぞれ求めよ。

指針 **2直線の平行条件・垂直条件** 2直線 $ax+by+c=0$，$a'x+b'y+c'=0$ について，

$$\left.\begin{array}{l} 2\text{直線が平行} \iff ab'-ba'=0 \\ 2\text{直線が垂直} \iff aa'+bb'=0 \end{array}\right\}$$ の関係を利用する。

解答 2 直線が平行になるのは，$a(a-1)-3\cdot2=0$ のときである。

よって　$a^2-a-6=0$

これを解いて　$\boldsymbol{a=-2,\ 3}$ 答

2 直線が垂直になるのは，$a\cdot2+3(a-1)=0$ のときである。

よって　$5a-3=0$

これを解いて　$\boldsymbol{a=\frac{3}{5}}$ 答

研究

教 p.123

3. k は定数とする。直線 $(2k+3)x+(k-4)y-4k+5=0$ は，k の値に関係なく定点を通る。その定点の座標を求めよ。また，この直線が点 $(-1,\ 0)$ を通るように，k の値を定めよ。

指針 **定点を通る直線** k の値に関係なく → k の恒等式 → k について整理。結局，直線 $k(ax+by+c)+a'x+b'y+c'=0$ が，2 直線 $ax+by+c=0$，$a'x+b'y+c'=0$ の交点を通ることを利用している。

解答

$$(2k+3)x+(k-4)y-4k+5=0 \quad \cdots\cdots①$$

とする。①を k について整理すると

$$k(2x+y-4)+(3x-4y+5)=0 \quad \cdots\cdots②$$

この方程式は，k の値に関係なく，2 直線 $2x+y-4=0$，$3x-4y+5=0$ の交点を通る直線を表す。

連立方程式 $\begin{cases} 2x+y-4=0 \\ 3x-4y+5=0 \end{cases}$ を解くと　$x=1,\ y=2$

よって，求める定点の座標は　$\boldsymbol{(1,\ 2)}$ 答

また，②に $x=-1$，$y=0$ を代入すると

$$-6k+2=0$$

これを解いて　$\boldsymbol{k=\frac{1}{3}}$ 答

教 p.123

4. 3 点 O(0, 0), A(x_1, y_1), B(x_2, y_2)を頂点とする△OAB がある。
   (1) 点 B と直線 OA の距離を x_1, y_1, x_2, y_2 を用いて表せ。
   (2) △OAB の面積は, $\dfrac{1}{2}|x_1y_2-x_2y_1|$で表されることを示せ。

指針 **点と直線の距離と三角形の面積**

(1) まず直線 OA の方程式を求め, 次に, 点と直線の距離の公式にあてはめて求める。

(2) 辺 OA を底辺とすると, (1)で求めた距離が高さになる。

解答 (1) $x_1 \neq 0$ のとき, 直線 OA の方程式は $y=\dfrac{y_1}{x_1}x$

すなわち $y_1x-x_1y=0$

これは $x_1=0$ のときもあてはまる。 ←このとき, 方程式は $x=0$

よって, 点(x_2, y_2)と直線 $y_1x-x_1y=0$ の距離は

$$\frac{|y_1x_2-x_1y_2|}{\sqrt{y_1^2+(-x_1)^2}}=\frac{|x_1y_2-x_2y_1|}{\sqrt{x_1^2+y_1^2}}$$ 答

(2) △OAB の底辺を OA とすると, 高さは点 B と直線 OA の距離 d である。

よって $\triangle\mathrm{OAB}=\dfrac{1}{2}\cdot\mathrm{OA}\cdot d=\dfrac{1}{2}\cdot\sqrt{x_1^2+y_1^2}\cdot\dfrac{|x_1y_2-x_2y_1|}{\sqrt{x_1^2+y_1^2}}$

$=\dfrac{1}{2}|x_1y_2-x_2y_1|$ 終

教 p.123

5. 直線 $x-y+4=0$ が円 $(x+1)^2+(y-1)^2=3$ によって切り取られてできる線分の長さを求めよ。

指針 **円と直線(弦)** 直線と円の共有点の座標を求めて計算する。もしくは, 円の中心と直線の距離を d, 円の半径を r とすると, 求める長さは円の弦の長さであるから, 三平方の定理により $2\sqrt{r^2-d^2}$ となる。

解答 $\begin{cases} y=x+4 & \cdots\cdots① \\ (x+1)^2+(y-1)^2=3 & \cdots\cdots② \end{cases}$ とする。

①を②に代入して整理すると $2x^2+8x+7=0$

これを解いて $x=\dfrac{-4\pm\sqrt{2}}{2}$

①から $x=\dfrac{-4+\sqrt{2}}{2}$ のとき $y=\dfrac{4+\sqrt{2}}{2}$

$x=\dfrac{-4-\sqrt{2}}{2}$ のとき $y=\dfrac{4-\sqrt{2}}{2}$

よって，直線①と円②の交点の座標は

$$\left(\frac{-4+\sqrt{2}}{2},\ \frac{4+\sqrt{2}}{2}\right),\ \left(\frac{-4-\sqrt{2}}{2},\ \frac{4-\sqrt{2}}{2}\right)$$

したがって，求める線分の長さは

$$\sqrt{\left(\frac{-4+\sqrt{2}}{2}-\frac{-4-\sqrt{2}}{2}\right)^2+\left(\frac{4+\sqrt{2}}{2}-\frac{4-\sqrt{2}}{2}\right)^2}=\sqrt{4}=\mathbf{2}$$ 答

別解　直線①の方程式は $x-y+4=0$ であるから，円②の中心$(-1,\ 1)$と直線①の距離は　$\dfrac{|-1-1+4|}{\sqrt{1^2+(-1)^2}}=\sqrt{2}$

円②の半径は $\sqrt{3}$ であるから，求める線分の長さは

$$2\sqrt{(\sqrt{3})^2-(\sqrt{2})^2}=\mathbf{2}$$ 答

教 p.123

6. 点$\mathrm{A}(2,\ 1)$に関して点$\mathrm{Q}(a,\ b)$と対称な点をPとする。

(1)　Pの座標を a，b を用いて表せ。

(2)　Qが直線 $2x+y+1=0$ 上を動くとき，Pの軌跡を求めよ。

指針　**線分の中点と軌跡**　(1)　$\mathrm{P}(x,\ y)$とする。点Aは線分PQの中点。

(2)　Qの満たす条件から，まず a，b の関係式を導く。

解答　(1)　Pの座標を$(x,\ y)$とする。

点$\mathrm{A}(2,\ 1)$は線分PQの中点であるから

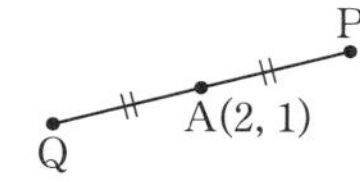

$$2=\frac{x+a}{2},\qquad 1=\frac{y+b}{2}\quad \cdots\cdots ①$$

①を解くと　$x=4-a$，$y=2-b$　……②

よって，Pの座標は　$(\mathbf{4-a,\ 2-b})$ 答

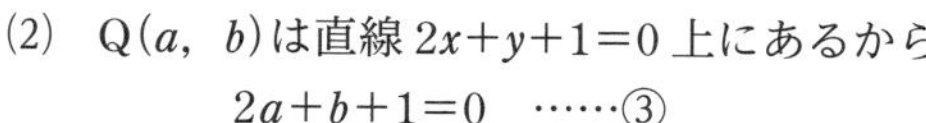

(2)　$\mathrm{Q}(a,\ b)$は直線 $2x+y+1=0$ 上にあるから

$$2a+b+1=0\quad \cdots\cdots ③$$

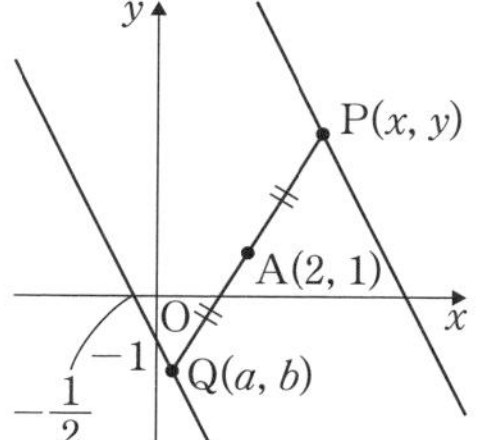

②から　$a=4-x$，$b=2-y$

これらを③に代入すると

$$2(4-x)+(2-y)+1=0$$

整理すると　$2x+y-11=0$

よって，点Pは直線 $2x+y-11=0$ 上にある。

逆に，この直線上のすべての点$\mathrm{P}(x,\ y)$は，条件を満たす。

したがって，求める軌跡は

直線 $2x+y-11=0$ 答

3章 図形と方程式

教 p.123

7. 右の図の斜線部分を表す不等式を求めよ。ただし，境界線を含むものとする。

(1)

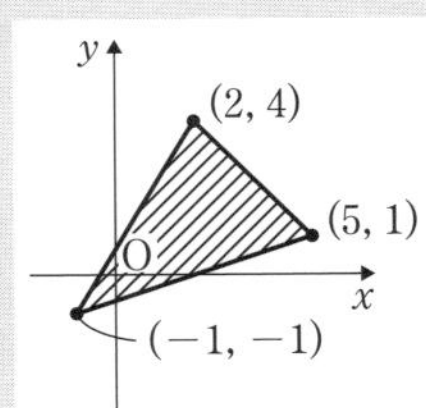

(2)

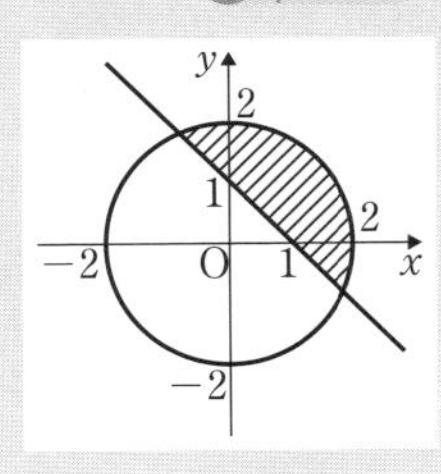

指針 **領域を表す不等式**

(1) 3つの直線の方程式を求め，斜線部分がそれぞれの直線とその上側にあるか下側にあるかによって，3つの不等式を作る。

(2) 円とその内部であり，かつ直線とその上側である。

解答 (1) A(2, 4)，B(−1, −1)，C(5, 1)とする。

3直線AB，AC，BCの方程式はそれぞれ

AB　$y-4=\frac{-1-4}{-1-2}(x-2)$　すなわち　$y=\frac{5}{3}x+\frac{2}{3}$

AC　$y-4=\frac{1-4}{5-2}(x-2)$　すなわち　$y=-x+6$

BC　$y-(-1)=\frac{1-(-1)}{5-(-1)}\{x-(-1)\}$　すなわち　$y=\frac{1}{3}x-\frac{2}{3}$

斜線部分は，直線ABおよびその下側，直線ACおよびその下側，直線BCおよびその上側の各部分に共通する領域である。

よって　$\boldsymbol{y \leqq \frac{5}{3}x+\frac{2}{3}}$，$\boldsymbol{y \leqq -x+6}$，$\boldsymbol{y \geqq \frac{1}{3}x-\frac{2}{3}}$　答

(2) 斜線部分は，円 $x^2+y^2=2^2$ およびその内部，直線 $y=-x+1$ およびその上側の部分に共通する領域である。

よって　$\boldsymbol{x^2+y^2 \leqq 4}$，$\boldsymbol{y \geqq -x+1}$　答

第3章　章末問題 B

教 p.124

8. 次の3点が一直線上にあるとき，a の値を求めよ。

$$A(1,\ -2),\quad B(3,\ a),\quad C(a,\ 0)$$

指針　**一直線上にある3点**　直線 AB 上に点 C がある。まず，直線 AB の方程式を求める。

解答　直線 AB の方程式は

$$y-(-2)=\frac{a-(-2)}{3-1}(x-1)$$

すなわち　$y+2=\dfrac{a+2}{2}(x-1)$

3点が一直線上にあるから，点 C$(a,\ 0)$は直線 AB 上にある。

よって　$0+2=\dfrac{a+2}{2}(a-1)$

整理すると　$a^2+a-6=0$

これを解くと　$\boldsymbol{a=-3,\ 2}$　答

別解　直線 AB の傾きと直線 AC の傾きは等しいから

$$\frac{a-(-2)}{3-1}=\frac{0-(-2)}{a-1}$$

整理すると　$a^2+a-6=0$

これを解くと　$\boldsymbol{a=-3,\ 2}$　答

教 p.124

9. 3つの直線 $3x-y=0$，$2x+y=0$，$4x-3y+6=0$ で囲まれた三角形の面積を求めよ。

指針　**三角形の面積**　座標平面上に3つの直線をかき，三角形を視覚的にとらえてから解くとよい。まず，頂点の座標を求めることが必要である。2直線の方程式を組み合わせた連立方程式を解く。
どれか1つの辺を底辺とみて，その長さを求め，三角形の高さは点と直線の距離として求める。

解答

$$3x-y=0 \quad \cdots\cdots ①$$
$$2x+y=0 \quad \cdots\cdots ②$$
$$4x-3y+6=0 \quad \cdots\cdots ③$$

直線①，②の交点は　O(0，0)

直線①，③の交点を A，直線②，③の交点を B とすると，それぞれ 2 つの式を連立させた方程式を解いて

$$A\left(\frac{6}{5},\ \frac{18}{5}\right),\ B\left(-\frac{3}{5},\ \frac{6}{5}\right)$$

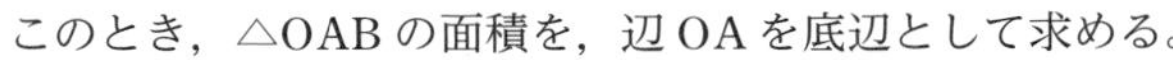

このとき，△OAB の面積を，辺 OA を底辺として求める。

$$OA=\sqrt{\left(\frac{6}{5}\right)^2+\left(\frac{18}{5}\right)^2}=\sqrt{\left(\frac{6}{5}\right)^2(1^2+3^2)}=\frac{6\sqrt{10}}{5}$$

高さを h とすると，h は点 B と直線①の距離に等しいから

$$h=\frac{\left|3\cdot\left(-\frac{3}{5}\right)-\frac{6}{5}\right|}{\sqrt{3^2+(-1)^2}}=\frac{3}{\sqrt{10}}$$

$\leftarrow d=\dfrac{|ax_1+by_1+c|}{\sqrt{a^2+b^2}}$

よって，求める三角形の面積は

$$\frac{1}{2}OA\cdot h=\frac{1}{2}\cdot\frac{6\sqrt{10}}{5}\cdot\frac{3}{\sqrt{10}}=\frac{9}{5}$$ 答

教 p.124

10. 円 $x^2+y^2-4x+ay=0$ 上の点 A(4，2) における接線を ℓ とする。

(1) a の値を求めよ。　(2) 円の中心 C の座標を求めよ。

(3) ℓ の傾きを求めよ。　(4) ℓ の方程式を求めよ。

指針　**円の接線の方程式**　原点が中心の円の接線には公式が利用できるが，(3)と(4)は，原点以外の点を中心とする円の接線を求める手順を示している。(3)は，直線 CA と接線 ℓ は垂直であることを使う。

解答　(1) 点 A(4，2) は円 $x^2+y^2-4x+ay=0$ 上の点であるから

$$4^2+2^2-4\cdot4+2a=0$$

これを解くと　$\boldsymbol{a=-2}$ 答

(2) 円の方程式は　$x^2+y^2-4x-2y=0$

変形すると　$(x-2)^2+(y-1)^2=5$

よって，円の中心 C の座標は　**(2，1)** 答

(3) 接線 ℓ の傾きを m とする。

直線 CA と接線 ℓ は垂直であるから

$$\frac{2-1}{4-2}\cdot m=-1 \qquad よって \quad \boldsymbol{m=-2}$$ 答

(4)　接線 ℓ は，点 A(4，2)を通る傾き -2 の直線であるから

$$y-2=-2(x-4)$$

よって，求める方程式は　$\boldsymbol{y=-2x+10}$　答

教 p.124

11. 円 $(x-a)^2+(y-b)^2=r^2$ 上の点 $A(x_1,\ y_1)$ における接線 ℓ について考える。

(1)　点 A を x 軸方向に $-a$，y 軸方向に $-b$ だけ移動した点を A′ とするとき，A′ の座標を求めよ。

(2)　点 A′ は円 $x^2+y^2=r^2$ 上にある。この円の点 A′ における接線の方程式を求めよ。

(3)　接線 ℓ の方程式を求めよ。

指針　**円の接線の方程式**　中心が原点である円 $x^2+y^2=r^2$ 上の点 $(x_1,\ y_1)$ における接線の方程式を利用する。

(1)　中心が原点にくるように平行移動する。

(2)　(1)を利用して接線の方程式を求める。

(3)　(2)の接線を平行移動して，ℓ の方程式を求める。

解答　(1)　点 $A(x_1,\ y_1)$ を

x 軸方向に $-a$，　y 軸方向に $-b$

だけ移動した点 A′ の座標は

$$\boldsymbol{(x_1-a,\ y_1-b)}$$　答

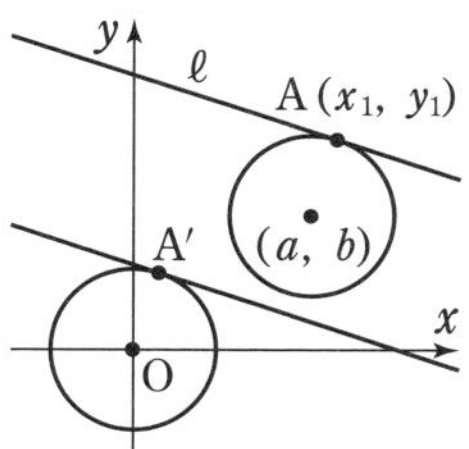

(2)　円 $x^2+y^2=r^2$ 上の点 $A'(x_1-a,\ y_1-b)$ における接線の方程式は

$$\boldsymbol{(x_1-a)x+(y_1-b)y=r^2}$$　答

(3)　接線 ℓ は，(2)の接線を

x 軸方向に a，　y 軸方向に b

だけ平行移動したものであるから

$$\boldsymbol{(x_1-a)(x-a)+(y_1-b)(y-b)=r^2}$$　答

教 p.124

12. 2つの不等式 $x^2+y^2<9$，$x-3y+3<0$ を同時に満たす点$(x,\ y)$で，x，y がともに整数であるものは，全部で何個あるか。

指針 **領域と点の個数**　まず，2つの不等式の表す領域を図示する。次に，境界の円と直線の交点を求め，領域の中にある x 座標と y 座標が整数である点の個数を，x が整数 -3，-2，……のときについて数えていく。

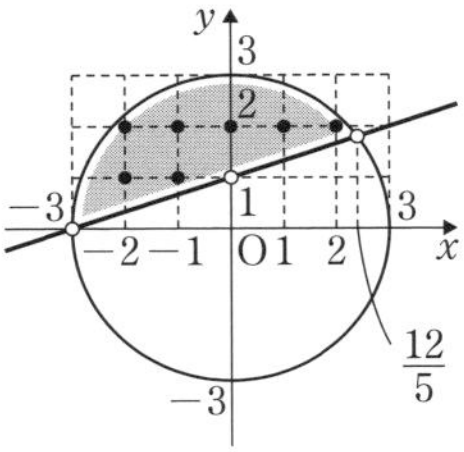

解答 連立不等式 $\begin{cases} x^2+y^2<9 \\ x-3y+3<0 \end{cases}$ の表す領域は

円 $x^2+y^2=9$　……①　の内部と

直線 $x-3y+3=0$　……②　の上側の部分に

共通する部分である。

ただし，境界線を含まない。

円と直線の共有点の座標を求める。

②より　　$x=3y-3$　……③

これを①に代入して

$$(3y-3)^2+y^2=9$$

これを解いて　　$y=0,\ \dfrac{9}{5}$

③に代入すると，

$$y=0 \text{ のとき } x=-3,\quad y=\frac{9}{5} \text{ のとき } x=\frac{12}{5}$$

よって　　$(-3,\ 0)$，$\left(\dfrac{12}{5},\ \dfrac{9}{5}\right)$

この領域において，点$(x,\ y)$の x，y がともに整数であるものは

$(-2,\ 1)$，$(-2,\ 2)$，$(-1,\ 1)$，$(-1,\ 2)$，$(0,\ 2)$，$(1,\ 2)$，$(2,\ 2)$

したがって，**7個** である。 答

教 p.124

13. ある工場の製品A，Bを1トン生産するのに必要な原料P，Qの量と製品A，Bの価格は，それぞれ右の表の通りとする。

	原料P	原料Q	価格
A	3トン	1トン	2万円
B	1トン	2トン	1万円

この工場へ1日に供給できる原料Pが最大9トン，原料Qが最大8トンであるとき，工場で1日に生産される製品A，Bの総価格を最大にするには，A，Bをそれぞれ，1日に何トンずつ生産すればよいか。

指針 **領域と最大・最小の応用**　1日のA，Bの生産量を，それぞれxトン，yトンとする。$x \geqq 0$，$y \geqq 0$である。さらに，原料P，Qがそれぞれ9トン，8トンしか使えないことから，x，yについての不等式を作る。これらの条件を領域として図示する。製品A，Bの総価格は$2x+y$(万円)と表されるから，その最大値を求める。

解答 1日のA，Bの生産量を，それぞれxトン，yトンとする。

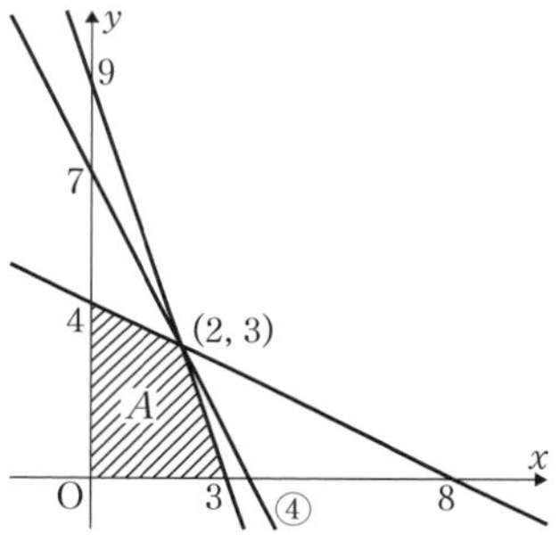

ただし　$x \geqq 0$，$y \geqq 0$　……①

原料Pは9トン以下であるから

$$3x+y \leqq 9 \quad \cdots\cdots ②$$

原料Qは8トン以下であるから

$$x+2y \leqq 8 \quad \cdots\cdots ③$$

①，②，③の不等式の表す領域をAとする。

Aは図のように，4点

(0，0)，(3，0)，(2，3)，(0，4)

を頂点とする四角形の周および内部である。

1日に生産されるA，Bの総価格は$2x+y$(万円)と表されるから

$$2x+y=k \quad \cdots\cdots ④$$

とおくと，$y=-2x+k$であり，これは傾きが-2，y切片がkである直線を表す。

この直線④が領域Aと共有点をもつときのkの値の最大値を求めればよい。

領域Aにおいては，直線④が点(2，3)を通るときkは最大で，そのとき$k=7$である。

よって，$2x+y$は$x=2$，$y=3$のとき最大値7をとる。

したがって，1日に生産する量は　**Aは2トン，Bは3トン**　答

教科書 p.128〜132

第4章 三角関数

第1節 三角関数

1 角の拡張

まとめ

1　一般角

平面上で，点 O を中心として半直線 OP を回転させるとき，この半直線 OP を **動径** といい，動径の最初の位置を示す半直線 OX を **始線** という。

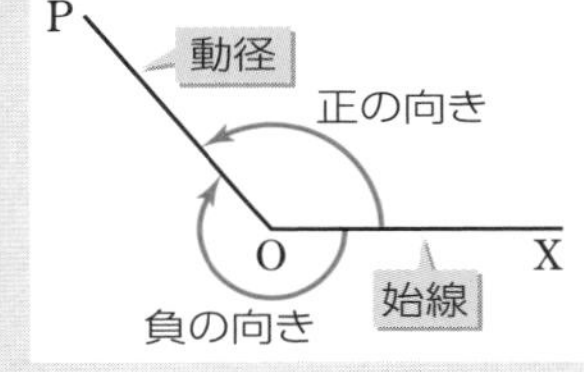

回転の向きについて，時計の針の回転と逆の向きを **正の向き** といい，同じ向きを **負の向き** という。また，始線 OX から正の向きに測った回転の角を **正の角** といい，負の向きに測った回転の角を **負の角** という。

正の角は，たとえば$+45^\circ$または45°と表す。

負の角は，たとえば-30°と表す。

また，360°より大きい角も考えられる。動径が正の向きに1回転すると360°，2回転すると720°の角を表す。負の向きに1回転すると-360°の角を表す。

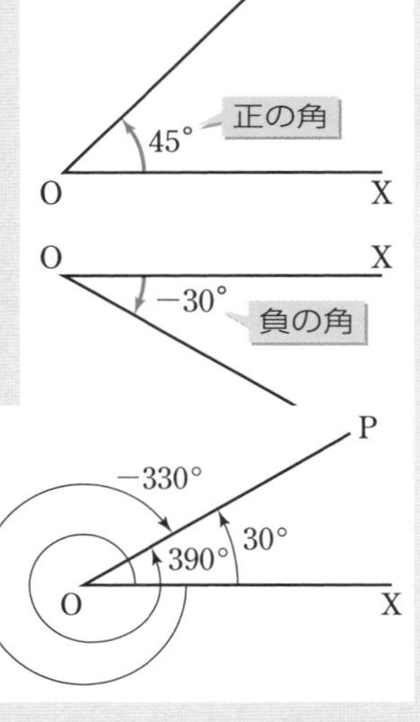

このように，回転の向きと大きさをもつ量として拡張した角を **一般角** という。

θを一般角とする。始線 OX からθだけ回転した位置にある動径 OP を，**θの動径** という。

動径は1回転360°でもとの位置にもどるから，30°の動径 OP と，たとえば

$$30^\circ+360^\circ=390^\circ$$

$$30^\circ+360^\circ\times2=750^\circ$$

$$30^\circ+360^\circ\times(-1)=-330^\circ$$

として得られる390°，750°，-330°の動径は，すべて同じ位置にある。これらの角を **動径 OP の表す角** という。

一般に，動径 OP の表す角は無数に存在する。その 1 つを α とすると，動径 OP の表す角は

$$\alpha+360^\circ\times n \quad (\text{ただし，} n \text{ は整数})$$

と表すことができる。

2　弧度法

30°，180° などのように，これまで使ってきた度(°)を単位とする角の表し方を **度数法** という。

円において，半径と同じ長さの弧に対する中心角の大きさを **1 ラジアン** という。1 ラジアンは，円の半径によらず一定の大きさの角である。

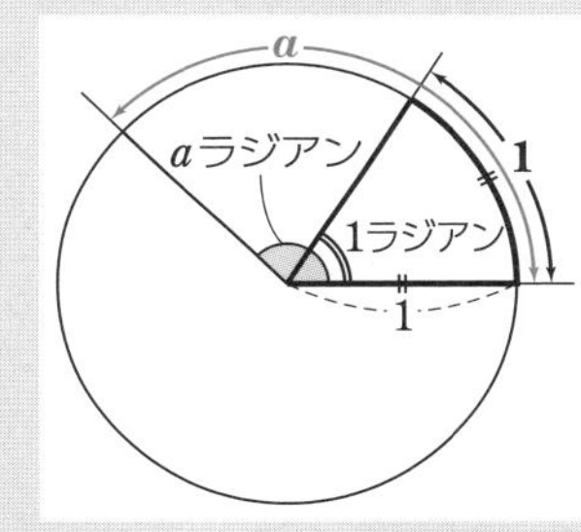

半径 1 の円では，長さ 1 の弧に対する中心角の大きさが 1 ラジアンであり，長さ a の弧に対する中心角の大きさは，a ラジアンである。ラジアンを単位とする角の表し方を **弧度法** という。

$$180^\circ=\pi \text{ ラジアン} \qquad 1 \text{ ラジアン}=\left(\frac{180}{\pi}\right)^\circ$$

補足　1 ラジアンは，約 57.3° である。

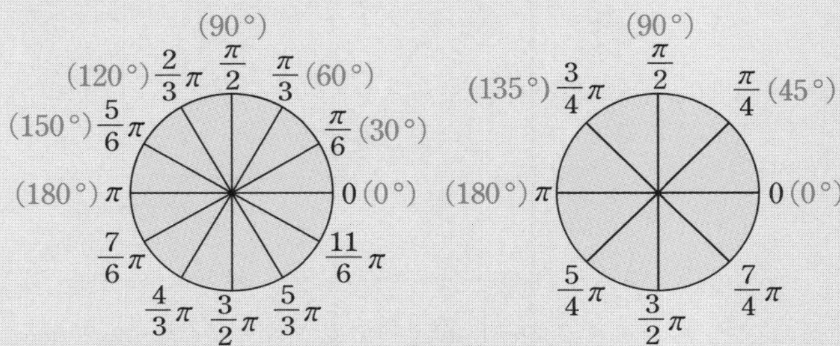

注意　弧度法では，単位のラジアンを省略するのがふつうである。

動径 OP の表す角は無数に存在し，その 1 つを α とすると，動径 OP の表す角は

$$\alpha+2n\pi \quad (\text{ただし，} n \text{ は整数})$$

と表すことができる。

3　弧度法と扇形

扇形の弧の長さと面積

半径 r，中心角 θ（ラジアン）の扇形の弧の長さ l，面積 S は

$$l=r\theta,$$

$$S=\frac{1}{2}r^2\theta \quad \text{または} \quad S=\frac{1}{2}lr$$

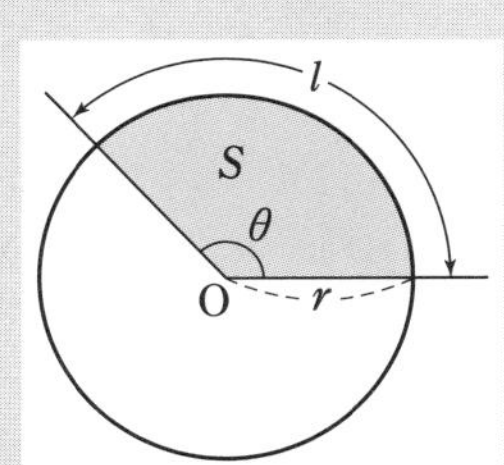

A 一般角

教 p.129

練習 1

次の角の動径を図示せよ。

(1) 260°　(2) 420°　(3) −45°　(4) 750°　(5) −240°

指針 **一般角の動径**　まず始線OXを引く。ふつう，始線は点Oから水平方向に右へと延びる半直線とする。次に動径OPをかく。一般角では，大きさだけでなく回転の向きも考えることに注意する。

正の角……始線から正の向きに測る…時計の針の回転と逆の向き
負の角……始線から負の向きに測る…時計の針の回転と同じ向き

(2) 正の向きに1回転(360°)し，さらに60°回転する。

(4) 正の向きに2回転(720°)し，さらに30°回転する。

解答 (1)

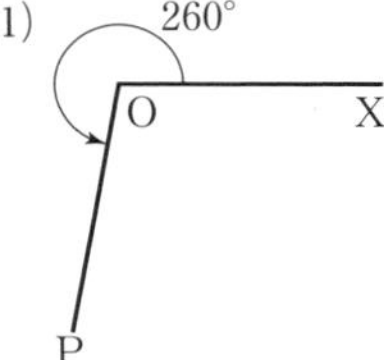

(2)

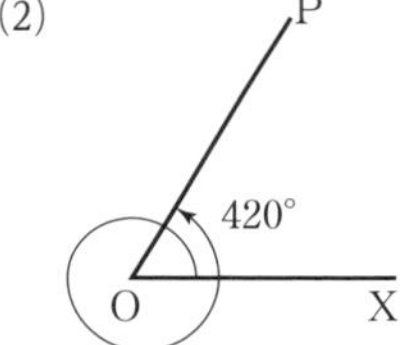

(3)

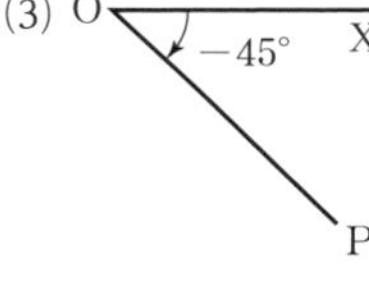

(4)

(5)

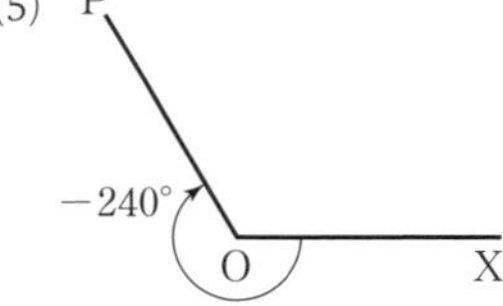

教 p.130

練習 2

次の角のうち，その動径が60°の動径と同じ位置にある角はどれか。

300°，420°，1140°，−60°，−300°，−780°

指針 **動径の表す角**　動径は1回転360°でもとの位置にもどるから，角αの動径と角$\alpha+360°\times n$の動径は同じ位置にある。6つの角の中から$60°+360°\times n$と表されるものを選ぶ。ただし，nは整数である。

解答

$300°=60°+360°\times n$ を満たす整数 n はない。

$420°=60°+360°\times 1$

$1140°=60°+360°\times 3$

$-60°=60°+360°\times n$ を満たす整数 n はない。

$-300°=60°+360°\times(-1)$

$-780°=60°+360°\times n$ を満たす整数 n はない。

よって，その動径が 60°の動径と同じ位置にある角は

420°，1140°，−300° 答

注意 $300^\circ=-60^\circ+360^\circ\times1$，　$-780^\circ=-60^\circ+360^\circ\times(-2)$

であるから，−60°，300°，−780°の動径は同じ位置にある。

B 弧度法

練習 3 教 p.130

次のことを確かめよ。

(1) $180^\circ=\pi$ ラジアン　(2) 1 ラジアン$=\left(\dfrac{180}{\pi}\right)^\circ$

指針 **度数法と弧度法**　弧度法は，弧の長さに着目した角の測り方である。

(1) 円において，半径と同じ長さの弧に対する中心角の大きさが 1 ラジアンである。半径 1 の円では，長さ 1 の弧に対する中心角の大きさが 1 ラジアンである。弧の長さと中心角の大きさが比例することを使う。

(2) (1)の結果を利用する。

解答 (1) 半径 1 の円において，中心角が 180°のときの弧は半円であり，半円の弧の長さは　$2\pi\times\dfrac{1}{2}=\pi$

長さ 1 の弧に対する中心角の大きさが 1 ラジアンであるから，長さ π の弧に対する中心角の大きさは

$1\times\pi=\pi$ (ラジアン)　終

(2) 1 ラジアンに対する度数法の角の大きさを x° とする。

π ラジアンに対する角が 180°であるから

$\pi:180^\circ=1:x^\circ$　　よって　$x=\dfrac{180}{\pi}$

すなわち，1 ラジアンは $\left(\dfrac{180}{\pi}\right)^\circ$　終

練習 4 教 p.131

次の(1)〜(3)の角を弧度法で表せ。また，(4)〜(6)の角を度数法で表せ。

(1) 210°　(2) 315°　(3) −90°

(4) $\dfrac{5}{4}\pi$　(5) $\dfrac{3}{2}\pi$　(6) $-\dfrac{2}{3}\pi$

指針 **度数法と弧度法**

1° は $\dfrac{\pi}{180}$ ラジアンであるから，x° は $x\times1^\circ=x\times\dfrac{\pi}{180}$ (ラジアン)

解答 (1) $210\times\dfrac{\pi}{180}=\dfrac{7}{6}\pi$ 答　　(2) $315\times\dfrac{\pi}{180}=\dfrac{7}{4}\pi$ 答

(3) $-90\times\dfrac{\pi}{180}=-\dfrac{\pi}{2}$ 答

(4) $\dfrac{5}{4}\pi\times\dfrac{180}{\pi}=225$　　よって　**225°** 答

(5) $\dfrac{3}{2}\pi\times\dfrac{180}{\pi}=270$　　よって　**270°** 答

(6) $-\dfrac{2}{3}\pi\times\dfrac{180}{\pi}=-120$　　よって　**−120°** 答

教 p.131

練習 5　$\dfrac{\pi}{3}$ の動径の表す角を，$\dfrac{\pi}{3}$ 以外に弧度法で 3 つあげよ。

指針 **動径の表す角**　動径 OP の表す角の 1 つを α とすると動径 OP の表す角は $\alpha+2n\pi$（n は整数）である。

解答 $\dfrac{\pi}{3}$ の動径の表す角は $\dfrac{\pi}{3}+2n\pi$（n は整数）と表すことができる。

$n=1$ のとき　　$\dfrac{\pi}{3}+2\cdot1\cdot\pi=\dfrac{7}{3}\pi$

$n=2$ のとき　　$\dfrac{\pi}{3}+2\cdot2\cdot\pi=\dfrac{13}{3}\pi$

$n=-1$ のとき　　$\dfrac{\pi}{3}+2\cdot(-1)\cdot\pi=-\dfrac{5}{3}\pi$

よって，$\dfrac{\pi}{3}$ の動径の表す角を $\dfrac{\pi}{3}$ 以外に 3 つあげると

$\dfrac{7}{3}\pi$，$\dfrac{13}{3}\pi$，$-\dfrac{5}{3}\pi$ 答

C 弧度法と扇形

教 p.132

練習 6　次のような扇形の弧の長さ l と面積 S を求めよ。

(1) 半径 4，中心角 $\dfrac{\pi}{3}$　　(2) 半径 6，中心角 $\dfrac{7}{6}\pi$

指針 **扇形の弧の長さと面積**　まとめの公式を用いる。

解答 (1) $l=4\cdot\dfrac{\pi}{3}=\dfrac{4}{3}\pi$，　$S=\dfrac{1}{2}\cdot\dfrac{4}{3}\pi\cdot4=\dfrac{8}{3}\pi$ 答　　解答は　$S=\dfrac{1}{2}lr$

(2) $l=6\cdot\dfrac{7}{6}\pi=7\pi$，　$S=\dfrac{1}{2}\cdot7\pi\cdot6=21\pi$ 答　　別解は　$S=\dfrac{1}{2}r^2\theta$

別解 (1) $S=\frac{1}{2}\cdot 4^2\cdot\frac{\pi}{3}=\frac{8}{3}\pi$ 答　(2) $S=\frac{1}{2}\cdot 6^2\cdot\frac{7}{6}\pi=21\pi$ 答

2 三角関数

まとめ

1 三角関数

座標平面上で，右の図のように x 軸の正の部分を始線として，一般角 θ の動径と，原点を中心とする半径 r の円との交点Pの座標を (x, y) とする。このとき，

$$\sin\theta=\frac{y}{r},\ \cos\theta=\frac{x}{r},\ \tan\theta=\frac{y}{x}$$

と定め，それぞれ一般角 θ の **正弦**，**余弦**，**正接** という。これらはいずれも θ の関数であり，まとめて θ の **三角関数** という。

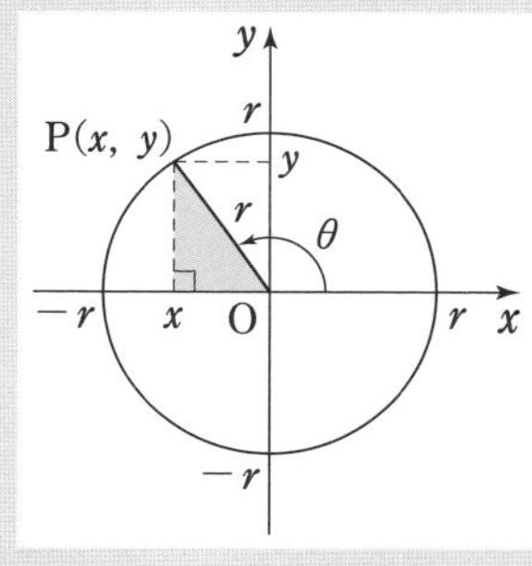

注意 $\theta=\frac{\pi}{2}+n\pi$ (n は整数)のときは $x=0$ となるから，$\tan\theta$ は定義できない。

原点を中心とする半径1の円を **単位円** という。右の図のように，一般角 θ の動径と単位円の交点を $P(x, y)$ とし，直線 OP と直線 $x=1$ の交点を $T(1, m)$ とすると

$$\sin\theta=y,\ \cos\theta=x$$ ← sin θ は P の y 座標　cos θ は P の x 座標

$$\tan\theta=\frac{y}{x}=\frac{m}{1}=m$$

である。点Pは単位円の周上を動き，そのとき，点Tは直線 $x=1$ 上のすべての点を動く。

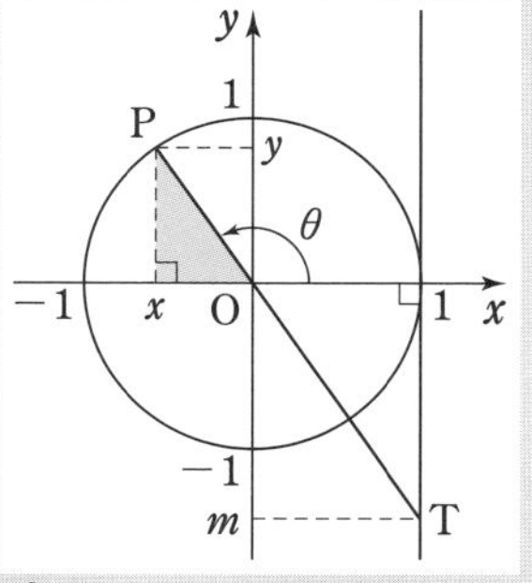

三角関数のとる値の範囲について，次のことが成り立つ。

$-1\leqq\sin\theta\leqq 1$，　$-1\leqq\cos\theta\leqq 1$，　$\tan\theta$ の値の範囲は実数全体

三角関数 $\sin\theta$，$\cos\theta$，$\tan\theta$ の値の符号を図で示すと，次のようになる。

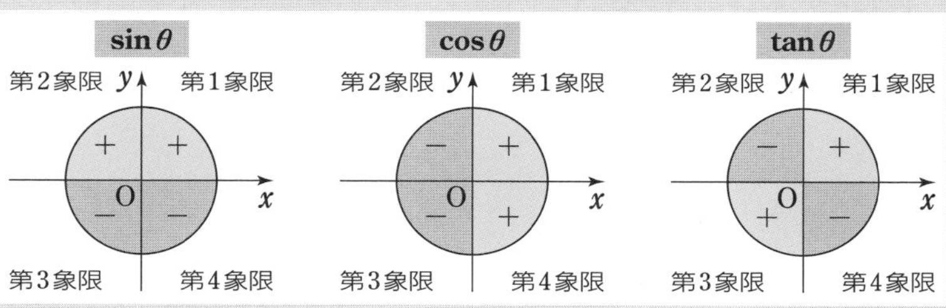

2 三角関数の相互関係

一般角の三角関数についても，次の相互関係が成り立つ。

三角関数の相互関係

1 $\tan\theta=\dfrac{\sin\theta}{\cos\theta}$　　3 $1+\tan^2\theta=\dfrac{1}{\cos^2\theta}$

2 $\sin^2\theta+\cos^2\theta=1$

補足 θ の動径が第3象限にあるとき，θ を **第3象限の角** ということがある。他の象限についても同様である。

A 三角関数

教 p.134

練習 7

次の θ について，$\sin\theta$，$\cos\theta$，$\tan\theta$ の値を，それぞれ求めよ。

(1) $\theta=\dfrac{5}{4}\pi$　　(2) $\theta=\dfrac{11}{6}\pi$　　(3) $\theta=-\dfrac{\pi}{3}$

指針 **正弦，余弦，正接の値**

原点を中心とする半径 r の円，角 θ の動径をそれぞれかき，交点をPとする。Pの座標は特別な直角三角形の辺の比($1:\sqrt{3}:2$，$1:1:\sqrt{2}$)を利用して求める。

ここで $r=2$ か $r=\sqrt{2}$ に決めればよい。あとは三角関数の定義に従う。

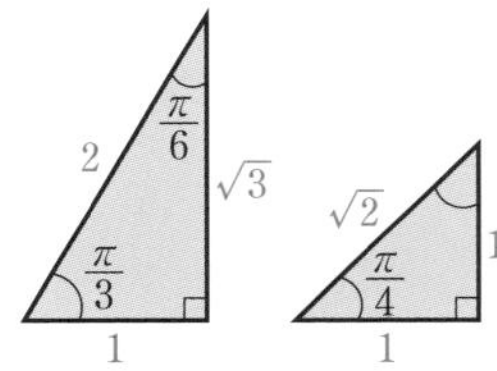

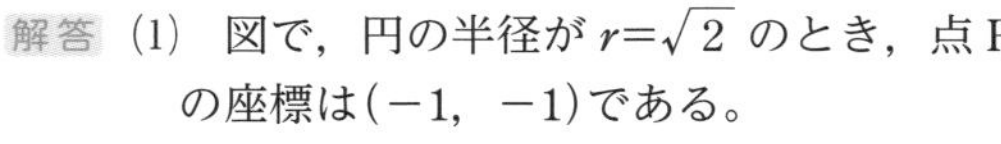

解答 (1) 図で，円の半径が $r=\sqrt{2}$ のとき，点Pの座標は$(-1,\ -1)$である。

そこで，$x=-1$，$y=-1$ として

$\sin\dfrac{5}{4}\pi=\dfrac{y}{r}=\dfrac{-1}{\sqrt{2}}=-\dfrac{1}{\sqrt{2}}$ 答

$\cos\dfrac{5}{4}\pi=\dfrac{x}{r}=\dfrac{-1}{\sqrt{2}}=-\dfrac{1}{\sqrt{2}}$ 答

$\tan\dfrac{5}{4}\pi=\dfrac{y}{x}=\dfrac{-1}{-1}=1$ 答

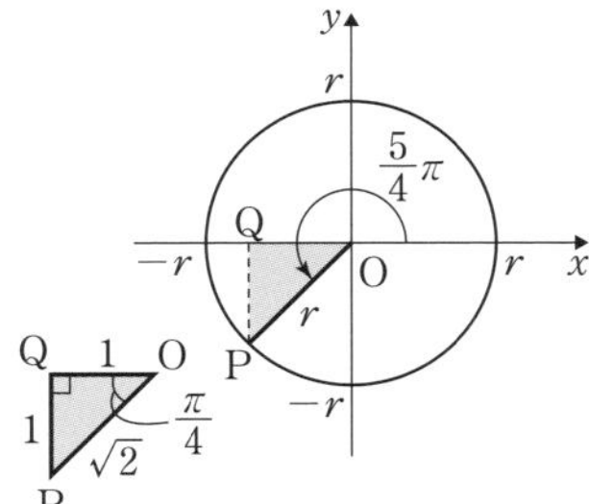

(2)　図で，円の半径が $r=2$ のとき，点Pの座標は $(\sqrt{3},\ -1)$ である。
そこで，$x=\sqrt{3}$，$y=-1$ として

$\sin\dfrac{11}{6}\pi=\dfrac{y}{r}=\dfrac{-1}{2}=-\dfrac{1}{2}$　答

$\cos\dfrac{11}{6}\pi=\dfrac{x}{r}=\dfrac{\sqrt{3}}{2}$　答

$\tan\dfrac{11}{6}\pi=\dfrac{y}{x}=\dfrac{-1}{\sqrt{3}}=-\dfrac{1}{\sqrt{3}}$　答

(3)　図で，円の半径が $r=2$ のとき，点Pの座標は $(1,\ -\sqrt{3})$ である。
そこで，$x=1$，$y=-\sqrt{3}$ として

$\sin\left(-\dfrac{\pi}{3}\right)=\dfrac{y}{r}=\dfrac{-\sqrt{3}}{2}=-\dfrac{\sqrt{3}}{2}$　答

$\cos\left(-\dfrac{\pi}{3}\right)=\dfrac{x}{r}=\dfrac{1}{2}$　答

$\tan\left(-\dfrac{\pi}{3}\right)=\dfrac{y}{x}=\dfrac{-\sqrt{3}}{1}=-\sqrt{3}$　答

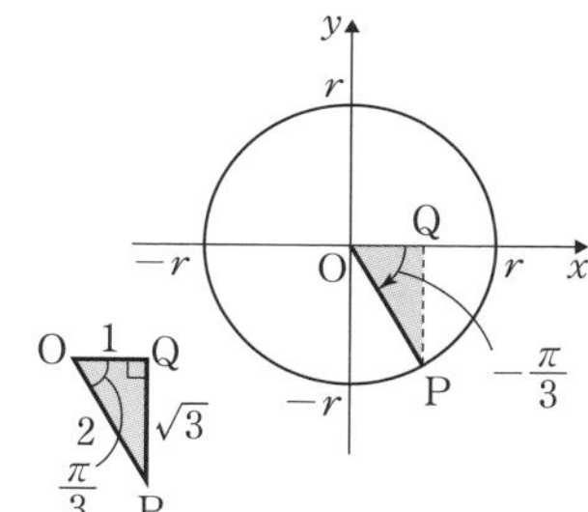

練習 8　教 p.135

次の条件を満たすような θ の動径は，第何象限にあるか。
(1)　$\sin\theta<0$ かつ $\cos\theta>0$　　(2)　$\cos\theta<0$ かつ $\tan\theta>0$

指針　**三角関数の値の符号**　$\sin\theta$，$\cos\theta$ の値の符号は，θ の動径がある象限のそれぞれ y 座標，x 座標の符号と一致する。

解答　(1)　$\sin\theta<0$ となるのは　第3象限，第4象限
$\cos\theta>0$ となるのは　第1象限，第4象限
よって　**第4象限**　答

(2)　$\cos\theta<0$ となるのは　第2象限，第3象限
$\tan\theta>0$ となるのは　第1象限，第3象限
よって　**第3象限**　答

B 三角関数の相互関係

練習 9　教 p.135

教科書 $p.135$ の　**2**　$\sin^2\theta+\cos^2\theta=1$　を，第3章で学んだ円の方程式を用いて証明せよ。

指針 **三角関数の相互関係**　θ の動径と単位円の交点の座標を (x, y) とすると，$y=\sin\theta$，$x=\cos\theta$　これを利用する。

解答 θ の動径と単位円の交点を $\mathrm{P}(x, y)$ とすると

$$\sin\theta=y,\qquad \cos\theta=x$$

また，単位円の方程式は　$x^2+y^2=1$　……①

$\mathrm{P}(x, y)$ は単位円上にあるから，①に代入すると

$$\sin^2\theta+\cos^2\theta=1$$ 終

Expression　教 p.135

θ が 0 から 2π まで変わるとき，$\sin\theta$，$\cos\theta$，$\tan\theta$ の値はそれぞれどのように変わるか，「増加する」「減少する」を用いて言葉で表現してみよう。

指針 **三角関数の値の変化**　$\sin\theta$，$\cos\theta$ は $0\leqq\theta\leqq2\pi$ の範囲，$\tan\theta$ は $0\leqq\theta\leqq2\pi$，$\theta\neq\frac{\pi}{2}$，$\theta\neq\frac{3}{2}\pi$ の範囲で θ を動かす。

解答 [$\sin\theta$]　$0\leqq\theta\leqq\frac{\pi}{2}$，$\frac{3}{2}\pi\leqq\theta\leqq2\pi$ で増加する。

$\frac{\pi}{2}\leqq\theta\leqq\frac{3}{2}\pi$ で減少する。

[$\cos\theta$]　$0\leqq\theta\leqq\pi$ で減少する。$\pi\leqq\theta\leqq2\pi$ で増加する。

[$\tan\theta$]　$0\leqq\theta<\frac{\pi}{2}$，$\frac{\pi}{2}<\theta<\frac{3}{2}\pi$，$\frac{3}{2}\pi<\theta\leqq2\pi$ で増加する。 終

練習 10　教 p.136

(1)　θ の動径が第 4 象限にあり，$\sin\theta=-\frac{1}{3}$ のとき，$\cos\theta$，$\tan\theta$ の値を求めよ。

(2)　θ の動径が第 3 象限にあり，$\tan\theta=2$ のとき，$\sin\theta$，$\cos\theta$ の値を求めよ。

指針 **三角関数の相互関係**　数学 I で学習した三角比の相互関係と同じ手順で解くことができる。ただし，三角関数の場合，角 θ の大きさについては動径のある象限で示されることが多い。

解答 (1)　$\cos^2\theta=1-\sin^2\theta=1-\left(-\frac{1}{3}\right)^2=\frac{8}{9}$

θ の動径が第 4 象限にあるとき，$\cos\theta>0$ であるから

$$\boldsymbol{\cos\theta=\sqrt{\frac{8}{9}}=\frac{2\sqrt{2}}{3}}$$ 答

また　$\tan\theta=\dfrac{\sin\theta}{\cos\theta}=\left(-\dfrac{1}{3}\right)\div\dfrac{2\sqrt{2}}{3}$

$=\left(-\dfrac{1}{3}\right)\times\dfrac{3}{2\sqrt{2}}=-\dfrac{1}{2\sqrt{2}}$ 答

(2)　$\cos^2\theta=\dfrac{1}{1+\tan^2\theta}=\dfrac{1}{1+2^2}=\dfrac{1}{5}$

θ の動径が第 3 象限にあるとき，$\cos\theta<0$ であるから

$\cos\theta=-\sqrt{\dfrac{1}{5}}=-\dfrac{1}{\sqrt{5}}$ 答

また　$\sin\theta=\tan\theta\cos\theta=2\cdot\left(-\dfrac{1}{\sqrt{5}}\right)=-\dfrac{2}{\sqrt{5}}$ 答

4章 三角関数

【？】 教 p.136

（例題 1）　$1+\tan^2\theta=\dfrac{1}{\cos^2\theta}$ を利用すると，どのように証明できるだろうか。

指針　**等式の証明**　左辺を変形して $1+\tan^2\theta=\dfrac{1}{\cos^2\theta}$ を利用できるようにする。

解説　左辺$=\dfrac{\tan^2\theta+1}{\tan\theta}=\dfrac{1}{\tan\theta\cos^2\theta}=\dfrac{1}{\sin\theta\cos\theta}=$右辺

よって　$\tan\theta+\dfrac{1}{\tan\theta}=\dfrac{1}{\sin\theta\cos\theta}$

練習 11 教 p.137

等式 $\tan^2\theta-\sin^2\theta=\tan^2\theta\sin^2\theta$ を証明せよ。

指針　**等式の証明**　三角関数を含む等式の証明では，相互関係

$\tan\theta=\dfrac{\sin\theta}{\cos\theta}$，$\sin^2\theta+\cos^2\theta=1$，$1+\tan^2\theta=\dfrac{1}{\cos^2\theta}$ を利用する。

右辺を変形して左辺を導く。

解答　右辺$=\tan^2\theta(1-\cos^2\theta)$　　←$\sin^2\theta+\cos^2\theta=1$

$=\tan^2\theta-\tan^2\theta\cos^2\theta$

$=\tan^2\theta-\dfrac{\sin^2\theta}{\cos^2\theta}\cos^2\theta=\tan^2\theta-\sin^2\theta=$左辺　　←$\tan\theta=\dfrac{\sin\theta}{\cos\theta}$

よって　$\tan^2\theta-\sin^2\theta=\tan^2\theta\sin^2\theta$ 終

別解　左辺$=\dfrac{\sin^2\theta}{\cos^2\theta}-\sin^2\theta=\left(\dfrac{1}{\cos^2\theta}-1\right)\sin^2\theta$

$=\tan^2\theta\sin^2\theta=$右辺 終　　←$1+\tan^2\theta=\dfrac{1}{\cos^2\theta}$

教科書 $p.137$

教 p.137

【?】

（例題 2） (1) $\sin\theta+\cos\theta=\frac{1}{2}$ の両辺を 2 乗したのはなぜだろうか。

指針 **式の値** $\sin\theta+\cos\theta=\frac{1}{2}$ の両辺を 2 乗することで

① $\sin\theta\cos\theta$ が現れる　② $\sin^2\theta+\cos^2\theta$ を消去できる

解説 両辺を 2 乗することにより，左辺に現れる $\sin^2\theta+\cos^2\theta$ は，相互関係 $\sin^2\theta+\cos^2\theta=1$ により消去でき，$\sin\theta\cos\theta$ の値を求めることができる。

教 p.137

練習 12

$\sin\theta-\cos\theta=\frac{1}{3}$ のとき，次の式の値を求めよ。

(1) $\sin\theta\cos\theta$　(2) $\sin^3\theta-\cos^3\theta$

指針 **式の値** 相互関係 $\sin^2\theta+\cos^2\theta=1$ を使う。

(1) $\sin\theta\cos\theta$ は $(\sin\theta-\cos\theta)^2$ の展開式に現れる。

(2) 因数分解 $a^3-b^3=(a-b)(a^2+ab+b^2)$　または
$a^3-b^3=(a-b)^3+3ab(a-b)$ が利用できる。(1)も使う。

解答 (1) $\sin\theta-\cos\theta=\frac{1}{3}$ の両辺を 2 乗すると

$$\sin^2\theta-2\sin\theta\cos\theta+\cos^2\theta=\frac{1}{9}$$

よって　$1-2\sin\theta\cos\theta=\frac{1}{9}$　すなわち　$\sin\theta\cos\theta=\mathbf{\frac{4}{9}}$ 答

(2)
$$\begin{aligned}\sin^3\theta-\cos^3\theta&=(\sin\theta-\cos\theta)(\sin^2\theta+\sin\theta\cos\theta+\cos^2\theta)\\&=(\sin\theta-\cos\theta)(1+\sin\theta\cos\theta)\\&=\frac{1}{3}\left(1+\frac{4}{9}\right)=\mathbf{\frac{13}{27}}\end{aligned}$$ 答

別解 (2)
$$\begin{aligned}\sin^3\theta-\cos^3\theta&=(\sin\theta-\cos\theta)^3+3\sin\theta\cos\theta(\sin\theta-\cos\theta)\\&=\left(\frac{1}{3}\right)^3+3\cdot\frac{4}{9}\cdot\frac{1}{3}\\&=\frac{1}{27}+\frac{12}{27}=\mathbf{\frac{13}{27}}\end{aligned}$$ 答

3 三角関数の性質

まとめ

1　三角関数で成り立つ等式

三角関数について，次の等式が成り立つ。

1　$\sin(\theta+2n\pi)=\sin\theta$

　$\cos(\theta+2n\pi)=\cos\theta$

　$\tan(\theta+2n\pi)=\tan\theta$　n は整数　補足　$\tan(\theta+n\pi)=\tan\theta$

2　$\sin(-\theta)=-\sin\theta$

　$\cos(-\theta)=\cos\theta$　　$\tan(-\theta)=-\tan\theta$

3　$\sin(\theta+\pi)=-\sin\theta$

　$\cos(\theta+\pi)=-\cos\theta$　　$\tan(\theta+\pi)=\tan\theta$

4　$\sin\left(\theta+\dfrac{\pi}{2}\right)=\cos\theta$

　$\cos\left(\theta+\dfrac{\pi}{2}\right)=-\sin\theta$　　$\tan\left(\theta+\dfrac{\pi}{2}\right)=-\dfrac{1}{\tan\theta}$

A 三角関数で成り立つ等式

練習 13　教 p.138

次の値を求めよ。

(1) $\sin\dfrac{8}{3}\pi$　(2) $\cos\dfrac{13}{2}\pi$　(3) $\tan\dfrac{17}{4}\pi$

指針　**正の角の三角関数の値**　まとめの1を使って角を簡単にし，三角関数の値を求める。

解答 (1) $\sin\dfrac{8}{3}\pi=\sin\left(\dfrac{2}{3}\pi+2\pi\right)=\sin\dfrac{2}{3}\pi=\dfrac{\sqrt{3}}{2}$ 答

(2) $\cos\dfrac{13}{2}\pi=\cos\left(\dfrac{\pi}{2}+6\pi\right)=\cos\dfrac{\pi}{2}=0$ 答

(3) $\tan\dfrac{17}{4}\pi=\tan\left(\dfrac{\pi}{4}+4\pi\right)=\tan\dfrac{\pi}{4}=1$ 答

練習 14　教 p.139

次の値を求めよ。

(1) $\sin\left(-\dfrac{\pi}{6}\right)$　(2) $\cos\left(-\dfrac{11}{4}\pi\right)$　(3) $\tan\left(-\dfrac{13}{6}\pi\right)$

教科書 $p.139\sim140$

指針 **負の角の三角関数の値**　まず，まとめの 2 を使って，正の角の三角関数に直す。次に，まとめの 1 を使って角を簡単にし，三角関数の値を求める。

解答 (1)　$\sin\left(-\dfrac{\pi}{6}\right)=-\sin\dfrac{\pi}{6}=-\dfrac{1}{2}$　答　　$\leftarrow\sin(-\theta)=-\sin\theta$

(2)　$\cos\left(-\dfrac{11}{4}\pi\right)=\cos\dfrac{11}{4}\pi$　　$\leftarrow\cos(-\theta)=\cos\theta$

$=\cos\left(\dfrac{3}{4}\pi+2\pi\right)$　　$\leftarrow\cos(\theta+2n\pi)=\cos\theta$

$=\cos\dfrac{3}{4}\pi=-\dfrac{1}{\sqrt{2}}$　答

(3)　$\tan\left(-\dfrac{13}{6}\pi\right)=-\tan\dfrac{13}{6}\pi$　　$\leftarrow\tan(-\theta)=-\tan\theta$

$=-\tan\left(\dfrac{\pi}{6}+2\pi\right)$　　$\leftarrow\tan(\theta+n\pi)=\tan\theta$

$=-\tan\dfrac{\pi}{6}=-\dfrac{1}{\sqrt{3}}$　答

練習 15　教 p.140

数学 I で学んだように，次の等式が成り立つ。

$\sin(\pi-\theta)=\sin\theta$　　$\sin\left(\dfrac{\pi}{2}-\theta\right)=\cos\theta$

$\cos(\pi-\theta)=-\cos\theta$　　$\cos\left(\dfrac{\pi}{2}-\theta\right)=\sin\theta$

$\tan(\pi-\theta)=-\tan\theta$　　$\tan\left(\dfrac{\pi}{2}-\theta\right)=\dfrac{1}{\tan\theta}$

角 $\pi-\theta$，$\dfrac{\pi}{2}-\theta$ の動径を考えることにより，これらの等式が成り立つことを確かめよ。

指針 **等式の証明**　単位円，角 θ の動径をそれぞれかいて考える。

解答 $a=\cos\theta$，$b=\sin\theta$　とする。

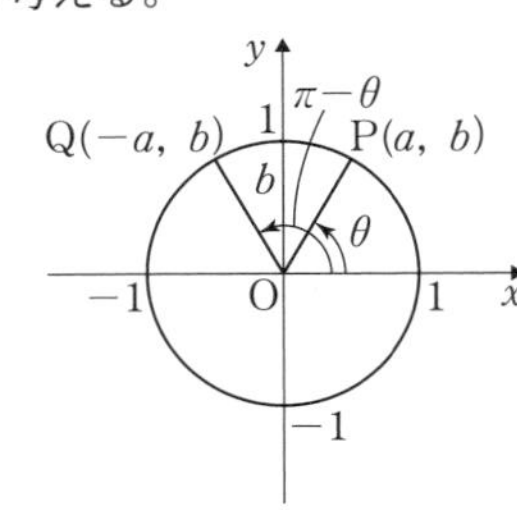

右の図から

$\cos(\pi-\theta)=-a$,

$\sin(\pi-\theta)=b$

よって，次の等式が成り立つことがわかる。

$\sin(\pi-\theta)=\sin\theta$,

$\cos(\pi-\theta)=-\cos\theta$

したがって　$\tan(\pi-\theta)=\dfrac{\sin(\pi-\theta)}{\cos(\pi-\theta)}=\dfrac{\sin\theta}{-\cos\theta}=-\tan\theta$

また，右の図から

$$\cos\left(\frac{\pi}{2}-\theta\right)=b,$$

$$\sin\left(\frac{\pi}{2}-\theta\right)=a$$

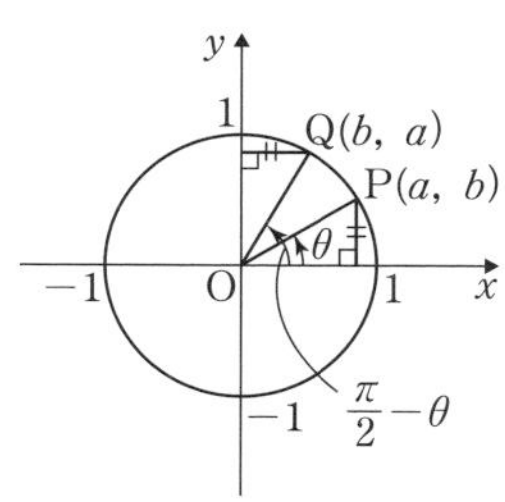

よって，次の等式が成り立つことがわかる。

$$\sin\left(\frac{\pi}{2}-\theta\right)=\cos\theta,$$

$$\cos\left(\frac{\pi}{2}-\theta\right)=\sin\theta$$

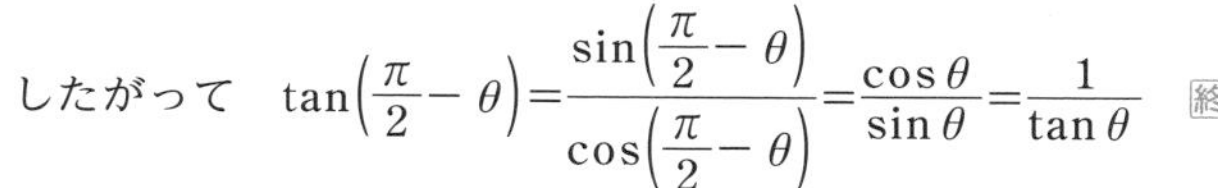

したがって　$\tan\left(\frac{\pi}{2}-\theta\right)=\dfrac{\sin\left(\frac{\pi}{2}-\theta\right)}{\cos\left(\frac{\pi}{2}-\theta\right)}=\dfrac{\cos\theta}{\sin\theta}=\dfrac{1}{\tan\theta}$　終

練習 16　教 p.140

次の値を求めよ。

(1)　$\sin\frac{19}{6}\pi$　　(2)　$\cos\left(-\frac{15}{4}\pi\right)$　　(3)　$\tan\frac{20}{3}\pi$

指針　**いろいろな角の三角関数の値**　まとめの1や2を使って角を簡単にして求める。

解答　(1)　$\sin\frac{19}{6}\pi=\sin\left(\frac{7}{6}\pi+2\pi\right)=\sin\frac{7}{6}\pi=\boldsymbol{-\frac{1}{2}}$　答

(2)　$\cos\left(-\frac{15}{4}\pi\right)=\cos\frac{15}{4}\pi=\cos\left(\frac{7}{4}\pi+2\pi\right)=\cos\frac{7}{4}\pi=\boldsymbol{\frac{1}{\sqrt{2}}}$　答

(3)　$\tan\frac{20}{3}\pi=\tan\left(\frac{2}{3}\pi+6\pi\right)=\tan\frac{2}{3}\pi=\boldsymbol{-\sqrt{3}}$　答

練習 17　教 p.140

次の値を，教科書巻頭見返しの三角関数の表を用いて求めよ。

(1)　$\sin 436°$　　(2)　$\cos(-230°)$　　(3)　$\tan 815°$

指針　**いろいろな角の三角関数の値**　まとめの1～4を使って，角を0°以上90°以下で表す。

解答　(1)　$\sin 436°=\sin(76°+360°)=\sin 76°$

よって，三角関数の表より　$\sin 436°=\mathbf{0.9703}$　答

(2)　$\cos(-230°)=\cos(130°-360°)=\cos 130°=\cos(180°-50°)=-\cos 50°$

よって，三角関数の表より　$\cos(-230°)=\mathbf{-0.6428}$　答

(3)　$\tan 815°=\tan(95°+720°)=\tan 95°=\tan(180°-85°)=-\tan 85°$

よって，三角関数の表より　$\tan 815°=\mathbf{-11.4301}$　答

教科書 $p.141\sim147$

4 三角関数のグラフ

まとめ

1 三角関数のグラフ

関数 $y=\sin\theta$，$y=\cos\theta$ のグラフは，次のようになる。

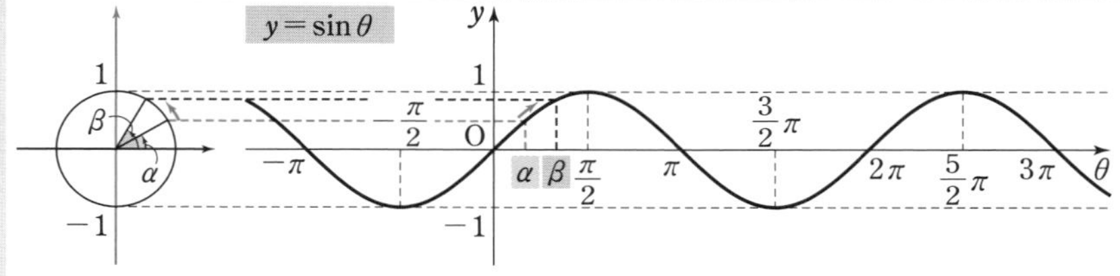

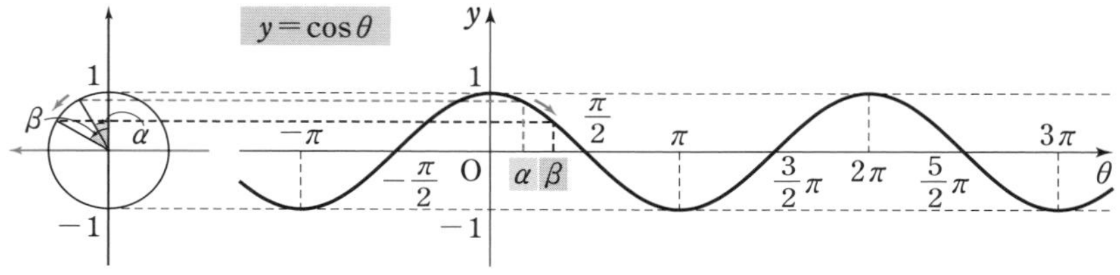

$y=\sin\theta$，$y=\cos\theta$ のグラフの形の曲線を **正弦曲線** または **サインカーブ** という。

$y=\cos\theta$ のグラフは，$y=\sin\theta$ のグラフを θ 軸方向に $-\frac{\pi}{2}$ だけ平行移動したものである。

一般に，0 でない定数 p に対して，関数 $f(x)$ が常に $f(x+p)=f(x)$ を満たすとき，関数 $f(x)$ は p を **周期** とする **周期関数** であるという。

このとき，$2p$，$3p$ や $-p$ なども周期であるが，周期関数の周期といえば，ふつう正の周期のうち最小のものをさす。

$y=\sin\theta$，$y=\cos\theta$ はどちらも 2π を周期とする周期関数である。

上のグラフから，次のことがいえる。

$y=\sin\theta$ のグラフは原点に関して対称である。 ← $\sin(-\theta)=-\sin\theta$

$y=\cos\theta$ のグラフは y 軸に関して対称である。 ← $\cos(-\theta)=\cos\theta$

一般に，関数 $y=f(x)$ について，次のことが成り立つ。

[1] 常に $f(-x)=-f(x)$ である $\iff$ グラフは原点に関して対称

[2] 常に $f(-x)=f(x)$ である $\iff$ グラフは y 軸に関して対称

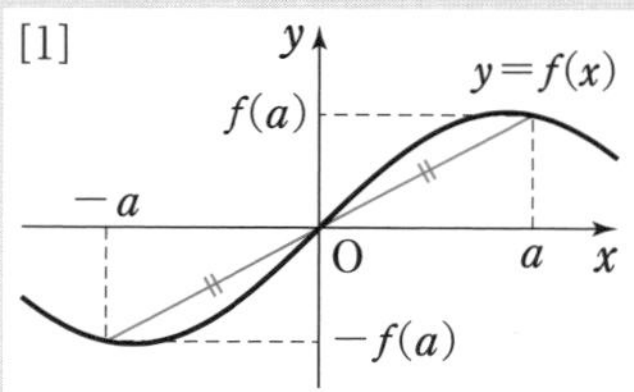

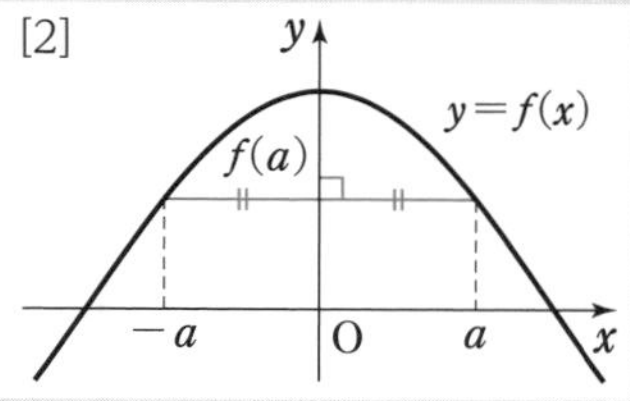

[1]の関数 $f(x)$ は **奇関数**，[2]の関数 $f(x)$ は **偶関数** であるという。

$y=\sin\theta$ は奇関数であり，$y=\cos\theta$ は偶関数である。

一般角 θ の動径と単位円の交点をPとし，直線OPと直線 $x=1$ の交点をTとすると $\tan\theta$ の値は，Tの y 座標に等しい。

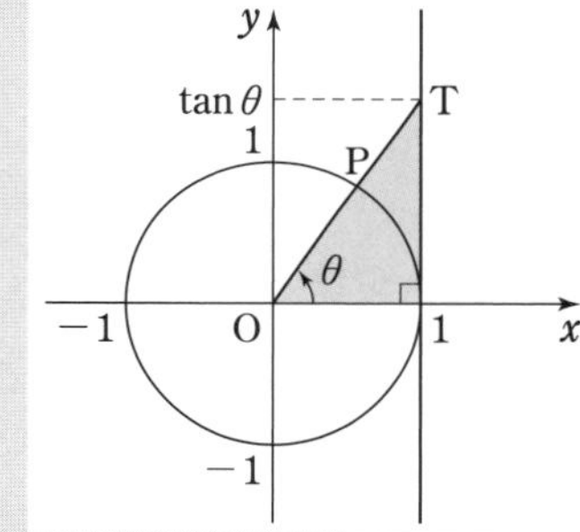

関数 $y=\tan\theta$ のグラフは，次のようになる。

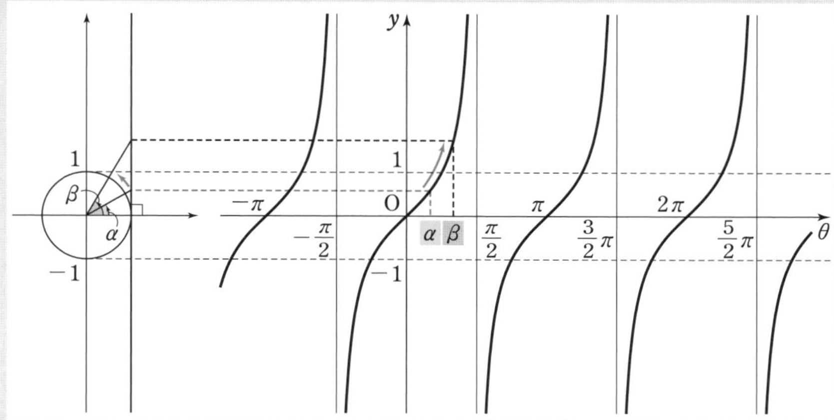

グラフが限りなく近づく直線を，そのグラフの **漸近線** という。

関数 $y=\tan\theta$ には，次のような性質がある。

$y=\tan\theta$ は π を周期とする周期関数である。 ← $\tan(\theta+\pi)=\tan\theta$

グラフは原点に関して対称である。

すなわち，$y=\tan\theta$ は奇関数である。 ← $\tan(-\theta)=-\tan\theta$

グラフは，直線 $\theta=\dfrac{\pi}{2}+n\pi$（$n$ は整数）を漸近線にもつ。

2　いろいろな三角関数のグラフ

三角関数の周期について，一般に，次のことがいえる。

k を正の定数とするとき

$\sin k\theta$，$\cos k\theta$ の周期はいずれも $\dfrac{2\pi}{k}$

$\tan k\theta$ の周期は $\dfrac{\pi}{k}$

← $\sin(k\theta+2\pi)=\sin k\theta$ から $\sin k\left(\theta+\dfrac{2\pi}{k}\right)=\sin k\theta$

A 三角関数のグラフ

B いろいろな三角関数のグラフ

教 p.144

練習 18

次の関数のグラフをかけ。また，その周期を求めよ。

(1)　$y=2\cos\theta$　　(2)　$y=\dfrac{1}{2}\sin\theta$　　(3)　$y=\dfrac{1}{2}\tan\theta$

指針　**$y=a\sin\theta$ などのグラフ**　もとになるグラフを，θ 軸をもとにして y 軸方向へ a 倍に拡大する。(2)は，実際には上下に縮めたグラフになる。(3)は，$\dfrac{1}{2}$ 倍ということであるから，θ 軸をもとにして y 軸方向に $\dfrac{1}{2}$ 倍に縮小する。

解答　(1)　このグラフは，$y=\cos\theta$ のグラフを，θ 軸をもとにして y 軸方向に2倍に拡大したもので，図のようになる。

周期は　2π　答

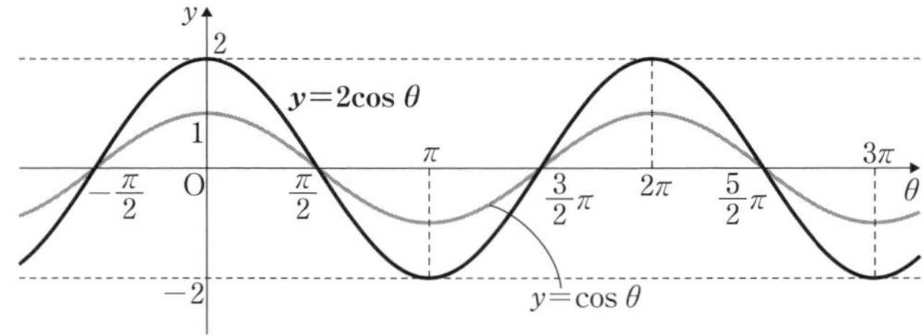

(2) このグラフは，$y=\sin\theta$ のグラフを，θ 軸をもとにして y 軸方向に $\frac{1}{2}$ 倍に縮小したもので，図のようになる。

周期は　2π　答

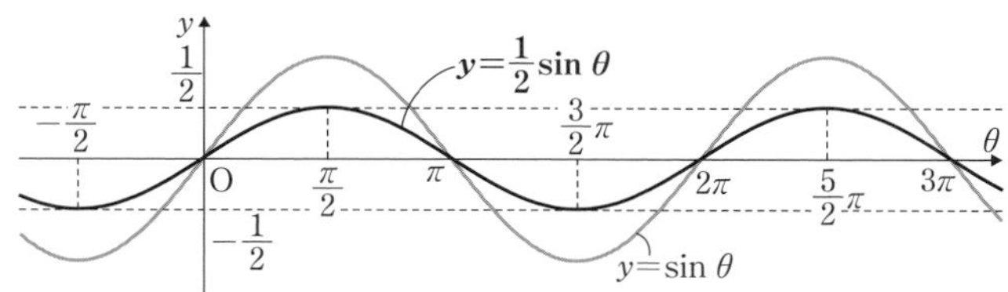

(3) このグラフは，$y=\tan\theta$ のグラフを，θ 軸をもとにして y 軸方向に $\frac{1}{2}$ 倍に縮小したもので，図のようになる。

周期は　π　答

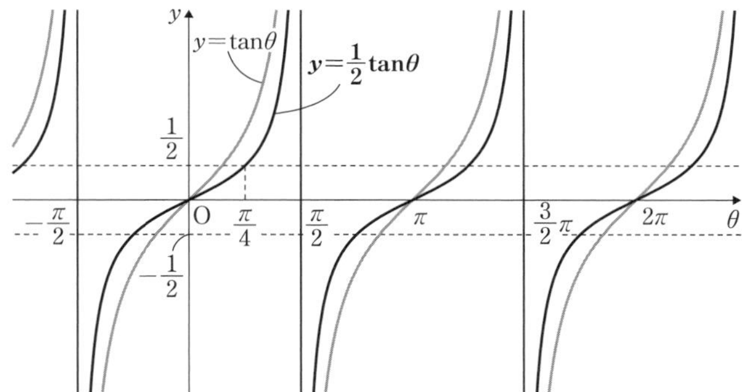

教 p.145

練習 19

次の関数のグラフをかけ。また，その周期を求めよ。

(1) $y=\cos\left(\theta-\frac{\pi}{3}\right)$　　(2) $y=\sin\left(\theta+\frac{\pi}{2}\right)$

(3) $y=\tan\left(\theta-\frac{\pi}{4}\right)$

指針　**$y=\sin(\theta-p)$ などのグラフ**　θ から引いている角の大きさだけ，もとになるグラフを θ 軸方向に平行移動する。

解答 (1) このグラフは，$y=\cos\theta$ のグラフを θ 軸方向に $\dfrac{\pi}{3}$ だけ平行移動したもので，図のようになる。

周期は　$\boldsymbol{2\pi}$　答

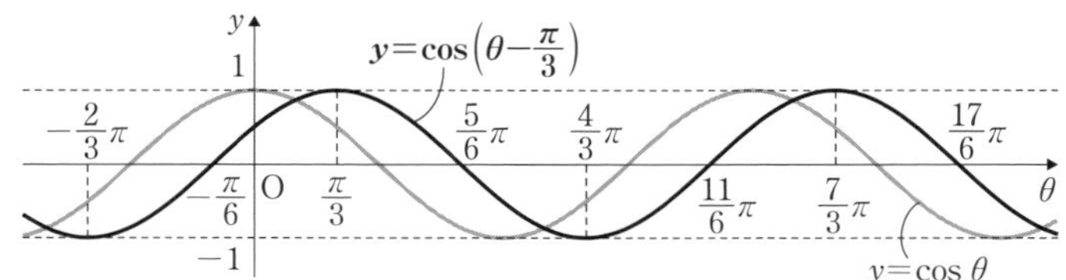

(2) このグラフは，$y=\sin\theta$ のグラフを θ 軸方向に $-\dfrac{\pi}{2}$ だけ平行移動したもので，図のようになる。

周期は　$\boldsymbol{2\pi}$　答

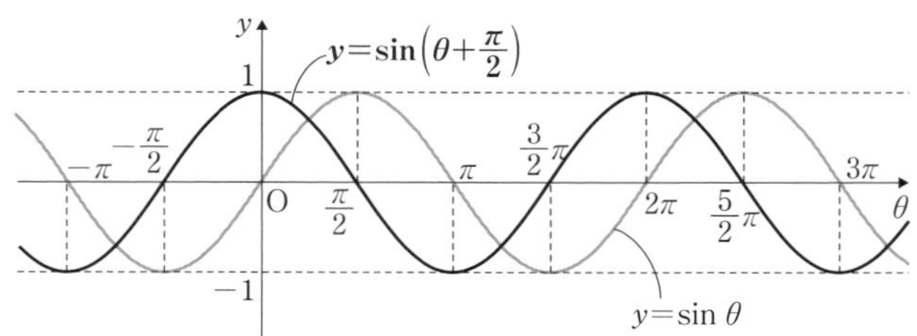

(3) このグラフは，$y=\tan\theta$ のグラフを θ 軸方向に $\dfrac{\pi}{4}$ だけ平行移動したもので，図のようになる。

周期は　$\boldsymbol{\pi}$　答

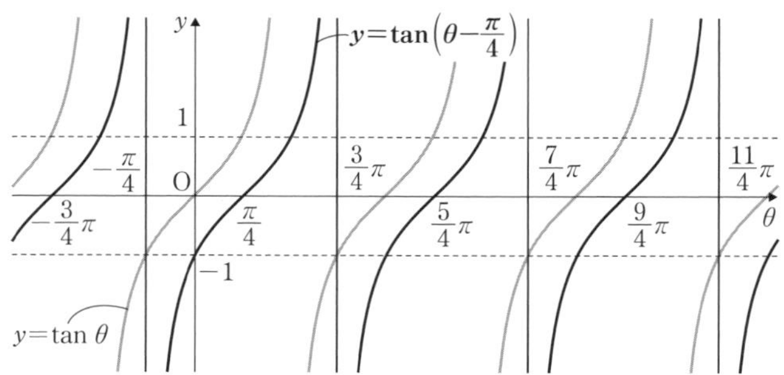

教科書 $p.146$

教 p.146

練習 20 次の関数のグラフをかけ。また，その周期を求めよ。

(1) $y=\cos 2\theta$ (2) $y=\sin\dfrac{\theta}{2}$ (3) $y=\tan 2\theta$

指針 **$y=\sin k\theta$ などのグラフ** もとになるグラフを，y 軸をもとにして θ 軸方向へ $\dfrac{1}{k}$ 倍に縮小する。(2)は，実際には左右に拡大される。

一般に，$\sin k\theta$，$\cos k\theta$ の周期は $\dfrac{2\pi}{k}$，$\tan k\theta$ の周期は $\dfrac{\pi}{k}$ である。

解答 (1) このグラフは，$y=\cos\theta$ のグラフを，y 軸をもとにして θ 軸方向へ $\dfrac{1}{2}$ 倍に縮小したもので，図のようになる。

周期は π 答

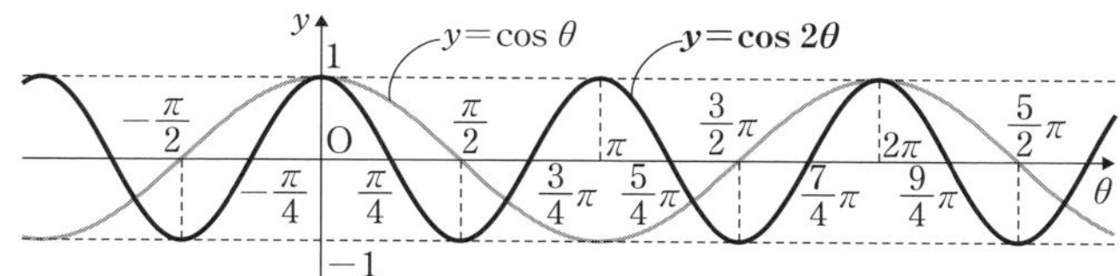

(2) このグラフは，$y=\sin\theta$ のグラフを，y 軸をもとにして θ 軸方向へ 2 倍に拡大したもので，図のようになる。

周期は 4π 答

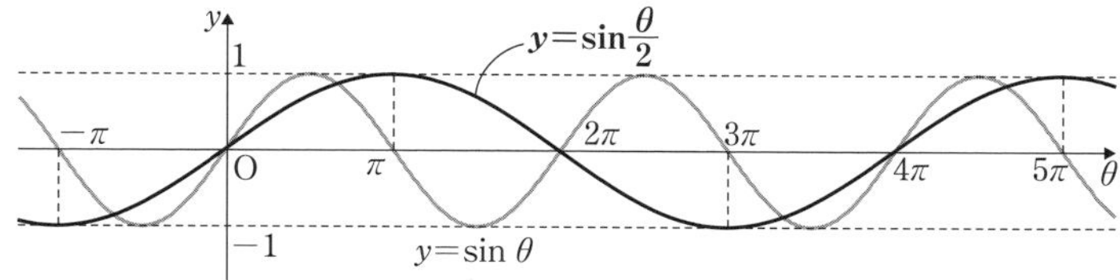

(3)　このグラフは，$y=\tan\theta$ のグラフを，y 軸をもとにして θ 軸方向へ $\frac{1}{2}$ 倍に縮小したもので，図のようになる。

周期は $\frac{\pi}{2}$ 答

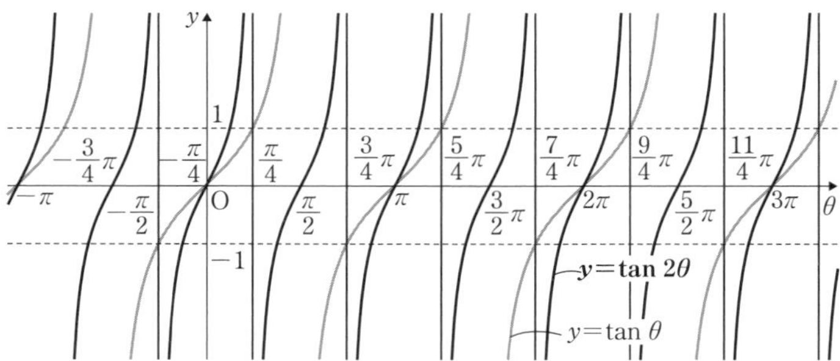

教 p.146

練習 21

教科書 141 ページで学んだように，$y=\cos\theta$ のグラフは $y=\sin\theta$ のグラフを θ 軸方向に $-\frac{\pi}{2}$ だけ平行移動したものである。

その理由を，教科書 138 〜 140 ページで学んだ三角関数の性質のうちいずれかを用いて説明せよ。

指針　**三角関数のグラフ**　教科書 $p.140$ の $\sin\left(\theta+\frac{\pi}{2}\right)=\cos\theta$ を利用する。

解答　$\sin\left(\theta+\frac{\pi}{2}\right)=\cos\theta$ であるから，$y=\cos\theta$ のグラフは $y=\sin\theta$ のグラフを θ 軸方向に $-\frac{\pi}{2}$ だけ平行移動したものである。　終

教 p.147

【?】

（例題 3）　$y=\sin\left(2\theta-\frac{\pi}{3}\right)$ のグラフが，$y=\sin 2\theta$ のグラフを θ 軸方向に $\frac{\pi}{3}$ だけ平行移動したものでないのはなぜだろうか。

指針　**三角関数のグラフ**　$\sin\left(2\theta-\frac{\pi}{3}\right)=\sin 2\left(\theta-\frac{\pi}{6}\right)$ に着目する。

解説　$y=\sin 2\left(\theta-\frac{\pi}{6}\right)$ であるから，このグラフは $y=\sin 2\theta$ のグラフを，θ 軸方向に $\frac{\pi}{6}$ だけ平行移動したものである。

練習 22 教 p.147

次の関数のグラフをかけ。また，その周期をいえ。

(1) $y=\sin 2\left(\theta+\frac{\pi}{3}\right)$　　(2) $y=\cos\left(\frac{\theta}{2}-\frac{\pi}{4}\right)$

指針 **三角関数のグラフ** (1)は $y=\sin 2\theta$，(2)は $y=\cos\frac{\theta}{2}$ のグラフを，θ 軸方向に平行移動したものである。

解答 (1) $y=\sin 2\theta$ のグラフを θ 軸方向に $-\frac{\pi}{3}$ だけ平行移動したもので，図のようになる。

周期は　$\frac{2\pi}{2}=\pi$　答

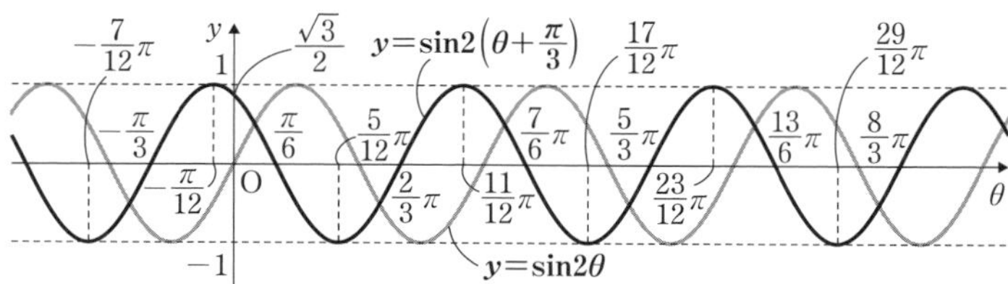

(2) $\cos\left(\frac{\theta}{2}-\frac{\pi}{4}\right)=\cos\frac{1}{2}\left(\theta-\frac{\pi}{2}\right)$

$y=\cos\frac{1}{2}\left(\theta-\frac{\pi}{2}\right)$ のグラフは，$y=\cos\frac{\theta}{2}$ のグラフを θ 軸方向に $\frac{\pi}{2}$ だけ平行移動したもので，図のようになる。

周期は　$2\pi\div\frac{1}{2}=4\pi$　答

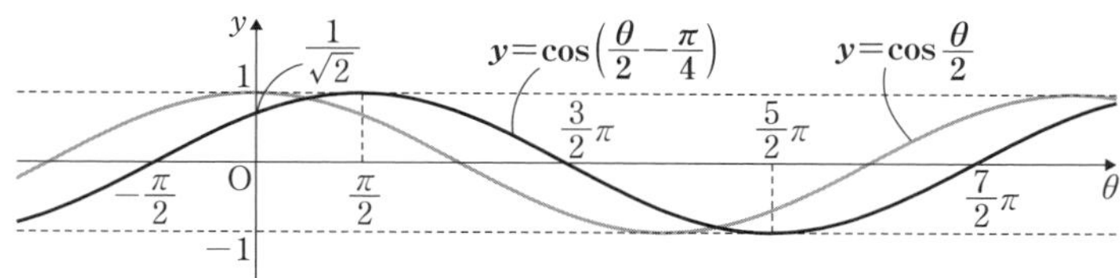

4章 三角関数

教科書 $p.148\sim152$

5 三角関数の応用

まとめ

1　三角関数を含む方程式

三角関数を含む方程式は，

単位円による三角関数の定義や三角関数のグラフなど

を利用して解く。

2　三角関数を含む不等式

a を定数とするとき，$\sin\theta>a$，$\cos\theta\leqq a$ などの不等式は，

θ の動径と単位円の交点の y 座標，x 座標と a との大小関係

を考えて解く。

$\tan\theta>a$ などの不等式は，

θ の動径を延長した直線と直線 $x=1$ の交点の y 座標と a との大小関係

を考えて解く。

3　三角関数を含む関数の最大値，最小値

三角関数を含む関数の最大値，最小値は，たとえば，

「$0\leqq\theta<2\pi$ のとき，関数 $y=\sin^2\theta+2\sin\theta$ の最大値と最小値」

を求める場合，$\sin\theta=t$ とおいて t の関数として考えるとよい。このとき，t の値の範囲に注意する。

A 三角関数を含む方程式

教 p.148

練習 23

$0\leqq\theta<2\pi$ のとき，次の方程式を解け。

(1)　$2\sin\theta=\sqrt{3}$　　(2)　$2\cos\theta+1=0$　　(3)　$\tan\theta+1=0$

指針　**三角関数を含む方程式**　直線と単位円の交点を P，Q とすると，求める θ は動径 OP，OQ の表す角である。ここで，直線の方程式は，

(1)　$y=\dfrac{\sqrt{3}}{2}$，(2)　$x=-\dfrac{1}{2}$，(3)　$y=-x$ である。

教科書 p.148

解答 (1)　$2\sin\theta=\sqrt{3}$ より　　$\sin\theta=\dfrac{\sqrt{3}}{2}$

直線 $y=\dfrac{\sqrt{3}}{2}$ と単位円の交点を P, Q とすると，求める θ は，動径 OP, OQ の表す角である。

$0 \leqq \theta < 2\pi$ であるから

$\theta=\dfrac{\pi}{3},\ \dfrac{2}{3}\pi$　答

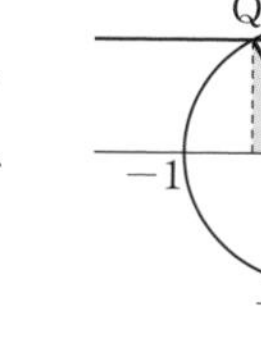

(2)　$2\cos\theta+1=0$ より　　$\cos\theta=-\dfrac{1}{2}$

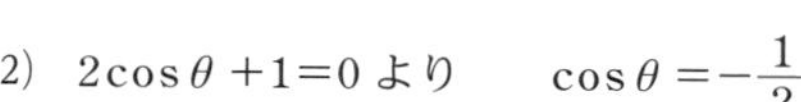

直線 $x=-\dfrac{1}{2}$ と単位円の交点を P, Q とすると，求める θ は，動径 OP, OQ の表す角である。

$0 \leqq \theta < 2\pi$ であるから

$\theta=\dfrac{2}{3}\pi,\ \dfrac{4}{3}\pi$　答

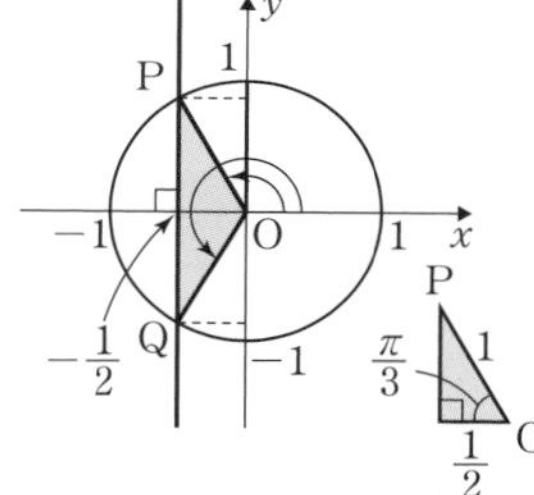

(3)　$\tan\theta+1=0$ より　$\tan\theta=-1$

点 T(1, −1) をとり，直線 OT と単位円の交点を P, Q とすると，求める θ は，動径 OP, OQ の表す角である。

$0 \leqq \theta < 2\pi$ であるから

$\theta=\dfrac{3}{4}\pi,\ \dfrac{7}{4}\pi$　答

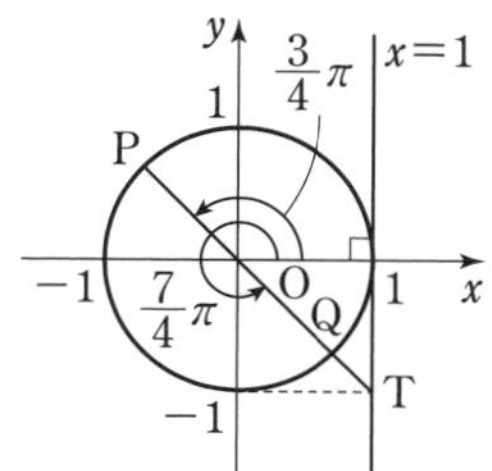

注意　θ の範囲を制限しない場合，解は次のようになる。

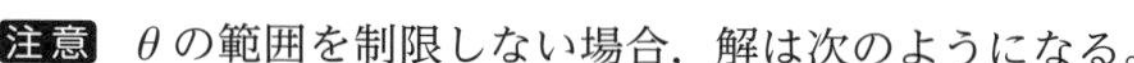

(1)　$\theta=\dfrac{\pi}{3}+2n\pi,\ \theta=\dfrac{2}{3}\pi+2n\pi$　（n は整数）

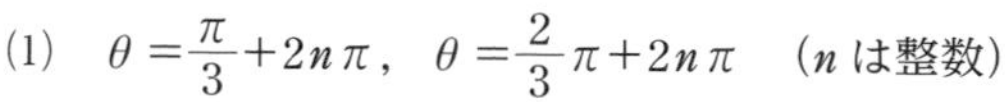

(2)　$\theta=\dfrac{2}{3}\pi+2n\pi,\ \theta=\dfrac{4}{3}\pi+2n\pi$　（n は整数）

(3)　$\theta=\dfrac{3}{4}\pi+n\pi$　（n は整数）

4章 三角関数

教 p.149

練習 24

次の方程式を解け。

(1) $2\sin\theta=-\sqrt{3}$　　(2) $\sqrt{2}\cos\theta=-1$

(3) $\tan\theta+\sqrt{3}=0$

指針 **三角関数についての方程式**　θ の範囲に制限がない。$0\leqq\theta<2\pi$ の範囲で方程式を満たす θ を求め，周期性を用いて解を表す。

解答 (1) $2\sin\theta=-\sqrt{3}$ より

$$\sin\theta=-\frac{\sqrt{3}}{2}$$

右の図より，$0\leqq\theta<2\pi$ の範囲で方程式を解くと

$$\theta=\frac{4}{3}\pi,\ \frac{5}{3}\pi$$

$\sin\theta$ は周期 2π の周期関数であるから，求める方程式の解は

$$\boldsymbol{\theta=\frac{4}{3}\pi+2n\pi,}$$

$$\boldsymbol{\theta=\frac{5}{3}\pi+2n\pi}\quad\textbf{（}\boldsymbol{n}\textbf{ は整数）}$$ 答

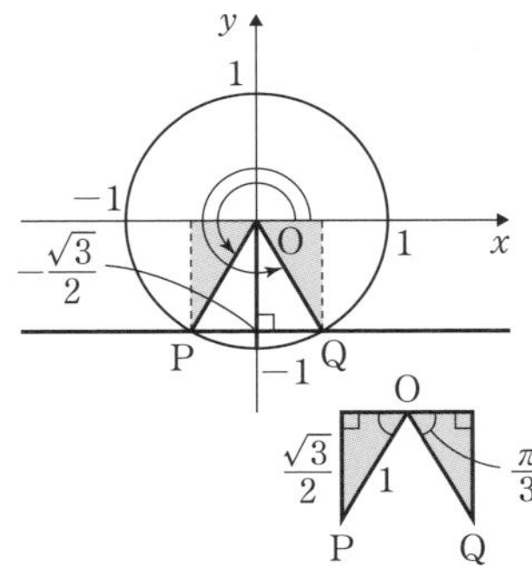

(2) $\sqrt{2}\cos\theta=-1$ より

$$\cos\theta=-\frac{1}{\sqrt{2}}$$

右の図より，$0\leqq\theta<2\pi$ の範囲で方程式を解くと

$$\theta=\frac{3}{4}\pi,\ \frac{5}{4}\pi$$

$\cos\theta$ は周期 2π の周期関数であるから，求める方程式の解は

$$\boldsymbol{\theta=\frac{3}{4}\pi+2n\pi,}$$

$$\boldsymbol{\theta=\frac{5}{4}\pi+2n\pi}\quad\textbf{（}\boldsymbol{n}\textbf{ は整数）}$$ 答

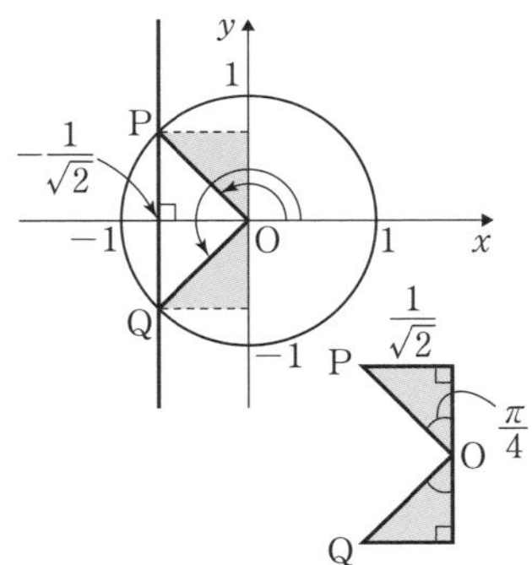

(3) $\tan\theta+\sqrt{3}=0$ より

$\tan\theta=-\sqrt{3}$

右の図より，$0\leqq\theta<\pi$ の範囲で方程式を解くと

$$\theta=\frac{2}{3}\pi$$

$\tan\theta$ は周期 π の周期関数であるから，求める方程式の解は

$$\boldsymbol{\theta=\frac{2}{3}\pi+n\pi}\quad\textbf{(}\boldsymbol{n}\textbf{ は整数)}$$ 答

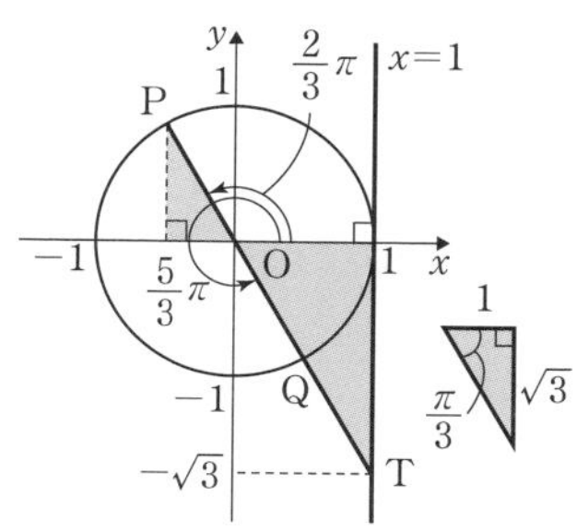

教 p.149

【?】

(応用例題 1)　①の解に $t=\dfrac{\pi}{6}$ を含まないのはなぜだろうか。

指針 **$\sin\left(\theta+\dfrac{\pi}{3}\right)$ を含む方程式**　$\theta+\dfrac{\pi}{3}$ のとりうる範囲に着目する。

解説 $0\leqq\theta<2\pi$ のとき　$\dfrac{\pi}{3}\leqq\theta+\dfrac{\pi}{3}<\dfrac{7}{3}\pi$

$\dfrac{\pi}{6}$ は，この範囲に含まれないから。

教 p.149

練習 25

$0\leqq\theta<2\pi$ のとき，次の方程式を解け。

(1) $\sin\left(\theta-\dfrac{\pi}{6}\right)=-\dfrac{1}{\sqrt{2}}$　　(2) $\cos\left(\theta+\dfrac{\pi}{4}\right)=\dfrac{\sqrt{3}}{2}$

指針 **$\sin(\theta+\alpha)$ や $\cos(\theta+\beta)$ を含む方程式**　(1) $\theta-\dfrac{\pi}{6}=t$，(2) $\theta+\dfrac{\pi}{4}=t$ とおいて，$0\leqq\theta<2\pi$ から t のとる値の範囲を求め，この範囲で，

(1) $\sin t=-\dfrac{1}{\sqrt{2}}$　(2) $\cos t=\dfrac{\sqrt{3}}{2}$ を解く。

解答 (1) $\theta-\dfrac{\pi}{6}=t$ とおくと $\sin t=-\dfrac{1}{\sqrt{2}}$

$0\leqq\theta<2\pi$ のとき $-\dfrac{\pi}{6}\leqq t<\dfrac{11}{6}\pi$

← $0-\dfrac{\pi}{6}\leqq\theta-\dfrac{\pi}{6}<2\pi-\dfrac{\pi}{6}$ より $-\dfrac{\pi}{6}\leqq t<\dfrac{11}{6}\pi$

であるから，この範囲で解くと

$t=\dfrac{5}{4}\pi$ または $t=\dfrac{7}{4}\pi$

すなわち

$\theta-\dfrac{\pi}{6}=\dfrac{5}{4}\pi$ または $\theta-\dfrac{\pi}{6}=\dfrac{7}{4}\pi$

よって $\boldsymbol{\theta=\dfrac{17}{12}\pi,\ \dfrac{23}{12}\pi}$ 答

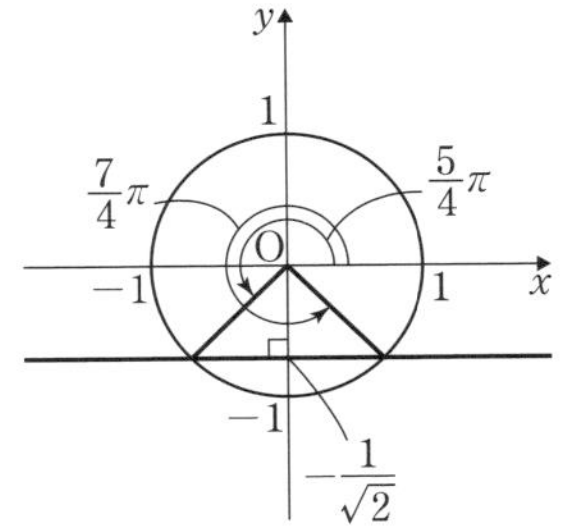

(2) $\theta+\dfrac{\pi}{4}=t$ とおくと $\cos t=\dfrac{\sqrt{3}}{2}$

$0\leqq\theta<2\pi$ のとき $\dfrac{\pi}{4}\leqq t<\dfrac{9}{4}\pi$

← $0+\dfrac{\pi}{4}\leqq\theta+\dfrac{\pi}{4}<2\pi+\dfrac{\pi}{4}$ より $\dfrac{\pi}{4}\leqq t<\dfrac{9}{4}\pi$

であるから，この範囲で解くと

$t=\dfrac{11}{6}\pi$ または $t=\dfrac{13}{6}\pi$

すなわち

$\theta+\dfrac{\pi}{4}=\dfrac{11}{6}\pi$ または $\theta+\dfrac{\pi}{4}=\dfrac{13}{6}\pi$

よって $\boldsymbol{\theta=\dfrac{19}{12}\pi,\ \dfrac{23}{12}\pi}$ 答

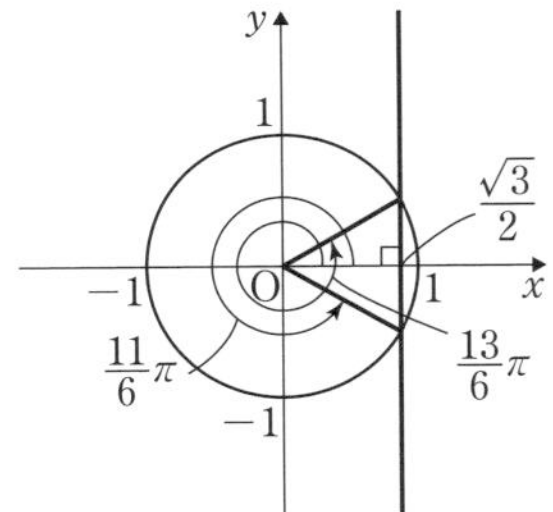

B 三角関数を含む不等式

教 p.150

【?】

(例題 4) $\dfrac{\pi}{4}<\theta<\dfrac{3}{4}\pi$ を満たす θ を 1 つ考え，その θ が $\sin\theta>\dfrac{1}{\sqrt{2}}$ を満たすことを，解答の図を用いて確かめてみよう。

指針 **$\sin\theta$ についての不等式** $\sin\theta$ の値を求めやすい θ を考えるとわかりやすい。

解説 $\theta=\dfrac{\pi}{2}$ は $\dfrac{\pi}{4}<\theta<\dfrac{3}{4}\pi$ を満たし，$\sin\dfrac{\pi}{2}=1$ であるから，$\sin\theta>\dfrac{1}{\sqrt{2}}$ を満たす。

練習 26 教 p.150

$0 \leqq \theta < 2\pi$ のとき，次の不等式を解け。

(1) $\sin\theta \geqq \dfrac{\sqrt{3}}{2}$ (2) $\cos\theta < \dfrac{1}{\sqrt{2}}$ (3) $\sin\theta < \dfrac{1}{2}$

指針 **$\sin\theta$ や $\cos\theta$ についての不等式** 単位円を利用する場合，(1)は円周上の y 座標が $\dfrac{\sqrt{3}}{2}$ 以上の点の範囲，(2)は円周上の x 座標が $\dfrac{1}{\sqrt{2}}$ より小さい点の範囲，(3)は円周上の y 座標が $\dfrac{1}{2}$ より小さい点の範囲を調べる。

解答 (1) $0 \leqq \theta < 2\pi$ の範囲で，$\sin\theta = \dfrac{\sqrt{3}}{2}$

となる θ は　$\theta = \dfrac{\pi}{3}$，$\dfrac{2}{3}\pi$

よって，不等式の解は，図から

$\dfrac{\pi}{3} \leqq \theta \leqq \dfrac{2}{3}\pi$ 答

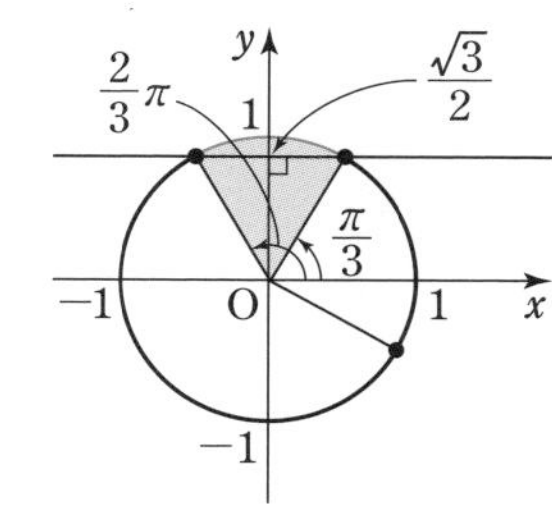

(2) $0 \leqq \theta < 2\pi$ の範囲で，$\cos\theta = \dfrac{1}{\sqrt{2}}$

となる θ は　$\theta = \dfrac{\pi}{4}$，$\dfrac{7}{4}\pi$

よって，不等式の解は，図から

$\dfrac{\pi}{4} < \theta < \dfrac{7}{4}\pi$ 答

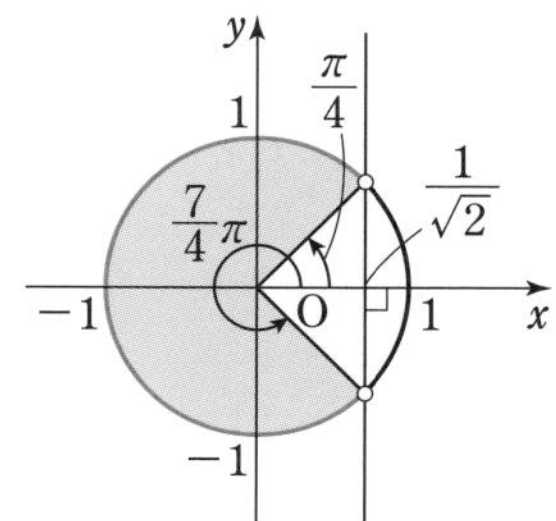

(3) $0 \leqq \theta < 2\pi$ の範囲で，$\sin\theta = \dfrac{1}{2}$ となる θ は

$\theta = \dfrac{\pi}{6}$，$\dfrac{5}{6}\pi$

よって，不等式の解は，図から

$0 \leqq \theta < \dfrac{\pi}{6}$，

$\dfrac{5}{6}\pi < \theta < 2\pi$ 答

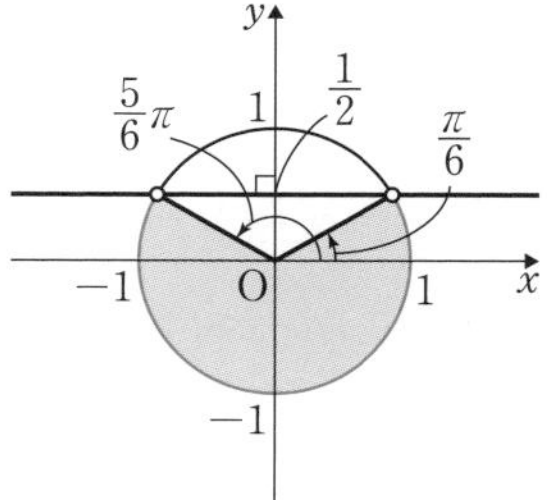

注意 不等式は，三角関数のグラフと直線の位置関係を利用して解くこともできる。

(1)　$y=\sin\theta$ のグラフが，直線 $y=\dfrac{\sqrt{3}}{2}$ およびその上側にある部分の θ の範囲を求める。

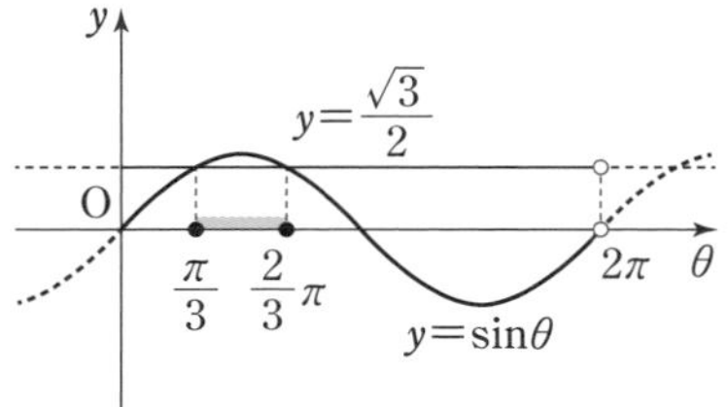

(2)　$y=\cos\theta$ のグラフが，直線 $y=\dfrac{1}{\sqrt{2}}$ の下側にある部分の θ の範囲を求める。

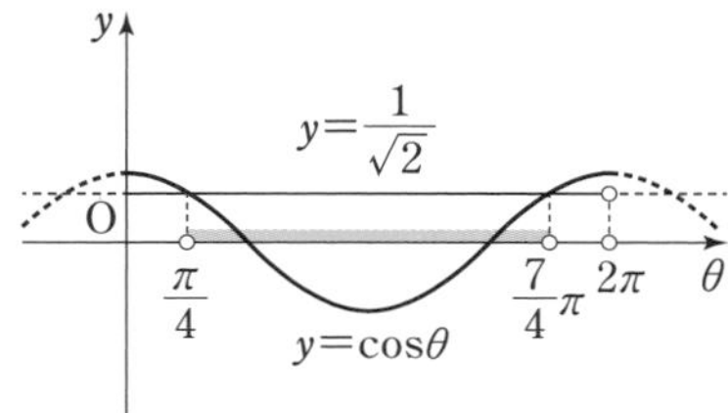

(3)　$y=\sin\theta$ のグラフが，直線 $y=\dfrac{1}{2}$ の下側にある部分の θ の範囲を求める。

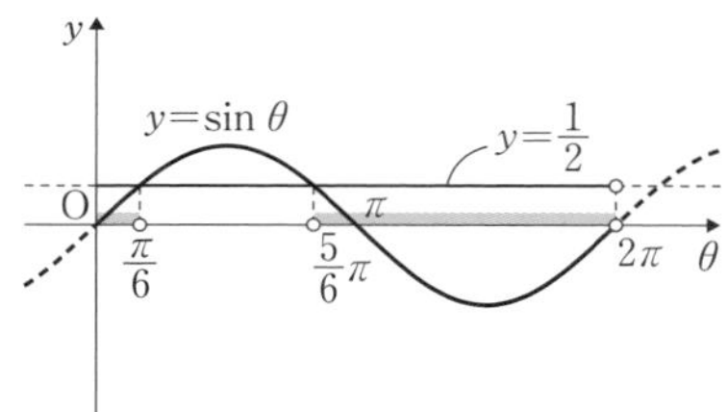

【?】 教 p.151

(例題 5)　$\dfrac{\pi}{4}<\theta<\dfrac{\pi}{2}$ および $\dfrac{5}{4}\pi<\theta<\dfrac{3}{2}\pi$ を満たす θ を 1 つずつ考え，その θ がそれぞれ $\tan\theta>1$ を満たすことを，解答の図を用いて確かめてみよう。

指針 **$\tan\theta$ の不等式**　$\tan\theta$ の値を求めやすい θ を考えるとわかりやすい。

解説 $\theta=\dfrac{\pi}{3}$ は $\dfrac{\pi}{4}<\theta<\dfrac{\pi}{2}$ を満たし, $\tan\dfrac{\pi}{3}=\sqrt{3}$ であるから, $\tan\theta>1$ を満たす。

$\theta=\dfrac{4}{3}\pi$ は $\dfrac{5}{4}\pi<\theta<\dfrac{3}{2}\pi$ を満たし，$\tan\dfrac{4}{3}\pi=\sqrt{3}$ であるから，$\tan\theta>1$ を満たす。

教 p.151

練習 27 $0 \leqq \theta < 2\pi$ のとき，不等式 $\tan\theta \leqq \frac{1}{\sqrt{3}}$ を解け。

指針 **$\tan\theta$ についての不等式** 直線 $x=1$ 上の y 座標が $\frac{1}{\sqrt{3}}$ 以下の点と原点を通る直線が，単位円と重なる部分から解を求める。

なお，$\tan\theta$ は，$\theta=\frac{\pi}{2}$，$\frac{3}{2}\pi$ では定義されないことに注意する。

解答 $0 \leqq \theta < 2\pi$ の範囲で $\tan\theta=\frac{1}{\sqrt{3}}$ となる

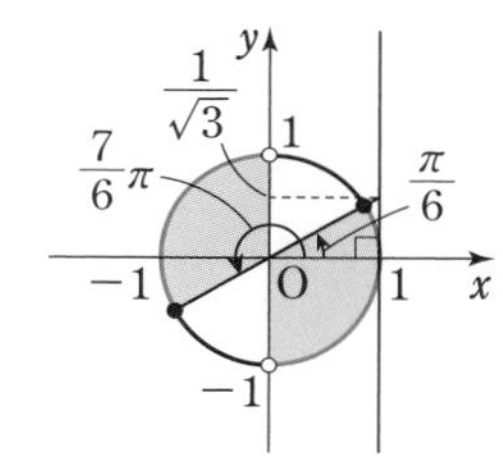

θ は　$\theta=\frac{\pi}{6}$，$\frac{7}{6}\pi$

よって，不等式の解は，図から

$0 \leqq \theta \leqq \frac{\pi}{6}$，$\frac{\pi}{2} < \theta \leqq \frac{7}{6}\pi$，

$\frac{3}{2}\pi < \theta < 2\pi$ 答

C 三角関数を含む関数の最大値，最小値

教 p.152

【？】 （応用例題 2） 定義域が $0 \leqq \theta \leqq \pi$ の場合，関数 $y=\sin^2\theta+2\sin\theta$ の最大値，最小値はどのようになるだろうか。

指針 **$\sin\theta$，$\cos\theta$ を含む関数の最大・最小** t の値の範囲がどのように変わるかに着目する。

解説 $0 \leqq \theta \leqq \pi$ の場合，$0 \leqq t \leqq 1$ であるから，y は $t=1$ で最大値 3 をとり，$t=0$ で最小値 0 をとる。$t=1$ のとき $\theta=\frac{\pi}{2}$，$t=0$ のとき $\theta=0$，π であるから，

$\theta=\frac{\pi}{2}$ で最大値 3 をとり，$\theta=0$，π で最小値 0 をとる。

教 p.152

練習 28

$0 \leqq \theta < 2\pi$ のとき，関数 $y=\cos^2\theta-\cos\theta$ の最大値と最小値を求めよ。また，そのときの θ の値を求めよ。

指針 **$\sin\theta$，$\cos\theta$ を含む関数の最大・最小**　$\cos\theta=t$ とおくと，もとの式は t の2次関数となる。ただし，$\cos\theta=t$ とおいたとき，ただちに $-1 \leqq \cos\theta \leqq 1$ より $-1 \leqq t \leqq 1$ となることを確認する。この範囲における2次関数の最大値と最小値を求める。

解答 $\cos\theta=t$ とおくと，$0 \leqq \theta < 2\pi$ であるから

$-1 \leqq \cos\theta \leqq 1$ より　　$-1 \leqq t \leqq 1$　……①

y を t で表すと　　$y=t^2-t$

すなわち　　$y=\left(t-\frac{1}{2}\right)^2-\frac{1}{4}$

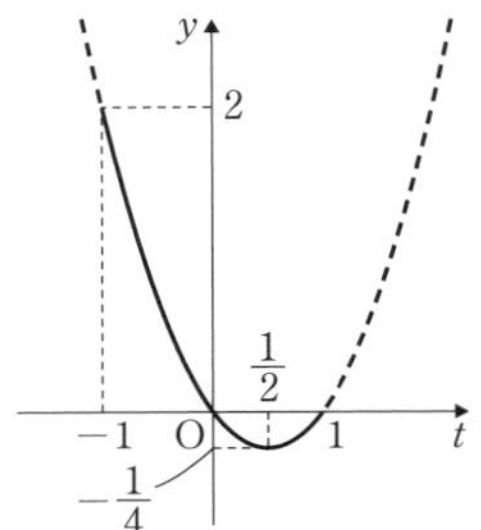

よって，①の範囲において，y は

　$t=-1$ で最大値 2 をとり，

　$t=\frac{1}{2}$ で最小値 $-\frac{1}{4}$ をとる。

また，$0 \leqq \theta < 2\pi$ であるから

　$t=-1$ のとき $\theta=\pi$，$t=\frac{1}{2}$ のとき $\theta=\frac{\pi}{3}$，$\frac{5}{3}\pi$

したがって，この関数は

　$\theta=\pi$ で最大値 2 をとり，

　$\theta=\frac{\pi}{3}$，$\frac{5}{3}\pi$ で最小値 $-\frac{1}{4}$ をとる。　答

第4章 第1節　問　題

教 p.153

1　$\tan\theta=-2$ のとき，$\sin\theta$，$\cos\theta$ の値を求めよ。

指針　**三角関数の相互関係**　$\tan\theta$ の値が与えられているので，三角関数の相互関係のうち $1+\tan^2\theta=\dfrac{1}{\cos^2\theta}$ の関係を用いて $\cos\theta$ の値を求め，$\sin^2\theta=1-\cos^2\theta$ より $\sin\theta$ の値を求める。ただし，θ の動径がどの象限にあるかに注意しなくてはならない。$\tan\theta=-2$ で，負の数であるから，$\cos\theta$ と $\sin\theta$ の符号は異なる。

解答　$\tan\theta<0$ から，θ の動径は第2象限か，または第4象限にある。

$1+\tan^2\theta=\dfrac{1}{\cos^2\theta}$ から　　$\dfrac{1}{\cos^2\theta}=1+(-2)^2=5$

よって　　$\cos^2\theta=\dfrac{1}{5}$

θ の動径が第2象限にあるとき，$\cos\theta<0$ であるから

$$\cos\theta=-\frac{1}{\sqrt{5}}$$

$$\sin\theta=\tan\theta\cos\theta=\frac{2}{\sqrt{5}}$$

θ の動径が第4象限にあるとき，$\cos\theta>0$ であるから

$$\cos\theta=\frac{1}{\sqrt{5}}$$

$$\sin\theta=\tan\theta\cos\theta=-\frac{2}{\sqrt{5}}$$

以上から

$\boldsymbol{\sin\theta=\dfrac{2}{\sqrt{5}},\ \cos\theta=-\dfrac{1}{\sqrt{5}}}$　または

$\boldsymbol{\sin\theta=-\dfrac{2}{\sqrt{5}},\ \cos\theta=\dfrac{1}{\sqrt{5}}}$　答

教 p.153

2　$\sin\theta-\cos\theta=a$ のとき，次の式の値を a を用いて表せ。

(1)　$\sin\theta\cos\theta$　　(2)　$\sin^3\theta-\cos^3\theta$

指針　**三角関数の相互関係と式の値**　(1)は相互関係 $\sin^2\theta+\cos^2\theta=1$ を利用する。$\sin\theta-\cos\theta=a$ の両辺を2乗するとよい。

(2)は，因数分解の公式 $a^3-b^3=(a-b)(a^2+ab+b^2)$ にあてはめる。

$a^3-b^3=(a-b)^3+3ab(a-b)$ を利用してもよい。

解答 (1) $\sin\theta-\cos\theta=a$ の両辺を2乗すると

$$\sin^2\theta-2\sin\theta\cos\theta+\cos^2\theta=a^2$$

$\sin^2\theta+\cos^2\theta=1$ であるから

$$1-2\sin\theta\cos\theta=a^2$$

よって $\sin\theta\cos\theta=\dfrac{1}{2}(1-a^2)$ 答

(2) $\sin^3\theta-\cos^3\theta=(\sin\theta-\cos\theta)(\sin^2\theta+\sin\theta\cos\theta+\cos^2\theta)$

$=(\sin\theta-\cos\theta)(1+\sin\theta\cos\theta)$

$=a\left\{1+\dfrac{1}{2}(1-a^2)\right\}$ ← 条件より $\sin\theta-\cos\theta=a$ (1)より $\sin\theta\cos\theta=\dfrac{1}{2}(1-a^2)$

$=\dfrac{a}{2}(3-a^2)$ 答

別解 (2) $\sin^3\theta-\cos^3\theta=(\sin\theta-\cos\theta)^3+3\sin\theta\cos\theta(\sin\theta-\cos\theta)$

$=a^3+3\cdot\dfrac{1}{2}(1-a^2)a=\dfrac{a}{2}(3-a^2)$ 答

教 p.153

3 次の関数のグラフをかけ。また，その周期を求めよ。

(1) $y=-\tan\theta$　　(2) $y=3\cos\dfrac{\theta}{2}$

(3) $y=2\sin\left(\theta+\dfrac{\pi}{3}\right)$　　(4) $y=\sin3\theta+1$

指針 **三角関数のグラフと周期** グラフは (1) $y=\tan\theta$ のグラフを θ 軸について対称に折り返す。 (2) $y=\cos\theta$ のグラフを，θ 軸をもとにして y 軸方向に3倍に拡大し，さらに y 軸をもとにして θ 軸方向に2倍に拡大する。

(3) $y=\sin\theta$ のグラフを，θ 軸をもとにして y 軸方向に2倍に拡大し，さらに θ 軸方向に $-\dfrac{\pi}{3}$ だけ平行移動する。

(4) $y=\sin\theta$ のグラフを，y 軸をもとにして θ 軸方向に $\dfrac{1}{3}$ 倍に縮小し，さらに y 軸方向に1だけ平行移動する。

周期は，$y=a\sin k(\theta$ の式$)$，$y=b\cos k(\theta$ の式$)$ なら $\dfrac{2\pi}{k}$，$y=c\tan k(\theta$ の式$)$ なら $\dfrac{\pi}{k}$

教科書 $p.153$

解答 (1) 〔図〕, 周期は π

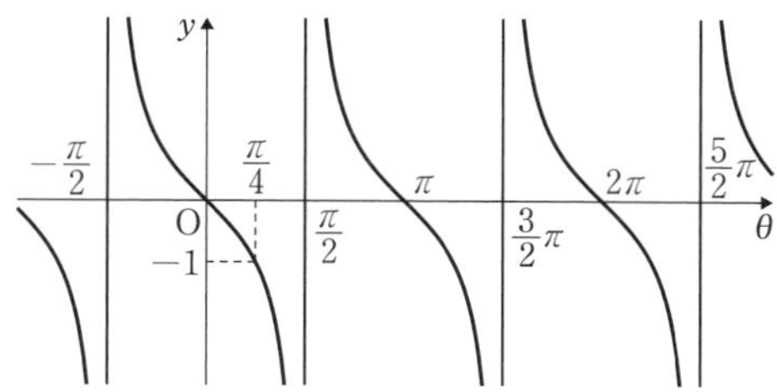

(2) 〔図〕, 周期は 4π

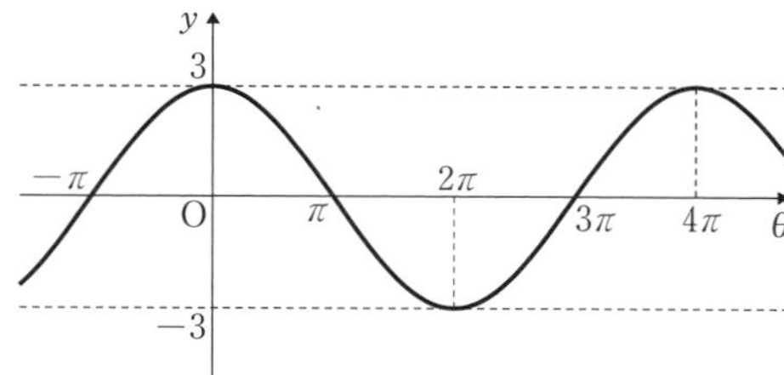

(3) 〔図〕, 周期は 2π

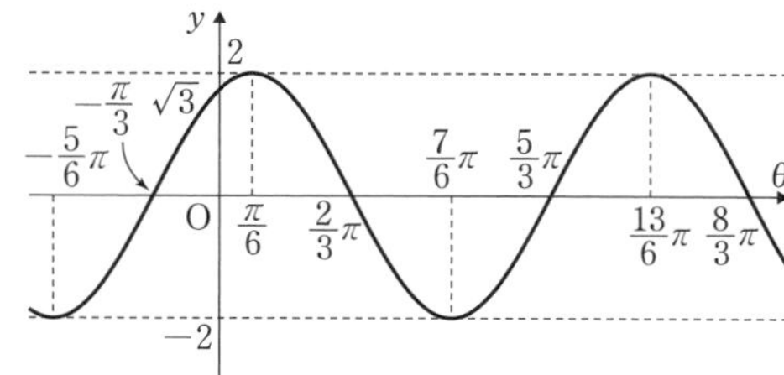

(4) 〔図〕, 周期は $\frac{2}{3}\pi$

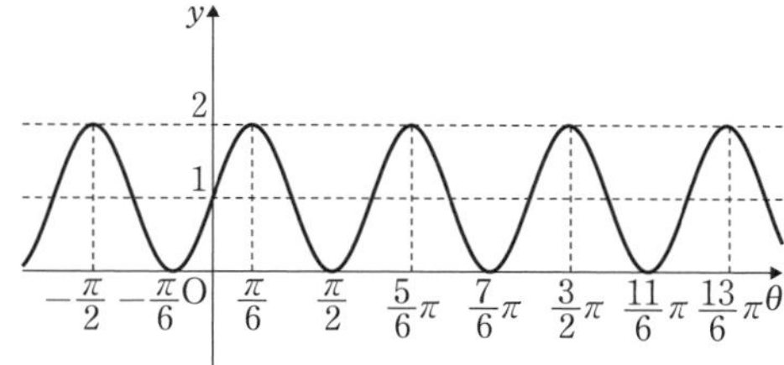

4章 三角関数

教 p.153

4　$0 \leqq \theta < 2\pi$ のとき，次の方程式，不等式を解け。

(1)　$2\sqrt{3}\cos\theta - 3 = 0$　　(2)　$\sqrt{3}\tan\theta + 1 = 0$

(3)　$2\sin\theta + \sqrt{2} < 0$　　(4)　$\tan\theta + \sqrt{3} \leqq 0$

(5)　$\cos\left(\theta + \dfrac{\pi}{3}\right) = -\dfrac{\sqrt{3}}{2}$　　(6)　$\cos\left(\theta + \dfrac{\pi}{3}\right) > -\dfrac{\sqrt{3}}{2}$

指針　**三角関数を含む方程式・不等式**　$0 \leqq \theta < 2\pi$ に注意。

(1)　$\cos\theta = k$ の形に変形し，単位円上で x 座標が k となるときの θ を求める。

(2)　$\tan\theta = k$ の形に変形し，直線 $x=1$ 上の点 $(1,\ k)$ と原点を結ぶ直線と単位円の交点を P，Q として θ を求める。

(3)　$\sin\theta < k$ の形に変形し，図を利用して解く。

(4)　$\tan\theta \leqq k$ の形に変形し，図を利用して解く。

(5)　$\theta + \dfrac{\pi}{3} = t$ とおいて，$0 \leqq \theta < 2\pi$ のときの t の範囲を求め，この範囲内で，方程式を解く。

(6)　(5)の結果と図を利用する。

解答　(1)　方程式を変形すると

$$\cos\theta = \frac{3}{2\sqrt{3}} = \frac{\sqrt{3}}{2}$$

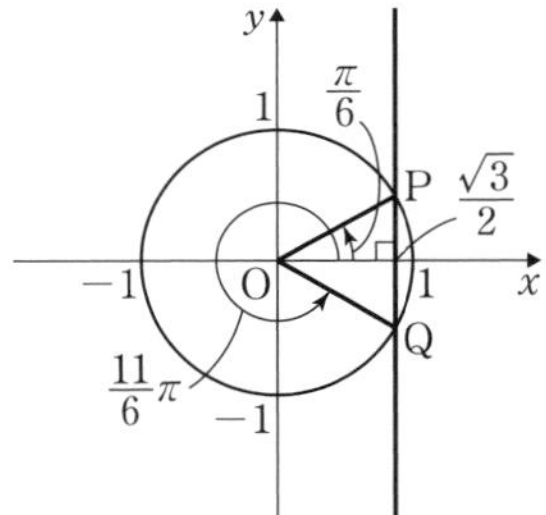

図のように，単位円上の点で x 座標が $\dfrac{\sqrt{3}}{2}$ となる点 P，Q に対して，動径 OP，OQ の角 θ が求める角で，$0 \leqq \theta < 2\pi$ の範囲では

$$\theta = \frac{\pi}{6}\pi,\ \frac{11}{6}\pi \quad \text{答}$$

(2)　方程式を変形すると

$$\tan\theta = -\frac{1}{\sqrt{3}}$$

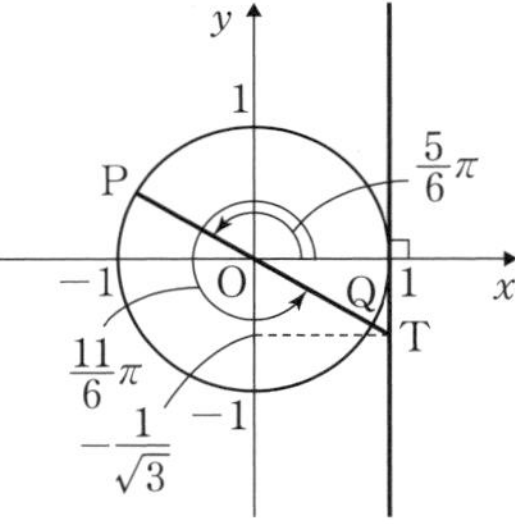

図のように，直線 $x=1$ 上の点 $\mathrm{T}\left(1,\ -\dfrac{1}{\sqrt{3}}\right)$ と原点を結ぶ直線と単位円の交点を P，Q とすると，動径 OP，OQ の角 θ が求める角で，$0 \leqq \theta < 2\pi$ の範囲では

$$\theta = \frac{5}{6}\pi,\ \frac{11}{6}\pi \quad \text{答}$$

(3) 不等式を変形すると

$$\sin\theta < -\frac{1}{\sqrt{2}}$$

$0 \leqq \theta < 2\pi$ の範囲で $\sin\theta = -\frac{1}{\sqrt{2}}$ となる

θ は　　$\theta = \frac{5}{4}\pi,\ \frac{7}{4}\pi$

よって，不等式の解は

$$\boldsymbol{\frac{5}{4}\pi < \theta < \frac{7}{4}\pi}$$ 答

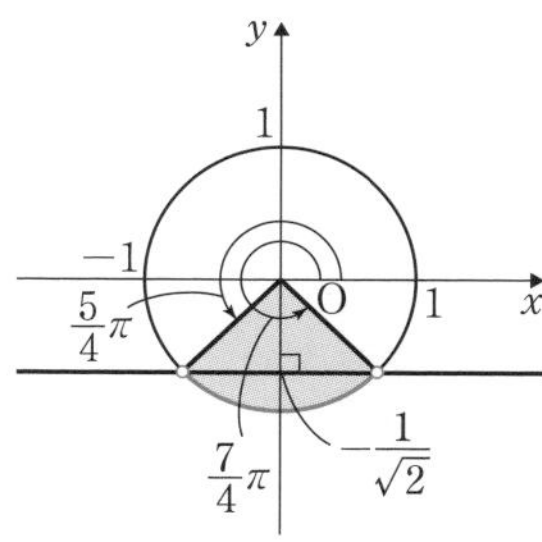

(4) 不等式を変形すると

$$\tan\theta \leqq -\sqrt{3}$$

$0 \leqq \theta < 2\pi$ の範囲で $\tan\theta = -\sqrt{3}$ となる

θ は　　$\theta = \frac{2}{3}\pi,\ \frac{5}{3}\pi$

よって，不等式の解は

$$\boldsymbol{\frac{\pi}{2} < \theta \leqq \frac{2}{3}\pi,\ \frac{3}{2}\pi < \theta \leqq \frac{5}{3}\pi}$$ 答

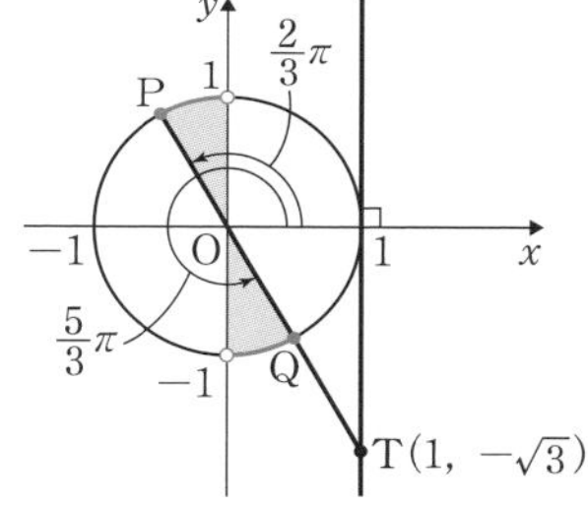

(5) $\theta + \frac{\pi}{3} = t$ とおくと

$$\cos t = -\frac{\sqrt{3}}{2} \quad \cdots\cdots ①$$

$0 \leqq \theta < 2\pi$ のとき　　$\frac{\pi}{3} \leqq \theta + \frac{\pi}{3} < 2\pi + \frac{\pi}{3}$

すなわち　　$\frac{\pi}{3} \leqq t < \frac{7}{3}\pi$

この範囲で①を解くと

$$t = \frac{5}{6}\pi,\ \frac{7}{6}\pi$$

すなわち　　$\theta + \frac{\pi}{3} = \frac{5}{6}\pi,\ \frac{7}{6}\pi$

よって　　$\boldsymbol{\theta = \frac{\pi}{2},\ \frac{5}{6}\pi}$ 答

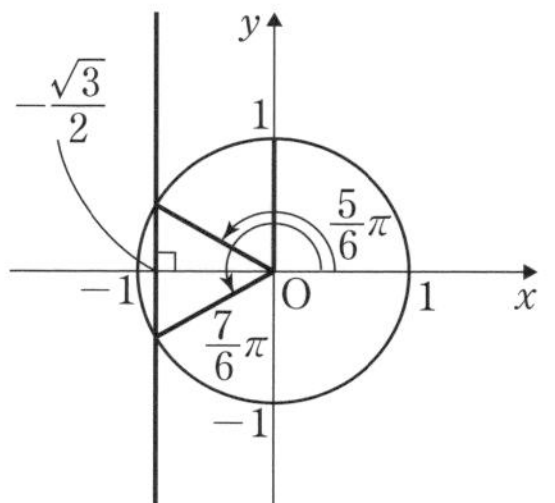

(6) $\theta + \frac{\pi}{3} = t$ とおくと，(5)より不等式の解は

$$\frac{\pi}{3} \leqq t < \frac{5}{6}\pi,\ \frac{7}{6}\pi < t < \frac{7}{3}\pi$$

すなわち　$\boldsymbol{0 \leqq \theta < \frac{\pi}{2},\ \frac{5}{6}\pi < \theta < 2\pi}$ 答

教 p.153

5　$0 \leqq \theta < 2\pi$ のとき，方程式 $5\sin\theta - 2\cos^2\theta + 4 = 0$ を解け。

指針　**三角関数を含む方程式**　$\sin\theta$，$\cos\theta$ の両方を含む方程式は，相互関係の公式などを用いて，$\sin\theta$ か $\cos\theta$ のどちらか一種類の式にし，$\sin\theta = t$（あるいは $\cos\theta = t$）とおいて，t の 2 次方程式として解くとよい。ただし，t の範囲に注意すること。

解答　$\sin\theta = t$ とおくと　　$\cos^2\theta = 1 - \sin^2\theta = 1 - t^2$

方程式を t で表すと　　$5t - 2(1 - t^2) + 4 = 0$

整理すると　　$2t^2 + 5t + 2 = 0$

左辺を因数分解すると　　$(t+2)(2t+1) = 0$　……①

ここで，$-1 \leqq \sin\theta \leqq 1$ であるから　　$-1 \leqq t \leqq 1$

この範囲で①を解くと　　$t = -\dfrac{1}{2}$

$t = -\dfrac{1}{2}$ より　　$\sin\theta = -\dfrac{1}{2}$

$0 \leqq \theta < 2\pi$ の範囲でこれを解くと

$\theta = \dfrac{7}{6}\pi,\ \dfrac{11}{6}\pi$　答

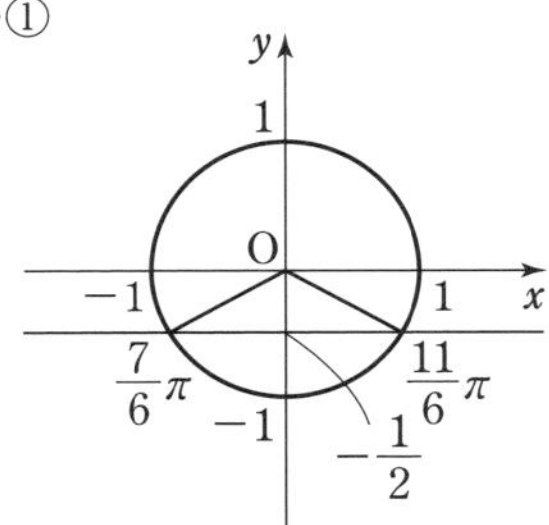

教 p.153

6　$0 \leqq \theta < 2\pi$ のとき，関数 $y = \sin^2\theta - \cos\theta$ の最大値と最小値を求めよ。また，そのときの θ の値を求めよ。

指針　**$\sin\theta$，$\cos\theta$ を含む関数の最大・最小**　$\cos\theta = t$ とおき，$\sin^2\theta + \cos^2\theta = 1$ の関係を用いて，式を t の 2 次関数で表す。
このとき，t の範囲は $-1 \leqq \cos\theta \leqq 1$ より　　$-1 \leqq t \leqq 1$
この範囲で，t の 2 次関数の最大・最小を調べる。

解答　$\cos\theta = t$ とおくと，$0 \leqq \theta < 2\pi$ であるから

$-1 \leqq \cos\theta \leqq 1$ より　　$-1 \leqq t \leqq 1$　……①

y を t で表すと　　$y = (1 - \cos^2\theta) - \cos\theta = -t^2 - t + 1$

すなわち　　$y = -\left(t + \dfrac{1}{2}\right)^2 + \dfrac{5}{4}$

よって，①の範囲において，y は

$t = -\dfrac{1}{2}$ で最大値 $\dfrac{5}{4}$ をとり，

$t = 1$ で最小値 -1 をとる。

また，$0 \leqq \theta < 2\pi$ であるから

$t = -\dfrac{1}{2}$ のとき　　$\theta = \dfrac{2}{3}\pi,\ \dfrac{4}{3}\pi$

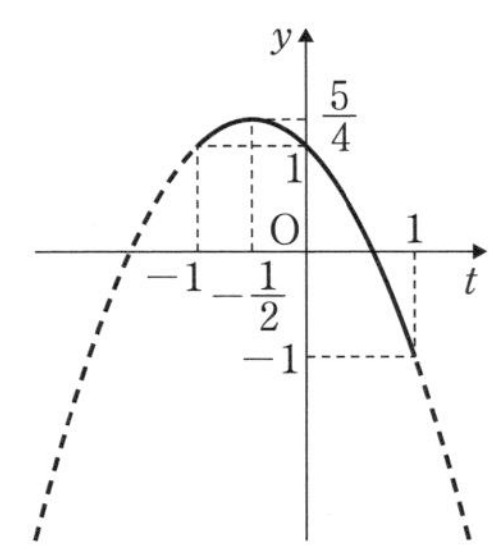

$t=1$　のとき　　$\theta=0$

したがって，この関数は

$\theta=\dfrac{2}{3}\pi$，$\dfrac{4}{3}\pi$ で最大値 $\dfrac{5}{4}$，$\theta=0$ で最小値 -1 をとる。 答

教 p.153

7　cos1，cos2，cos3，cos4 の大小を不等号を用いて表せ。ただし，$3.1<\pi<3.2$ であることを用いてもよい。

指針　**余弦の値の大小関係**　単位円上に 4 点(cos1，sin1)，(cos2，sin2)，(cos3，sin3)，(cos4，sin4)をとって考える。

解答　右の図のように，

A(cos1，sin1)，B(cos2，sin2)，
C(cos3，sin3)，D(cos4，sin4)

とすると，A，B，C，D の x 座標はそれぞれ，cos1，cos2，cos3，cos4 である。

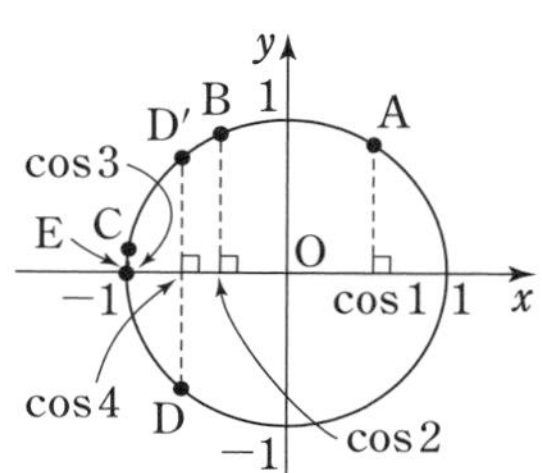

また，D を x 軸に関して対称移動させた点を D′ とすると

D′$(\cos(2\pi-4),\ \sin(2\pi-4))$

また，E$(-1,\ 0)$とすると　E$(\cos\pi,\ \sin\pi)$

$3.1<\pi<3.2$ より $2.2<2\pi-4<2.4$ であるから

$0<1<2<2\pi-4<3<\pi$

よって　(E の x 座標)＜(C の x 座標)
　＜(D′ の x 座標)＜(B の x 座標)＜(A の x 座標)

D′ の x 座標と D の x 座標は一致するから

(C の x 座標)＜(D の x 座標)＜(B の x 座標)＜(A の x 座標)

よって　**$\cos3<\cos4<\cos2<\cos1$**　答

別解　$3.1<\pi<3.2$ より，

$\dfrac{\pi}{4}<1<\dfrac{\pi}{3}$　であるから　$\dfrac{1}{2}<\cos1<\dfrac{\sqrt{2}}{2}$

$\dfrac{\pi}{2}<2<\dfrac{2}{3}\pi$　であるから　$-\dfrac{1}{2}<\cos2<0$

$\dfrac{5}{6}\pi<3<\pi$　であるから　$-1<\cos3<-\dfrac{\sqrt{3}}{2}$

$\dfrac{7}{6}\pi<4<\dfrac{4}{3}\pi$　であるから　$-\dfrac{\sqrt{3}}{2}<\cos4<-\dfrac{1}{2}$

よって　**$\cos3<\cos4<\cos2<\cos1$**　答

第 2 節　加法定理

6 加法定理

まとめ

1　正弦，余弦の加法定理

正弦，余弦について，次の **加法定理** が成り立つ。

正弦，余弦の加法定理

1　$\sin(\alpha+\beta)=\sin\alpha\cos\beta+\cos\alpha\sin\beta$

2　$\sin(\alpha-\beta)=\sin\alpha\cos\beta-\cos\alpha\sin\beta$

3　$\cos(\alpha+\beta)=\cos\alpha\cos\beta-\sin\alpha\sin\beta$

4　$\cos(\alpha-\beta)=\cos\alpha\cos\beta+\sin\alpha\sin\beta$

2　正接の加法定理

次の正接の加法定理が成り立つ。

正接の加法定理

5　$\tan(\alpha+\beta)=\dfrac{\tan\alpha+\tan\beta}{1-\tan\alpha\tan\beta}$

6　$\tan(\alpha-\beta)=\dfrac{\tan\alpha-\tan\beta}{1+\tan\alpha\tan\beta}$

正接の加法定理を用いて，座標平面上の 2 直線のなす角を求める場合，直線 $y=mx$ と x 軸の正の向きとのなす角を θ とすると

$m=\tan\theta$

が成り立つことを用いる。

たとえば，2 直線 $y=-2x$，$y=3x$ のなす角

$\theta\left(ただし，0<\theta<\dfrac{\pi}{2}とする\right)$

は，右の図から　　$\theta=\alpha-\beta$

よって，$\tan\theta=\tan(\alpha-\beta)$ から求めることができる。

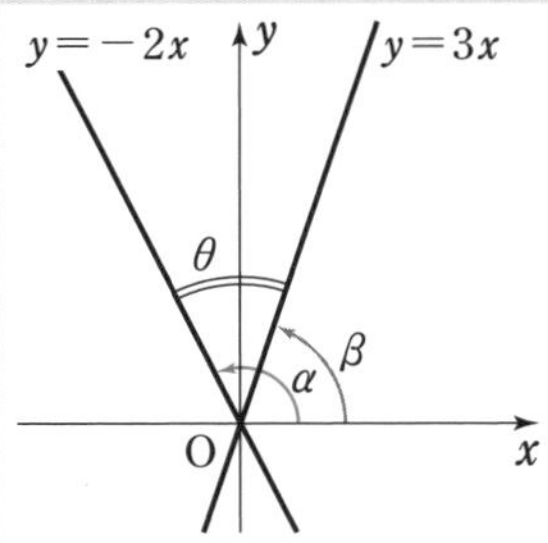

A 正弦，余弦の加法定理

教 p.155

練習 29　教科書 p.155 で $\cos(\alpha-\beta)$ についての等式④を導いた方法を参考にして，$\sin(\alpha-\beta)$ を，$\sin\alpha$，$\cos\alpha$，$\sin\beta$，$\cos\beta$ を用いて表せ。

指針 **正弦，余弦の加法定理**　等式 $\sin(\alpha+\beta)=\sin\alpha\cos\beta+\cos\alpha\sin\beta$ において，β を $-\beta$ におき換える。

解答　$\sin(\alpha+\beta)=\sin\alpha\cos\beta+\cos\alpha\sin\beta$　……①

等式①において，β を $-\beta$ におき換えると

$$\sin(\alpha-\beta)=\sin\alpha\cos(-\beta)+\cos\alpha\sin(-\beta)$$

$\cos(-\beta)=\cos\beta$，$\sin(-\beta)=-\sin\beta$ であるから

$$\boldsymbol{\sin(\alpha-\beta)=\sin\alpha\cos\beta-\cos\alpha\sin\beta}$$ 答

練習 30　教 p.156

$\cos 75^\circ$ の値を求めよ。

指針 **加法定理と余弦の値**　$75^\circ=45^\circ+30^\circ$ であるから，$\cos(\alpha+\beta)$ についての加法定理を使う。

解答

$$\cos 75^\circ=\cos(45^\circ+30^\circ)$$

←$\cos(\alpha+\beta)=\cos\alpha\cos\beta-\sin\alpha\sin\beta$

$$=\cos 45^\circ\cos 30^\circ-\sin 45^\circ\sin 30^\circ$$

$$=\frac{1}{\sqrt{2}}\cdot\frac{\sqrt{3}}{2}-\frac{1}{\sqrt{2}}\cdot\frac{1}{2}$$

$$=\frac{\sqrt{3}-1}{2\sqrt{2}}=\frac{(\sqrt{3}-1)\sqrt{2}}{2\sqrt{2}\sqrt{2}}=\boldsymbol{\frac{\sqrt{6}-\sqrt{2}}{4}}$$ 答

←分母の有理化

練習 31　教 p.156

$\dfrac{\pi}{12}=\dfrac{\pi}{4}-\dfrac{\pi}{6}$ であることを用いて，$\sin\dfrac{\pi}{12}$，$\cos\dfrac{\pi}{12}$ の値を求めよ。

指針 **加法定理と正弦・余弦の値**

$\sin(\alpha-\beta)=\sin\alpha\cos\beta-\cos\alpha\sin\beta$，

$\cos(\alpha-\beta)=\cos\alpha\cos\beta+\sin\alpha\sin\beta$ を使う。

解答

$$\sin\frac{\pi}{12}=\sin\left(\frac{\pi}{4}-\frac{\pi}{6}\right)=\sin\frac{\pi}{4}\cos\frac{\pi}{6}-\cos\frac{\pi}{4}\sin\frac{\pi}{6}$$

$$=\frac{1}{\sqrt{2}}\cdot\frac{\sqrt{3}}{2}-\frac{1}{\sqrt{2}}\cdot\frac{1}{2}=\frac{\sqrt{3}-1}{2\sqrt{2}}$$

$$=\frac{(\sqrt{3}-1)\sqrt{2}}{2\sqrt{2}\sqrt{2}}=\boldsymbol{\frac{\sqrt{6}-\sqrt{2}}{4}}$$ 答

←分母の有理化

$$\cos\frac{\pi}{12}=\cos\left(\frac{\pi}{4}-\frac{\pi}{6}\right)=\cos\frac{\pi}{4}\cos\frac{\pi}{6}+\sin\frac{\pi}{4}\sin\frac{\pi}{6}$$

$$=\frac{1}{\sqrt{2}}\cdot\frac{\sqrt{3}}{2}+\frac{1}{\sqrt{2}}\cdot\frac{1}{2}=\frac{\sqrt{3}+1}{2\sqrt{2}}$$

$$=\frac{(\sqrt{3}+1)\sqrt{2}}{2\sqrt{2}\sqrt{2}}=\boldsymbol{\frac{\sqrt{6}+\sqrt{2}}{4}}$$ 答

←分母の有理化

教 p.156

練習 32

αの動径が第3象限，βの動径が第4象限にあり，$\sin\alpha=-\dfrac{3}{5}$，

$\cos\beta=\dfrac{4}{5}$であるとする。

(1) $\cos\alpha$，$\sin\beta$の値を求めよ。

(2) $\sin(\alpha+\beta)$，$\cos(\alpha-\beta)$の値を求めよ。

指針 **相互関係と加法定理**

(1) 動径のある象限から，$\cos\alpha$，$\sin\beta$の符号を判断し，
相互関係 $\sin^2\theta+\cos^2\theta=1$ を用いる。

(2) 加法定理を利用する。

解答 (1) αの動径が第3象限にあるから

$$\cos\alpha<0$$

βの動径が第4象限にあるから

$$\sin\beta<0$$

よって

$$\cos\alpha=-\sqrt{1-\sin^2\alpha}$$
$$=-\sqrt{1-\left(-\frac{3}{5}\right)^2}=-\frac{4}{5}\quad 答$$
$$\sin\beta=-\sqrt{1-\cos^2\beta}$$
$$=-\sqrt{1-\left(\frac{4}{5}\right)^2}=-\frac{3}{5}\quad 答$$

(2) $$\sin(\alpha+\beta)=\sin\alpha\cos\beta+\cos\alpha\sin\beta$$
$$=\left(-\frac{3}{5}\right)\cdot\frac{4}{5}+\left(-\frac{4}{5}\right)\cdot\left(-\frac{3}{5}\right)=0\quad 答$$
$$\cos(\alpha-\beta)=\cos\alpha\cos\beta+\sin\alpha\sin\beta$$
$$=\left(-\frac{4}{5}\right)\cdot\frac{4}{5}+\left(-\frac{3}{5}\right)\cdot\left(-\frac{3}{5}\right)=-\frac{7}{25}\quad 答$$

教 p.156

練習 33

αの動径が第2象限，βの動径が第1象限にあり，$\sin\alpha=\dfrac{2}{3}$，

$\cos\beta=\dfrac{3}{5}$のとき，$\sin(\alpha-\beta)$，$\cos(\alpha+\beta)$の値を求めよ。

指針 **相互関係と加法定理**　$\cos\alpha$，$\sin\beta$の値が分かれば，加法定理により値が求められる。動径のある象限から，$\cos\alpha$，$\sin\beta$の符号を判断し，相互関係 $\sin^2\theta+\cos^2\theta=1$ を用いて，$\cos\alpha$，$\sin\beta$の値を求める。

解答　αの動径が第 2 象限にあるから

$$\cos\alpha<0$$

βの動径が第 1 象限にあるから

$$\sin\beta>0$$

ゆえに　$\cos\alpha=-\sqrt{1-\sin^2\alpha}=-\sqrt{1-\left(\frac{2}{3}\right)^2}=-\frac{\sqrt{5}}{3}$

$$\sin\beta=\sqrt{1-\cos^2\beta}=\sqrt{1-\left(\frac{3}{5}\right)^2}=\frac{4}{5}$$

よって　$\sin(\alpha-\beta)=\sin\alpha\cos\beta-\cos\alpha\sin\beta$

$$=\frac{2}{3}\cdot\frac{3}{5}-\left(-\frac{\sqrt{5}}{3}\right)\cdot\frac{4}{5}=\mathbf{\frac{6+4\sqrt{5}}{15}}$$ 答

$$\cos(\alpha+\beta)=\cos\alpha\cos\beta-\sin\alpha\sin\beta$$

$$=\left(-\frac{\sqrt{5}}{3}\right)\cdot\frac{3}{5}-\frac{2}{3}\cdot\frac{4}{5}$$

$$=\mathbf{-\frac{3\sqrt{5}+8}{15}}$$ 答

B 正接の加法定理

練習 34　教 p.158

$\tan 105^\circ$の値を求めよ。

指針　**加法定理と正接の値**　$105^\circ=60^\circ+45^\circ$であるから，$\tan(\alpha+\beta)$についての加法定理を使う。

解答　$\tan 105^\circ=\tan(60^\circ+45^\circ)=\frac{\tan 60^\circ+\tan 45^\circ}{1-\tan 60^\circ\tan 45^\circ}$

$$=\frac{\sqrt{3}+1}{1-\sqrt{3}\cdot 1}=-\frac{\sqrt{3}+1}{\sqrt{3}-1}$$

$$=-\frac{(\sqrt{3}+1)^2}{(\sqrt{3}-1)(\sqrt{3}+1)}=-\frac{3+2\sqrt{3}+1}{(\sqrt{3})^2-1^2}$$

$$=-\frac{4+2\sqrt{3}}{2}=\mathbf{-2-\sqrt{3}}$$ 答

←$\tan(\alpha+\beta)=\frac{\tan\alpha+\tan\beta}{1-\tan\alpha\tan\beta}$

←分母の有理化

練習 35　教 p.158

$\frac{\pi}{12}=\frac{\pi}{4}-\frac{\pi}{6}$ であることを用いて，$\tan\frac{\pi}{12}$ の値を求めよ。

指針　**加法定理と正接の値**　公式 $\tan(\alpha-\beta)=\frac{\tan\alpha-\tan\beta}{1+\tan\alpha\tan\beta}$ を使う。

解答 $\tan\dfrac{\pi}{12}=\tan\left(\dfrac{\pi}{4}-\dfrac{\pi}{6}\right)$ ←$\tan\dfrac{\pi}{4}=1$, $\tan\dfrac{\pi}{6}=\dfrac{1}{\sqrt{3}}$

$$=\frac{\tan\frac{\pi}{4}-\tan\frac{\pi}{6}}{1+\tan\frac{\pi}{4}\tan\frac{\pi}{6}}=\frac{1-\frac{1}{\sqrt{3}}}{1+1\cdot\frac{1}{\sqrt{3}}}$$

←分母，分子に $\sqrt{3}$ を掛ける。

$$=\frac{\sqrt{3}-1}{\sqrt{3}+1}=\frac{(\sqrt{3}-1)^2}{(\sqrt{3}+1)(\sqrt{3}-1)}=\frac{4-2\sqrt{3}}{2}=\mathbf{2-\sqrt{3}}$$ 答

練習 36 教 p.158

2 直線 $y=-2x$，$y=3x$ のなす角 θ を求めよ。ただし，$0<\theta<\dfrac{\pi}{2}$ とする。

指針 **2 直線のなす角** 原点を通る直線 $y=mx$ について，この直線 $y=mx$ と x 軸の正の向きとのなす角を θ とすると，$\tan\theta=m$ である。このことと正接の加法定理を利用して，2 直線のなす角を求める。

解答 右の図のように，2 直線 $y=-2x$，$y=3x$ と x 軸の正の向きとのなす角を，それぞれα，βとすると，$\theta=\alpha-\beta$である。

$\tan\alpha=-2$，$\tan\beta=3$

であるから

$$\tan\theta=\tan(\alpha-\beta)=\frac{\tan\alpha-\tan\beta}{1+\tan\alpha\tan\beta}=\frac{-2-3}{1+(-2)\cdot 3}=1$$

$0<\theta<\dfrac{\pi}{2}$ であるから　$\boldsymbol{\theta=\dfrac{\pi}{4}}$ 答

y=−2x
y
y=3x
θ
β
α
O
x

練習 37 教 p.158

2 直線 $y=2x-1$，$y=\dfrac{1}{3}x+1$ のなす角 θ を求めよ。ただし，$0<\theta<\dfrac{\pi}{2}$ とする。

指針 **2 直線のなす角** それぞれの直線と平行で原点を通る 2 直線 $y=2x$，$y=\dfrac{1}{3}x$ のなす角に等しい。ここで，原点を通る直線 $y=mx$ について，この直線 $y=mx$ と x 軸の正の向きとのなす角を θ とすると，$\tan\theta=m$ である。このことと正接の加法定理を利用して，2 直線のなす角を求める。

解答　2 直線 $y=2x-1$，$y=\dfrac{1}{3}x+1$ とそれぞれ平行で原点を通る 2 直線の方程式は

$$y=2x,\quad y=\frac{1}{3}x$$

求める 2 直線のなす角 θ は，これら原点を通る 2 直線のなす角 θ に等しい。
これら 2 直線と x 軸の正の向きとのなす角を，それぞれα，βとすると，図より $\theta=\alpha-\beta$である。

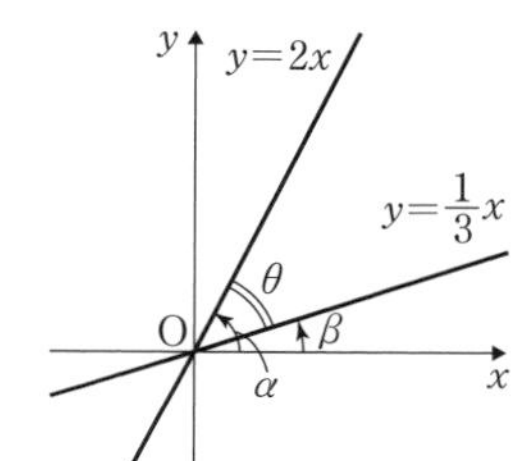

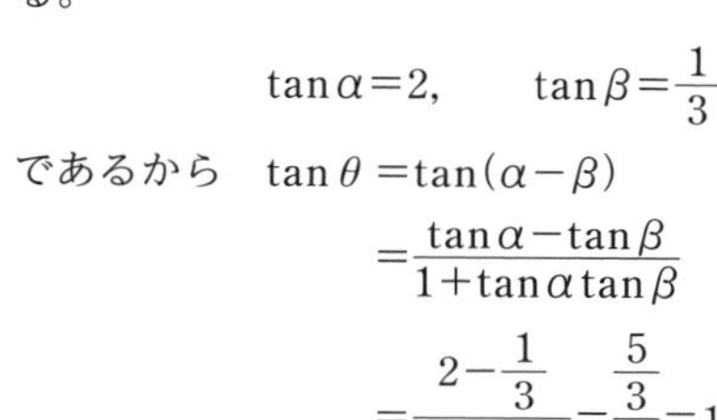

$$\tan\alpha=2,\qquad \tan\beta=\frac{1}{3}$$

であるから　$\tan\theta=\tan(\alpha-\beta)$

$$=\frac{\tan\alpha-\tan\beta}{1+\tan\alpha\tan\beta}$$

$$=\frac{2-\frac{1}{3}}{1+2\cdot\frac{1}{3}}=\frac{\frac{5}{3}}{\frac{5}{3}}=1$$

$0<\theta<\dfrac{\pi}{2}$ であるから　$\theta=\dfrac{\pi}{4}$　答

研究　加法定理と点の回転

まとめ

1　回転した点の座標

加法定理を用いると，座標平面上の点を，原点 O を中心として一定の角度だけ回転した位置にある点の座標を求めることができる。

練習 1　教 p.159

点 P(4，3)を，原点 O を中心として $\dfrac{\pi}{3}$ だけ回転した位置にある点 Q の座標を求めよ。

指針　**加法定理と点の回転**　OP$=r$，動径 OP と x 軸の正の向きとのなす角をαとすると，P の座標は$(r\cos\alpha,\ r\sin\alpha)$，

Q の座標は$\left(r\cos\left(\alpha+\dfrac{\pi}{3}\right),\ r\sin\left(\alpha+\dfrac{\pi}{3}\right)\right)$

加法定理を使って展開して，Q の座標を r，αを含まない値で表す。

4章　三角関数

解答　点 P(4, 3) について，OP$=r$，動径 OP と x 軸の正の向きのなす角をαとすると

$$4=r\cos\alpha,\quad 3=r\sin\alpha$$

点 Q の座標を $(x,\ y)$ とすると

$$x=r\cos\left(\alpha+\frac{\pi}{3}\right),\quad y=r\sin\left(\alpha+\frac{\pi}{3}\right)$$

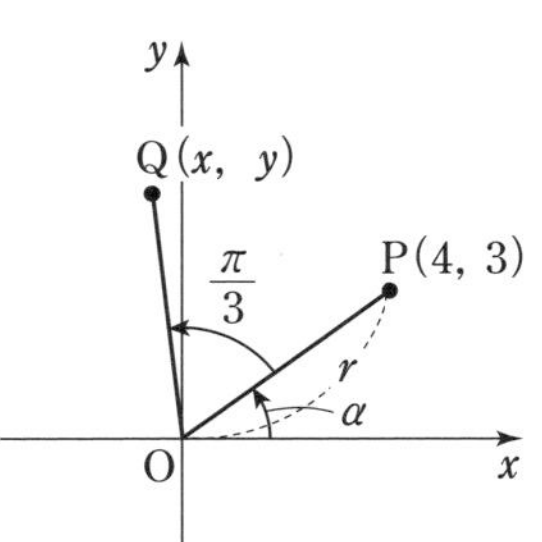

よって，加法定理により

$$\begin{aligned}x&=r\cos\left(\alpha+\frac{\pi}{3}\right)\\&=r\cos\alpha\cos\frac{\pi}{3}-r\sin\alpha\sin\frac{\pi}{3}\\&=4\cdot\frac{1}{2}-3\cdot\frac{\sqrt{3}}{2}=\frac{4-3\sqrt{3}}{2}\end{aligned}$$

$$\begin{aligned}y&=r\sin\left(\alpha+\frac{\pi}{3}\right)=r\sin\alpha\cos\frac{\pi}{3}+r\cos\alpha\sin\frac{\pi}{3}\\&=3\cdot\frac{1}{2}+4\cdot\frac{\sqrt{3}}{2}=\frac{3+4\sqrt{3}}{2}\end{aligned}$$

したがって，点 Q の座標は　$\left(\boldsymbol{\frac{4-3\sqrt{3}}{2},\ \frac{3+4\sqrt{3}}{2}}\right)$　答

7 加法定理の応用

まとめ

1　2 倍角の公式

正弦の加法定理 1，余弦の加法定理 3，正接の加法定理 5 の等式において，β をαにおき換えると，次の **2 倍角の公式** が得られる。

2 倍角の公式

$$\boldsymbol{\sin 2\alpha=2\sin\alpha\cos\alpha}$$

$$\boldsymbol{\begin{cases}\cos 2\alpha=\cos^2\alpha-\sin^2\alpha\\ \cos 2\alpha=1-2\sin^2\alpha\\ \cos 2\alpha=2\cos^2\alpha-1\end{cases}}$$

← $\cos^2\alpha=1-\sin^2\alpha$，$\sin^2\alpha=1-\cos^2\alpha$ を代入している。

$$\boldsymbol{\tan 2\alpha=\frac{2\tan\alpha}{1-\tan^2\alpha}}$$

2　半角の公式

余弦の 2 倍角の公式を変形して，αを $\frac{\alpha}{2}$ におき換えることで，次の **半角の公式** が得られる。

半角の公式

$$\sin^2\frac{\alpha}{2}=\frac{1-\cos\alpha}{2}\qquad \tan^2\frac{\alpha}{2}=\frac{1-\cos\alpha}{1+\cos\alpha}$$

$$\cos^2\frac{\alpha}{2}=\frac{1+\cos\alpha}{2}$$

3　三角関数を含む方程式，不等式

2倍角の公式などを利用して，単純な三角関数を含む方程式，不等式を導いて解く方法がある。

4　三角関数の合成

a，b を定数として，$a\sin\theta+b\cos\theta$ を変形することを考えよう。

右の図のように，座標が$(a,\ b)$である点P を考える。

動径OPの表す角の1つをα，線分OPの長さをrとすると

$a=r\cos\alpha$，$b=r\sin\alpha$

よって　$a\sin\theta+b\cos\theta$

$=r\cos\alpha\sin\theta+r\sin\alpha\cos\theta$

$=r(\sin\theta\cos\alpha+\cos\theta\sin\alpha)=r\sin(\theta+\alpha)$

$a\sin\theta+b\cos\theta$ のこのような変形を，**三角関数の合成** という。

ここで，$r=\sqrt{a^2+b^2}$ であるから，次のことが成り立つ。

三角関数の合成

$$a\sin\theta+b\cos\theta=\sqrt{a^2+b^2}\sin(\theta+\alpha)$$

ただし　$\cos\alpha=\dfrac{a}{\sqrt{a^2+b^2}}$，$\sin\alpha=\dfrac{b}{\sqrt{a^2+b^2}}$

A 2倍角の公式

教 p.161

練習 38　$\dfrac{\pi}{2}<\alpha<\pi$ で，$\cos\alpha=-\dfrac{\sqrt{5}}{3}$ のとき，次の値を求めよ。

(1)　$\sin 2\alpha$　　(2)　$\cos 2\alpha$　　(3)　$\tan 2\alpha$

指針　**2倍角の三角関数の値**

正弦・余弦・正接の2倍角の公式を利用する。

解答　$\dfrac{\pi}{2}<\alpha<\pi$ から　　$\sin\alpha>0$

よって　　$\sin\alpha=\sqrt{1-\cos^2\alpha}=\sqrt{1-\left(-\dfrac{\sqrt{5}}{3}\right)^2}=\dfrac{2}{3}$

(1) $\sin 2\alpha = 2\sin\alpha\cos\alpha = 2\cdot\frac{2}{3}\cdot\left(-\frac{\sqrt{5}}{3}\right) = -\frac{4\sqrt{5}}{9}$ 答

(2) $\cos 2\alpha = 1 - 2\sin^2\alpha = 1 - 2\left(\frac{2}{3}\right)^2 = \frac{1}{9}$ 答

(3) (1), (2)から　$\tan 2\alpha = \frac{\sin 2\alpha}{\cos 2\alpha} = -\frac{4\sqrt{5}}{9} \div \frac{1}{9} = -4\sqrt{5}$ 答

別解 (3) $\tan\alpha = \frac{\sin\alpha}{\cos\alpha} = \frac{2}{3} \div \left(-\frac{\sqrt{5}}{3}\right) = -\frac{2}{\sqrt{5}}$ から

$$\tan 2\alpha = \frac{2\tan\alpha}{1-\tan^2\alpha} = \frac{2\left(-\frac{2}{\sqrt{5}}\right)}{1-\left(-\frac{2}{\sqrt{5}}\right)^2} = -4\sqrt{5}$$ 答

練習 39　教 p.161

教科書 160 ページで 2 倍角の公式を導いた方法を参考にして，次の等式を証明せよ。

(1) $\sin 3\alpha = 3\sin\alpha - 4\sin^3\alpha$　　(2) $\cos 3\alpha = -3\cos\alpha + 4\cos^3\alpha$

指針 **等式の証明**　左辺を変形して右辺を導く。2 倍角の公式，$\sin^2\alpha + \cos^2\alpha = 1$ を利用する。

解答 (1) $\sin 3\alpha = \sin(2\alpha+\alpha) = \sin 2\alpha\cos\alpha + \cos 2\alpha\sin\alpha$

$= 2\sin\alpha\cos^2\alpha + (\cos^2\alpha - \sin^2\alpha)\sin\alpha$

$= 3\sin\alpha(1-\sin^2\alpha) - \sin^3\alpha$

$= 3\sin\alpha - 4\sin^3\alpha$ 終

(2) $\cos 3\alpha = \cos(2\alpha+\alpha) = \cos 2\alpha\cos\alpha - \sin 2\alpha\sin\alpha$

$= (\cos^2\alpha - \sin^2\alpha)\cos\alpha - 2\sin^2\alpha\cos\alpha$

$= \cos^3\alpha - 3\cos\alpha(1-\cos^2\alpha)$

$= -3\cos\alpha + 4\cos^3\alpha$ 終

B 半角の公式

練習 40　教 p.162

半角の公式を用いて，次の値を求めよ。

(1) $\sin\frac{\pi}{8}$　　(2) $\cos\frac{3}{8}\pi$

指針 **半角の公式と正弦・余弦の値**　$\frac{\pi}{8} = \frac{1}{2}\left(\frac{\pi}{4}\right)$，$\frac{3}{8}\pi = \frac{1}{2}\left(\frac{3}{4}\pi\right)$ であるから，正弦・余弦の半角の公式に $\frac{\pi}{4}$，$\frac{3}{4}\pi$ を代入し，まず $\sin^2\frac{\pi}{8}$，$\cos^2\frac{3}{8}\pi$ の値を求める。

解答 (1) $\sin^2\frac{\pi}{8}=\frac{1}{2}\left(1-\cos\frac{\pi}{4}\right)=\frac{1}{2}\left(1-\frac{1}{\sqrt{2}}\right)=\frac{\sqrt{2}-1}{2\sqrt{2}}=\frac{2-\sqrt{2}}{4}$

$\sin\frac{\pi}{8}>0$ より $\sin\frac{\pi}{8}=\sqrt{\frac{2-\sqrt{2}}{4}}=\frac{\sqrt{2-\sqrt{2}}}{2}$ 答

(2) $\cos^2\frac{3}{8}\pi=\frac{1}{2}\left(1+\cos\frac{3}{4}\pi\right)=\frac{1}{2}\left\{1+\left(-\frac{1}{\sqrt{2}}\right)\right\}$

$=\frac{\sqrt{2}-1}{2\sqrt{2}}=\frac{2-\sqrt{2}}{4}$

$\cos\frac{3}{8}\pi>0$ より $\cos\frac{3}{8}\pi=\frac{\sqrt{2-\sqrt{2}}}{2}$ 答

練習 41 教 p.162

$\pi<\alpha<\frac{3}{2}\pi$ で，$\cos\alpha=-\frac{1}{4}$ のとき，次の値を求めよ。

(1) $\sin\frac{\alpha}{2}$　　(2) $\cos\frac{\alpha}{2}$　　(3) $\tan\frac{\alpha}{2}$

指針 **半角の公式** まず $\frac{\alpha}{2}$ の値の範囲を求めて，半角の公式を用いる。

解答 $\pi<\alpha<\frac{3}{2}\pi$ から　$\frac{\pi}{2}<\frac{\alpha}{2}<\frac{3}{4}\pi$

このとき $\sin\frac{\alpha}{2}>0$, $\cos\frac{\alpha}{2}<0$, $\tan\frac{\alpha}{2}<0$

(1) $\sin^2\frac{\alpha}{2}=\frac{1-\cos\alpha}{2}=\frac{1-\left(-\frac{1}{4}\right)}{2}=\frac{5}{8}$

$\sin\frac{\alpha}{2}>0$ であるから　$\sin\frac{\alpha}{2}=\sqrt{\frac{5}{8}}=\frac{\sqrt{10}}{4}$ 答

(2) $\cos^2\frac{\alpha}{2}=\frac{1+\cos\alpha}{2}=\frac{1+\left(-\frac{1}{4}\right)}{2}=\frac{3}{8}$

$\cos\frac{\alpha}{2}<0$ であるから　$\cos\frac{\alpha}{2}=-\sqrt{\frac{3}{8}}=-\frac{\sqrt{6}}{4}$ 答

(3) $\tan^2\frac{\alpha}{2}=\frac{1-\cos\alpha}{1+\cos\alpha}=\frac{1+\frac{1}{4}}{1-\frac{1}{4}}=\frac{5}{3}$

$\tan\frac{\alpha}{2}<0$ であるから　$\tan\frac{\alpha}{2}=-\sqrt{\frac{5}{3}}=-\frac{\sqrt{15}}{3}$ 答

別解 (3) (1), (2)から　$\tan\frac{\alpha}{2}=\frac{\sqrt{10}}{4}\div\left(-\frac{\sqrt{6}}{4}\right)=-\frac{\sqrt{15}}{3}$ 答

C 三角関数を含む方程式，不等式

教 p.163

【?】 (応用例題 3) 160 ページにあるように，余弦の 2 倍角の公式には 3 つの等式がある。そのうち $\cos 2\theta = 2\cos^2\theta - 1$ を用いたのはなぜだろうか。

指針 **$\sin 2\theta$ や $\cos 2\theta$ を含む方程式**　2 倍角の公式を用いて角を θ に統一する際に，$\sin\theta$，$\cos\theta$ のうちどちらにそろえやすいかを考える。

解説 $\cos 2\theta = 2\cos^2\theta - 1$を用いると，方程式は $\cos\theta$ でそろい，単純な方程式を導きやすくなるから。

教 p.163

練習 42　$0 \leqq \theta < 2\pi$ のとき，次の不等式を解け。

$$\cos 2\theta - \cos\theta < 0$$

指針 **$\sin 2\theta$ や $\cos 2\theta$ を含む不等式**　$\cos\theta$ の項があるから，2 倍角の公式 $\cos 2\theta = 2\cos^2\theta - 1$ を用いて，不等式を $\cos\theta$ にそろえる。

解答 不等式を変形すると

$$(2\cos^2\theta - 1) - \cos\theta < 0$$

整理すると

$$2\cos^2\theta - \cos\theta - 1 < 0$$

すなわち

$$(2\cos\theta + 1)(\cos\theta - 1) < 0$$

よって　$-\dfrac{1}{2} < \cos\theta < 1$

$0 \leqq \theta < 2\pi$ であるから

$$0 < \theta < \frac{2}{3}\pi,\ \frac{4}{3}\pi < \theta < 2\pi$$ 答

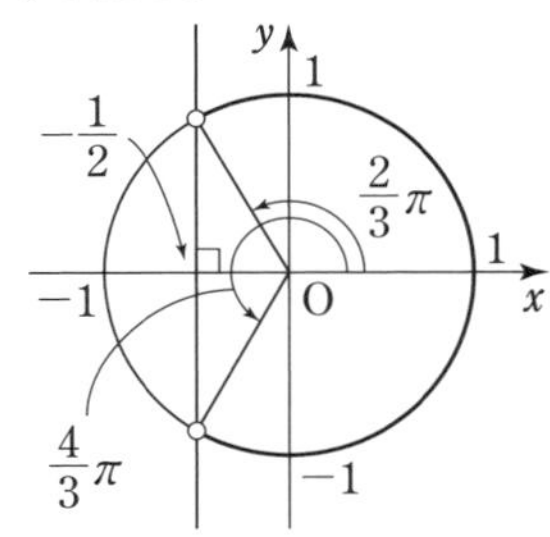

教 p.163

練習 43　$0 \leqq \theta < 2\pi$ のとき，次の方程式，不等式を解け。

(1) $\cos 2\theta + \sin\theta = 1$　　(2) $\cos 2\theta + \sin\theta > 1$

指針 **$\sin 2\theta$ や $\cos 2\theta$ を含む方程式，不等式**

(1) 余弦の 2 倍角の公式には，$\cos 2\theta = \cos^2\theta - \sin^2\theta$ の他に $\cos 2\theta = 1 - 2\sin^2\theta$，$\cos 2\theta = 2\cos^2\theta - 1$ がある。そこで，方程式の他の項に合わせて 1 つを選ぶ。

(2) (1)の結果を利用する。

解答 (1) 左辺を変形すると　$(1-2\sin^2\theta)+\sin\theta=1$

整理すると　$2\sin^2\theta-\sin\theta=0$

左辺を因数分解して　$\sin\theta(2\sin\theta-1)=0$

よって　$\sin\theta=0$　または　$\sin\theta=\frac{1}{2}$

$0 \leqq \theta < 2\pi$ のとき

$\sin\theta=0$ から　$\theta=0,\ \pi$

$\sin\theta=\frac{1}{2}$ から　$\theta=\frac{\pi}{6},\ \frac{5}{6}\pi$

答　$\boldsymbol{\theta=0,\ \frac{\pi}{6},\ \frac{5}{6}\pi,\ \pi}$

(2) (1)より，不等式を変形すると

$\sin\theta(2\sin\theta-1)<0$

よって　$0<\sin\theta<\frac{1}{2}$

$0 \leqq \theta < 2\pi$ であるから

$\boldsymbol{0<\theta<\frac{\pi}{6},\ \frac{5}{6}\pi<\theta<\pi}$　答

D 三角関数の合成

練習 44　教 p.164

次の式を $r\sin(\theta+\alpha)$ の形に表せ。ただし，$r>0$，$-\pi<\alpha<\pi$ とする。

(1) $\sin\theta+\sqrt{3}\cos\theta$　　(2) $\sin\theta-\cos\theta$

指針 **$a\sin\theta+b\cos\theta$ の変形**　$a\sin\theta+b\cos\theta$ を $r\sin(\theta+\alpha)$ に変形する。(1)では $a=1$，$b=\sqrt{3}$，(2)では $a=1$，$b=-1$ である。
r の値は，$r=\sqrt{a^2+b^2}$ として求める。
角 α は，点 $\mathrm{P}(a,\ b)$ をとり，線分 OP と x 軸の正の向きとのなす角を測って求める。

解答 (1) $r=\sqrt{1^2+(\sqrt{3})^2}=2$

点 $\mathrm{P}(1,\ \sqrt{3})$ をとると，図より，

$\alpha=\frac{\pi}{3}$ となるから

$\sin\theta+\sqrt{3}\cos\theta=\boldsymbol{2\sin\left(\theta+\frac{\pi}{3}\right)}$　答

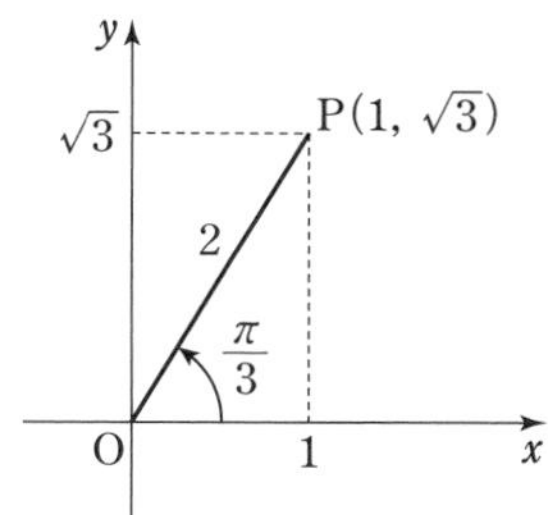

(2)　$r=\sqrt{1^2+(-1)^2}=\sqrt{2}$

点P(1, −1)をとると，図より，

$\alpha=-\dfrac{\pi}{4}$ となるから

$\sin\theta-\cos\theta=\sqrt{2}\,\mathbf{sin}\left(\theta-\dfrac{\pi}{4}\right)$ 答

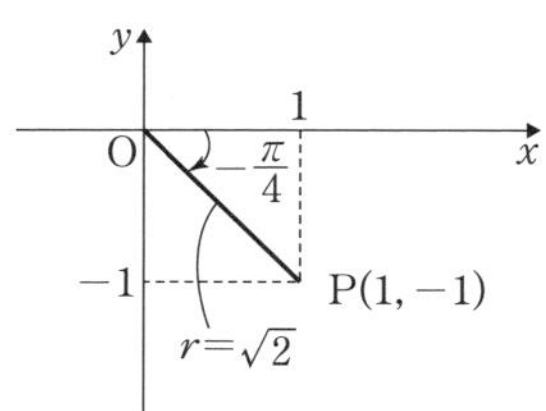

【?】 (例題 6)　$y=\sin x+\cos x$ のグラフをかいてみよう。また，同じ座標平面上に $y=\sin x$，$y=\cos x$ のグラフもかいてみよう。 教 p.165

指針　**関数 $y=a\sin x+b\cos x$ のグラフ**　$y=r\sin(x+\alpha)$ の形に変形して考える。

解説　$\sin x+\cos x=\sqrt{2}\sin\left(x+\dfrac{\pi}{4}\right)$

よって，$y=\sin x+\cos x$，$y=\sin x$，$y=\cos x$ のグラフは次のようになる。

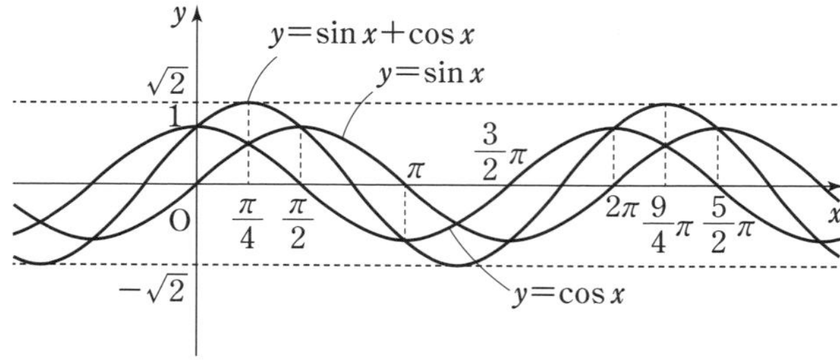

練習 45　次の関数の最大値，最小値を求めよ。 教 p.165

$$y=\sqrt{3}\sin x+\cos x$$

指針　**関数 $y=a\sin x+b\cos x$ の最大・最小，グラフ**　$y=r\sin(x+\alpha)$ の形に変形して考える。

最大・最小は，値域 $-1\leqq\sin\theta\leqq 1$ を用いて調べる。

$y=r\sin(x+\alpha)$ のグラフは，$y=\sin x$ のグラフを

① x 軸をもとにして y 軸方向へ r 倍に拡大・縮小し，

② さらに，x 軸方向に $-\alpha$ だけ平行移動したもの。

解答 $\sqrt{3}\sin x+\cos x=2\sin\left(x+\frac{\pi}{6}\right)$ であるから

$$y=2\sin\left(x+\frac{\pi}{6}\right)$$

$-1\leqq\sin\left(x+\frac{\pi}{6}\right)\leqq1$ であるから ← $-1\leqq\sin\theta\leqq1$

$$-2\leqq2\sin\left(x+\frac{\pi}{6}\right)\leqq2 \quad \text{すなわち} \quad -2\leqq y\leqq2$$

したがって **y の最大値は 2，最小値は -2** 答

注意 関数のグラフは，$y=\sin x$ のグラフを x 軸をもとにして y 軸方向へ 2 倍に拡大し，さらに，x 軸方向に $-\frac{\pi}{6}$ だけ平行移動したもので，図のようになる。

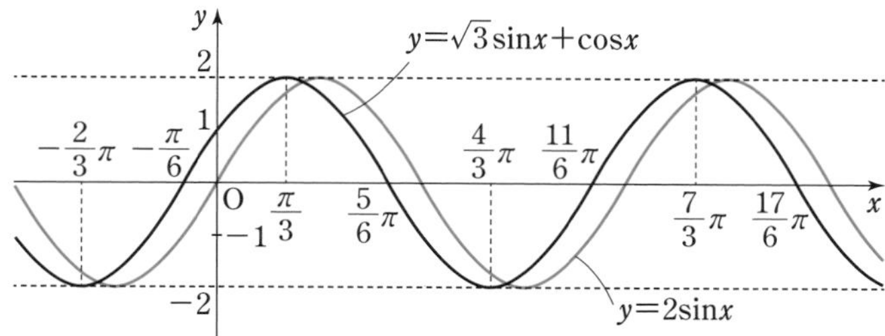

教 p.165

練習 46

$0\leqq x<2\pi$ のとき，次の方程式を解け。

(1) $\sqrt{3}\sin x-\cos x=\sqrt{2}$ (2) $\sin x+\sqrt{3}\cos x=1$

指針 **方程式 $a\sin x+b\cos x=c$** 方程式の左辺の三角関数を合成して，$r\sin(x+\alpha)$ の形に変形する。
変形して現れる角について

(1) $x-\frac{\pi}{6}=t$，(2) $x+\frac{\pi}{3}=t$ とおいて，$0\leqq x<2\pi$ から t のとる値の範囲を求め，この範囲で (1) $\sin t=\frac{1}{\sqrt{2}}$ (2) $\sin t=\frac{1}{2}$ を解く。

解答 (1) 左辺の三角関数を合成すると

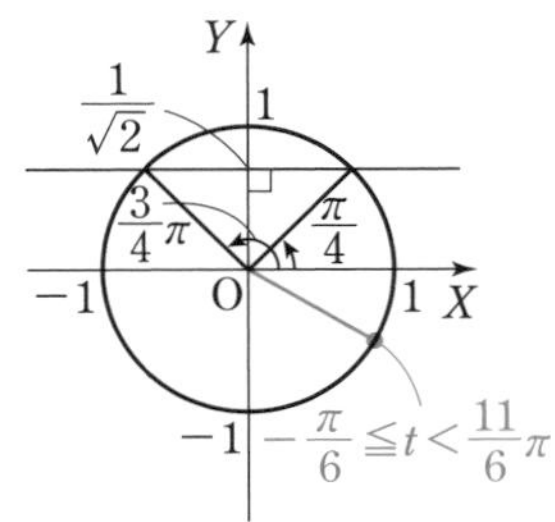

$$2\sin\left(x-\frac{\pi}{6}\right)=\sqrt{2}$$

よって　　$\sin\left(x-\frac{\pi}{6}\right)=\frac{1}{\sqrt{2}}$

$x-\frac{\pi}{6}=t$ とおくと

$$\sin t=\frac{1}{\sqrt{2}} \quad \cdots\cdots①$$

$0 \leqq x < 2\pi$ のとき，$-\frac{\pi}{6} \leqq t < \frac{11}{6}\pi$ であるから，この範囲で①を解くと

$t=\frac{\pi}{4},\ \frac{3}{4}\pi$　すなわち　$x-\frac{\pi}{6}=\frac{\pi}{4},\ \frac{3}{4}\pi$

よって　　$\boldsymbol{x=\frac{5}{12}\pi,\ \frac{11}{12}\pi}$　答

(2) 左辺の三角関数を合成すると

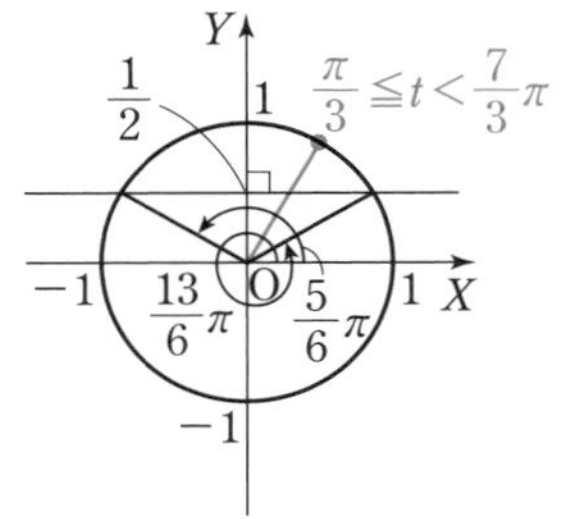

$$2\sin\left(x+\frac{\pi}{3}\right)=1$$

よって　　$\sin\left(x+\frac{\pi}{3}\right)=\frac{1}{2}$

$x+\frac{\pi}{3}=t$ とおくと

$$\sin t=\frac{1}{2} \quad \cdots\cdots①$$

$0 \leqq x < 2\pi$ のとき，$\frac{\pi}{3} \leqq t < \frac{7}{3}\pi$ であるから，この範囲で①を解くと

$t=\frac{5}{6}\pi,\ \frac{13}{6}\pi$　すなわち　$x+\frac{\pi}{3}=\frac{5}{6}\pi,\ \frac{13}{6}\pi$

よって　　$\boldsymbol{x=\frac{\pi}{2},\ \frac{11}{6}\pi}$　答

教科書 $p.166$

発展 和と積の公式

まとめ

1　正弦，余弦の積を和や差に変形する公式

三角関数において，正弦，余弦の積を和や差に変形する次の公式が成り立つ。これらは，加法定理を用いて右辺から左辺を導いて得られる。

1　$\sin\alpha\cos\beta=\frac{1}{2}\{\sin(\alpha+\beta)+\sin(\alpha-\beta)\}$

2　$\cos\alpha\sin\beta=\frac{1}{2}\{\sin(\alpha+\beta)-\sin(\alpha-\beta)\}$

3　$\cos\alpha\cos\beta=\frac{1}{2}\{\cos(\alpha+\beta)+\cos(\alpha-\beta)\}$

4　$\sin\alpha\sin\beta=-\frac{1}{2}\{\cos(\alpha+\beta)-\cos(\alpha-\beta)\}$

2　正弦，余弦の和や差を積に変形する公式

上の公式1～4において，

$\alpha+\beta=A$，$\alpha-\beta=B$ とおくと　$\alpha=\frac{A+B}{2}$，$\beta=\frac{A-B}{2}$

となるから，正弦，余弦の和や差を積に変形する次の公式が得られる。

5　$\sin A+\sin B=2\sin\frac{A+B}{2}\cos\frac{A-B}{2}$

6　$\sin A-\sin B=2\cos\frac{A+B}{2}\sin\frac{A-B}{2}$

7　$\cos A+\cos B=2\cos\frac{A+B}{2}\cos\frac{A-B}{2}$

8　$\cos A-\cos B=-2\sin\frac{A+B}{2}\sin\frac{A-B}{2}$

第4章 第2節　問題

教 p.167

8　α，βの動径がいずれも第4象限にあり，$\sin\alpha=-\dfrac{5}{13}$，$\cos\beta=\dfrac{3}{5}$のとき，次の値を求めよ。

(1)　$\sin(\alpha-\beta)$　　　(2)　$\cos(\alpha+\beta)$

指針　**相互関係と加法定理**　$\sin\alpha$，$\cos\beta$の値がわかっているから$\cos\alpha$，$\sin\beta$の値がわかれば，加法定理により値が求められる。α，βが第4象限にあることに注意し，$\sin^2\theta+\cos^2\theta=1$を用いて，$\cos\alpha$，$\sin\beta$の値をまず求める。

解答　α，βの動径が第4象限にあるから

$$\cos\alpha>0,\quad \sin\beta<0$$

$\cos^2\alpha=1-\sin^2\alpha=1-\left(-\dfrac{5}{13}\right)^2=\dfrac{144}{169}$　より　$\cos\alpha=\sqrt{\dfrac{144}{169}}=\dfrac{12}{13}$

$\sin^2\beta=1-\cos^2\beta=1-\left(\dfrac{3}{5}\right)^2=\dfrac{16}{25}$　より　$\sin\beta=-\sqrt{\dfrac{16}{25}}=-\dfrac{4}{5}$

(1)　$\sin(\alpha-\beta)=\sin\alpha\cos\beta-\cos\alpha\sin\beta$

$$=-\frac{5}{13}\cdot\frac{3}{5}-\frac{12}{13}\cdot\left(-\frac{4}{5}\right)=\mathbf{\frac{33}{65}}$$ 答

(2)　$\cos(\alpha+\beta)=\cos\alpha\cos\beta-\sin\alpha\sin\beta$

$$=\frac{12}{13}\cdot\frac{3}{5}-\left(-\frac{5}{13}\right)\cdot\left(-\frac{4}{5}\right)=\mathbf{\frac{16}{65}}$$ 答

教 p.167

9　直線$y=\dfrac{1}{\sqrt{3}}x+1$とのなす角が$\dfrac{\pi}{4}$である直線で，原点を通るものの方程式を求めよ。

指針　**2直線のなす角**　直線$y=\dfrac{1}{\sqrt{3}}x+1$と平行で原点を通る直線の方程式は

$$y=\frac{1}{\sqrt{3}}x$$

よって，この直線とのなす角が$\dfrac{\pi}{4}$である直線で，原点を通るものの方程式を求めればよい。直線$y=\dfrac{1}{\sqrt{3}}x$とx軸の正の向きとのなす角をαとすると，求める直線の傾きは　$\tan\left(\alpha\pm\dfrac{\pi}{4}\right)$である。

解答　直線 $y=\frac{1}{\sqrt{3}}x+1$ と直線 $y=\frac{1}{\sqrt{3}}x$ について，x 軸の正の向きとのなす角は等しく，その角は $\frac{\pi}{6}$ である。

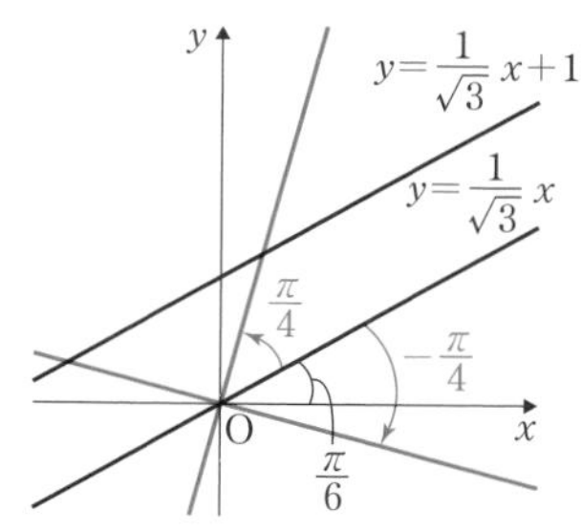

よって，直線 $y=\frac{1}{\sqrt{3}}x$ とのなす角が $\frac{\pi}{4}$ である直線について，x 軸の正の向きとのなす角は，$\frac{\pi}{6}\pm\frac{\pi}{4}$ であり，その直線の傾きは　　$\tan\left(\frac{\pi}{6}\pm\frac{\pi}{4}\right)$

$$\tan\left(\frac{\pi}{6}+\frac{\pi}{4}\right)=\left(\tan\frac{\pi}{6}+\tan\frac{\pi}{4}\right)\div\left(1-\tan\frac{\pi}{6}\cdot\tan\frac{\pi}{4}\right)$$
$$=\left(\frac{1}{\sqrt{3}}+1\right)\div\left(1-\frac{1}{\sqrt{3}}\cdot 1\right)=\frac{\sqrt{3}+1}{\sqrt{3}-1}$$
$$=\frac{(\sqrt{3}+1)^2}{(\sqrt{3}-1)(\sqrt{3}+1)}$$
$$=\sqrt{3}+2$$

$$\tan\left(\frac{\pi}{6}-\frac{\pi}{4}\right)=\left(\tan\frac{\pi}{6}-\tan\frac{\pi}{4}\right)\div\left(1+\tan\frac{\pi}{6}\cdot\tan\frac{\pi}{4}\right)$$
$$=\left(\frac{1}{\sqrt{3}}-1\right)\div\left(1+\frac{1}{\sqrt{3}}\cdot 1\right)=-\frac{\sqrt{3}-1}{\sqrt{3}+1}$$
$$=-\frac{(\sqrt{3}-1)^2}{(\sqrt{3}+1)(\sqrt{3}-1)}$$
$$=\sqrt{3}-2$$

求める直線は，原点を通るから

$$y=(\sqrt{3}+2)x,\quad y=(\sqrt{3}-2)x$$ 答

教 p.167

10 次の等式を証明せよ。

(1) $(\sin\alpha+\cos\alpha)^2=1+\sin 2\alpha$　　(2) $\frac{\sin 2\alpha}{1+\cos 2\alpha}=\tan\alpha$

指針　**等式の証明**　左辺を変形して右辺を導く。2 倍角の公式，$\sin^2\alpha+\cos^2\alpha=1$ を利用する。

解答　(1)　左辺 $=\sin^2\alpha+2\sin\alpha\cos\alpha+\cos^2\alpha=1+2\sin\alpha\cos\alpha$

2 倍角の公式により　$2\sin\alpha\cos\alpha=\sin 2\alpha$

よって　　$(\sin\alpha+\cos\alpha)^2=1+\sin 2\alpha$ 終

(2) 2倍角の公式により

左辺$=\dfrac{2\sin\alpha\cos\alpha}{1+(2\cos^2\alpha-1)}=\dfrac{2\sin\alpha\cos\alpha}{2\cos^2\alpha}=\dfrac{\sin\alpha}{\cos\alpha}=\tan\alpha$

よって　$\dfrac{\sin 2\alpha}{1+\cos 2\alpha}=\tan\alpha$ 終

教 p.167

11 $0\leqq x<2\pi$ のとき，次の方程式，不等式を解け。

(1) $\sin 2x=\sin x$　　(2) $\cos 2x<\sin x+1$

指針 **$\sin 2x$ や $\cos 2x$ を含む方程式，不等式**　2倍角の公式を利用。

(1) $\sin x$ と $\cos x$ の方程式になるが因数分解できる。

(2) $\sin x$ の2次不等式が得られる。

解答 (1) 左辺を変形すると　$2\sin x\cos x=\sin x$

整理すると　$\sin x(2\cos x-1)=0$

よって　$\sin x=0$　または　$2\cos x-1=0$

$0\leqq x<2\pi$ のとき

$\sin x=0$ から　$x=0,\ \pi$

$2\cos x-1=0$ から　$\cos x=\dfrac{1}{2}$　よって　$x=\dfrac{\pi}{3},\ \dfrac{5}{3}\pi$

したがって，求める解は　$\boldsymbol{x=0,\ \dfrac{\pi}{3},\ \pi,\ \dfrac{5}{3}\pi}$ 答

(2) 左辺を変形すると

$1-2\sin^2 x<\sin x+1$

整理すると　$\sin x(2\sin x+1)>0$

よって　$\sin x<-\dfrac{1}{2}$　または　$0<\sin x$

したがって，$0\leqq x<2\pi$ のとき

$\boldsymbol{0<x<\pi,\ \dfrac{7}{6}\pi<x<\dfrac{11}{6}\pi}$ 答

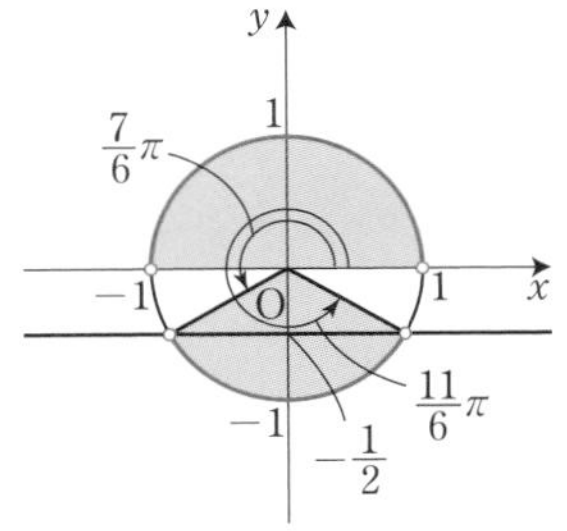

教 p.167

12 $0\leqq x<2\pi$ のとき，次の方程式，不等式を解け。

(1) $\sqrt{3}\sin x-\cos x=\sqrt{3}$　　(2) $\sqrt{3}\sin x-\cos x\leqq\sqrt{3}$

指針 **三角関数の合成と方程式，不等式**　$a\sin x+b\cos x$ を $r\sin(x+\alpha)$ の形に変形して，(1) $\sin(x+\alpha)=k$ の方程式 (2) $\sin(x+\alpha)\leqq k$ の不等式をそれぞれ解く。$0\leqq x<2\pi$ のとき，$x+\alpha$ の範囲に気をつけること。

教科書 p.167

解答 (1) $\sqrt{3}\sin x-\cos x=r\sin(x+\alpha)$ とすると

$$r=\sqrt{(\sqrt{3})^2+(-1)^2}=2$$

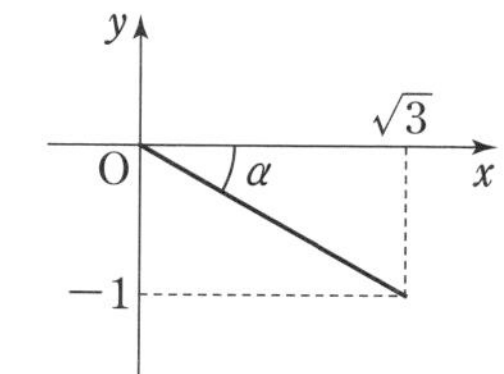

点$(\sqrt{3},\ -1)$をとると，図から

$$\alpha=-\frac{\pi}{6}$$

$$\sqrt{3}\sin x-\cos x=2\sin\left(x-\frac{\pi}{6}\right)$$

であるから，方程式は　$2\sin\left(x-\frac{\pi}{6}\right)=\sqrt{3}$

よって　$\sin\left(x-\frac{\pi}{6}\right)=\frac{\sqrt{3}}{2}$　……①

$0\leqq x<2\pi$ のとき

$$-\frac{\pi}{6}\leqq x-\frac{\pi}{6}<\frac{11}{6}\pi$$

この範囲で①を解くと

$$x-\frac{\pi}{6}=\frac{\pi}{3}\quad \text{または}\quad x-\frac{\pi}{6}=\frac{2}{3}\pi$$

したがって　$\boldsymbol{x=\frac{\pi}{2},\ \frac{5}{6}\pi}$　答

(2) 不等式を変形すると，(1)より

$$\sin\left(x-\frac{\pi}{6}\right)\leqq\frac{\sqrt{3}}{2}\quad\cdots\cdots②$$

$0\leqq x<2\pi$ のとき　$-\frac{\pi}{6}\leqq x-\frac{\pi}{6}<\frac{11}{6}\pi$

この範囲で不等式②を解くと

$$-\frac{\pi}{6}\leqq x-\frac{\pi}{6}\leqq\frac{\pi}{3}\quad \text{または}\quad \frac{2}{3}\pi\leqq x-\frac{\pi}{6}<\frac{11}{6}\pi$$

したがって　$\boldsymbol{0\leqq x\leqq\frac{\pi}{2},\ \frac{5}{6}\pi\leqq x<2\pi}$　答

教 p.167

13 関数 $y=4\sin x+3\cos x$ の最大値，最小値を求めよ。

指針 **三角関数の合成と最大，最小**　$y=r\sin(x+\alpha)$ の形に変形して，$-1\leqq\sin(x+\alpha)\leqq1$ を利用する。

解答 $y=5\sin(x+\alpha)$　ただし　$\cos\alpha=\frac{4}{5}$，$\sin\alpha=\frac{3}{5}$

$-1\leqq\sin(x+\alpha)\leqq1$ であるから　$-5\leqq y\leqq5$

よって　**最大値 5，最小値 −5**　答

教 p.167

14 次の問いに答えよ。

(1) x が $0 \leqq x < 2\pi$ の範囲を動くとき，$\sin x + \sqrt{3}\cos x$ のとりうる値の最大値，最小値を求めよ。

(2) x，y が $0 \leqq x < 2\pi$，$0 \leqq y < 2\pi$ の範囲を動くとき，$\sin x + \sqrt{3}\cos y$ のとりうる値の最大値，最小値を求めよ。

指針 **三角関数の最大値，最小値** (1) $y = r\sin(x+\alpha)$ の形に変形して，$-1 \leqq \sin(x+\alpha) \leqq 1$ を利用する。

(2) $-1 \leqq \sin x \leqq 1$，$-\sqrt{3} \leqq \sqrt{3}\cos y \leqq \sqrt{3}$

解答 (1) $\sin x + \sqrt{3}\cos x = 2\sin\left(x + \frac{\pi}{3}\right)$

$0 \leqq x < 2\pi$ のとき，$-1 \leqq \sin\left(x + \frac{\pi}{3}\right) \leqq 1$ であるから

$$-2 \leqq 2\sin\left(x + \frac{\pi}{3}\right) \leqq 2$$

すなわち　$-2 \leqq \sin x + \sqrt{3}\cos x \leqq 2$

よって，$\sin x + \sqrt{3}\cos x$ は

$x + \frac{\pi}{3} = \frac{\pi}{2}$　すなわち　$\boldsymbol{x = \frac{\pi}{6}}$ **で最大値 2,**

$x + \frac{\pi}{3} = \frac{3}{2}\pi$　すなわち　$\boldsymbol{x = \frac{7}{6}\pi}$ **で最小値 −2** をとる。 答

(2) $-1 \leqq \sin x \leqq 1$，$-\sqrt{3} \leqq \sqrt{3}\cos y \leqq \sqrt{3}$ である。

よって，$\sin x + \sqrt{3}\cos y$ は，

$\sin x = 1$　かつ　$\sqrt{3}\cos y = \sqrt{3}$

すなわち　$\boldsymbol{x = \frac{\pi}{2}}$，$\boldsymbol{y = 0}$ **で最大値** $\boldsymbol{1 + \sqrt{3}}$，

$\sin x = -1$　かつ　$\sqrt{3}\cos y = -\sqrt{3}$

すなわち　$\boldsymbol{x = \frac{3}{2}\pi}$，$\boldsymbol{y = \pi}$ **で最小値** $\boldsymbol{-1 - \sqrt{3}}$ をとる。 答

第4章　章末問題A

教 p.168

1. 次の値を求めよ。

(1) $\sin\frac{16}{3}\pi$　　(2) $\cos\frac{7}{2}\pi$　　(3) $\tan\left(-\frac{11}{6}\pi\right)$

指針 **三角関数の値**　n を整数とすると

$\sin(\theta+2n\pi)=\sin\theta$,　$\cos(\theta+2n\pi)=\cos\theta$,　$\tan(\theta+n\pi)=\tan\theta$

これらを利用して $0\leqq\theta<2\pi$ の角に直して考える。

解答 (1) $\sin\frac{16}{3}\pi=\sin\left(\frac{4}{3}\pi+4\pi\right)$

$=\sin\frac{4}{3}\pi=-\frac{\sqrt{3}}{2}$ 答

(2) $\cos\frac{7}{2}\pi=\cos\left(\frac{3}{2}\pi+2\pi\right)$

$=\cos\frac{3}{2}\pi=0$ 答

(3) $\tan\left(-\frac{11}{6}\pi\right)=\tan\left(\frac{\pi}{6}-2\pi\right)$

$=\tan\frac{\pi}{6}=\frac{1}{\sqrt{3}}$ 答

注意 考え方は1通りではない。

(1) $\sin\frac{16}{3}\pi=\sin\left(-\frac{2}{3}\pi+6\pi\right)$

(2) $\cos\frac{7}{2}\pi=\cos\left(-\frac{\pi}{2}+4\pi\right)$　など。

教 p.168

2. $\sin\theta\cos\theta=-\frac{1}{4}$ のとき，次の式の値を求めよ。ただし，θ の動径は第4象限にあるとする。

(1) $\sin\theta-\cos\theta$　　(2) $\sin^3\theta-\cos^3\theta$

指針 **三角関数の式の値**

(1) まず，$(\sin\theta-\cos\theta)^2$ の値を求める。θ の動径が第4象限にあることから，$\sin\theta-\cos\theta$ の符号を決める。

(2) 因数分解して，(1)を利用する。

解答 (1) $(\sin\theta-\cos\theta)^2=\sin^2\theta-2\sin\theta\cos\theta+\cos^2\theta$ ←$\sin^2\theta+\cos^2\theta=1$

$=1-2\sin\theta\cos\theta$

$=1-2\cdot\left(-\frac{1}{4}\right)=\frac{3}{2}$

θの動径は第4象限にあるから　$\sin\theta<0,\ \cos\theta>0$

よって　$\sin\theta-\cos\theta<0$

したがって　$\sin\theta-\cos\theta=-\sqrt{\frac{3}{2}}=-\frac{\sqrt{6}}{2}$ 答

(2) $\sin^3\theta-\cos^3\theta=(\sin\theta-\cos\theta)(\sin^2\theta+\sin\theta\cos\theta+\cos^2\theta)$

$=(\sin\theta-\cos\theta)(1+\sin\theta\cos\theta)$

$=\left(-\frac{\sqrt{6}}{2}\right)\left(1-\frac{1}{4}\right)=-\frac{3\sqrt{6}}{8}$ 答

教 p.168

3. 次の等式を証明せよ。

(1) $\frac{1}{1+\cos\theta}+\frac{1}{1-\cos\theta}=\frac{2}{\sin^2\theta}$　(2) $\frac{1}{\tan\theta}-\tan\theta=\frac{2\cos2\theta}{\sin2\theta}$

指針 **等式の証明**　左辺を変形して右辺を導いてみる。(1)は三角関数の相互関係を，(2)はさらに2倍角の公式を用いる。

解答 (1) 左辺$=\frac{1-\cos\theta}{(1+\cos\theta)(1-\cos\theta)}+\frac{1+\cos\theta}{(1-\cos\theta)(1+\cos\theta)}$

$=\frac{(1-\cos\theta)+(1+\cos\theta)}{(1+\cos\theta)(1-\cos\theta)}=\frac{2}{1-\cos^2\theta}=\frac{2}{\sin^2\theta}$

よって　$\frac{1}{1+\cos\theta}+\frac{1}{1-\cos\theta}=\frac{2}{\sin^2\theta}$ 終

(2) 左辺$=\frac{\cos\theta}{\sin\theta}-\frac{\sin\theta}{\cos\theta}=\frac{\cos^2\theta-\sin^2\theta}{\sin\theta\cos\theta}$ ←$\tan\theta=\frac{\sin\theta}{\cos\theta}$

$=\frac{2(\cos^2\theta-\sin^2\theta)}{2\sin\theta\cos\theta}=\frac{2\cos2\theta}{\sin2\theta}$ ←2倍角の公式

よって　$\frac{1}{\tan\theta}-\tan\theta=\frac{2\cos2\theta}{\sin2\theta}$ 終

教 p.168

4. 次の関数のグラフをかけ。また，その周期を求めよ。

(1) $y=\sin x\cos x$　　(2) $y=\cos^2 x$

指針 **いろいろな三角関数のグラフ**　たとえば$y=\sin x$のグラフをもとにして，$y=\sin(x-p)$，$y=a\sin x$，$y=\sin kx$などのグラフをかくことができた。(1)は2倍角の公式により与式を変形する。

(2) 半角の公式を利用して2乗の形をなくす。さらに，y軸方向への平行移動も考える必要がある。

解答 (1) $\sin x\cos x=\frac{1}{2}\sin 2x$ であるから　　$y=\frac{1}{2}\sin 2x$

このグラフは，$y=\sin x$のグラフを，x軸をもとにしてy軸方向へ$\frac{1}{2}$倍に縮小し，さらにy軸をもとにしてx軸方向へ$\frac{1}{2}$倍に縮小したものである。

グラフは図のようになる。周期は　π　答

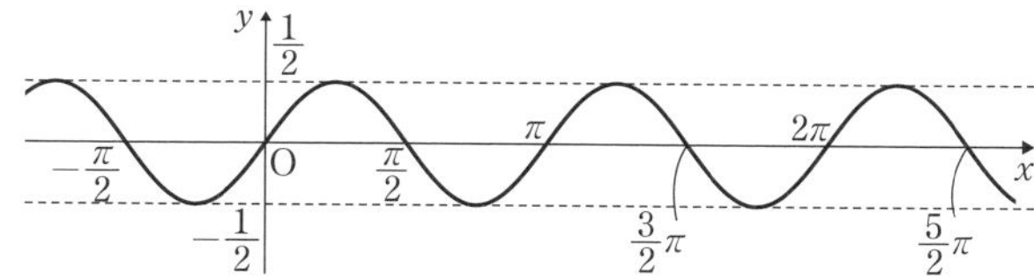

(2) 半角の公式により，$\cos^2 x=\frac{1+\cos 2x}{2}$　　←$\cos^2\frac{\alpha}{2}=\frac{1+\cos\alpha}{2}$

であるから　$y=\frac{1}{2}\cos 2x+\frac{1}{2}$

このグラフは，$y=\frac{1}{2}\cos 2x$ のグラフをy軸方向に$\frac{1}{2}$だけ平行移動したもので，図のようになる。周期は　π　答

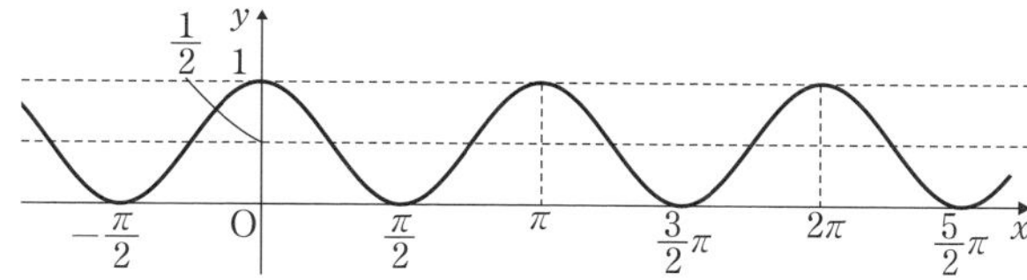

注意 正弦・余弦の半角の公式は，しばしば次の形で使われる。

$\sin^2\alpha=\frac{1-\cos 2\alpha}{2}$，　$\cos^2\alpha=\frac{1+\cos 2\alpha}{2}$　　←もとは余弦の2倍角の公式

教 p.168

5. $0 \leqq x < 2\pi$ のとき，次の不等式を解け。

(1) $\cos 2x + 2 < 5\sin x$　　(2) $\cos 2x < 3\cos x + 1$

指針 **$\sin 2x$ や $\cos 2x$ を含む不等式**　2倍角の公式を用いて，角を x に統一する。

(1) $\sin x$ の項があるから，$\cos 2x = 1 - 2\sin^2 x$ を用いる。

(2) $\cos x$ の項があるから，$\cos 2x = 2\cos^2 x - 1$ を用いる。

解答 (1) 不等式を変形すると

$$(1 - 2\sin^2 x) + 2 < 5\sin x$$

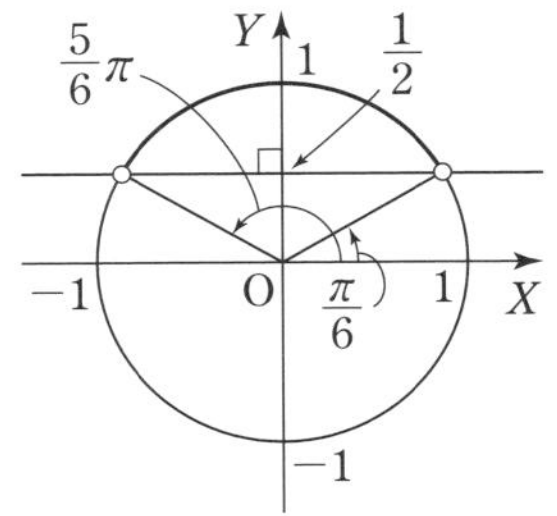

整理すると

$$2\sin^2 x + 5\sin x - 3 > 0$$

すなわち　$(2\sin x - 1)(\sin x + 3) > 0$

$0 \leqq x < 2\pi$　において，

$\sin x + 3 > 0$　であるから

$$2\sin x - 1 > 0$$

すなわち　$\sin x > \frac{1}{2}$

$0 \leqq x < 2\pi$ であるから

$$\boldsymbol{\frac{\pi}{6} < x < \frac{5}{6}\pi}$$ 答

(2) 不等式を変形すると

$$2\cos^2 x - 1 < 3\cos x + 1$$

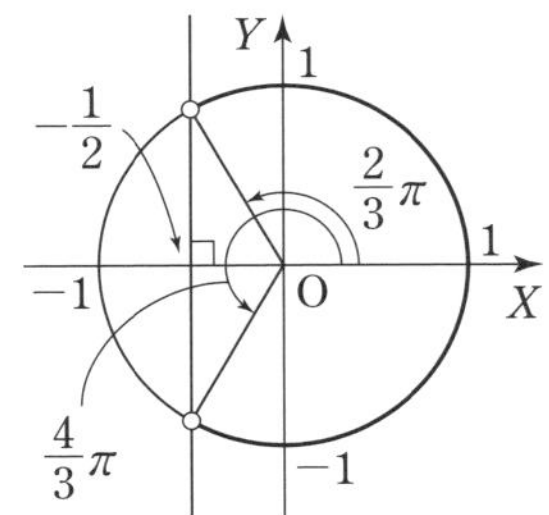

整理すると

$$2\cos^2 x - 3\cos x - 2 < 0$$

すなわち　$(2\cos x + 1)(\cos x - 2) < 0$

$0 \leqq x < 2\pi$　において，

$\cos x - 2 < 0$　であるから

$$2\cos x + 1 > 0$$

すなわち　$\cos x > -\frac{1}{2}$

$0 \leqq x < 2\pi$ であるから

$$\boldsymbol{0 \leqq x < \frac{2}{3}\pi,\ \frac{4}{3}\pi < x < 2\pi}$$ 答

教 p.168

6. $0 \leqq x < 2\pi$ のとき，関数 $y=\frac{1}{2}\cos 2x+2\sin x+\frac{1}{2}$ の最小値と，そのときの x の値を求めよ。

指針　**三角関数を含む関数の最小値**　余弦の2倍角の公式のうち，$\cos 2x=1-2\sin^2 x$ を用いて，まず関数を $\sin x$ だけの式で表す。さらに $\sin x=t$ とすると，y は t の2次関数となり，この関数の最小値を求める。t の値の範囲に注意する。

解答　$\frac{1}{2}\cos 2x+2\sin x+\frac{1}{2}$

$$=\frac{1}{2}(1-2\sin^2 x)+2\sin x+\frac{1}{2}$$

$$=-\sin^2 x+2\sin x+1$$

よって，関数は

$$y=-\sin^2 x+2\sin x+1$$

$\sin x=t$ とおくと，$0 \leqq x < 2\pi$ であるから

$-1 \leqq \sin x \leqq 1$ より

$$-1 \leqq t \leqq 1 \quad \cdots\cdots ①$$

y を t で表すと

$$y=-t^2+2t+1$$

変形すると　$y=-(t-1)^2+2$

①の範囲でのグラフは，図の実線部分である。

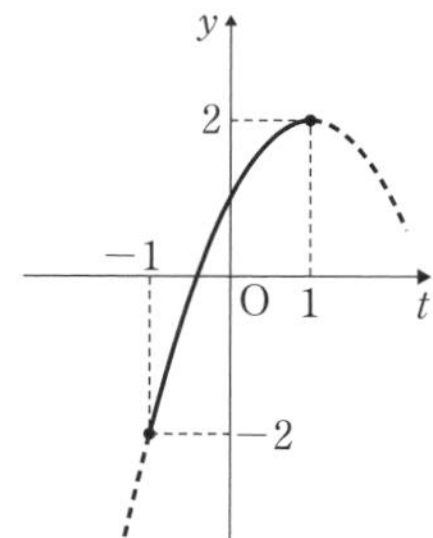

よって，y は

$t=-1$ で最小値 -2 をとる。

$t=-1$ のとき，$\sin x=-1$ より $x=\frac{3}{2}\pi$

したがって　**$x=\frac{3}{2}\pi$ で最小値 -2**　答

教 p.168

7. 関数 $y=\sin x-\sqrt{3}\cos x\ (0\leqq x<2\pi)$ について，次の問いに答えよ。

(1) 関数の最大値，最小値と，そのときの x の値を求めよ。

(2) $y=0$ となる x の値を求めよ。

(3) $y\leqq 0$ となる x の値の範囲を求めよ。

指針 **三角関数の合成** $y=a\sin x+b\cos x$ を $y=r\sin(x+\alpha)$ の形に変形する。
$\alpha\leqq x+\alpha<2\pi+\alpha$ に注意して，方程式や不等式を解く。

解答 $$\sin x-\sqrt{3}\cos x=2\sin\left(x-\frac{\pi}{3}\right)$$

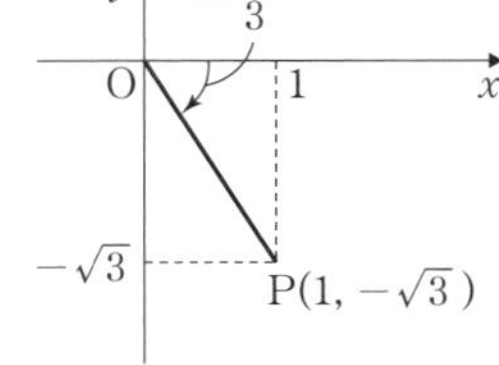

であるから $y=2\sin\left(x-\frac{\pi}{3}\right)$

また，$0\leqq x<2\pi$ のとき

$$-\frac{\pi}{3}\leqq x-\frac{\pi}{3}<\frac{5}{3}\pi \quad \cdots\cdots ①$$

(1) ①の範囲のとき $-1\leqq\sin\left(x-\frac{\pi}{3}\right)\leqq 1$ であるから

$$-2\leqq 2\sin\left(x-\frac{\pi}{3}\right)\leqq 2 \quad \text{すなわち} \quad -2\leqq y\leqq 2$$

よって，y は

$x-\frac{\pi}{3}=\frac{\pi}{2}$ すなわち **$x=\frac{5}{6}\pi$ で最大値 2** をとり，

$x-\frac{\pi}{3}=\frac{3}{2}\pi$ すなわち **$x=\frac{11}{6}\pi$ で最小値 -2** をとる。 答

(2) $y=0$ のとき $\sin\left(x-\frac{\pi}{3}\right)=0$

この方程式を①の範囲で解くと

$x-\frac{\pi}{3}=0,\ \pi$ よって **$x=\frac{\pi}{3},\ \frac{4}{3}\pi$** 答

(3) $y\leqq 0$ のとき $\sin\left(x-\frac{\pi}{3}\right)\leqq 0$

この不等式を①の範囲で解くと

$-\frac{\pi}{3}\leqq x-\frac{\pi}{3}\leqq 0$ または $\pi\leqq x-\frac{\pi}{3}<\frac{5}{3}\pi$

よって **$0\leqq x\leqq\frac{\pi}{3},\ \frac{4}{3}\pi\leqq x<2\pi$** 答

第4章　章末問題B

教 p.169

8. 次の値を求めよ。

(1) $\sin\alpha+\sin\beta=\dfrac{1}{2}$，$\cos\alpha+\cos\beta=\dfrac{1}{3}$ のとき，$\cos(\alpha-\beta)$ の値

(2) $\tan\alpha=2$，$\tan\beta=4$，$\tan\gamma=13$ のとき，$\tan(\alpha+\beta+\gamma)$ の値

指針　**余弦，正接の加法定理の応用**

(1) $\cos(\alpha-\beta)=\cos\alpha\cos\beta+\sin\alpha\sin\beta$ の右辺の値を，2つの条件の式を使って計算する。2つの条件の式のそれぞれで両辺を2乗すると $\sin\alpha\sin\beta$，$\cos\alpha\cos\beta$ の形が現れる。

(2) $\tan\{(\alpha+\beta)+\gamma\}$ として加法定理を使う。

解答 (1) 2つの条件の式のそれぞれで，両辺を2乗すると

$$\sin^2\alpha+2\sin\alpha\sin\beta+\sin^2\beta=\frac{1}{4}$$

$$\cos^2\alpha+2\cos\alpha\cos\beta+\cos^2\beta=\frac{1}{9}$$

それぞれの辺を加えると

$$(\sin^2\alpha+\cos^2\alpha)+2(\sin\alpha\sin\beta+\cos\alpha\cos\beta)+(\sin^2\beta+\cos^2\beta)=\frac{1}{4}+\frac{1}{9}$$

よって　$1+2(\sin\alpha\sin\beta+\cos\alpha\cos\beta)+1=\dfrac{13}{36}$

ゆえに　$\sin\alpha\sin\beta+\cos\alpha\cos\beta=\dfrac{1}{2}\left(\dfrac{13}{36}-2\right)=-\dfrac{59}{72}$

したがって　$\cos(\alpha-\beta)=\cos\alpha\cos\beta+\sin\alpha\sin\beta$

$$=-\frac{59}{72}$$ 答

(2) $\tan(\alpha+\beta)=\dfrac{\tan\alpha+\tan\beta}{1-\tan\alpha\tan\beta}=\dfrac{2+4}{1-2\cdot4}=-\dfrac{6}{7}$　であるから

$$\tan(\alpha+\beta+\gamma)=\tan\{(\alpha+\beta)+\gamma\}$$

$$=\frac{\tan(\alpha+\beta)+\tan\gamma}{1-\tan(\alpha+\beta)\tan\gamma}$$

$$=\frac{-\frac{6}{7}+13}{1-\left(-\frac{6}{7}\right)\cdot13}=\frac{-6+7\cdot13}{7+6\cdot13}=\frac{85}{85}=1$$ 答

4章 三角関数

教 p.169

9. 等式 $\dfrac{\sin(\alpha-\beta)}{\sin(\alpha+\beta)}=\dfrac{\tan\alpha-\tan\beta}{\tan\alpha+\tan\beta}$ を証明せよ。

指針 **加法定理と等式の証明** 左辺の分母と分子に加法定理を用いる。これを変形して右辺を導く。$\dfrac{\sin\alpha}{\cos\alpha}=\tan\alpha$, $\dfrac{\sin\beta}{\cos\beta}=\tan\beta$ を利用する。

解答
$$左辺=\frac{\sin\alpha\cos\beta-\cos\alpha\sin\beta}{\sin\alpha\cos\beta+\cos\alpha\sin\beta}$$

分母と分子を $\cos\alpha\cos\beta$ で割って変形すると

$$左辺=\frac{\dfrac{\sin\alpha\cos\beta}{\cos\alpha\cos\beta}-\dfrac{\cos\alpha\sin\beta}{\cos\alpha\cos\beta}}{\dfrac{\sin\alpha\cos\beta}{\cos\alpha\cos\beta}+\dfrac{\cos\alpha\sin\beta}{\cos\alpha\cos\beta}}=\frac{\dfrac{\sin\alpha}{\cos\alpha}-\dfrac{\sin\beta}{\cos\beta}}{\dfrac{\sin\alpha}{\cos\alpha}+\dfrac{\sin\beta}{\cos\beta}}$$
$$=\frac{\tan\alpha-\tan\beta}{\tan\alpha+\tan\beta}$$

よって $\dfrac{\sin(\alpha-\beta)}{\sin(\alpha+\beta)}=\dfrac{\tan\alpha-\tan\beta}{\tan\alpha+\tan\beta}$ 終

注意 右辺を変形して左辺を導いてもよい。

$$右辺=\frac{\dfrac{\sin\alpha}{\cos\alpha}-\dfrac{\sin\beta}{\cos\beta}}{\dfrac{\sin\alpha}{\cos\alpha}+\dfrac{\sin\beta}{\cos\beta}}$$

分母・分子に $\cos\alpha\cos\beta$ を掛けると

$$右辺=\frac{\sin\alpha\cos\beta-\sin\beta\cos\alpha}{\sin\alpha\cos\beta+\sin\beta\cos\alpha}=\frac{\sin(\alpha-\beta)}{\sin(\alpha+\beta)}=左辺$$ 終

教 p.169

10. 次の関数の最大値，最小値と，そのときの x の値を求めよ。

$$y=\sin x\cos x-\sin^2 x+\frac{1}{2} \quad (0\leqq x\leqq \pi)$$

指針 **$\sin x$, $\cos x$ の関数の最大・最小** まず，$\sin x\cos x$ に2倍角の公式を，$\sin^2 x$ に半角の公式を用いて，角を $2x$ にそろえる。次に，三角関数を合成して，関数の最大値，最小値を考える。

解答 公式を用いて，右辺を変形すると

$$右辺=\frac{\sin 2x}{2}-\frac{1-\cos 2x}{2}+\frac{1}{2}=\frac{1}{2}(\sin 2x+\cos 2x)$$
$$=\frac{1}{2}\cdot\sqrt{2}\sin\left(2x+\frac{\pi}{4}\right)$$

←$a\sin\theta+b\cos\theta$ の変形

よって $y=\dfrac{\sqrt{2}}{2}\sin\left(2x+\dfrac{\pi}{4}\right)$

$0 \leqq x \leqq \pi$ のとき，$\dfrac{\pi}{4} \leqq 2x+\dfrac{\pi}{4} \leqq \dfrac{9}{4}\pi$ であるから，

y は　$2x+\dfrac{\pi}{4}=\dfrac{\pi}{2}$ で，最大値 $\dfrac{\sqrt{2}}{2}$ をとり，　　← $-1 \leqq \sin\left(2x+\dfrac{\pi}{4}\right) \leqq 1$

　$2x+\dfrac{\pi}{4}=\dfrac{3}{2}\pi$ で，最小値 $-\dfrac{\sqrt{2}}{2}$ をとる。

したがって

　$x=\dfrac{\pi}{8}$ で最大値 $\dfrac{\sqrt{2}}{2}$，　$x=\dfrac{5}{8}\pi$ で最小値 $-\dfrac{\sqrt{2}}{2}$ をとる。 答

教 p.169

11. 関数 $y=2\sin x\cos x+\sin x+\cos x$ について，次の問いに答えよ。
 (1) $t=\sin x+\cos x$ として，y を t の関数で表せ。
 (2) t のとりうる値の範囲を求めよ。
 (3) y の最大値と最小値を求めよ。

指針 **三角関数の最大，最小**　問いの順に従って y の最大値と最小値を求める。
 (1) $t=\sin x+\cos x$ の両辺を 2 乗する。
 (2) $\sin x+\cos x$ を $\sin(x+\alpha)$ の形に変形する。
 (3) (2)で求めた t の変域で，(1)で表した t の関数の最大，最小を求める。

解答 (1) $t=\sin x+\cos x$ の両辺を 2 乗すると

$$t^2=\sin^2 x+\cos^2 x+2\sin x\cos x$$
$$=1+2\sin x\cos x$$

よって　$2\sin x\cos x=t^2-1$

ゆえに　$y=(t^2-1)+t$

すなわち　**$y=t^2+t-1$** 答

(2)　$t=\sin x+\cos x=\sqrt{2}\sin\left(x+\dfrac{\pi}{4}\right)$

x はすべての角を表すから　$-1 \leqq \sin\left(x+\dfrac{\pi}{4}\right) \leqq 1$

よって　**$-\sqrt{2} \leqq t \leqq \sqrt{2}$** 答

(3) (1)から　$y=t^2+t-1=\left(t+\dfrac{1}{2}\right)^2-\dfrac{5}{4}$

(2)より，$-\sqrt{2} \leqq t \leqq \sqrt{2}$ であるから，グラフは図のようになる。

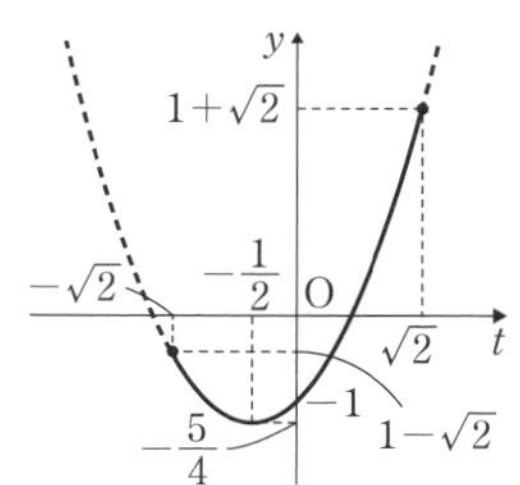

よって，y は

　$t=\sqrt{2}$ で**最大値 $1+\sqrt{2}$**

　$t=-\dfrac{1}{2}$ で**最小値 $-\dfrac{5}{4}$** をとる。 答

研究 教 p.169

12. O を原点とする座標平面上に点 A(2, 6) と第 2 象限の点 B がある。$\triangle$OAB が $\angle$AOB を頂角とする二等辺三角形で $\angle\mathrm{AOB}=\dfrac{\pi}{6}$ であるとき，点 B の座標を求めよ。

指針 **点の回転** 動径 OA と x 軸の正の向きとのなす角をαとすると，動径 OB と x 軸の正の向きとのなす角は $\alpha+\dfrac{\pi}{6}$ となる。つまり，原点 O を中心として点 A を $\dfrac{\pi}{6}$ だけ回転した点が B である。

解答 動径 OA と x 軸の正の向きとのなす角をαとすると

$$2=\mathrm{OA}\cos\alpha,\quad 6=\mathrm{OA}\sin\alpha$$

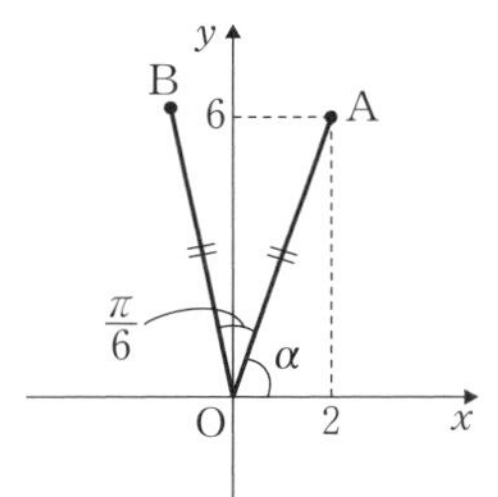

点 B の座標を $(x,\ y)$ とすると

$$x=\mathrm{OA}\cos\left(\alpha+\frac{\pi}{6}\right),$$

$$y=\mathrm{OA}\sin\left(\alpha+\frac{\pi}{6}\right)$$

よって，加法定理により

$$\begin{aligned}x&=\mathrm{OA}\cos\left(\alpha+\frac{\pi}{6}\right)\\&=\mathrm{OA}\cos\alpha\cos\frac{\pi}{6}-\mathrm{OA}\sin\alpha\sin\frac{\pi}{6}\\&=2\cdot\frac{\sqrt{3}}{2}-6\cdot\frac{1}{2}\\&=\sqrt{3}-3\end{aligned}$$

$$\begin{aligned}y&=\mathrm{OA}\sin\left(\alpha+\frac{\pi}{6}\right)\\&=\mathrm{OA}\sin\alpha\cos\frac{\pi}{6}+\mathrm{OA}\cos\alpha\sin\frac{\pi}{6}\\&=6\cdot\frac{\sqrt{3}}{2}+2\cdot\frac{1}{2}\\&=3\sqrt{3}+1\end{aligned}$$

したがって，点 B の座標は

$$(\sqrt{3}-3,\ 3\sqrt{3}+1)$$ 答

教 p.169

13. 縦が 10 m である電光掲示板が地面と垂直な壁に掛かっている。右の図のように，電光掲示板の上端を A, 下端を B, 目の位置を P とするとき，∠APB を見込む角とよぶことにする。壁の前には柵があり，壁から 5 m 以上離れた位置からしか電光掲示板を見ることができない。電光掲示板の下端 B が目の高さより 2 m 上の位置にあるとき，見込む角を 45° 以下にするには，壁から何 m 以上離れて見ればよいか。

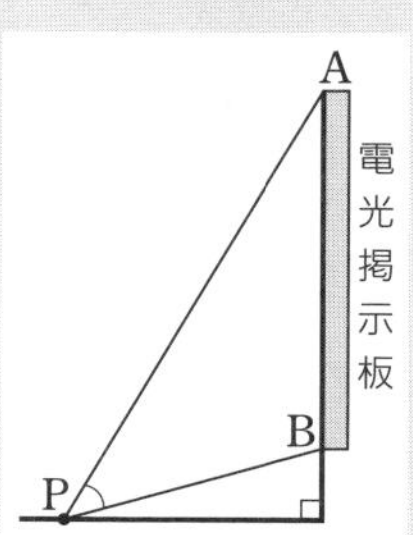

指針 **見込む角**　正接の加法定理の利用を考える。

解答 右の図のように点 Q を定め，

$\angle\mathrm{APB}=\theta$，

$\angle\mathrm{APQ}=\alpha$,

$\angle\mathrm{BPQ}=\beta$,

$\mathrm{PQ}=x\,(\mathrm{m})$

とする。

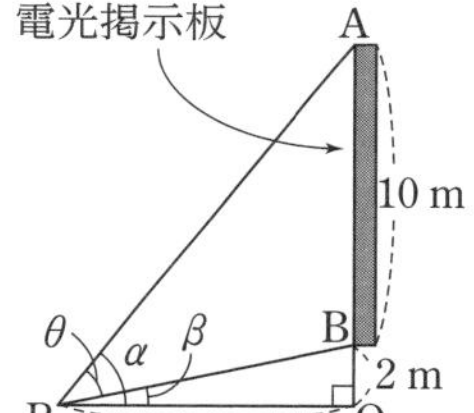

このとき

$$\tan\alpha=\frac{\mathrm{AQ}}{\mathrm{PQ}}=\frac{12}{x},\quad \tan\beta=\frac{\mathrm{BQ}}{\mathrm{PQ}}=\frac{2}{x}$$

よって

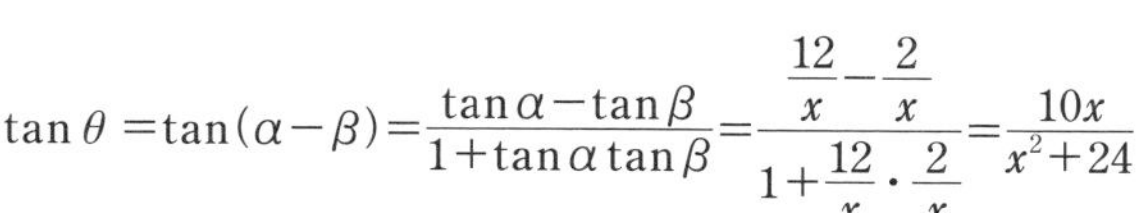

$$\tan\theta=\tan(\alpha-\beta)=\frac{\tan\alpha-\tan\beta}{1+\tan\alpha\tan\beta}=\frac{\dfrac{12}{x}-\dfrac{2}{x}}{1+\dfrac{12}{x}\cdot\dfrac{2}{x}}=\frac{10x}{x^2+24}$$

$x\geqq5$　であるから　$\tan\theta>0$

よって，見込む角 θ が 45° 以下になるのは　$\tan\theta\leqq1$

ゆえに　$\dfrac{10x}{x^2+24}\leqq1$

$x^2+24>0$ であるから，両辺に x^2+24 を掛けると

$10x\leqq x^2+24$　　整理して　$(x-4)(x-6)\geqq0$

$x\geqq5$ より，$x-4>0$ であるから　$x-6\geqq0$　すなわち　$x\geqq6$

よって，見込む角を 45° 以下にするには，

壁から **6 m** 以上離れて見ればよい。　答

第5章 指数関数と対数関数

第1節 指数関数

1 指数の拡張

まとめ

1 指数が整数の場合

a の累乗 a^n については，指数 n が正の整数の場合，「a を n 個掛けたもの」である。

a が n 個　指数

$\underbrace{a\times a\times\cdots\cdots\times a}=a^n$

指数が0や負の整数である累乗の意味を，次のように定める。

$a\neq0$ で，n は正の整数とする。

$$a^0=1,\qquad a^{-n}=\frac{1}{a^n}\qquad とくに\quad a^{-1}=\frac{1}{a}$$

一般に，指数が整数の場合に，次の指数法則が成り立つ。

指数法則(指数が整数)

$a\neq0$，$b\neq0$ で，m，n は整数とする。

1　$a^ma^n=a^{m+n}$　　2　$(a^m)^n=a^{mn}$　　3　$(ab)^n=a^nb^n$

1′　$\dfrac{a^m}{a^n}=a^{m-n}$　　3′　$\left(\dfrac{a}{b}\right)^n=\dfrac{a^n}{b^n}$

2 累乗根

n を正の整数とするとき，n 乗すると a になる数を a の **n 乗根** という。すなわち，方程式 $x^n=a$ の解が a の n 乗根である。また，a の2乗根，3乗根，4乗根，……をまとめて a の **累乗根** という。2乗根は平方根のことである。

すべての正の数 a に対して，$x^n=a$ を満たす正の数 x がただ1つある。この正の数 x を $\sqrt[n]{a}$ で表す。また，$\sqrt[n]{0}=0$ と定める。

注意 $\sqrt[n]{a}$ は「n 乗根 a」と読む。また，$\sqrt[2]{a}$ は，ふつう $\sqrt{a}$ と書く。

$a>0$ のとき，$\sqrt[n]{a}$ は

$$(\sqrt[n]{a})^n=a,\qquad \sqrt[n]{a}>0$$

を満たす数である。また，次のことが成り立つ。

$$\sqrt[n]{a^n}=a$$

$\sqrt[n]{a}$ の定義から，累乗根について，次の性質が得られる。

累乗根の性質

$a>0$, $b>0$ で，m, n, p は正の整数とする。

1 $\sqrt[n]{a}\sqrt[n]{b}=\sqrt[n]{ab}$　　2 $\dfrac{\sqrt[n]{a}}{\sqrt[n]{b}}=\sqrt[n]{\dfrac{a}{b}}$　　3 $(\sqrt[n]{a})^m=\sqrt[n]{a^m}$

4 $\sqrt[m]{\sqrt[n]{a}}=\sqrt[mn]{a}$　　5 $\sqrt[n]{a^m}=\sqrt[np]{a^{mp}}$

3　指数が有理数の場合

指数が有理数である累乗の意味を，次のように定める。

$a>0$ で，m, n は正の整数，r は正の有理数とする。

$$a^{\frac{m}{n}}=\sqrt[n]{a^m}\quad とくに\quad a^{\frac{1}{n}}=\sqrt[n]{a},\qquad a^{-r}=\frac{1}{a^r}$$

指数が有理数である累乗の意味を上のように定めると，指数法則は，m, n が有理数のときにも成り立つ。

指数法則(指数が有理数)

$a>0$, $b>0$ で，r, s は有理数とする。

1 $a^ra^s=a^{r+s}$　　2 $(a^r)^s=a^{rs}$　　3 $(ab)^r=a^rb^r$

1′ $\dfrac{a^r}{a^s}=a^{r-s}$　　3′ $\left(\dfrac{a}{b}\right)^r=\dfrac{a^r}{b^r}$

累乗根の計算は，累乗根を指数が分数の累乗の形にすると計算しやすい。

$a>0$ のとき，a^r の指数 r は，無理数のときも含めて実数全体にまで拡張することができる。

たとえば，無理数 $\sqrt{2}=1.4142\cdots\cdots$ に対して，累乗の列

$$3^{1.4},\ 3^{1.41},\ 3^{1.414},\ 3^{1.4142},\ \cdots\cdots$$

は，次第に一定の値に近づく。その値を $3^{\sqrt{2}}$ と定める。

上の指数法則(指数が有理数)は，指数 r, s が実数の場合にも成り立つ。

$3^{1.4}\ =4.655536\cdots$
$3^{1.41}\ =4.706965\cdots$
$3^{1.414}\ =4.727695\cdots$
$3^{1.4142}=4.728733\cdots$
$\cdots\cdots$

A 指数が整数の場合

練習 1　教 p.175

次の値を求めよ。

(1) 4^0　(2) $(-5)^0$　(3) 3^{-1}　(4) 10^{-2}　(5) $(-2)^{-3}$

指針　**指数が 0 や負の整数の値**　a^{-n} の定義に従って書き換える。$a\neq0$, n が正の整数のとき，a^n の逆数は $\dfrac{1}{a^n}$ である。これを a^{-n} と表す。

解答　(1) $4^0=1$　答

(2) $(-5)^0=1$　答

(3) $3^{-1}=\dfrac{1}{3}$　答　　←3^{-1} は 3 の逆数を表す

5章 指数関数と対数関数

(4)　$10^{-2}=\frac{1}{10^2}=\frac{1}{100}$ 答

(5)　$(-2)^{-3}=\frac{1}{(-2)^3}=-\frac{1}{8}$ 答

教 p.176

練習 2

次の式を計算せよ。

(1)　a^5a^{-2}　(2)　$\frac{a^{-3}}{a^2}$　(3)　$(a^{-4})^{-1}$

(4)　$(a^{-2}b)^3$　(5)　$\left(\frac{a}{b^3}\right)^{-2}$

指針　**指数法則 (指数が整数)**　指数の範囲を，正の整数から整数全体に拡張しても，すでに学習している指数法則はそのまま適用できる。

さらに，$a^m\div a^n=a^{m-n}$ が成り立つ。$m\leqq n$ の場合でもよい。

解答　(1)　$a^5a^{-2}=a^{5+(-2)}=\boldsymbol{a^3}$ 答　←指数法則 1

(2)　$\frac{a^{-3}}{a^2}=a^{-3-2}=a^{-5}=\boldsymbol{\frac{1}{a^5}}$ 答　←指数法則 1′

(3)　$(a^{-4})^{-1}=a^{(-4)\times(-1)}=\boldsymbol{a^4}$ 答　←指数法則 2

(4)　$(a^{-2}b)^3=(a^{-2})^3b^3=a^{-2\times3}b^3=a^{-6}b^3=\boldsymbol{\frac{b^3}{a^6}}$ 答　←指数法則 3，2

(5)　$\left(\frac{a}{b^3}\right)^{-2}=(ab^{-3})^{-2}=a^{-2}b^{(-3)\times(-2)}=a^{-2}b^6=\boldsymbol{\frac{b^6}{a^2}}$ 答　←指数法則 1′，3

B 累乗根

教 p.177

練習 3

次の値を求めよ。

(1)　$\sqrt[3]{64}$　(2)　$\sqrt[3]{1}$　(3)　$\sqrt[4]{\frac{1}{16}}$

指針　$\boldsymbol{\sqrt[n]{a}}$　(1)〜(3)はそれぞれ，$x^3=64$，$x^3=1$，$x^4=\frac{1}{16}$ を満たす数のうちの正の数を表す。この意味を理解した上で，$\sqrt[n]{a^n}=a\ (a>0)$ を使う。

解答　(1)　$\sqrt[3]{64}=\sqrt[3]{4^3}=4$ 答　(2)　$\sqrt[3]{1}=\sqrt[3]{1^3}=1$ 答

(3)　$\sqrt[4]{\frac{1}{16}}=\sqrt[4]{\left(\frac{1}{2}\right)^4}=\frac{1}{2}$ 答

注意　1 の 3 乗根は 3 つあり，1，$\frac{-1\pm\sqrt{3}\,i}{2}$ である。

ただし，$\sqrt[3]{1}$ はそのうちの正の数を表し，$\sqrt[3]{1}=1$ である。

教 p.178

練習 4

教科書 $p.178$ の累乗根の性質 1 の証明を参考にして，教科書 $p.178$ の累乗根の性質 2 を証明せよ。

指針 **累乗根の性質**　1 の証明と同様に，まず左辺を n 乗する。

解答 $\left(\dfrac{\sqrt[n]{a}}{\sqrt[n]{b}}\right)^n=\dfrac{(\sqrt[n]{a})^n}{(\sqrt[n]{b})^n}=\dfrac{a}{b}$

$\dfrac{\sqrt[n]{a}}{\sqrt[n]{b}}>0$ であるから，$\dfrac{\sqrt[n]{a}}{\sqrt[n]{b}}$ は $\dfrac{a}{b}$ の正の n 乗根である。

よって　$\dfrac{\sqrt[n]{a}}{\sqrt[n]{b}}=\sqrt[n]{\dfrac{a}{b}}$　終

教 p.179

練習 5

次の式を計算せよ。

(1)　$\sqrt[3]{3}\sqrt[3]{9}$　(2)　$\dfrac{\sqrt[4]{32}}{\sqrt[4]{2}}$　(3)　$(\sqrt[3]{5})^2$

(4)　$\sqrt[4]{\sqrt[3]{12}}$　(5)　$\sqrt[8]{16}$

指針 **累乗根の性質**　累乗根の性質のうち，1 〜 3 については，平方根 $\sqrt{\ }$ についても同様の性質があった。4 については十分注意して適用する。さらに，$\sqrt[n]{a^n}=a$ が使える場合もある。

解答 (1)　$\sqrt[3]{3}\sqrt[3]{9}=\sqrt[3]{3\times9}=\sqrt[3]{3^3}=3$　答　← 累乗根の性質 1，$\sqrt[n]{a^n}=a$

(2)　$\dfrac{\sqrt[4]{32}}{\sqrt[4]{2}}=\sqrt[4]{\dfrac{32}{2}}=\sqrt[4]{16}=\sqrt[4]{2^4}=2$　答　← 累乗根の性質 2，$\sqrt[n]{a^n}=a$

(3)　$(\sqrt[3]{5})^2=\sqrt[3]{5^2}=\sqrt[3]{25}$　答　← 累乗根の性質 3

(4)　$\sqrt[4]{\sqrt[3]{12}}=\sqrt[4\times3]{12}=\sqrt[12]{12}$　答　← 累乗根の性質 4

(5)　$\sqrt[8]{16}=\sqrt[8]{2^4}=\sqrt[4\times2]{2^{4\times1}}=\sqrt[2]{2^1}=\sqrt{2}$　答　← 累乗根の性質 5

C 指数が有理数の場合

教 p.179

練習 6

次の値を求めよ。

(1)　$9^{\frac{1}{2}}$　(2)　$27^{\frac{2}{3}}$　(3)　$125^{-\frac{2}{3}}$

指針 **有理数の指数**　$a^{\frac{1}{n}}=\sqrt[n]{a}$，$a^{\frac{m}{n}}=\sqrt[n]{a^m}$ を使う。

(3)のように，指数が負の有理数のときは，$a^{-r}=\dfrac{1}{a^r}$ により，まず正の有理数に直す。

解答 (1) $9^{\frac{1}{2}}=\sqrt{9}=3$ 答

(2) $27^{\frac{2}{3}}=\sqrt[3]{27^2}=(\sqrt[3]{3^3})^2=3^2=9$ 答

(3) $125^{-\frac{2}{3}}=\dfrac{1}{125^{\frac{2}{3}}}=\dfrac{1}{\sqrt[3]{125^2}}=\dfrac{1}{(\sqrt[3]{5^3})^2}=\dfrac{1}{5^2}=\dfrac{1}{25}$ 答

教 p.180

【?】 (例題 1) (1) 最初に $8=2^3$ と変形して計算すると，どのようになるだろうか。

指針 **指数法則(指数が有理数)** 与えられた式において，8 を 2^3 におきかえて計算する。

解説 $8^{\frac{1}{2}}\times\left(8^{\frac{2}{5}}\right)^{\frac{5}{6}}\div 8^{\frac{1}{6}}=(2^3)^{\frac{1}{2}}\times\left\{(2^3)^{\frac{2}{5}}\right\}^{\frac{5}{6}}\div(2^3)^{\frac{1}{6}}$

$=2^{3\times\frac{1}{2}}\times 2^{3\times\frac{2}{5}\times\frac{5}{6}}\div 2^{3\times\frac{1}{6}}$

$=2^{\frac{3}{2}}\times 2^1\div 2^{\frac{1}{2}}=2^{\frac{3}{2}+1-\frac{1}{2}}=2^2=4$

教 p.181

練習 7 次の式を計算せよ。

(1) $3^{\frac{3}{2}}\times 3^{\frac{4}{3}}\div 3^{\frac{5}{6}}$　　(2) $\left(a^{\frac{3}{4}}\right)^{\frac{2}{3}}\div a^{\frac{5}{6}}\times a^{\frac{1}{3}}$

(3) $\sqrt[4]{5}\times\sqrt[8]{5^3}\div\sqrt{5}$　　(4) $\sqrt[3]{4}\div\sqrt[12]{4}\times\sqrt[4]{4}$

指針 **指数法則(指数が有理数)** 指数法則を使う。(3)，(4)は有理数の指数を使って書き改めてから適用することになる。

解答 (1) $3^{\frac{3}{2}}\times 3^{\frac{4}{3}}\div 3^{\frac{5}{6}}=3^{\frac{3}{2}+\frac{4}{3}-\frac{5}{6}}=3^{\frac{9}{6}+\frac{8}{6}-\frac{5}{6}}=3^2=9$ 答

(2) $\left(a^{\frac{3}{4}}\right)^{\frac{2}{3}}\div a^{\frac{5}{6}}\times a^{\frac{1}{3}}=a^{\frac{1}{2}}\div a^{\frac{5}{6}}\times a^{\frac{1}{3}}=a^{\frac{1}{2}-\frac{5}{6}+\frac{1}{3}}=a^0=1$ 答

(3) $\sqrt[4]{5}\times\sqrt[8]{5^3}\div\sqrt{5}=5^{\frac{1}{4}}\times 5^{\frac{3}{8}}\div 5^{\frac{1}{2}}=5^{\frac{1}{4}+\frac{3}{8}-\frac{1}{2}}=5^{\frac{1}{8}}=\sqrt[8]{5}$ 答

(4) $\sqrt[3]{4}\div\sqrt[12]{4}\times\sqrt[4]{4}=4^{\frac{1}{3}}\div 4^{\frac{1}{12}}\times 4^{\frac{1}{4}}=4^{\frac{1}{3}-\frac{1}{12}+\frac{1}{4}}$

$=4^{\frac{4}{12}-\frac{1}{12}+\frac{3}{12}}=4^{\frac{1}{2}}=(2^2)^{\frac{1}{2}}=2$ 答

研究 負の数の n 乗根

まとめ

1　負の数の n 乗根

n が正の奇数のときに限り，負の数 a に対して，$x^n=a$ を満たす実数 x がただ1つある。この数 x も $\sqrt[n]{a}$ で表す。たとえば

$$\sqrt[3]{-8}=\sqrt[3]{(-2)^3}=-2$$

$$\sqrt[5]{-1}=\sqrt[5]{(-1)^5}=-1$$

n が正の偶数のときは，常に $x^n\geqq0$ であるから，負の数 a に対して，$x^n=a$ を満たす実数 x は存在しない。

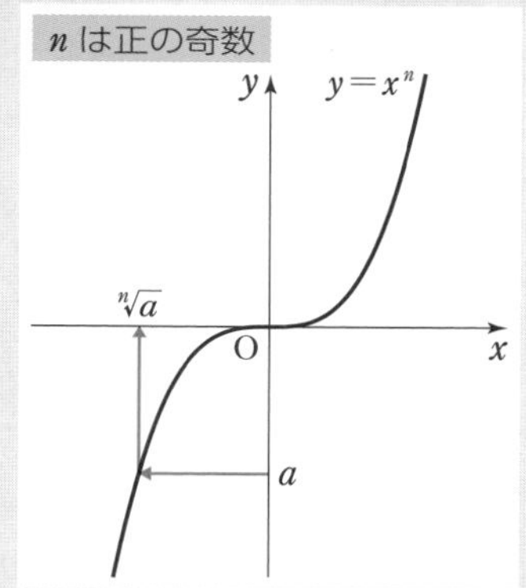

2 指数関数

まとめ

1　指数関数 $y=a^x$ とそのグラフ

a を1と異なる正の定数とするとき，$y=a^x$ は実数全体で定義される x の関数である。

この関数を，a を **底** とする x の **指数関数** という。

指数関数 $y=a^x$ のグラフは，下の図のようになる。

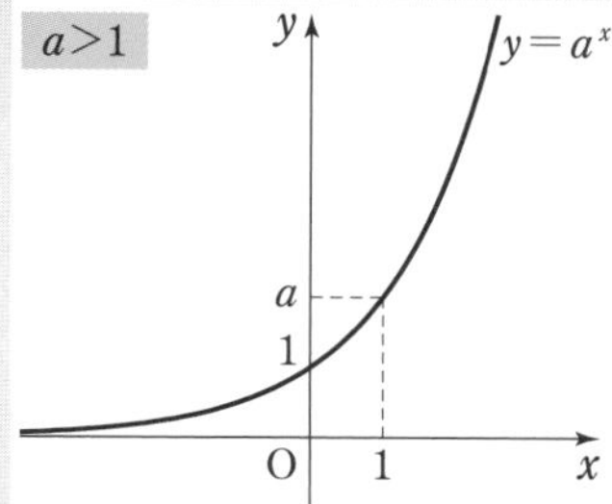

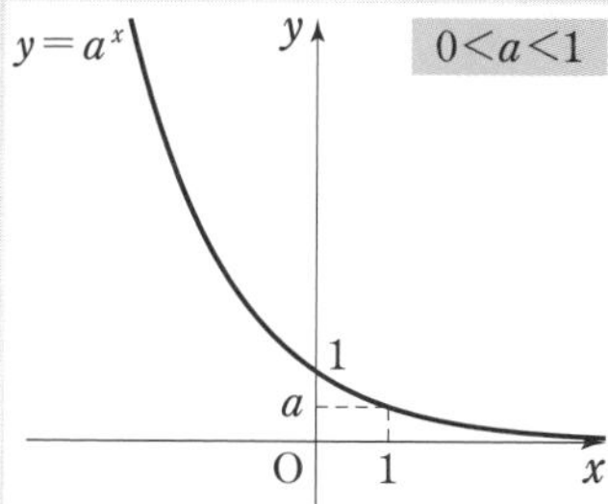

いずれの場合も，x 軸を漸近線としてもち，点 $(0,\ 1)$，$(1,\ a)$ を通る。

$a>1$ のとき右上がりの曲線，$0<a<1$ のとき右下がりの曲線である。

補足　一般に，関数 $y=f(x)$ のグラフと関数 $y=f(-x)$ のグラフは，y 軸に関して対称である。

2　指数関数の特徴

x の値が増加すると y の値も増加する関数を **増加関数** といい，x の値が増加すると y の値は減少する関数を **減少関数** という。

指数関数 $y=a^x$ は，次のような特徴をもつ。

指数関数 $y=a^x$ の特徴

1　定義域は実数全体　　値域は正の数全体

2　$a>1$ のとき，増加関数である。　すなわち　$p<q \iff a^p<a^q$

3　$0<a<1$ のとき，減少関数である。すなわち　$p<q \iff a^p>a^q$

補足　$a>0$，$a \neq 1$ のとき，次が成り立つ。

$$p=q \iff a^p=a^q$$

3　指数関数を含む方程式，不等式

底をそろえて累乗の形にする。不等式では，底と 1 との大小関係に注意する。

$a^x=t$ とおいて，t の方程式，不等式と考えてもよい。t の値の範囲に注意する。

A 指数関数 $y=a^x$ とそのグラフ

教 p.182

練習 8　次の表は，指数関数 $y=2^x$ における x と y の対応表である。教科書 p.182 の計算にならって，表の空らんをうめよ。

x	-2	-1.5	-1	-0.5	0	0.5	1	1.5	2
y	0.25						2	2.83	4

指針　**$y=2^x$ のグラフ**　次の例にならって計算する。

$$2^{-2}=\frac{1}{2^2}=\frac{1}{4}=0.25,\qquad 2^{1.5}=2^{\frac{3}{2}}=2^1\times 2^{\frac{1}{2}}=2\sqrt{2}\fallingdotseq 2.83$$

なお，a が 0 以外のどんな数であっても $a^0=1$ であった。したがって，指数関数のグラフは必ず点 $(0,\ 1)$ を通る。

解答　$2^{-1.5}=2^{-\frac{3}{2}}=\dfrac{1}{2^{\frac{3}{2}}}=\dfrac{1}{2\sqrt{2}}=\dfrac{\sqrt{2}}{4}\fallingdotseq 0.35$　　　← $\sqrt{2}=1.4142\cdots\cdots$

$2^{-1}=\dfrac{1}{2}=0.5,\qquad 2^{-0.5}=\dfrac{1}{2^{\frac{1}{2}}}=\dfrac{1}{\sqrt{2}}=\dfrac{\sqrt{2}}{2}\fallingdotseq 0.71$

$2^0=1,\qquad 2^{0.5}=2^{\frac{1}{2}}=\sqrt{2}\fallingdotseq 1.41$

よって，空らんの左から順に　**0.35，0.5，0.71，1，1.41**　答

注意　この表をもとにすると，図のように，指数関数 $y=2^x$ のグラフをかくことができる。

また，指数関数 $y=\left(\frac{1}{2}\right)^x$ は $y=2^{-x}$ とも表されるので，そのグラフは，$y=2^x$ のグラフと y 軸に関して対称である。

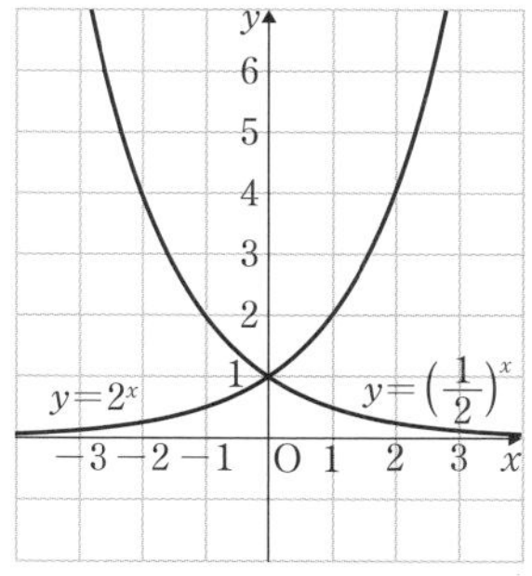

教 p.183

練習 9　次の関数のグラフをかけ。

(1)　$y=3^x$　　　　(2)　$y=\left(\frac{1}{3}\right)^x$

指針　**$y=3^x$，$y=\left(\frac{1}{3}\right)^x$ のグラフ**　$\left(\frac{1}{3}\right)^x=(3^{-1})^x=3^{-x}$ であるから，2 つのグラフは y 軸に関して対称である。練習 8 にならって，$y=3^x$ における x と y の対応表を作ると，次のようになる。

x	-2	-1.5	-1	-0.5	0	0.5	1	1.5	2
y	0.11	0.19	0.33	0.58	1	1.73	3	5.20	9

解答　(1)　このグラフは，x 軸が漸近線で，点 $(0,\ 1)$，$(1,\ 3)$ を通る右上がりの曲線で，図のようになる。

(2)　このグラフは，x 軸が漸近線で，点 $(0,\ 1)$，$\left(1,\ \frac{1}{3}\right)$ を通る右下がりの曲線である。

また，(1)の曲線と y 軸に関して対称で，図のようになる。

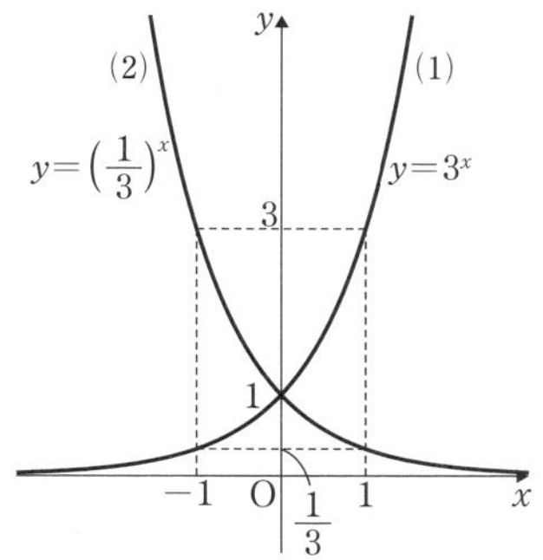

教 p.183

練習 10　教科書 $p.183$ 練習 9 (1)の $y=3^x$ のグラフと，教科書 $p.182$ の $y=2^x$ のグラフを同じ座標平面上にかき，それらがどのような位置関係にあるか説明せよ。

指針　**$y=3^x$，$y=2^x$ のグラフの位置関係**　2 つのグラフの上下関係に着目する。

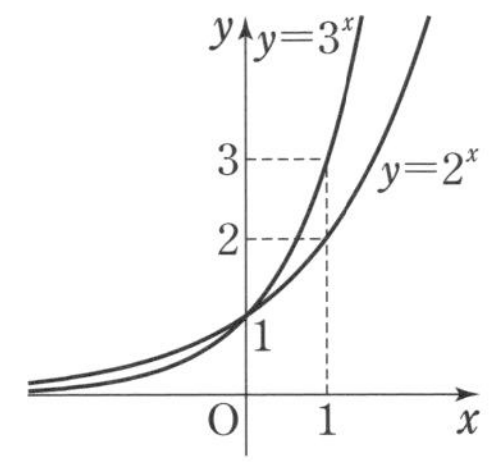

解答　$y=3^x$ のグラフと $y=2^x$ のグラフは右の図のようになり，次のような位置関係にある。

$x<0$ のとき

　　$y=2^x$ のグラフが上にある。

$x=0$ のとき

　　一致する。

$x>0$ のとき　$y=3^x$ のグラフが上にある。　終

B 指数関数の特徴

教 p.184

【?】

（例題 2）　$\sqrt{2}=2^{\frac{1}{2}}$，$\sqrt[3]{4}=2^{\frac{2}{3}}$，$\sqrt[5]{8}=2^{\frac{3}{5}}$ と変形したのはなぜだろうか。

指針　**指数関数の特徴と数の大小**　指数関数 $y=a^x$ のとる値の大小は

$a>1$ のとき　$p<q \iff a^p<a^q$

$0<a<1$ のとき　$p<q \iff a^p>a^q$

解説　$\sqrt{2}$，$\sqrt[3]{4}$，$\sqrt[5]{8}$ のままでは，大小を比較できない。そこで指針で示した特徴を利用するために，底をそろえる必要があって，2 の累乗の形にそろえるように変形した。

教 p.184

練習 11

次の 3 つの数の大小を不等号を用いて表せ。

(1)　$\sqrt[3]{4}$，$\sqrt[4]{8}$，$\sqrt[5]{8}$　　(2)　1，0.2^3，0.2^{-1}

指針　**指数関数の特徴と数の大小**　指数関数 $y=a^x$ は，底 a が 1 より大きいとき増加関数であり，底 a が 1 より小さいとき減少関数である。

この特徴を使うと，指数の大小によって数の大小を判断することができる。すなわち，$a>1$ ならば，指数が大きいほど大きく，$0<a<1$ ならば，指数が大きいほど小さい。

解答　(1)　$\sqrt[3]{4}=\sqrt[3]{2^2}=2^{\frac{2}{3}}$，$\sqrt[4]{8}=\sqrt[4]{2^3}=2^{\frac{3}{4}}$，$\sqrt[5]{8}=2^{\frac{3}{5}}$　←底を 2 にそろえる。

指数の大小を調べると　$\dfrac{3}{5}<\dfrac{2}{3}<\dfrac{3}{4}$

底 2 は 1 より大きいから　$2^{\frac{3}{5}}<2^{\frac{2}{3}}<2^{\frac{3}{4}}$

すなわち　$\boldsymbol{\sqrt[5]{8}<\sqrt[3]{4}<\sqrt[4]{8}}$　答

(2)　指数の大小を調べると　$-1<0<3$　←$1=0.2^0$

底 0.2 は 1 より小さいから　$0.2^3<0.2^0<0.2^{-1}$

すなわち　$\boldsymbol{0.2^3<1<0.2^{-1}}$　答

注意 (2)　$0.2^3=0.008$, $0.2^{-1}=\left(\frac{1}{5}\right)^{-1}=5$

C 指数関数を含む方程式，不等式

教 p.185

【?】

(例題 3)　$27^x=3^{3x}$, $9=3^2$ と変形したのはなぜだろうか。

指針 **指数関数を含む方程式**　$a>0$, $a\neq1$ のとき　$a^p=a^q \iff p=q$

解説 $27^x=9$ のままでは解けない。そこで指針で示した性質を用いるために底をそろえる必要があって，3 の累乗の形にそろえるように変形した。

教 p.185

練習 12

次の方程式を解け。

(1)　$4^x=8$　　(2)　$8^x=\frac{1}{16}$　　(3)　$9^x=3^{2-x}$

指針 **指数関数を含む方程式**　指数関数の特徴を利用して解く。

$a>0$, $a\neq1$ のとき　$a^p=a^q \iff p=q$

それぞれ底をそろえて考える。

解答 (1)　方程式を変形すると　$2^{2x}=2^3$　　← $4^x=(2^2)^x=2^{2x}$

よって　$2x=3$　　したがって　$\boldsymbol{x=\frac{3}{2}}$ 答

(2)　方程式を変形すると　$2^{3x}=2^{-4}$　　← $\frac{1}{16}=\frac{1}{2^4}=2^{-4}$

よって　$3x=-4$　　したがって　$\boldsymbol{x=-\frac{4}{3}}$ 答

(3)　方程式を変形すると　$3^{2x}=3^{2-x}$　　← $9^x=(3^2)^x=3^{2x}$

よって　$2x=2-x$　　これを解いて　$\boldsymbol{x=\frac{2}{3}}$ 答

教 p.185

【?】

(例題 4)　底に着目したのはなぜだろうか。

指針 **指数関数を含む不等式**　指数関数の特徴を利用して解く。

$a>1$ のとき　$a^p<a^q \iff p<q$

$0<a<1$ のとき　$a^p<a^q \iff p>q$

解説 指針で示した特徴により，底と 1 との大小関係によって，a^p と a^q の大小関係と p と q の大小関係が変わるから。

教 p.185

練習 13

次の不等式を解け。

(1) $3^x<81$　　(2) $\left(\frac{1}{2}\right)^x \geqq \frac{1}{32}$　　(3) $2^{3x-4}>\left(\frac{1}{4}\right)^x$

指針 **指数関数を含む不等式**　指数関数の特徴を利用して解く。

$a>1$ のとき　$a^p<a^q \iff p<q$　←不等号の向きは同じ

$0<a<1$ のとき　$a^p<a^q \iff p>q$　←不等号の向きは逆転

それぞれ底をそろえて考える。

解答 (1) 不等式を変形すると　$3^x<3^4$　←$y=3^x$ は増加関数

底 3 が 1 より大きいから　$\boldsymbol{x<4}$ 答

(2) 不等式を変形すると　$\left(\frac{1}{2}\right)^x \geqq \left(\frac{1}{2}\right)^5$　←$y=\left(\frac{1}{2}\right)^x$ は減少関数

底 $\frac{1}{2}$ が 1 より小さいから　$\boldsymbol{x \leqq 5}$ 答

(3) 不等式を変形すると　$2^{3x-4}>2^{-2x}$　←$y=2^x$ は増加関数

底 2 が 1 より大きいから　$3x-4>-2x$

これを解いて　$\boldsymbol{x>\frac{4}{5}}$ 答

教 p.186

【?】

(応用例題 1)　$t>0$ である理由を，指数関数のグラフを利用して説明してみよう。

指針 **指数関数 $y=a^x$ の特徴**　定義域は実数全体，値域は正の数全体

解説 指数関数 $y=2^x$ の値域は正の数全体，すなわち，グラフは x 軸より上側にある。よって，$2^x=t$ とおくと $t>0$ である。

教 p.186

練習 14

次の方程式を解け。

(1) $4^x+2\cdot 2^x-3=0$　　(2) $9^x-4\cdot 3^x+3=0$

指針 **指数関数を含む方程式**　(1)は $2^x=t$，(2)は $3^x=t$ とおくと，いずれも t の 2 次方程式になる。$t>0$ であることに注意して解く。

解答 (1) 方程式を変形すると　$(2^x)^2+2\cdot 2^x-3=0$　←$4^x=(2^2)^x=(2^x)^2$

$2^x=t$ とおくと，$t>0$ であり，方程式は

$$t^2+2t-3=0$$
$$(t-1)(t+3)=0$$

$t>0$ であるから　$t=1$　よって　$2^x=2^0$　←$2^0=1$

したがって　$\boldsymbol{x=0}$ 答

(2) 方程式を変形すると　$(3^x)^2-4\cdot 3^x+3=0$　　←$9^x=(3^2)^x=(3^x)^2$

$3^x=t$ とおくと，$t>0$ であり，方程式は

$$t^2-4t+3=0$$
$$(t-1)(t-3)=0$$

$t>0$ であるから　$t=1,\ 3$

$t=1$ のとき　$3^x=3^0$　よって　$x=0$

$t=3$ のとき　$3^x=3^1$　よって　$x=1$

したがって　$\boldsymbol{x=0,\ 1}$　答

練習 15　教 p.186

次の不等式を解け。

(1)　$9^x+3^x-12>0$　　(2)　$4^x-2\cdot 2^x-8\leqq 0$

指針　**指数関数を含む不等式**　(1)は $3^x=t$，(2)は $2^x=t$ とおくと，いずれも t の2次不等式になる。$t>0$ であることに注意して解く。

解答　(1)　不等式を変形すると　$(3^x)^2+3^x-12>0$　　←$9^x=(3^2)^x=(3^x)^2$

$3^x=t$ とおくと，$t>0$ であり，不等式は

$$t^2+t-12>0$$
$$(t-3)(t+4)>0$$

$t+4>0$ であるから　$t-3>0$　すなわち　$t>3$

よって　$3^x>3$　すなわち　$3^x>3^1$

底3は1より大きいから　$\boldsymbol{x>1}$　答

(2)　不等式を変形すると　$(2^x)^2-2\cdot 2^x-8\leqq 0$　　←$4^x=(2^2)^x=(2^x)^2$

$2^x=t$ とおくと，$t>0$ であり，不等式は

$$t^2-2t-8\leqq 0$$
$$(t+2)(t-4)\leqq 0$$

$t+2>0$ であるから　$t-4\leqq 0$　すなわち　$t\leqq 4$

よって　$2^x\leqq 4$　すなわち　$2^x\leqq 2^2$

底2は1より大きいから　$\boldsymbol{x\leqq 2}$　答

第5章 第1節　問　題

教 p.187

1 光の進む速さが，毎秒 3.0×10^8 m であるとすると，光は 1 km を進むのに約 $3.3\times10^{\square}$ 秒かかる。□に適する整数を求めよ。

指針　**指数法則（指数が整数）**　「時間＝距離÷速さ」を使う。
指数法則 $a^m\div a^n=a^{m-n}$ によって計算する。

解答　1 km＝10^3 m であるから，1 km を進むのにかかる時間は

$$10^3\div(3.0\times10^8)=10^3\times\frac{1}{3}\times\frac{1}{10^8}\fallingdotseq0.33\times10^3\times10^{-8}$$
$$=3.3\times10^{-1}\times10^3\times10^{-8}=3.3\times10^{-6}\text{(秒)}$$ 答　**−6**

教 p.187

2 次の式を計算せよ。

(1) $\sqrt[3]{6}\sqrt[3]{9}$　　(2) $\sqrt[4]{48}-\sqrt[4]{3}$

(3) $(\sqrt[4]{3}+\sqrt[4]{2})(\sqrt[4]{3}-\sqrt[4]{2})$　　(4) $\left(2^{\frac{1}{3}}-2^{-\frac{1}{3}}\right)\left(2^{\frac{2}{3}}+1+2^{-\frac{2}{3}}\right)$

指針　**指数法則（指数が有理数）**　式の形に注目すると，(3)は $(a+b)(a-b)$，(4)は $(a-b)(a^2+ab+b^2)$ の展開の公式が利用できる。

解答　(1) $\sqrt[3]{6}\sqrt[3]{9}=\sqrt[3]{6\times9}=\sqrt[3]{2\times3^3}$
$=\sqrt[3]{2}\times\sqrt[3]{3^3}=\sqrt[3]{2}\times3=\mathbf{3\sqrt[3]{2}}$ 答

(2) $\sqrt[4]{48}-\sqrt[4]{3}=\sqrt[4]{3\times2^4}-\sqrt[4]{3}$
$=\sqrt[4]{3}\times\sqrt[4]{2^4}-\sqrt[4]{3}$
$=2\sqrt[4]{3}-\sqrt[4]{3}=\mathbf{\sqrt[4]{3}}$ 答

(3) $(\sqrt[4]{3}+\sqrt[4]{2})(\sqrt[4]{3}-\sqrt[4]{2})=\left(3^{\frac{1}{4}}+2^{\frac{1}{4}}\right)\left(3^{\frac{1}{4}}-2^{\frac{1}{4}}\right)$　← $\sqrt[n]{a}=a^{\frac{1}{n}}$
$=\left(3^{\frac{1}{4}}\right)^2-\left(2^{\frac{1}{4}}\right)^2$　← $(a+b)(a-b)=a^2-b^2$
$=3^{\frac{1}{2}}-2^{\frac{1}{2}}=\mathbf{\sqrt{3}-\sqrt{2}}$ 答　← $(a^r)^s=a^{rs}$

(4) $\left(2^{\frac{1}{3}}-2^{-\frac{1}{3}}\right)\left(2^{\frac{2}{3}}+1+2^{-\frac{2}{3}}\right)$
$=\left(2^{\frac{1}{3}}-2^{-\frac{1}{3}}\right)\left\{\left(2^{\frac{1}{3}}\right)^2+2^{\frac{1}{3}}\cdot2^{-\frac{1}{3}}+\left(2^{-\frac{1}{3}}\right)^2\right\}$　← $2^{\frac{1}{3}}\cdot2^{-\frac{1}{3}}=2^0=1$
$=\left(2^{\frac{1}{3}}\right)^3-\left(2^{-\frac{1}{3}}\right)^3=2-2^{-1}$　← $(a-b)(a^2+ab+b^2)=a^3-b^3$
$=2-\frac{1}{2}=\mathbf{\frac{3}{2}}$ 答

教 p.187

3 次の関数のグラフをかけ。

(1) $y=2^{x-1}$　　(2) $y=2^x+1$

指針 **指数関数のグラフ**　$f(x)=2^x$ とおくと，

(1)の関数は　$y=f(x-1)$，

(2)の関数は　$y=f(x)+1$　すなわち　$y-1=f(x)$

と表される。

一般に，$y-q=f(x-p)$ のグラフは，$y=f(x)$ のグラフを x 軸方向に p，y 軸方向に q だけ平行移動したものである。

解答 (1) $y=2^{x-1}$ のグラフは，$y=2^x$ のグラフを x 軸方向に 1 だけ平行移動したもので，図のようになる。

(2) $y=2^x+1$ のグラフは，$y=2^x$ のグラフを y 軸方向に 1 だけ平行移動したものである。また，漸近線は直線 $y=1$ であり，図のようになる。

(1)

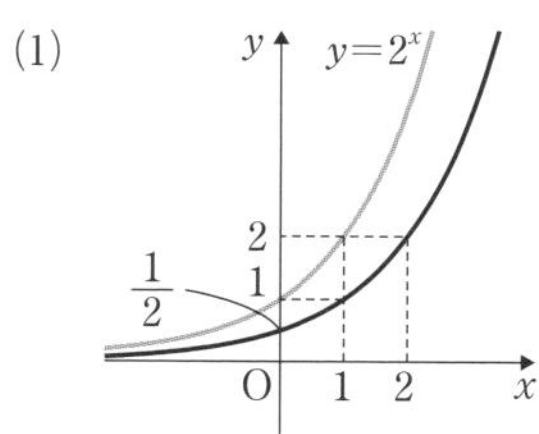

(2)

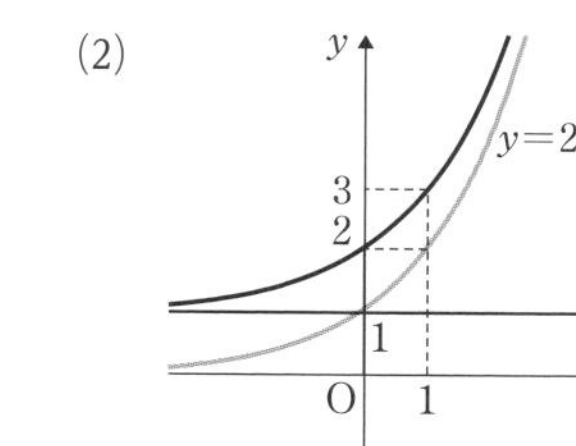

教 p.187

4 次の方程式，不等式を解け。

(1) $3^{3x-1}=81$　　(2) $2^{1-x}=\sqrt[3]{2}$

(3) $4^x-32>0$　　(4) $\left(\frac{1}{9}\right)^{1-x}\leqq\left(\frac{1}{3}\right)^{2x}$

指針 **指数関数を含む方程式，不等式**　底をそろえて，指数部分を比較する。

(1)，(2)　$a>0$，$a\neq1$ のとき　$a^p=a^q \iff p=q$

(3)　$a>1$　のとき　$a^p<a^q \iff p<q$

(4)　$0<a<1$　のとき　$a^p\leqq a^q \iff p\geqq q$

解答 (1) 方程式を変形すると　$3^{3x-1}=3^4$

$3x-1=4$ から　$\boldsymbol{x=\frac{5}{3}}$ 答

(2) 方程式を変形すると　$2^{1-x}=2^{\frac{1}{3}}$

$1-x=\frac{1}{3}$ から　$\boldsymbol{x=\frac{2}{3}}$ 答

5章 指数関数と対数関数

(3) 不等式を変形すると　$2^{2x}>2^5$

底 2 は 1 より大きいから　$2x>5$

これを解いて　$x>\dfrac{5}{2}$ 答

(4) 不等式を変形すると　$\left(\dfrac{1}{3}\right)^{2(1-x)} \leqq \left(\dfrac{1}{3}\right)^{2x}$

底 $\dfrac{1}{3}$ は 1 より小さいから　$2(1-x) \geqq 2x$

これを解いて　$x \leqq \dfrac{1}{2}$ 答

教 p.187

5 次の方程式，不等式を解け。

(1) $2^{2x+1}-2^{x+3}-64=0$　(2) $\left(\dfrac{1}{9}\right)^{x-2}-10\left(\dfrac{1}{3}\right)^{x-1}+1=0$

(3) $2\left(\dfrac{1}{2}\right)^{2x}+7\left(\dfrac{1}{2}\right)^{x}-4>0$　(4) $9^x-4\cdot 3^x+3<0$

指針 **指数関数を含む方程式，不等式**　$a^x=t$ とおいて，(1)，(2)は t の 2 次方程式，(3)，(4)は t の 2 次不等式を解く。$t>0$ であることに注意する。

解答 (1) 方程式を変形すると　$2(2^x)^2-8\cdot 2^x-64=0$

$2^x=t$ とおくと，$t>0$ であり，方程式は

$$2t^2-8t-64=0 \quad \text{すなわち} \quad 2(t+4)(t-8)=0$$

$t>0$ であるから　$t=8$

よって　$2^x=8$　すなわち　$2^x=2^3$

したがって　$x=3$ 答

(2) 方程式を変形すると　$\left(\dfrac{1}{9}\right)^{-2}\cdot\left(\dfrac{1}{9}\right)^{x}-10\cdot\left(\dfrac{1}{3}\right)^{-1}\cdot\left(\dfrac{1}{3}\right)^{x}+1=0$

すなわち　$81\left\{\left(\dfrac{1}{3}\right)^{x}\right\}^2-30\left(\dfrac{1}{3}\right)^{x}+1=0$

$\left(\dfrac{1}{3}\right)^{x}=t$ とおくと，$t>0$ であり，方程式は

$$81t^2-30t+1=0 \quad \text{すなわち} \quad (3t-1)(27t-1)=0$$

$t>0$ であるから　$t=\dfrac{1}{3}, \dfrac{1}{27}$

よって　$\left(\dfrac{1}{3}\right)^{x}=\dfrac{1}{3}, \dfrac{1}{27}$　すなわち　$\left(\dfrac{1}{3}\right)^{x}=\left(\dfrac{1}{3}\right)^{1}, \left(\dfrac{1}{3}\right)^{3}$

したがって　$x=1, 3$ 答

(3) 不等式を変形すると　$2\left\{\left(\frac{1}{2}\right)^x\right\}^2+7\left(\frac{1}{2}\right)^x-4>0$

$\left(\frac{1}{2}\right)^x=t$ とおくと，$t>0$ であり，不等式は

$$2t^2+7t-4>0 \quad \text{すなわち} \quad (2t-1)(t+4)>0$$

$t>0$ であるから　$2t-1>0$　すなわち　$t>\frac{1}{2}$

よって　$\left(\frac{1}{2}\right)^x>\left(\frac{1}{2}\right)^1$

底 $\frac{1}{2}$ は 1 より小さいから　$\boldsymbol{x<1}$ 答

(4) 不等式を変形すると　$(3^x)^2-4\cdot3^x+3<0$

$3^x=t$ とおくと，$t>0$ であり，不等式は

$$t^2-4t+3<0$$
$$(t-1)(t-3)<0$$

$t>0$ であるから　$1<t<3$

よって　$1<3^x<3$　すなわち　$3^0<3^x<3^1$

底 3 は 1 より大きいから　$\boldsymbol{0<x<1}$ 答

教 p.187

6　関数 $y=4^x-2^{x+1}+3$ $(x<2)$ の最小値と，そのときの x の値を求めよ。

指針　**指数関数を含む関数の最小値**

$a>1$ のとき　$p<q \iff 0<a^p<a^q$

$0<a<1$ のとき　$p<q \iff a^p>a^q>0$

$4^x=(2^2)^x=(2^x)^2$，$2^{x+1}=2^x\cdot2^1=2\cdot2^x$ であるから，$2^x=t$ とおくと，与えられた関数は t の 2 次関数になる。さらに t の 2 次式を平方完成し，t のとりうる値の範囲に注意して，定義域の両端や頂点などに着目する。

解答　指数関数 2^x の底 2 は 1 より大きいから，定義域が $x<2$ のとき

$0<2^x<2^2$　　$2^x=t$ とおくと　$0<t<4$

関数 $y=4^x-2^{x+1}+3$ の右辺を変形すると

$$y=(2^x)^2-2^x\cdot2+3$$

$2^x=t$ とおくと　$y=t^2-2t+3$

右辺を平方完成して　$y=(t-1)^2+2$

関数 $y=(t-1)^2+2$ $(0<t<4)$ は $t=1$ で最小値 2 をとる。

$t=1$ のとき　$2^x=1$　　このとき　$x=0$

よって，y は $\boldsymbol{x=0}$ **で最小値 2** をとる。 答

5章 指数関数と対数関数

教 p.187

7 $t=2^x+2^{-x}$ とおく。

(1) x がすべての実数を動くとき，t の最小値を求めよ。

(2) 4^x+4^{-x} を t を用いて表せ。

(3) 関数 $y=4^x+4^{-x}-3(2^x+2^{-x})+4$ の最小値を求めよ。

指針 **指数関数を含む関数の最小値**

(1) 相加平均と相乗平均の大小関係を利用する。

(2) $X^2+Y^2=(X+Y)^2-2XY$ を利用する。

(3) (1), (2)を利用して，y を t で表す。

解答 (1) $2^x>0$，$2^{-x}>0$ であるから，相加平均と相乗平均の大小関係により

$$2^x+2^{-x} \geqq 2\sqrt{2^x \cdot 2^{-x}}=2$$

等号が成り立つのは，$2^x=2^{-x}$，すなわち $x=0$ のときである。

よって，t の最小値は　**2**　答

(2) $4^x+4^{-x}=(2^x)^2+(2^{-x})^2$

$$=(2^x+2^{-x})^2-2\cdot 2^x\cdot 2^{-x}$$

$$=(2^x+2^{-x})^2-2$$

$$=\boldsymbol{t^2-2}$$　答

(3) y を t で表すと

$$y=(t^2-2)-3t+4$$

$$=t^2-3t+2$$

$$=\left(t-\frac{3}{2}\right)^2-\frac{1}{4}$$

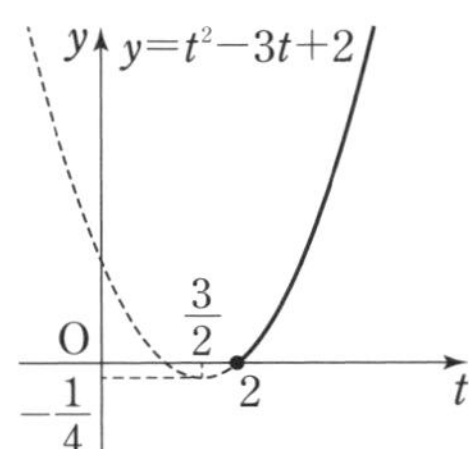

(1)から，t の値の範囲は　$t \geqq 2$

$t=2$ のとき，(1)より $x=0$

よって，y は **$x=0$ で最小値 0** をとる。　答

第2節　対数関数

3　対数とその性質

まとめ

1　対数

一般に，指数関数 $y=a^x$ の値域は正の数全体であるから，どのような正の数 M に対しても，$M=a^p$ となる実数 p がただ1つ定まる。

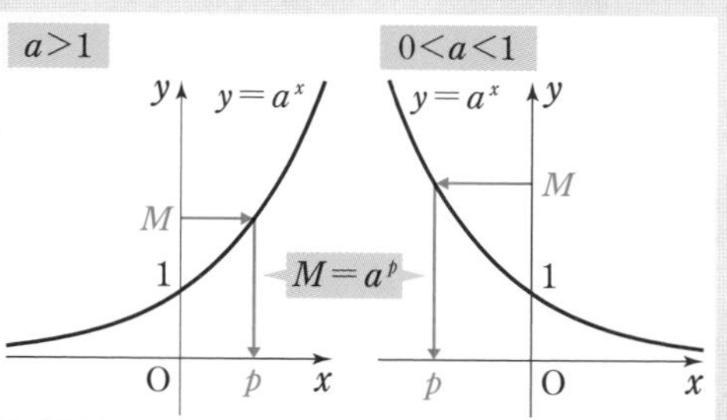

$M=a^p$ となる実数 p を $\log_a M$ で表し，a を **底** とする M の **対数** という。また，$\log_a M$ における正の数 M を，この対数の **真数** という。

log は対数を意味する英語 logarithm を略したものである。

指数と対数の関係は，次のようになる。

指数と対数

$a>0$，$a\neq1$ で $M>0$ とするとき，次が成り立つ。

$$M=a^p \iff \log_a M=p$$

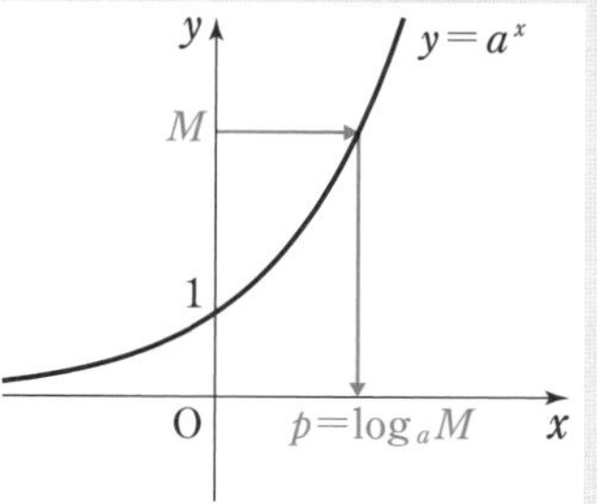

注意　以下，$\log_a M$ と書くとき，$a>0$，$a\neq1$，$M>0$ であるとする。

$\log_a M$ は，$a^{\square}=M$ の□に当てはまる数であるから，次の等式が成り立つ。

$$\log_a a^p=p$$

$\log_a M$ は，a を何乗したら M になるか表した数である。
$a^{\log_a M}=M$

2　対数の性質

対数の定義を利用すると，次のことが成り立つ。

$$\log_a 1=0,\qquad \log_a a=1$$

指数法則1，1′，2から，次が得られる。

対数の性質　$a>0$，$a\neq1$，$M>0$，$N>0$ のとき

1　$\log_a MN=\log_a M+\log_a N$

2　$\log_a \dfrac{M}{N}=\log_a M-\log_a N$

3　$\log_a M^k=k\log_a M$　　k は実数

補足 2において，とくに$M=1$のときは　$\log_a \frac{1}{N}=-\log_a N$

3　底の変換公式

a，b，cは正の数で，$a \neq 1$，$b \neq 1$，$c \neq 1$とするとき

$$\log_a b=\frac{\log_c b}{\log_c a} \qquad \text{とくに} \quad \log_a b=\frac{1}{\log_b a}$$

補足 底cは，1以外の正の数であればどのような値でもよい。

A 対数

教 p.189

練習 16

次の関係を$\log_a M=p$の形に書け。

(1)　$9=3^2$　　(2)　$\frac{1}{25}=5^{-2}$　　(3)　$10^{\frac{1}{2}}=\sqrt{10}$

指針 **指数と対数**　$M=a^p \iff \log_a M=p$　を利用。

解答 (1)　$\log_3 9=2$ 答　　(2)　$\log_5 \frac{1}{25}=-2$ 答　　(3)　$\log_{10} \sqrt{10}=\frac{1}{2}$ 答

教 p.189

練習 17

次の関係を$M=a^p$の形に書け。

(1)　$\log_4 64=3$　　(2)　$\log_7 \frac{1}{7}=-1$　　(3)　$\log_{\frac{1}{2}} \frac{1}{8}=3$

指針 **指数と対数**　$M=a^p \iff \log_a M=p$　を利用。

解答 (1)　$64=4^3$ 答

(2)　$\frac{1}{7}=7^{-1}$ 答

(3)　$\frac{1}{8}=\left(\frac{1}{2}\right)^3$ 答

教 p.190

練習 18

次の値を求めよ。

(1)　$\log_2 2^5$　　(2)　$\log_5 25$　　(3)　$\log_3 \frac{1}{27}$

(4)　$\log_{\frac{1}{2}} \frac{1}{16}$　　(5)　$\log_{10} 0.1$　　(6)　$\log_2 \sqrt[3]{2}$

指針 $\log_a a^p=p$　真数が底の累乗の形で表されるとき，その累乗の指数が対数の値となる。(2)～(6)は，まず真数をa^pの形にする。

解答 (1) $\log_2 2^5=5$ 答

(2) $\log_5 25=\log_5 5^2=2$ 答

(3) $\log_3 \dfrac{1}{27}=\log_3 3^{-3}=-3$ 答

(4) $\log_{\frac{1}{2}} \dfrac{1}{16}=\log_{\frac{1}{2}} \left(\dfrac{1}{2}\right)^4=4$ 答

(5) $\log_{10} 0.1=\log_{10} \dfrac{1}{10}=\log_{10} 10^{-1}=-1$ 答

(6) $\log_2 \sqrt[3]{2}=\log_2 2^{\frac{1}{3}}=\dfrac{1}{3}$ 答

B 対数の性質

練習 19 教 p.191

教科書 p.191 の性質 1 の証明を参考にして，性質 2，3 が成り立つことを証明せよ。

指針 **対数の性質の証明** 指数法則と対数の定義を用いて示す。

解答 【2 の証明】

$\log_a M=p$，$\log_a N=q$ とすると

$M=a^p$，$N=a^q$

よって $\dfrac{M}{N}=\dfrac{a^p}{a^q}=a^{p-q}$

したがって $\log_a \dfrac{M}{N}=p-q=\log_a M-\log_a N$ 終

【3 の証明】

$\log_a M=p$ とすると，$M=a^p$ より $M^k=(a^p)^k=a^{kp}$ であるから

$\log_a M^k=kp=k\log_a M$ 終

練習 20 教 p.191

次の式を計算せよ。

(1) $\log_4 2+\log_4 8$

(2) $\log_5 2-\log_5 50$

(3) $\log_3 4+\log_3 18-3\log_3 2$

(4) $\log_3 \sqrt[3]{6}-\dfrac{1}{3}\log_3 2$

指針 **対数の計算** 対数の性質 1 ～ 3 を用いて計算する。このとき，公式を「左辺→右辺」に用いる方法と「右辺→左辺」に用いる方法がある。本問では「右辺→左辺」の方法を用いると計算が簡単である。

1 $\log_a MN=\log_a M+\log_a N$

2 $\log_a \dfrac{M}{N}=\log_a M-\log_a N$

3 $\log_a M^k=k\log_a M$

解答 (1) $\log_4 2+\log_4 8=\log_4(2\times8)=\log_4 16$
$=\log_4 4^2=\mathbf{2}$ 答

(2) $\log_5 2-\log_5 50=\log_5\dfrac{2}{50}=\log_5\dfrac{1}{25}$
$=\log_5 5^{-2}=\mathbf{-2}$ 答

(3) $\log_3 4+\log_3 18-3\log_3 2=\log_3 4+\log_3 18-\log_3 2^3$
$=\log_3\dfrac{4\times18}{8}=\log_3 9=\log_3 3^2=\mathbf{2}$ 答

(4) $\log_3\sqrt[3]{6}-\dfrac{1}{3}\log_3 2=\log_3\sqrt[3]{6}-\log_3\sqrt[3]{2}$
$=\log_3\dfrac{\sqrt[3]{6}}{\sqrt[3]{2}}=\log_3 3^{\frac{1}{3}}=\dfrac{1}{3}\log_3 3=\mathbf{\dfrac{1}{3}}$ 答

別解 (1) $\log_4 2+\log_4 8=\log_4 2+\log_4\dfrac{16}{2}$
$=\log_4 2+(\log_4 16-\log_4 2)$
$=\log_4 16=\log_4 4^2=2\log_4 4=\mathbf{2}$ 答

(2) $\log_5 2-\log_5 50=\log_5 2-\log_5(2\times25)$
$=\log_5 2-(\log_5 2+\log_5 25)=-\log_5 25$
$=-\log_5 5^2=-2\log_5 5=\mathbf{-2}$ 答

(3) $\log_3 4+\log_3 18-3\log_3 2=\log_3 2^2+\log_3(2\times9)-3\log_3 2$
$=2\log_3 2+(\log_3 2+\log_3 9)-3\log_3 2$
$=\log_3 9=\log_3 3^2=2\log_3 3=\mathbf{2}$ 答

(4) $\log_3\sqrt[3]{6}-\dfrac{1}{3}\log_3 2=\log_3 6^{\frac{1}{3}}-\dfrac{1}{3}\log_3 2$
$=\dfrac{1}{3}\log_3 6-\dfrac{1}{3}\log_3 2=\dfrac{1}{3}\log_3(2\times3)-\dfrac{1}{3}\log_3 2$
$=\dfrac{1}{3}(\log_3 2+\log_3 3)-\dfrac{1}{3}\log_3 2=\dfrac{1}{3}\log_3 3=\mathbf{\dfrac{1}{3}}$ 答

C 底の変換公式

教 p.192

練習 21

次の式を簡単にせよ。

(1) $\log_4 8$　(2) $\log_9 3$

(3) $\log_3 2\cdot\log_2 27$　(4) $\log_2 12-\log_4 18$

指針 **底の変換公式**　a を底とする対数は，底の変換公式を用いて，a と異なる数 c (ただし，$c>0$，$c\neq1$) を底とする対数で表すことができる。底は計算のしやすいものを選べばよい。

解答 (1) $\log_4 8=\dfrac{\log_2 8}{\log_2 4}=\dfrac{\log_2 2^3}{\log_2 2^2}=\dfrac{3}{2}$ 答　　←$4=2^2$, $8=2^3$ に着目

(2) $\log_9 3=\dfrac{\log_3 3}{\log_3 9}=\dfrac{1}{\log_3 3^2}=\dfrac{1}{2}$ 答　　←$9=3^2$ に着目

(3) $\log_3 2\cdot\log_2 27=\log_3 2\times\dfrac{\log_3 27}{\log_3 2}=\log_3 27=\log_3 3^3=3$ 答

(4) $\log_2 12-\log_4 18=\log_2 12-\dfrac{\log_2 18}{\log_2 4}$

$=\log_2 12-\dfrac{1}{2}\log_2 18=\log_2 12-\log_2\sqrt{18}$

$=\log_2\dfrac{12}{\sqrt{18}}=\log_2 2\sqrt{2}=\log_2 2^{\frac{3}{2}}=\dfrac{3}{2}$ 答

別解 計算方法は1通りではない。他の数を底としても同じ結果を得る。

(1) $\log_4 8=\dfrac{\log_{10} 8}{\log_{10} 4}=\dfrac{\log_{10} 2^3}{\log_{10} 2^2}=\dfrac{3\log_{10} 2}{2\log_{10} 2}=\dfrac{3}{2}$ 答

4 対数関数

まとめ

1 対数関数 $y=\log_a x$ とそのグラフ

a を1と異なる正の定数とする。このとき，$y=\log_a x$ は x の関数である。この関数を，a を 底 とする x の **対数関数** という。

対数関数 $y=\log_a x$ のグラフは，指数関数 $y=a^x$ のグラフと直線 $y=x$ に関して対称であり，下の図のようになる。

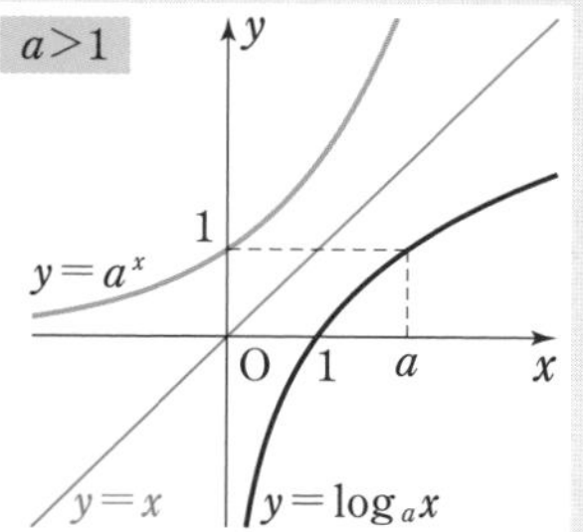

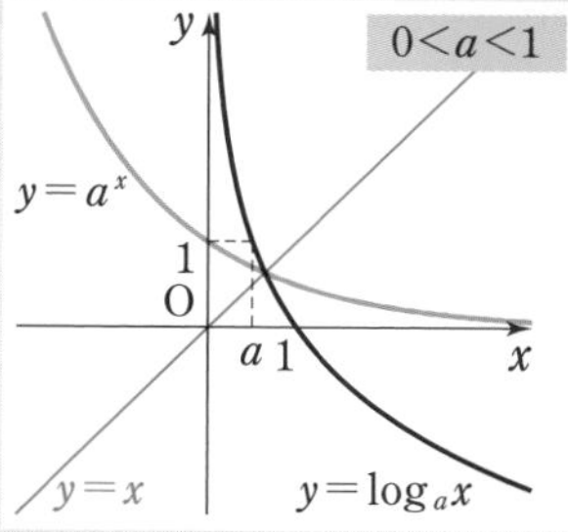

いずれの場合も，y 軸を漸近線としてもち，点 $(1,\ 0)$，$(a,\ 1)$ を通る。
$a>1$ のとき右上がりの曲線，$0<a<1$ のとき右下がりの曲線である。

2 対数関数の特徴

対数関数 $y=\log_a x$ は，次のような特徴をもつ。

対数関数 $y=\log_a x$ の特徴

1　定義域は正の数全体　　値域は実数全体

2　$a>1$ のとき，増加関数である。
　すなわち　$0<p<q \iff \log_a p<\log_a q$
3　$0<a<1$ のとき，減少関数である。
　すなわち　$0<p<q \iff \log_a p>\log_a q$

補足　$a>0$，$a\neq 1$，$p>0$，$q>0$ のとき，次が成り立つ。
$$p=q \iff \log_a p=\log_a q$$

3　対数関数を含む方程式，不等式

対数は真数が正であることに注意する。
基本的な方程式については，対数の定義により，$\log_a x=p$ のとき　$x=a^p$
不等式については，$\log_a x<p$ のとき　$\log_a x<\log_a a^p$
　$a>1$ ならば　$x<a^p$　　$0<a<1$ ならば　$x>a^p$

4　対数関数を含む関数の最大値，最小値

$\log_a x=t$ とおいて，t についての関数と考えてもよい。t の範囲に注意する。

A 対数関数 $y=\log_a x$ とそのグラフ

教 p.194

練習 22

関数 $y=\log_{\frac{1}{2}} x$ のグラフは，関数 $y=\log_2 x$ のグラフと x 軸に関して対称である。このことを，次の 2 つの方法で確かめよ。

(1)　$y=\left(\frac{1}{2}\right)^x$，$y=2^x$ のグラフとの関係を考える。

(2)　底の変換公式を利用して $\log_{\frac{1}{2}} x$ を変形する。

指針　**対数関数のグラフ**

(1)　$y=\left(\frac{1}{2}\right)^x$ と $y=2^x$ のグラフは y 軸に関して対称である。

また，$y=\log_{\frac{1}{2}} x$ と $y=\left(\frac{1}{2}\right)^x$ のグラフ，および $y=\log_2 x$ と $y=2^x$ のグラフは，ともに直線 $y=x$ に関して対称である。

(2)　$\log_{\frac{1}{2}} x=-\log_2 x$ を導く。

解答　(1)　右の図のように，$y=\left(\frac{1}{2}\right)^x$ のグラフと $y=2^x$ のグラフは y 軸に関して対称である。

また，$y=\log_{\frac{1}{2}} x$ のグラフと $y=\left(\frac{1}{2}\right)^x$ のグラフ，$y=\log_2 x$ のグラフと $y=2^x$ のグラフはともに直線 $y=x$ に関して対称である。

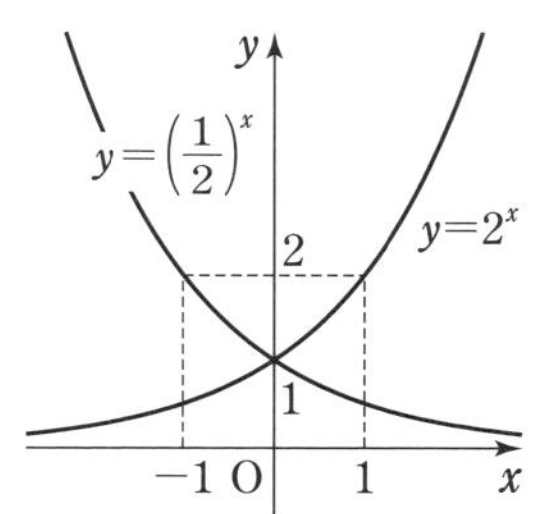

よって，$y=\log_{\frac{1}{2}}x$ のグラフと $y=\log_2 x$ のグラフの位置関係は右の図のようになる。
y 軸と x 軸は $y=x$ に関して対称であるから，$y=\log_{\frac{1}{2}}x$ のグラフは $y=\log_2 x$ のグラフと x 軸に関して対称であることがわかる。 終

(2) $\log_{\frac{1}{2}}x=\dfrac{\log_2 x}{\log_2 \dfrac{1}{2}}=\dfrac{\log_2 x}{\log_2 2^{-1}}=-\log_2 x$

よって，$y=\log_{\frac{1}{2}}x$ のグラフは $y=\log_2 x$ のグラフと x 軸に関して対称であることがわかる。 終

教 p.194

練習 23

次の関数のグラフをかけ。

(1) $y=\log_3 x$　　(2) $y=\log_{\frac{1}{3}}x$

指針 **対数関数のグラフ**　$y=\log_a x$ のグラフは，指数関数 $y=a^x$ のグラフと直線 $y=x$ に関して対称である。(1)，(2)のグラフはそれぞれ指数関数 $y=3^x$，$y=\left(\dfrac{1}{3}\right)^x$ のグラフをもとにしてかくことができる。

解答 (1) このグラフは，y 軸が漸近線で，点$(1,\ 0)$，$(3,\ 1)$を通る右上がりの曲線であり，図のようになる。

(2) このグラフは，y 軸が漸近線で，点$(1,\ 0)$，$\left(\dfrac{1}{3},\ 1\right)$を通る右下がりの曲線であり，図のようになる。

(1)

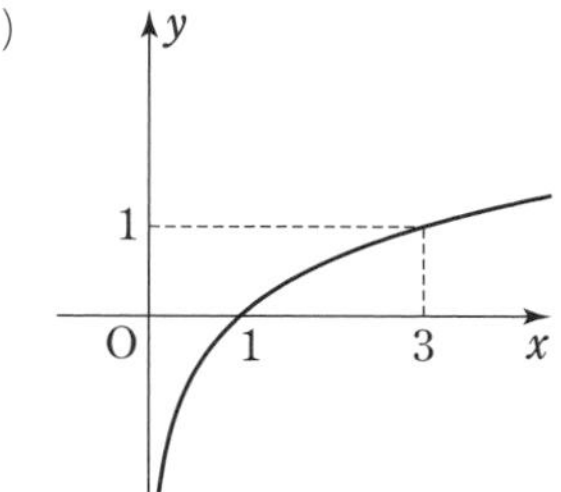

(2)

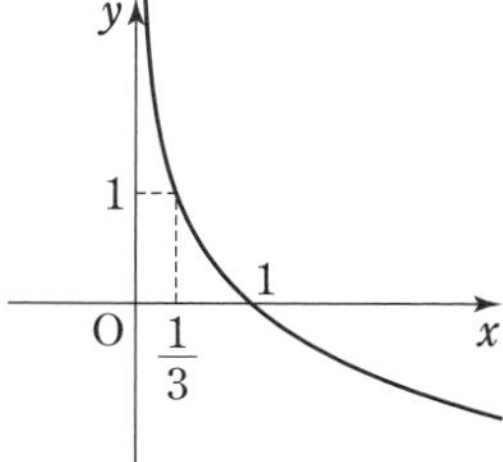

B 対数関数の特徴

教 p.195

【?】

(例題 5)　$2\log_5 3=\log_5 3^2$，$3\log_5 2=\log_5 2^3$ と変形したのはなぜだろうか。

教科書 p.195

指針 **対数関数の特徴と数の大小**　対数関数 $y=\log_a x$ のとる値の大小は

$a>1$ のとき　$0<p<q \iff \log_a p<\log_a q$

$0<a<1$ のとき　$0<p<q \iff \log_a p>\log_a q$

解説 $2\log_5 3$, $3\log_5 2$ のままでは，大小を比較できない。そこで指針で示した特徴を利用するために，対数の性質を利用して $k\log_a M$ の形から $\log_a M^k$ の形にする必要があるから。

練習 24 教 p.195

次の 2 つの数の大小を不等号を用いて表せ。

(1)　$3\log_4 3$, $2\log_4 5$　(2)　$\frac{1}{2}\log_{\frac{1}{4}} 8$, $\log_{\frac{1}{4}} 3$　(3)　$\log_2 3$, 2

指針 **対数関数の特徴と数の大小**　対数関数 $y=\log_a x$ は，底 a が 1 より大きいとき増加関数であり，底 a が 1 より小さいとき減少関数である。

この特徴を使うと，真数の大小によって数の大小を判断することができる。すなわち，$a>1$ ならば，真数が大きいほど大きく，$0<a<1$ ならば，真数が大きいほど小さい。

(1)は対数関数 $y=\log_4 x$, (2)は $y=\log_{\frac{1}{4}} x$ で考える。

また，(3)は $y=\log_2 x$ で考える。$2=\log_2 2^2$ であることに注意。

解答 (1)

$3\log_4 3=\log_4 3^3=\log_4 27$

$2\log_4 5=\log_4 5^2=\log_4 25$

底 4 は 1 より大きいから

$\log_4 25<\log_4 27$

すなわち　$\mathbf{2\log_4 5<3\log_4 3}$　答

(2)

$\frac{1}{2}\log_{\frac{1}{4}} 8=\log_{\frac{1}{4}} 8^{\frac{1}{2}}=\log_{\frac{1}{4}} 2\sqrt{2}$

底 $\frac{1}{4}$ は 1 より小さいから

$\log_{\frac{1}{4}} 3<\log_{\frac{1}{4}} 2\sqrt{2}$　←$3>2\sqrt{2}$

すなわち　$\mathbf{\log_{\frac{1}{4}} 3<\frac{1}{2}\log_{\frac{1}{4}} 8}$　答

(3)　$\log_2 2=1$ であるから

$2=2\log_2 2=\log_2 2^2=\log_2 4$

底 2 は 1 より大きいから

$\log_2 3<\log_2 4$

すなわち　$\mathbf{\log_2 3<2}$　答

教科書 p.196

C 対数関数を含む方程式，不等式

教 p.196

【?】

（例題 6） (2) 右辺の 3 を $\log_2 2^3$ と変形したのはなぜだろうか。

指針 **対数関数を含む方程式，不等式** 対数関数 $y=\log_a x$ のとる値の大小は

$a>1$ のとき $0<p<q \iff \log_a p<\log_a q$

$0<a<1$ のとき $0<p<q \iff \log_a p>\log_a q$

解説 $\log_2 x\leqq 3$ のままでは不等式を解くことはできない。
そこで，指針で示した特徴を利用するために，右辺を変形した。

教 p.196

練習 25

次の方程式，不等式を解け。

(1) $\log_2 x=4$　(2) $\log_{\frac{1}{10}} x=2$

(3) $\log_3 x<2$　(4) $\log_{\frac{1}{2}} x\leqq 2$

指針 **対数関数を含む方程式，不等式** $a>0$，$a\neq 1$，$p>0$，$q>0$ のとき

$\log_a p=\log_a q \iff p=q$

$a>1$ のとき $\log_a p<\log_a q \iff 0<p<q$ ←向き同じ

$0<a<1$ のとき $\log_a p<\log_a q \iff 0<q<p$ ←向き逆転

なお，対数においては，真数>0であることに注意する。

解答 (1) 対数の定義から $x=2^4$ よって $\boldsymbol{x=16}$ 答

(2) 対数の定義から $x=\left(\frac{1}{10}\right)^2$ よって $\boldsymbol{x=\frac{1}{100}}$ 答

(3) 真数は正であるから $x>0$ ……①

不等式を変形すると $\log_3 x<\log_3 3^2$ ←$2=2\log_3 3$ $=\log_3 3^2$

すなわち $\log_3 x<\log_3 9$

底 3 は 1 より大きいから $x<9$ ……②

①，②の共通範囲を求めて $\boldsymbol{0<x<9}$ 答

(4) 真数は正であるから $x>0$ ……①

不等式を変形すると $\log_{\frac{1}{2}} x\leqq\log_{\frac{1}{2}}\left(\frac{1}{2}\right)^2$ ←$2=2\log_{\frac{1}{2}}\frac{1}{2}$ $=\log_{\frac{1}{2}}\left(\frac{1}{2}\right)^2$

すなわち $\log_{\frac{1}{2}} x\leqq\log_{\frac{1}{2}}\frac{1}{4}$

底 $\frac{1}{2}$ は 1 より小さいから $x\geqq\frac{1}{4}$ ……②

①，②の共通範囲を求めて $\boldsymbol{x\geqq\frac{1}{4}}$ 答

教 p.196

【?】

(応用例題 2)　方程式 $\log_3 x(x-8)=2$ の解は，上の方程式の解と同じだろうか。

指針　**対数関数を含む方程式**　真数条件に着目する。

解説　$\log_3 x(x-8)$ の真数は正であるから　$x(x-8)>0$

これを解くと　$x<0,\ 8<x$

よって，方程式 $\log_3 x(x-8)=2$ の解は　$x=-1,\ 9$

したがって，応用例題 2 の解と同じではない。

教 p.197

練習 26

次の方程式を解け。

(1)　$\log_4 x+\log_4(x-6)=2$

(2)　$\log_2(x+5)+\log_2(x-2)=3$

指針　**対数関数を含む方程式**

(1)　$\log_4 X=2$　(2)　$\log_2 X=3$ の形に変形して，(1)は $X=4^2$，(2)は $X=2^3$ を導く。左辺を 1 つの対数にまとめるには次のことを使う。

$M>0,\ N>0$ のとき　$\log_a M+\log_a N=\log_a MN$　　←真数>0

なお，真数>0 であることを忘れないようにする。

解答　(1)　真数は正であるから　$x>0$　かつ　$x-6>0$

すなわち　$x>6$　……①　　←共通範囲

方程式を変形すると　$\log_4 x(x-6)=2$　　←$\log_a M=p \Leftrightarrow M=a^p$

よって　$x(x-6)=4^2$

整理すると　$x^2-6x-16=0$　すなわち　$(x+2)(x-8)=0$

①より　$\boldsymbol{x=8}$　答　　←$x=-2$ は①を満たさない。

(2)　真数は正であるから

$x+5>0$　かつ　$x-2>0$

すなわち　$x>2$　……①　　←共通範囲

方程式を変形すると

$\log_2(x+5)(x-2)=3$　　←$\log_a M=p \Leftrightarrow M=a^p$

よって　$(x+5)(x-2)=2^3$

整理すると　$x^2+3x-18=0$　すなわち　$(x-3)(x+6)=0$

①より　$\boldsymbol{x=3}$　答　　←$x=-6$ は①を満たさない。

教 p.197

【?】

（応用例題 3）　$x=3$ は，不等式 $2\log_3(2-x)<\log_3(x+4)$ の解 $0<x<2$ には含まれないが，不等式 $\log_3(2-x)^2<\log_3(x+4)$ の解には含まれる。この理由を説明してみよう。

指針　**対数関数を含む不等式**　真数条件に着目する。

解説　不等式 $2\log_3(2-x)<\log_3(x+4)$ の解は，真数条件 $-4<x<2$ と $x(x-5)<0$ の解 $0<x<5$ の共通範囲である。
一方，不等式 $\log_3(2-x)^2<\log_3(x+4)$ の解は，真数条件 $-4<x<2$，$2<x$ と $x(x-5)<0$ の解 $0<x<5$ の共通範囲である，$0<x<2$，$2<x<5$ となる。
そのため，$x=3$ は不等式 $\log_3(2-x)^2<\log_3(x+4)$ の解に含まれる。

教 p.197

練習 27

次の不等式を解け。

(1)　$\log_2(2-x)\geqq\log_2 x$　　　(2)　$\log_{\frac{1}{3}}(3-2x)\geqq\log_{\frac{1}{3}} x$

指針　**対数関数を含む不等式**

(1)　$a>1$ のとき　$\log_a p\leqq\log_a q 　\Leftrightarrow　0<p\leqq q$

(2)　$0<a<1$ のとき　$\log_a p\leqq\log_a q 　\Leftrightarrow　p\geqq q>0$

対数の真数は常に正である。

解答　(1)　真数は正であるから　$2-x>0$　かつ　$x>0$

すなわち　$0<x<2$　……①

底 2 は 1 より大きいから　$\log_2(2-x)\geqq\log_2 x$ より

$2-x\geqq x$　すなわち　$x\leqq 1$　……②

①，②の共通範囲を求めて　$\boldsymbol{0<x\leqq 1}$　答

(2)　真数は正であるから　$3-2x>0$　かつ　$x>0$

すなわち　$0<x<\dfrac{3}{2}$　……①

底 $\dfrac{1}{3}$ は 1 より小さいから　$\log_{\frac{1}{3}}(3-2x)\geqq\log_{\frac{1}{3}} x$ より

$3-2x\leqq x$　すなわち　$x\geqq 1$　……②

①，②の共通範囲を求めて　$\boldsymbol{1\leqq x<\dfrac{3}{2}}$　答

教 p.197

練習 28

次の不等式を解け。

$$\log_5(3x+10)\geqq 2\log_5 x$$

指針　**対数関数を含む不等式**　対数の真数は正である。また，底5は1より大きい。

解答　真数は正であるから　　$3x+10>0$　かつ　$x>0$

すなわち　　$x>0$　……①

底5は1より大きいから，$\log_5(3x+10) \geqq 2\log_5 x$ より

$3x+10 \geqq x^2$

整理して　$x^2-3x-10 \leqq 0$　すなわち　$(x+2)(x-5) \leqq 0$

これを解いて　　$-2 \leqq x \leqq 5$　……②

①，②の共通範囲を求めて　　$\mathbf{0<x \leqq 5}$　答

D 対数関数を含む関数の最大値，最小値

教 p.198

練習 29

$1 \leqq x \leqq 27$ のとき，関数 $y=(\log_3 x)^2-\log_3 x^4-1$ の最大値と最小値を求めよう。

(1)　$\log_3 x=t$ とおくとき，t のとりうる値の範囲を求めよ。また，y を t の関数として表せ。

(2)　関数 $y=(\log_3 x)^2-\log_3 x^4-1$ の最大値と最小値を求めよ。また，そのときの x の値を求めよ。

指針　**対数関数を含む関数の最大値，最小値**

(1)　$1 \leqq x \leqq 27$ から　$\log_3 1 \leqq \log_3 x \leqq \log_3 27$

(2)　(1)から　$y=(t-2)^2-5$，$0 \leqq t \leqq 3$

解答　(1)　$\log_3 x=t$ とおく。

$\log_3 x$ の底3は1より大きいから，$1 \leqq x \leqq 27$ のとき

$\log_3 1 \leqq \log_3 x \leqq \log_3 27$

すなわち　　$0 \leqq t \leqq 3$　……①

また，与えられた関数の式を変形すると

$y=(\log_3 x)^2-4\log_3 x-1$

よって，y を t の関数として表すと　　$\boldsymbol{y=t^2-4t-1}$　答

(2)　y の式を変形すると

$y=(t-2)^2-5$

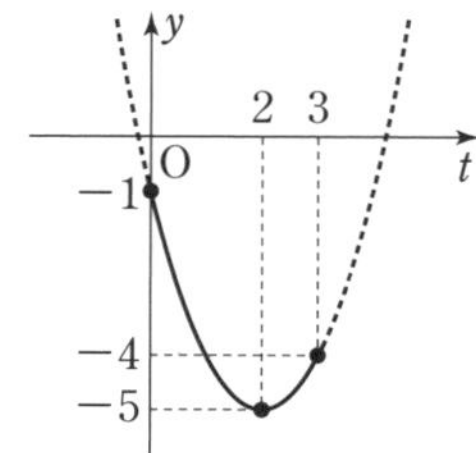

よって，①の範囲において，y は

$t=0$ で最大値 -1 をとり，

$t=2$ で最小値 -5 をとる。

また　　$t=0$ のとき　$\log_3 x=0$

このとき　$x=3^0=1$

$t=2$ のとき　$\log_3 x=2$

このとき　$x=3^2=9$

したがって，この関数は

$x=1$ で最大値 -1 をとり，$x=9$ で最小値 -5 をとる。 答

教 p.198

練習 30　$1 \leqq x \leqq 16$ のとき，関数 $y=(\log_2 x)^2-\log_2 x^2$ の最大値と最小値を求めよ。また，そのときの x の値を求めよ。

指針　**対数関数を含む関数の最大値，最小値**　$\log_2 x=t$ とおき，t の値の範囲を求める。次に，y を t の式で表すと，t の 2 次式になる。t が求めた範囲を動くとき，この t の 2 次式の値の最大値，最小値を求める。

解答　$\log_2 x$ の底 2 は 1 より大きいから，$1 \leqq x \leqq 16$ のとき

$$\log_2 1 \leqq \log_2 x \leqq \log_2 16$$

すなわち，$0 \leqq \log_2 x \leqq \log_2 2^4$ であるから，

$\log_2 x=t$ とおくと

$$0 \leqq t \leqq 4 \quad \cdots\cdots ①$$

与えられた関数の式を変形すると

$$y=(\log_2 x)^2-2\log_2 x$$

y を t の式で表すと　$y=t^2-2t$

すなわち　　　　　$y=(t-1)^2-1$

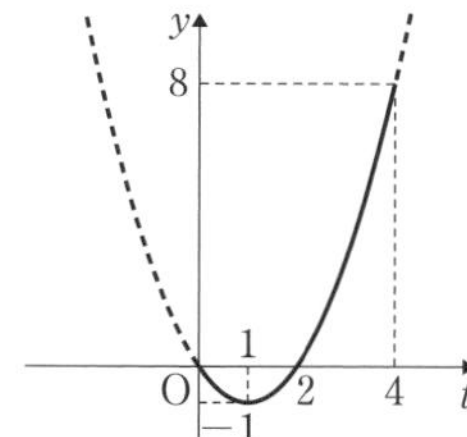

①の範囲において，y は

$t=4$ で最大値 8 をとり，

$t=1$ で最小値 -1 をとる。

また，$t=4$ のとき　$\log_2 x=4$

このとき　$x=2^4=16$

$t=1$ のとき　$\log_2 x=1$

このとき　$x=2^1=2$

よって，この関数は

$x=16$ で最大値 8 をとり，$x=2$ で最小値 -1 をとる。 答

5章 指数関数と対数関数

5 常用対数

まとめ

1 常用対数

正の数 M は，次の形で表すことができる。

$$M=a\times10^n \quad ただし，n は整数で，1\leqq a<10$$

このとき，$\log_{10}M$ は次のように整数 n と $\log_{10}a$ の和で表される。

$$\log_{10}M=\log_{10}a+\log_{10}10^n=\log_{10}a+n$$

10 を底とする対数を **常用対数** という。

$1\leqq a<10$ であるから，$\log_{10}a$ の値の範囲は $0\leqq\log_{10}a<1$ である。

2 常用対数の活用

正の数 N の整数部分の桁数と常用対数 $\log_{10}N$ の値の関係について，たとえば，正の数 N の整数部分が 3 桁であるとは，N が

$$100\leqq N<1000 \quad すなわち \quad 10^2\leqq N<10^3$$

を満たすということである。

各辺の常用対数をとると，次のようになる。

$$\log_{10}10^2\leqq\log_{10}N<\log_{10}10^3 \quad すなわち \quad 2\leqq\log_{10}N<3$$

補足　正の数 N の整数部分が n 桁であるとすると

$$10^{n-1}\leqq N<10^n \quad すなわち \quad n-1\leqq\log_{10}N<n$$

また，$0<M<1$ である小数 M と常用対数 $\log_{10}M$ の値の関係について，たとえば，M の小数第 3 位に初めて 0 でない数字が現れるとは，M が

$$0.001\leqq M<0.01 \quad すなわち \quad 10^{-3}\leqq M<10^{-2}$$

を満たすということである。

各辺の常用対数をとると，次のようになる。

$$\log_{10}10^{-3}\leqq\log_{10}M<\log_{10}10^{-2} \quad すなわち \quad -3\leqq\log_{10}M<-2$$

補足　M の小数第 n 位に初めて 0 でない数字が現れるとすると

$$10^{-n}\leqq M<10^{-n+1} \quad すなわち \quad -n\leqq\log_{10}M<-n+1$$

教科書 p.200

A 常用対数

練習 31 教 p.200

常用対数表を用いて，次の値を求めよ。

(1) $\log_{10} 3450$　　(2) $\log_{10} 92000$　　(3) $\log_{10} 0.000617$

指針 **常用対数の値(常用対数表の利用)**　正の数 M は次の形に表すことができる。

$M=a\times 10^n$　　ただし，n は整数で $1\leqq a<10$

このとき　$\log_{10} M=\log_{10} a+\log_{10} 10^n=\log_{10} a+n$

$\log_{10} a$ の近似値は，教科書の巻末の見返しにある常用対数表から求める。

解答 (1) $\log_{10} 3450=\log_{10}(3.45\times 10^3)=\log_{10} 3.45+\log_{10} 10^3$

$=0.5378+3=\mathbf{3.5378}$ 答

(2) $\log_{10} 92000=\log_{10}(9.20\times 10^4)=\log_{10} 9.20+\log_{10} 10^4$

$=0.9638+4=\mathbf{4.9638}$ 答

(3) $\log_{10} 0.000617=\log_{10}(6.17\times 10^{-4})=\log_{10} 6.17+\log_{10} 10^{-4}$

$=0.7903-4=\mathbf{-3.2097}$ 答

B 常用対数の活用

【?】 教 p.200

(例題 7)　$0\leqq p<1$ を満たす p と整数 n を用いて $3^{20}=10^p\times 10^n$ と表してみよう。

指針 **常用対数**　$0\leqq p<1$ のとき　$1\leqq 10^p<10$

解説 $\log_{10} 3^{20}=9.542$ から　$\log_{10} 3^{20}=\log_{10} 10^{9.542}$　　すなわち　$3^{20}=10^{9.542}$

よって　$\mathbf{3^{20}=10^{0.542}\times 10^9}$ 答

練習 32 教 p.200

2^{100} は何桁の数か。ただし，$\log_{10} 2=0.3010$ とする。

指針 **自然数 N の桁数**　$\log_{10} N$ の値の範囲から自然数 N の桁数を求める。まず，与えられた $\log_{10} 2$ の値を使って，$\log_{10} 2^{100}$ の近似値を求め，それぞれがどんな 2 つの自然数の間にあるかを調べる。

$n-1\leqq \log_{10} N<n$ のとき，自然数 N は n 桁の数である。

解答 $\log_{10} 2^{100}=100\log_{10} 2=100\times 0.3010=30.10$

$30<\log_{10} 2^{100}<31$ であるから

$\log_{10} 10^{30}<\log_{10} 2^{100}<\log_{10} 10^{31}$

よって　$10^{30}<2^{100}<10^{31}$　　したがって，2^{100} は **31 桁** の数である。 答

教 p.200

練習 33

3^n が 8 桁の数となるような自然数 n をすべて求めよ。ただし，$\log_{10}3=0.4771$ とする。

指針 **桁数と指数 n の値**　3^n が 8 桁の数のとき，$10^7 \leqq 3^n < 10^8$ が成り立つ。各辺の常用対数をとり，n についての不等式を導く。

解答 3^n が 8 桁の数となるのは，$10^7 \leqq 3^n < 10^8$ のときである。

各辺の常用対数をとると　$7 \leqq n\log_{10}3 < 8$

$\log_{10}3=0.4771>0$ であるから　$\dfrac{7}{\log_{10}3} \leqq n < \dfrac{8}{\log_{10}3}$　……①

$$\frac{7}{\log_{10}3}=\frac{7}{0.4771}=14.6\cdots\cdots,\quad \frac{8}{\log_{10}3}=\frac{8}{0.4771}=16.7\cdots\cdots$$

したがって，①を満たす自然数 n は　$\boldsymbol{n=15,\ 16}$　答

教 p.201

【?】

（例題 8）　$0 \leqq p < 1$ を満たす p と整数 n を用いて $\left(\dfrac{1}{3}\right)^{30}=10^p \times 10^n$ と表してみよう。

指針 **常用対数**　$0 \leqq p < 1$ のとき　$1 \leqq 10^p < 10$

解説 $\log_{10}\left(\dfrac{1}{3}\right)^{30}=-14.313$ から　$\log_{10}\left(\dfrac{1}{3}\right)^{30}=\log_{10}10^{-14.313}$

すなわち　$\left(\dfrac{1}{3}\right)^{30}=10^{-14.313}$

よって　$\left(\dfrac{1}{3}\right)^{30}=\boldsymbol{10^{0.687}\times 10^{-15}}$　答

教 p.201

練習 34

$\left(\dfrac{1}{2}\right)^{20}$ を小数で表したとき，小数第何位に初めて 0 でない数字が現れるか。ただし，$\log_{10}2=0.3010$ とする。

指針 **小数と常用対数**　$0<M<1$ のとき

M の小数第 n 位に初めて 0 でない数字が現れる

$\iff \quad -n \leqq \log_{10}M < -n+1$

解答 $\log_{10}\left(\dfrac{1}{2}\right)^{20}=20\log_{10}\dfrac{1}{2}=-20\log_{10}2=-6.020$

$-7<\log_{10}\left(\dfrac{1}{2}\right)^{20}<-6$ であるから　$10^{-7}<\left(\dfrac{1}{2}\right)^{20}<10^{-6}$

答　**小数第 7 位** に初めて 0 でない数字が現れる。

第5章 第2節　問題

教 p.202

8 次の式を計算せよ。

(1) $\dfrac{1}{2}\log_5 3+3\log_5\sqrt{2}-\log_5\sqrt{24}$

(2) $(\log_2 3+\log_4 9)(\log_3 4+\log_9 2)$

指針 **対数の性質，底の変換公式**　(1)は対数の性質を使う。$k\log_a M$ の項はすべて $\log_a M^k$ の形にし，性質 **1**，**2** を使って1つの対数にまとめる。(2)は底の変換公式で，たとえばすべての対数の底を2にそろえる。

解答 (1) $\dfrac{1}{2}\log_5 3+3\log_5\sqrt{2}-\log_5\sqrt{24}$

$$=\log_5 3^{\frac{1}{2}}+\log_5(\sqrt{2})^3-\log_5\sqrt{24}$$

$$=\log_5\frac{\sqrt{3}\times2\sqrt{2}}{\sqrt{24}}$$

$$=\log_5 1=\mathbf{0}$$ 答

(2) $(\log_2 3+\log_4 9)(\log_3 4+\log_9 2)$

$$=\left(\log_2 3+\frac{\log_2 9}{\log_2 4}\right)\left(\frac{\log_2 4}{\log_2 3}+\frac{\log_2 2}{\log_2 9}\right)$$

$$=\left(\log_2 3+\frac{2\log_2 3}{2}\right)\left(\frac{2}{\log_2 3}+\frac{1}{2\log_2 3}\right)$$

$$=2\log_2 3\times\frac{5}{2\log_2 3}=\mathbf{5}$$ 答

別解 (1) $\dfrac{1}{2}\log_5 3+3\log_5\sqrt{2}-\log_5\sqrt{24}$　　← $24=3\times2^3$

$$=\frac{1}{2}\log_5 3+\frac{3}{2}\log_5 2-\frac{1}{2}(\log_5 3+3\log_5 2)$$

$$=\mathbf{0}$$ 答

教 p.202

9 $\log_{10}2=a$，$\log_{10}3=b$ とするとき，次の式を a，b で表せ。

(1) $\log_{10}\dfrac{3}{8}$　　(2) $\log_{10}\sqrt[3]{6}$　　(3) $\log_2 3$　　(4) $\log_{10}15$

指針 **対数の値**　(3)以外は真数を2と3の積や商で表す工夫をする。さらに $\log_{10}10=1$ であるから10も利用できる。(3)は底の変換公式を使う。

解答 (1) $\log_{10}\dfrac{3}{8}=\log_{10}\dfrac{3}{2^3}=\log_{10}3-3\log_{10}2$

$=\boldsymbol{b-3a}$ 答

(2) $\log_{10}\sqrt[3]{6}=\log_{10}(2\times3)^{\frac{1}{3}}=\dfrac{1}{3}(\log_{10}2+\log_{10}3)$

$=\dfrac{1}{3}(\boldsymbol{a+b})$ 答

(3) $\log_2 3=\dfrac{\log_{10}3}{\log_{10}2}=\dfrac{\boldsymbol{b}}{\boldsymbol{a}}$ 答

(4) $\log_{10}15=\log_{10}\dfrac{10\times3}{2}=\log_{10}10-\log_{10}2+\log_{10}3$

$=\boldsymbol{1-a+b}$ 答

教 p.202

10 関数 $y=\log_2(x-1)$ のグラフをかけ。

指針 **対数関数のグラフ** 関数 $y=f(x-p)$ のグラフは，$y=f(x)$ のグラフを x 軸方向に p だけ平行移動したものである。

解答 このグラフは，$y=\log_2 x$ のグラフを x 軸方向に1だけ平行移動したものである。
また，直線 $x=1$ が漸近線で，点(2, 0)，(3, 1)を通る右上がりの曲線であり，図のようになる。

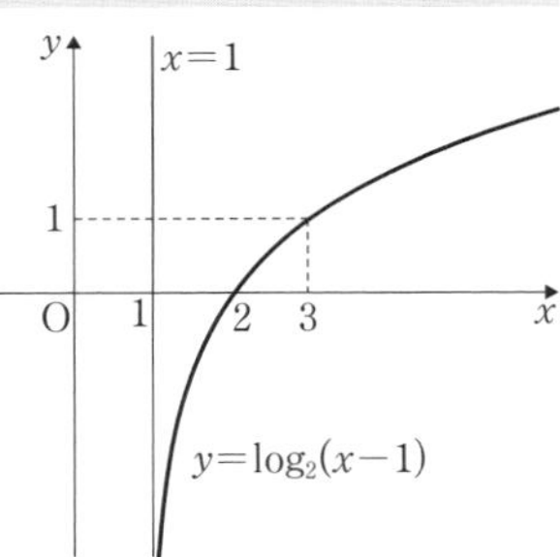

教 p.202

11 次の方程式，不等式を解け。

(1) $\log_3(x+1)^2=2$　　(2) $\log_2 x+\log_2(x+7)=3$

(3) $\log_{\frac{1}{2}}(x-1)>2$　　(4) $\log_2(x+1)+\log_2(x-2)<2$

指針 **対数関数を含む方程式・不等式** まず，真数が正である x の値の範囲を求める。

(2) 方程式では，$\log_a p=\log_a q$ の形を導き，$p=q$ を満たす x の2次方程式を導く。

(3) 不等式では，同様に $\log_a p>\log_a q$ などの形を導き，次の性質を利用して，x の不等式を導く。(4)も同様。

$0<a<1$ のとき　$\log_a p>\log_a q \iff p<q$

$a>1$ のとき　$\log_a p>\log_a q \iff p>q$

教科書 p.202

解答 (1) $\log_3(x+1)^2=2$ から　$(x+1)^2=3^2$

よって　$x+1=\pm 3$　　したがって　$\boldsymbol{x=2,\ -4}$ 答

(2) 真数は正であるから　$x>0$　かつ　$x+7>0$

すなわち　$x>0$　……①

方程式を変形すると　$\log_2 x(x+7)=3$

よって　$x(x+7)=2^3$

整理すると　$x^2+7x-8=0$　すなわち　$(x-1)(x+8)=0$

①より　$\boldsymbol{x=1}$ 答

(3) 真数は正であるから　$x-1>0$

すなわち　$x>1$　……①

不等式を変形すると　$\log_{\frac{1}{2}}(x-1)>\log_{\frac{1}{2}}\left(\frac{1}{2}\right)^2$

底 $\frac{1}{2}$ は1より小さいから　　←$y=\log_{\frac{1}{2}}(x-1)$ は減少関数

$x-1<\left(\frac{1}{2}\right)^2$　すなわち　$x<\frac{5}{4}$　……②

①，②の共通範囲を求めて　$\boldsymbol{1<x<\frac{5}{4}}$ 答

(4) 真数は正であるから　$x+1>0$　かつ　$x-2>0$

すなわち　$x>2$　……①

不等式を変形すると　$\log_2(x+1)(x-2)<\log_2 2^2$

底2は1より大きいから　$(x+1)(x-2)<2^2$

整理すると　$x^2-x-6<0$

すなわち　$(x+2)(x-3)<0$

よって，不等式 $x^2-x-6<0$ の解は

$-2<x<3$　……②

①，②の共通範囲を求めて

$\boldsymbol{2<x<3}$ 答

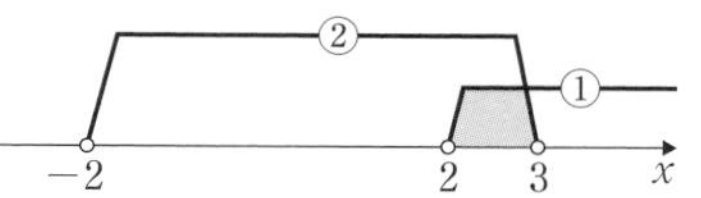

注意 (1) 真数条件は $x\neq -1$ であるが，これは $(x+1)^2=3^2>0$ より明らかであり，とくに答案に示す必要はない。

5章 指数関数と対数関数

教 p.202

12 不等式 $2(\log_2 x)^2+\log_2 x^3 \leqq 2$ を解け。

指針 **対数関数を含む不等式**　対数の真数は常に正である。

$\log_2 x^3=3\log_2 x$ であるから，$\log_2 x=t$ とおくと，与えられた不等式は t の2次不等式となる。

$a>1$ のとき　$\log_a p \leqq \log_a x \leqq \log_a q \iff 0<p \leqq x \leqq q$

$0<a<1$ のとき　$\log_a p \leqq \log_a x \leqq \log_a q \iff p \geqq x \geqq q>0$

解答 真数は正であるから　$x>0$　かつ　$x^3>0$

すなわち　$x>0$　……①

与えられた不等式を変形すると　$2(\log_2 x)^2+3\log_2 x \leqq 2$

$\log_2 x=t$ とおくと　$2t^2+3t \leqq 2$　すなわち　$2t^2+3t-2 \leqq 0$

よって　$(t+2)(2t-1) \leqq 0$　これを解くと　$-2 \leqq t \leqq \frac{1}{2}$

よって　$-2 \leqq \log_2 x \leqq \frac{1}{2}$　すなわち　$\log_2 2^{-2} \leqq \log_2 x \leqq \log_2 2^{\frac{1}{2}}$

底2は1より大きいから　$2^{-2} \leqq x \leqq 2^{\frac{1}{2}}$

よって　$\boldsymbol{\frac{1}{4} \leqq x \leqq \sqrt{2}}$　答

教 p.202

13 $\left(\frac{1}{5}\right)^{10}$ を小数で表したとき，小数第何位に初めて0でない数字が現れるか。ただし，$\log_{10} 2=0.3010$ とする。

指針 **小数と常用対数**　$0<M<1$ のとき

M の小数第 n 位に初めて0でない数字が現れる

$\iff -n \leqq \log_{10} M < -n+1$

解答 $\log_{10}\left(\frac{1}{5}\right)^{10}=10\log_{10}\frac{1}{5}=10\log_{10}\frac{2}{10}=10(\log_{10}2-\log_{10}10)$

$=10(0.3010-1)=-6.990$

$-7<\log_{10}\left(\frac{1}{5}\right)^{10}<-6$ であるから　$10^{-7}<\left(\frac{1}{5}\right)^{10}<10^{-6}$

したがって，$\left(\frac{1}{5}\right)^{10}$ を小数で表したとき，**小数第7位**に初めて0でない数字が現れる。　答

教 p.202

14 常用対数表を用いずに，$\log_{10}2$ がどのような値か考えよう。

(1) $2^{10}>10^3$ であることを用いて，$\dfrac{3}{10}<\log_{10}2$ であることを証明せよ。

(2) $2^{30}<1.1\times10^9$ であることを用いて，$\log_{10}2<\dfrac{10}{33}$ であることを証明せよ。

指針 **常用対数と数の大小**

(1) 2^{10} と 10^3 の常用対数をとる。

(2) まず $2^{33}<10^{10}$ を示す。

解答 (1) $2^{10}>10^3$ の両辺の常用対数をとると

$$\log_{10}2^{10}>\log_{10}10^3$$

よって $10\log_{10}2>3$

したがって $\dfrac{3}{10}<\log_{10}2$ 終

(2) $2^{30}<1.1\times10^9$ の両辺に 2^3 を掛けると

$$2^3\times2^{30}<2^3\times1.1\times10^9$$

$$2^{33}<8.8\times10^9$$

$8.8<10$ であるから $2^{33}<10\times10^9$

$$2^{33}<10^{10}$$

両辺の常用対数をとると $33\log_{10}2<10$

したがって $\log_{10}2<\dfrac{10}{33}$ 終

第5章　章末問題 A

教 p.203

1. 次の式を計算せよ。

(1) $64^{\frac{2}{3}}\times 16^{-\frac{1}{4}}$　　(2) $\sqrt[3]{9}\times\sqrt[6]{9}\div\sqrt[4]{27}$

指針 **指数法則と計算**

(1) まず，64 や 16 を素因数分解して，同じ数の累乗の形で表してから指数法則を適用する。

(2) 有理数の指数を使って書き改めてから指数法則を適用する。

解答 (1) $64^{\frac{2}{3}}\times 16^{-\frac{1}{4}}=(2^6)^{\frac{2}{3}}\times(2^4)^{-\frac{1}{4}}$

$=2^4\times 2^{-1}=2^{4+(-1)}$

$=2^3=8$ 答

(2) $\sqrt[3]{9}\times\sqrt[6]{9}\div\sqrt[4]{27}=\sqrt[3]{3^2}\times\sqrt[6]{3^2}\div\sqrt[4]{3^3}$

$=3^{\frac{2}{3}}\times 3^{\frac{1}{3}}\div 3^{\frac{3}{4}}$

$=3^{\frac{2}{3}+\frac{1}{3}-\frac{3}{4}}$

$=3^{\frac{1}{4}}=\sqrt[4]{3}$ 答

教 p.203

2. 次の不等式を満たす x の値の範囲を求めよ。

(1) $\frac{1}{2}\leqq 2^x\leqq 8$　　(2) $1\leqq 0.5^x\leqq 4$

指針 **指数関数の特徴**　それぞれ，指数関数 $y=2^x$，$y=0.5^x$ で考える。

$2^{\square}\leqq 2^x\leqq 2^{\square}$，$0.5^{\square}\leqq 0.5^x\leqq 0.5^{\square}$ の形に変形し，増加関数であるか減少関数であるかによって，x の値の範囲を求める。

解答 (1) 不等式を変形すると　　$2^{-1}\leqq 2^x\leqq 2^3$

$y=2^x$ は増加関数であるから　$\boldsymbol{-1\leqq x\leqq 3}$ 答

(2) $1=0.5^0$，　$4=2^2=\left\{\left(\frac{1}{2}\right)^{-1}\right\}^2=0.5^{-2}$

により，不等式を変形すると　$0.5^0\leqq 0.5^x\leqq 0.5^{-2}$

$y=0.5^x$ は減少関数であるから　$0\geqq x\geqq -2$

すなわち　$\boldsymbol{-2\leqq x\leqq 0}$ 答

教 p.203

3. 次の方程式，不等式を解け。

(1) $3^{x+1}=\sqrt[3]{9}$　(2) $8^x \leqq 4^{x+1}$　(3) $\left(\frac{1}{2}\right)^{x-1} \geqq (\sqrt{2})^x$

指針 **指数関数を含む方程式，不等式**　両辺の底をそろえて，指数を比べる。不等式は底が1より大きいか，1より小さい正の数かにより，不等号の向きに注意することが必要となる。

解答 (1) 方程式を変形すると　$3^{x+1}=3^{\frac{2}{3}}$

$x+1=\frac{2}{3}$ より　$\boldsymbol{x=-\frac{1}{3}}$ 答

(2) 不等式を変形すると　$2^{3x} \leqq 2^{2(x+1)}$

底2は1より大きいから　$3x \leqq 2(x+1)$

よって　$\boldsymbol{x \leqq 2}$ 答

(3) 不等式を変形すると　$2^{-(x-1)} \geqq 2^{\frac{1}{2}x}$

底2は1より大きいから　$-(x-1) \geqq \frac{1}{2}x$　よって　$\boldsymbol{x \leqq \frac{2}{3}}$ 答

注意 (3) 底を $\frac{1}{2}$ にそろえると，$\sqrt{2}=2^{\frac{1}{2}}=\left(\frac{1}{2}\right)^{-\frac{1}{2}}$ より　$\left(\frac{1}{2}\right)^{x-1} \geqq \left(\frac{1}{2}\right)^{-\frac{1}{2}x}$

底 $\frac{1}{2}$ は1より小さいから，$x-1 \leqq -\frac{1}{2}x$ となる。

教 p.203

4. 次の式を簡単にせよ。

(1) $2^{\log_2 3}$　(2) $100^{\log_{10}\sqrt{2}}$　(3) $10^{-\log_{100} 2}$

指針 **指数に対数を含む式の値**　(1) $x=2^{\log_2 3}$，(2) $x=100^{\log_{10}\sqrt{2}}$，(3) $x=10^{-\log_{100} 2}$ とおき，次の関係を用いて，等式を変形する。

$$M=a^p \iff \log_a M=p$$

$$p=q \iff \log_a p=\log_a q$$

(3)は底の変換公式も利用する。

解答 (1) $x=2^{\log_2 3}$ とおくと，指数と対数の関係から　$\log_2 x=\log_2 3$

よって　$x=3$　すなわち　$\boldsymbol{2^{\log_2 3}=3}$ 答

(2) $x=100^{\log_{10}\sqrt{2}}$ とおく。

右辺$=(10^2)^{\log_{10}\sqrt{2}}=10^{2\log_{10}\sqrt{2}}=10^{\log_{10}(\sqrt{2})^2}=10^{\log_{10} 2}$ であるから

$x=10^{\log_{10} 2}$　指数と対数の関係から　$\log_{10} x=\log_{10} 2$

よって　$x=2$　すなわち　$\boldsymbol{100^{\log_{10}\sqrt{2}}=2}$ 答

(3) $x=10^{-\log_{100}2}$ とおくと，指数と対数の関係から

$$\log_{10}x=-\log_{100}2 \quad \cdots\cdots ①$$

ここで　右辺$=-\dfrac{\log_{10}2}{\log_{10}100}=-\dfrac{\log_{10}2}{\log_{10}10^2}=-\dfrac{1}{2}\log_{10}2$

$$=\log_{10}2^{-\frac{1}{2}}=\log_{10}\frac{1}{\sqrt{2}}=\log_{10}\frac{\sqrt{2}}{2}$$

よって，①は　$\log_{10}x=\log_{10}\dfrac{\sqrt{2}}{2}$

したがって　$x=\dfrac{\sqrt{2}}{2}$　　すなわち　$10^{-\log_{100}2}=\dfrac{\sqrt{2}}{2}$ 答

別解 (3) $10^{-\log_{100}2}=10^{-\frac{\log_{10}2}{\log_{10}100}}=10^{-\frac{1}{2}\log_{10}2}=10^{\log_{10}2^{-\frac{1}{2}}}=2^{-\frac{1}{2}}$

$$=\frac{1}{\sqrt{2}}=\frac{\sqrt{2}}{2}$$ 答

教 p.203

5. 次の方程式，不等式を解け。

(1) $\log_{0.5}(x+1)(x+2)=-1$　　(2) $\log_3(x-2)+\log_3(2x-7)=2$

(3) $2\log_{0.5}(3-x)\geqq\log_{0.5}4x$　　(4) $\log_3 x+\log_3(x-2)\geqq 1$

指針 **対数関数を含む方程式，不等式**　$\log_a X=p$ の形から x の方程式 $X=a^p$ を導く。

(2)は，方程式を変形する前に真数条件を確かめておく。

(3)，(4)は真数が正である x の範囲を求める。次に，不等式を $\log_a p<\log_a q$ などの形に変形し，底 a の値に注目して，次のことを使う。

$a>1$ のとき　$\log_a p<\log_a q \iff 0<p<q$

$0<a<1$ のとき　$\log_a p<\log_a q \iff 0<q<p$

解答 (1) 方程式を変形すると　$(x+1)(x+2)=0.5^{-1}$　　←$0.5^{-1}=\left(\dfrac{1}{2}\right)^{-1}=2$

よって　$x^2+3x=0$　　すなわち　$x(x+3)=0$

したがって　$\boldsymbol{x=0,\ -3}$ 答

(2) 真数は正であるから

$$x-2>0 \quad \text{かつ} \quad 2x-7>0$$

すなわち　$x>\dfrac{7}{2}$　……①

方程式を変形すると　$\log_3(x-2)(2x-7)=2$

よって　$(x-2)(2x-7)=3^2$　　すなわち　$2x^2-11x+5=0$

したがって　$(x-5)(2x-1)=0$

①より　$\boldsymbol{x=5}$ 答

(3)　真数が正であるから　$3-x>0$ かつ $4x>0$

すなわち　$0<x<3$ ……①

不等式を変形すると　$\log_{0.5}(3-x)^2 \geqq \log_{0.5}4x$

底 0.5 は 1 より小さいから　$(3-x)^2 \leqq 4x$

整理すると　$x^2-10x+9 \leqq 0$

よって　$(x-1)(x-9) \leqq 0$

これを解くと　$1 \leqq x \leqq 9$ ……②

①，②の共通範囲を求めて　**$1 \leqq x < 3$**　答

(4)　真数は正であるから　$x>0$ かつ $x-2>0$

すなわち　$x>2$ ……①

不等式を変形すると　$\log_3 x(x-2) \geqq \log_3 3$

底 3 は 1 より大きいから　$x(x-2) \geqq 3$

整理すると　$x^2-2x-3 \geqq 0$

よって　$(x+1)(x-3) \geqq 0$

これを解くと　$x \leqq -1,\ 3 \leqq x$ ……②

①，②の共通範囲を求めて　**$x \geqq 3$**　答

注意 (1)　$(x+1)(x+2)=0.5^{-1}>0$ であるから真数条件に触れなくてよい。

教 p.203

6. 6^{20} は何桁の数か。ただし，$\log_{10}2=0.3010$，$\log_{10}3=0.4771$ とする。

指針　**自然数 N の桁数と常用対数の応用**　N の桁数は，次のように求める。

N が n 桁の数 $\iff$ $n-1 \leqq \log_{10}N < n$

解答　$\log_{10}6^{20}=20\log_{10}6$

$=20(\log_{10}2+\log_{10}3)$

$=20(0.3010+0.4771)$

$=15.562$

$15<\log_{10}6^{20}<16$ であるから　$10^{15}<6^{20}<10^{16}$

よって，6^{20} は **16 桁** の数である。　答

教 p.203

7. 0.4^n が，小数第 3 位に初めて 0 でない数字が現れる小数となるような自然数 n をすべて求めよ。ただし，$\log_{10} 2=0.3010$ とする。

指針　**小数と常用対数の応用**　N が小数第 3 位に初めて 0 でない数字が現れる小数であるとすると

$0.001 \leqq N < 0.01$　　すなわち　　$10^{-3} \leqq N < 10^{-2}$

解答　0.4^n が，小数第 3 位に初めて 0 でない数字が現れる小数であるとすると

$$10^{-3} \leqq 0.4^n < 10^{-2}$$

常用対数をとると　$\log_{10} 10^{-3} \leqq \log_{10} 0.4^n < \log_{10} 10^{-2}$

すなわち　　$-3 \leqq n\log_{10} 0.4 < -2$　……①

ここで　　$\log_{10} 0.4 = \log_{10} \dfrac{4}{10} = \log_{10} 4 - \log_{10} 10$

$= \log_{10} 2^2 - \log_{10} 10$

$= 2\log_{10} 2 - 1$

$= 2 \times 0.3010 - 1 = -0.398$

よって，①の各辺を $\log_{10} 0.4 < 0$ で割ると

$$-\frac{3}{\log_{10} 0.4} \geqq n > -\frac{2}{\log_{10} 0.4} \quad \cdots\cdots②$$

$$-\frac{3}{\log_{10} 0.4} = \frac{3}{0.398} = 7.5\cdots\cdots, \quad -\frac{2}{\log_{10} 0.4} = \frac{2}{0.398} = 5.02\cdots\cdots$$

したがって，②は　$7.5\cdots\cdots \geqq n > 5.02\cdots\cdots$

これを満たす自然数 n は　　$\boldsymbol{n=6,\ 7}$　答

教 p.203

8. ある菌は，30 分ごとにその個数が 2 倍に増えるという。菌の個数がある時点の 10 万倍をこえるのは，その時点から何時間後か。ただし，$\log_{10} 2=0.3010$ とし，答えは整数で求めよ。

指針　**常用対数の応用**　x を正の実数として，x 時間後の菌の量を n を使って表す。不等式を作り，常用対数をとって解く。10 万倍のように桁数の大きい量を扱うには常用対数を利用するとよい。

解答　x 時間後に 10 万倍をこえたとすると　$2^{2x} > 10^5$

←もとの菌の量を 1 とする。1 時間で 2^2 倍になる。

両辺の常用対数をとると　$2x\log_{10} 2 > 5$

よって　$x > \dfrac{5}{2\log_{10} 2} = \dfrac{5}{2 \times 0.3010} = 8.3\cdots\cdots$

したがって，10 万倍をこえるのは　**9 時間後**　答

第5章　章末問題 B

教 p.204

9. $x^{\frac{1}{2}}+x^{-\frac{1}{2}}=3$ のとき，次の式の値を求めよ。

(1)　$x+x^{-1}$　　　　(2)　x^2+x^{-2}

指針　**指数関数を含む式の値**

(1)　$x+x^{-1}=\left(x^{\frac{1}{2}}\right)^2+\left(x^{-\frac{1}{2}}\right)^2$ であるから，まず与えられた等式の両辺を 2 乗する。

(2)　$x^2+x^{-2}=x^2+(x^{-1})^2$ であるから，まず(1)で得られた等式の両辺を 2 乗する。

$a^ra^{-r}=a^{r+(-r)}=a^0=1$ となることに注意する。

解答　(1)　$x^{\frac{1}{2}}+x^{-\frac{1}{2}}=3$ の両辺を 2 乗すると

$$\left(x^{\frac{1}{2}}+x^{-\frac{1}{2}}\right)^2=9$$

よって　$\left(x^{\frac{1}{2}}\right)^2+2x^{\frac{1}{2}}x^{-\frac{1}{2}}+\left(x^{-\frac{1}{2}}\right)^2=9$

すなわち　$x+2+x^{-1}=9$

したがって　$x+x^{-1}=9-2=\mathbf{7}$　答

(2)　(1)より　$x+x^{-1}=7$

この等式の両辺を 2 乗すると

$$(x+x^{-1})^2=49$$

よって　$x^2+2xx^{-1}+(x^{-1})^2=49$

すなわち　$x^2+2+x^{-2}=49$

したがって　$x^2+x^{-2}=49-2=\mathbf{47}$　答

教 p.204

10. 次の方程式，不等式を解け。

(1)　$\log_3(x-3)+2\log_9(x+1)=1$　　(2)　$\log_2(x-2)\geqq\log_4(x+10)$

指針　**対数関数を含む方程式，不等式**

①　真数は正であることから，その条件を求める。

②　方程式は，$\log_a A=\log_a B$ と変形し，$A=B$ として解く。

不等式は，

$a>1$ のとき　$\log_a p\leqq\log_a q \iff 0<p\leqq q$　（本問はこちら）

$0<a<1$ のとき　$\log_a p\leqq\log_a q \iff p\geqq q>0$

を利用して解く。

③　真数の条件①を満たすものを解とする。

5章 指数関数と対数関数

解答 (1) 真数は正であるから　$x-3>0$　かつ　$x+1>0$

すなわち　$x>3$　……①

方程式を変形すると　$\log_3(x-3)+\dfrac{2\log_3(x+1)}{\log_3 9}=1$

すなわち　$\log_3(x-3)+\log_3(x+1)=1$

よって　$\log_3(x-3)(x+1)=\log_3 3^1$

ゆえに　$(x-3)(x+1)=3$

整理して　$x^2-2x-6=0$

これを解くと　$x=1\pm\sqrt{7}$

このうち，①を満たすものが解であるから　$\boldsymbol{x=1+\sqrt{7}}$ 答

(2) 真数は正であるから　$x-2>0$　かつ　$x+10>0$

すなわち　$x>2$　……①

不等式を変形すると　$\log_2(x-2)\geqq\dfrac{\log_2(x+10)}{\log_2 4}$

すなわち　$\log_2(x-2)\geqq\dfrac{\log_2(x+10)}{2}$

よって　$2\log_2(x-2)\geqq\log_2(x+10)$

ゆえに　$\log_2(x-2)^2\geqq\log_2(x+10)$

底 2 は 1 より大きいから　$(x-2)^2\geqq x+10$

整理すると　$x^2-5x-6\geqq0$　すなわち　$(x+1)(x-6)\geqq0$

これを解くと　$x\leqq-1,\ 6\leqq x$　……②

①，②の共通範囲を求めて　$\boldsymbol{x\geqq6}$ 答

教 p.204

11. $2\log_3 2$，$\log_9 6$，$\log_{81} 25$ の大小を不等号を用いて表せ。

指針 **対数の大小関係**　$9=3^2$，$81=3^4$ であるから，底を 3 にそろえる。

解答 $2\log_3 2=\log_3 2^2=\log_3 4$

$\log_9 6=\dfrac{\log_3 6}{\log_3 9}=\dfrac{1}{2}\log_3 6=\log_3\sqrt{6}$

$\log_{81} 25=\dfrac{\log_3 25}{\log_3 81}=\dfrac{2\log_3 5}{4}=\dfrac{1}{2}\log_3 5=\log_3\sqrt{5}$

底 3 は 1 より大きく，$\sqrt{5}<\sqrt{6}<4$ であるから

$\log_3\sqrt{5}<\log_3\sqrt{6}<\log_3 4$

すなわち　$\boldsymbol{\log_{81} 25<\log_9 6<2\log_3 2}$ 答

教 p.204

12. 関数 $y=\log_2(x-1)+\log_2(5-x)$ の最大値と，そのときの x の値を求めよ。

指針 **対数関数を含む関数の最大値**　与えられた関数を変形し，x の変域に注意して y の最大値を求める。

解答 真数は正であるから

$$x-1>0 \quad \text{かつ} \quad 5-x>0$$

よって　$1<x<5$　……①

このとき関数は

$$y=\log_2(x-1)(5-x)=\log_2(-x^2+6x-5)$$
$$=\log_2\{-(x-3)^2+4\}$$

①の範囲において，真数は $x=3$ で最大値 4 をとる。

底 2 は 1 より大きいから，このとき y も最大で，最大値 $\log_2 4=2$ をとる。

以上により，y は **$x=3$ で最大値 2** をとる。　答

教 p.204

13. 0 でない実数 x，y，z が $2^x=5^y=10^z$ を満たすとき，次の等式が成り立つことを証明せよ。

$$\frac{1}{x}+\frac{1}{y}=\frac{1}{z}$$

指針 **対数の性質と等式の証明**　与えられた条件の式 $2^x=5^y=10^z$ から z をそれぞれ x，y で表し，証明したい等式の左辺を z の式にして，右辺を導くとよい。

解答 $2^x=10^z$ より　$z=\log_{10}2^x=x\log_{10}2$　　よって　$x=\dfrac{z}{\log_{10}2}$

$5^y=10^z$ より　$z=\log_{10}5^y=y\log_{10}5$　　よって　$y=\dfrac{z}{\log_{10}5}$

したがって

$$\frac{1}{x}+\frac{1}{y}=\frac{\log_{10}2}{z}+\frac{\log_{10}5}{z}=\frac{\log_{10}2+\log_{10}5}{z}$$
$$=\frac{\log_{10}(2\times5)}{z}=\frac{\log_{10}10}{z}$$
$$=\frac{1}{z}$$ 終

5章 指数関数と対数関数

教 p.204

14. 4 と $3^{\sqrt{2}}$ の大小を不等号を用いて表せ。ただし，$\log_{10}2=0.3010$，$\log_{10}3=0.4771$，$1.4<\sqrt{2}<1.5$ とする。

指針 **常用対数の利用と数の大小**　$\log_{10}4$ と $\log_{10}3^{\sqrt{2}}$ の大小を比べる。また，$\log_{10}4=2\log_{10}2$，$\log_{10}3^{\sqrt{2}}=\sqrt{2}\log_{10}3$ とそれぞれ変形する。本問では $\log_{10}2$，$\log_{10}3$ の近似値は与えられているが，$\sqrt{2}$ の近似値は与えられていない。$\sqrt{2}\fallingdotseq 1.414$ として計算してもよいが，ここでは $\sqrt{2}>1.4$ として近似値を直接使わない方法で大小を比較する。

解答　$\log_{10}4=\log_{10}2^2=2\log_{10}2=2\times0.3010=0.6020$

$\log_{10}3^{\sqrt{2}}=\sqrt{2}\log_{10}3$

$\sqrt{2}>1.4$ であるから

$\sqrt{2}\log_{10}3>1.4\log_{10}3=1.4\times0.4771=0.66794$

よって　$\log_{10}4<1.4\log_{10}3<\sqrt{2}\log_{10}3$

すなわち　$\log_{10}4<\log_{10}3^{\sqrt{2}}$

底 10 は 1 より大きいから　**$4<3^{\sqrt{2}}$**　答

教 p.204

15. $M=\sqrt[3]{9}$ とする。教科書の常用対数表を用いて，次の問いに答えよ。

(1) $\log_{10}M$ の値を，小数第 5 位を四捨五入して小数第 4 位まで求めよ。

(2) M の近似値を小数第 2 位まで求めよ。

指針 **常用対数表の利用**　(2)は，(1)で求めた $\log_{10}M$ の値に近い値が常用対数になる数を表からみつける。

解答 (1) 常用対数表より，$\log_{10}3=0.4771$ であるから

$$\log_{10}M=\log_{10}\sqrt[3]{9}=\log_{10}9^{\frac{1}{3}}=\log_{10}(3^2)^{\frac{1}{3}}$$

$$=\frac{2}{3}\log_{10}3$$

$$=\frac{2}{3}\times0.4771=0.31806\cdots$$

答　**0.3181**

(2) $\log_{10}M=0.3181$ となる M の値は，常用対数表より

2.08　答

教 p.204

16. $2^n<3^{20}<2^{n+1}$ を満たす自然数 n を求めよ。ただし，$\log_{10}2=0.3010$，$\log_{10}3=0.4771$ とする。

指針 **指数関数を含む不等式(常用対数の利用)** 底が異なる指数についての不等式であるから，このままでは解決できない。

$3^{20}=2^x$ を満たす x の値を調べ，不等式 $2^n<2^x<2^{n+1}$ を考える。

解答 $3^{20}=2^x$ とおくと　　$2^n<2^x<2^{n+1}$ ……①

$3^{20}=2^x$ の両辺の常用対数をとると

$\log_{10}3^{20}=\log_{10}2^x$　　すなわち　$20\log_{10}3=x\log_{10}2$

よって　$x=\dfrac{20\log_{10}3}{\log_{10}2}=\dfrac{20\times0.4771}{0.3010}=31.7\cdots\cdots$

したがって，①から　　$2^n<2^{31.7\cdots\cdots}<2^{n+1}$

底2が1より大きいから　$n<31.7\cdots\cdots<n+1$

これを満たす自然数 n は　$n=31$ 答

別解 $2^n<3^{20}<2^{n+1}$ の各辺の常用対数をとると

$\log_{10}2^n<\log_{10}3^{20}<\log_{10}2^{n+1}$

すなわち

$n\log_{10}2<20\log_{10}3<(n+1)\log_{10}2$

$n\log_{10}2<20\log_{10}3$ より

$n<\dfrac{20\log_{10}3}{\log_{10}2}=\dfrac{20\times0.4771}{0.3010}\fallingdotseq31.7$

$20\log_{10}3<(n+1)\log_{10}2$ より

$n>\dfrac{20\log_{10}3}{\log_{10}2}-1\fallingdotseq30.7$

よって，求める自然数 n は　$n=31$ 答

5章 指数関数と対数関数

第6章 微分法と積分法

第1節 微分係数と導関数

1 微分係数

まとめ

1　平均変化率

関数 $y=f(x)$ において，x の値が a から b まで変化するとき，

$$\frac{y\text{の変化量}}{x\text{の変化量}}=\frac{f(b)-f(a)}{b-a}$$

を，$x=a$ から $x=b$ までの，関数 $f(x)$ の **平均変化率** という。

2　極限値

関数 $f(x)$ において，x が a と異なる値をとりながら，a に限りなく近づくとき，$f(x)$ の値が一定の値 α に限りなく近づくならば，α を，x が a に限りなく近づくときの関数 $f(x)$ の **極限値** という。このことを，記号 **lim** を用いて次のように書く。

$$\lim_{x \to a} f(x)=\alpha \qquad \text{または} \qquad x \longrightarrow a\text{ のとき } f(x) \longrightarrow \alpha$$

補足　極限を意味する英語は，limit である。

3　微分係数

関数 $f(x)$ の，$x=a$ から $x=a+h$ までの平均変化率

$$\frac{f(a+h)-f(a)}{h}$$

← 分母について　$(a+h)-a=h$

において，h が 0 に限りなく近づくとき，この平均変化率が一定の値に限りなく近づくならば，その極限値を

関数 $f(x)$ の $x=a$ における **微分係数** または変化率

といい，$f'(a)$ で表す。

関数 $f(x)$ の $x=a$ における微分係数

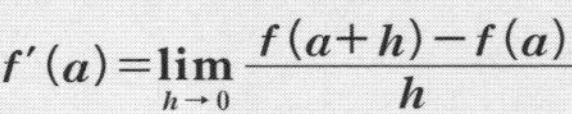

$$f'(a)=\lim_{h \to 0}\frac{f(a+h)-f(a)}{h}$$

関数 $f(x)$ が $x=a$ における微分係数 $f'(a)$ をもつとする。

関数 $y=f(x)$ のグラフ上に2点 A$(a,\ f(a))$，P$(a+h,\ f(a+h))$ をとると，

直線 AP の傾き　$\dfrac{f(a+h)-f(a)}{h}$

は，関数 $f(x)$ の $x=a$ から $x=a+h$ までの平均変化率に等しい。

h が 0 に限りなく近づくとき，点 P は点 A に限りなく近づく。このとき

$$\lim_{h\to 0}\frac{f(a+h)-f(a)}{h}=f'(a)$$

であるから，直線 AP は点 A を通り傾きが $f'(a)$ の直線 ℓ に限りなく近づく。この直線 ℓ を，関数 $y=f(x)$ のグラフ上の点 A における **接線** といい，A を **接点** という。また，直線 ℓ はこの曲線に点 A で **接する** という。

接線の傾きと微分係数

関数 $y=f(x)$ のグラフ上の点 $\mathrm{A}(a,\ f(a))$ における接線の傾きは，関数 $f(x)$ の $x=a$ における微分係数 $f'(a)$ に等しい。

A 平均変化率

練習 1 教 p.209

次の平均変化率を求めよ。

(1) 1 次関数 $y=2x$ の，$x=a$ から $x=b$ までの平均変化率

(2) 2 次関数 $y=-x^2$ の，$x=2$ から $x=2+h$ までの平均変化率

指針 **平均変化率** 関数 $y=f(x)$ において，x の値が a から b まで変化するとき

$$\text{平均変化率}=\frac{f(b)-f(a)}{b-a}\quad \begin{matrix}\cdots\cdots y\text{の変化量}\\ \cdots\cdots x\text{の変化量}\end{matrix}$$

解答 (1) $\dfrac{2b-2a}{b-a}=\dfrac{2(b-a)}{b-a}=\mathbf{2}$ 答

x	$a \longrightarrow b$
y	$2a \longrightarrow 2b$

(2) $\dfrac{-(2+h)^2-(-2^2)}{(2+h)-2}$

$=\dfrac{-4-4h-h^2+4}{h}$

$=\dfrac{-4h-h^2}{h}$

$=\dfrac{-h(4+h)}{h}$

$=\boldsymbol{-4-h}$ 答

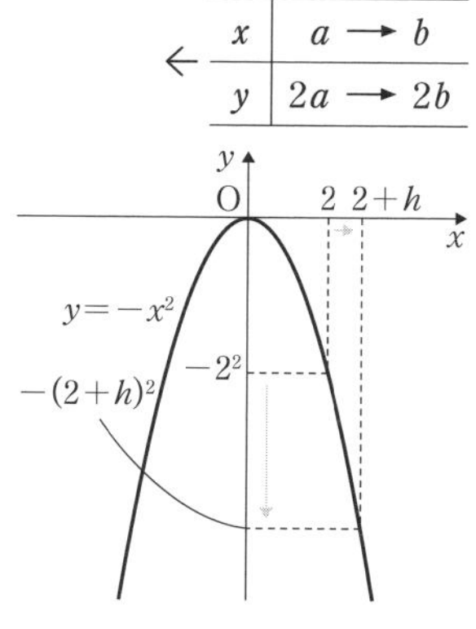

注意 (1) 一般に，1 次関数 $y=mx+n$ の平均変化率は一定で，x の係数 m に等しい。x の値の変化の仕方には関係しない。

B 極限値

教 p.210

練習 2

次の極限値を求めよ。

(1) $\lim_{x \to 2}(x^2+1)$　　(2) $\lim_{h \to 0}(6+h)$　　(3) $\lim_{h \to 0}(12-6h+h^2)$

指針 **極限値**　$\lim_{x \to 2}(x^2+1)$は，xが限りなく2に近づくとき，x^2+1が限りなく近づく値を表している。同様に$\lim_{h \to 0}(6+h)$は，hが限りなく0に近づくとき，$6+h$が限りなく近づく値を表している。

(3)　$-6h$とh^2はどちらも0に限りなく近づく。

解答 (1)　$\lim_{x \to 2}(x^2+1)=\mathbf{5}$　答

(2)　$\lim_{h \to 0}(6+h)=\mathbf{6}$　答

(3)　$\lim_{h \to 0}(12-6h+h^2)=\mathbf{12}$　答

C 微分係数

教 p.211

練習 3

関数$f(x)=3x^2$について，次の微分係数を求めよ。

(1)　$f'(-2)$　　(2)　$f'(a)$

指針 **微分係数**　関数$f(x)$の$x=a$における微分係数$f'(a)$とは，$f(x)$の$x=a$から$x=a+h$までの平均変化率において，hが限りなく0に近づくときの極限値のことであり　$f'(a)=\lim_{h \to 0}\dfrac{f(a+h)-f(a)}{h}$　……①

$f(x)=3x^2$として，(1)は$a=-2$のときの微分係数を①にあてはめて求める。また，(2)は$f'(a)$はaについての式になる。

解答 (1)　$f'(-2)=\lim_{h \to 0}\dfrac{f(-2+h)-f(-2)}{h}=\lim_{h \to 0}\dfrac{3(-2+h)^2-3\cdot(-2)^2}{h}$

$=\lim_{h \to 0}\dfrac{3(-4h)+3h^2}{h}=\lim_{h \to 0}(-12+3h)$

$=\mathbf{-12}$　答

(2)　$f'(a)=\lim_{h \to 0}\dfrac{f(a+h)-f(a)}{h}=\lim_{h \to 0}\dfrac{3(a+h)^2-3a^2}{h}$

$=\lim_{h \to 0}\dfrac{3\cdot 2ah+3h^2}{h}=\lim_{h \to 0}(6a+3h)=\boldsymbol{6a}$　答

教 p.212

練習 4

関数$y=x^2$のグラフ上の点(1, 1)における接線の傾きを求めよ。

指針 **接線の傾き**　接点の x 座標に注目する。$x=a$ のとき接線の傾きは $f'(a)$ に等しい。$f(x)=x^2$ として，$f'(1)$ を求める。

解答 $f(x)=x^2$ とする。点 $(1,\ 1)$ における接線の傾きを m とすると

$$m=f'(1)=\lim_{h\to 0}\frac{f(1+h)-f(1)}{h}=\lim_{h\to 0}\frac{(1+h)^2-1^2}{h}$$

$$=\lim_{h\to 0}\frac{2h+h^2}{h}=\lim_{h\to 0}(2+h)=2$$ 答

2 導関数とその計算

まとめ

1 導関数

関数 $f(x)$ において，x のとる各値 a に対して微分係数 $f'(a)$ を対応させると，x の関数が得られる。このようにして得られる新しい関数を，もとの関数 $f(x)$ の **導関数** といい，$f'(x)$ で表す。

関数 $f(x)$ の導関数 $f'(x)$ は，次の式で求められる。

導関数 $f'(x)$

$$f'(x)=\lim_{h\to 0}\frac{f(x+h)-f(x)}{h}$$

この式において，h は x の変化量を表しており，$f(x+h)-f(x)$ は関数 $y=f(x)$ の変化量を表している。

x の変化量 h を **x の増分** といい，関数 $y=f(x)$ の変化量 $f(x+h)-f(x)$ を **y の増分** という。x の増分，y の増分を，それぞれ Δx，Δy で表すことがある。

この記号を用いると，導関数を求める式は

$$f'(x)=\lim_{\Delta x\to 0}\frac{\Delta y}{\Delta x}=\lim_{\Delta x\to 0}\frac{f(x+\Delta x)-f(x)}{\Delta x}$$ となる。

なお，Δ はギリシャ文字で，「デルタ」と読む。

補足　c を定数とするとき，$f(x)=c$ の形の関数を **定数関数** という。

関数 $y=f(x)$ の導関数を，y'，$\dfrac{dy}{dx}$，$\dfrac{d}{dx}f(x)$ などで表すこともある。

また，たとえば，関数 $y=x^3$ を「関数 x^3」のように x の式だけで表記することもある。このときは，関数 x^3 の導関数を $(x^3)'$ で表す。

一般に，次の公式が成り立つ。

関数 x^n と定数関数の導関数

n は正の整数とする。

関数 x^n の導関数は　$(x^n)'=nx^{n-1}$

定数関数 c の導関数は　$(c)'=0$

2　関数の微分

関数 $f(x)$ から導関数 $f'(x)$ を求めることを，$f(x)$ を x で微分する または単に微分する という。

関数 $f(x)$，$g(x)$ について，次の性質が成り立つことが知られている。

関数の定数倍および和，差の導関数

k は定数とする。

1　$y=kf(x)$ を微分すると　　$y'=kf'(x)$

2　$y=f(x)+g(x)$ を微分すると　　$y'=f'(x)+g'(x)$

3　$y=f(x)-g(x)$ を微分すると　　$y'=f'(x)-g'(x)$

変数が x，y 以外の文字で表される関数についても，同様に導関数を考える。

たとえば，t の関数 $s=f(t)$ の導関数は，s'，$f'(t)$，$\dfrac{ds}{dt}$，$\dfrac{d}{dt}f(t)$ などで表す。$\dfrac{ds}{dt}$ を用いると，s が t の関数であり，その導関数を求めていることが明確になる。

A 導関数

教 p.214

練習 5

導関数の定義にしたがって，次の関数の導関数を求めよ。

(1)　$f(x)=3x$　　(2)　$f(x)=-x^2$

指針　**導関数 $f'(x)$**　関数 $f(x)$ の，x から $x+h$ までの平均変化率において，h が限りなく 0 に近づくときの極限値が導関数 $f'(x)$ である。

解答 (1)　$f'(x)=\lim_{h\to0}\dfrac{f(x+h)-f(x)}{h}=\lim_{h\to0}\dfrac{3(x+h)-3x}{h}$

$=\lim_{h\to0}\dfrac{3h}{h}=3$ 答

(2)　$f'(x)=\lim_{h\to0}\dfrac{f(x+h)-f(x)}{h}=\lim_{h\to0}\dfrac{-(x+h)^2-(-x^2)}{h}=\lim_{h\to0}\dfrac{-2xh-h^2}{h}$

$=\lim_{h\to0}(-2x-h)=\mathbf{-2x}$ 答

教 p.215

練習 6

教科書 215 ページの公式を用いて，次の関数の導関数を求めよ。

(1)　$y=x^4$　　(2)　$y=x^5$　　(3)　$y=2$

指針　**関数 x^n の導関数**　関数 x^n の導関数を求める公式 $(x^n)'=nx^{n-1}$，$(c)'=0$ にあてはめて計算する。

解答 (1)　$y'=(x^4)'=4x^{4-1}=\mathbf{4x^3}$ 答

(2)　$y'=(x^5)'=5x^{5-1}=\mathbf{5x^4}$ 答

(3)　$y'=(2)'=\mathbf{0}$ 答

B 関数の微分

教 p.217

練習 7

次の関数を微分せよ。

(1) $y=-3x^2+x-2$ (2) $y=4x^3-2x^2-5x$

(3) $y=-x^4-x+3$ (4) $y=\frac{3}{2}x^2+\frac{4}{3}x-\frac{1}{8}$

指針 **関数の定数倍および和・差の導関数** まとめの 2，3 によれば，各項ごとに微分すればよいことがわかる。また，1 によれば係数はそのままでよい。
あとは，$(x^n)'=nx^{n-1}$，$(c)'=0$ を使う。

解答 (1) $y'=(-3x^2)'+(x)'-(2)'$ ← 和・差の微分(2, 3)

$=-3(x^2)'+(x)'-(2)'$ ← 定数倍の微分(1)

$=-3\cdot 2x+1=\boldsymbol{-6x+1}$ 答 ← $(x^n)'=nx^{n-1}$，$(c)'=0$
$(x)'=1\cdot x^0=1$

(2) $y'=4(x^3)'-2(x^2)'-5(x)'$

$=4\cdot 3x^2-2\cdot 2x-5\cdot 1=\boldsymbol{12x^2-4x-5}$ 答

(3) $y'=-(x^4)'-(x)'+(3)'=\boldsymbol{-4x^3-1}$ 答

(4) $y'=\frac{3}{2}(x^2)'+\frac{4}{3}(x)'-\left(\frac{1}{8}\right)'=\frac{3}{2}\cdot 2x+\frac{4}{3}\cdot 1=\boldsymbol{3x+\frac{4}{3}}$ 答

教 p.217

練習 8

a，b，c を定数とするとき，関数 $y=ax^2+bx+c$ を微分せよ。

指針 **関数の微分** a，b，c は定数であるから，x について微分する。

解答 $y'=a(x^2)'+b(x)'+(c)'=a\cdot 2x+b\cdot 1+0=\boldsymbol{2ax+b}$ 答

教 p.217

練習 9

次の関数を微分せよ。

(1) $y=x(x+2)(x-2)$ (2) $y=3(x^2-2)^2$

指針 **関数の微分** 右辺を展開・整理してから微分する。練習 7 と同様。

解答 (1) $x(x+2)(x-2)=x(x^2-4)=x^3-4x$

よって $y=x^3-4x$

したがって $\boldsymbol{y'=3x^2-4}$ 答

(2) $3(x^2-2)^2=3(x^4-4x^2+4)=3x^4-12x^2+12$

よって $y=3x^4-12x^2+12$

したがって $\boldsymbol{y'=12x^3-24x}$ 答

教 p.217

練習 10

半径 r の球の体積を V，表面積を S とすると，$V=\dfrac{4}{3}\pi r^3$，$S=4\pi r^2$ である。V と S を r の関数とみて，それぞれ r で微分せよ。

指針 **いろいろな関数の導関数**　球の体積 V，表面積 S は半径 r の関数である。導関数は V'，S' で表してもよいが，$\dfrac{dV}{dr}$，$\dfrac{dS}{dr}$ と表すことによって，変数 r で微分していることを明示できる。

解答 $\dfrac{dV}{dr}=\dfrac{4}{3}\pi(r^3)'=\dfrac{4}{3}\pi\cdot 3r^2=\boldsymbol{4\pi r^2}$ 答

$\dfrac{dS}{dr}=4\pi(r^2)'=4\pi\cdot 2r=\boldsymbol{8\pi r}$ 答

教 p.218

練習 11

関数 $f(x)=x^3-3x^2+3$ について，次の x の値における微分係数を求めよ。

(1)　$x=2$　　(2)　$x=0$　　(3)　$x=-2$

指針 **微分係数(導関数の利用)**　関数 $f(x)=x^3-3x^2+3$ の導関数 $f'(x)$ を求めて，x にそれぞれの値を代入して微分係数を求める。

解答 $f(x)$ を微分すると　$f'(x)=3x^2-6x$

(1)　$x=2$ における微分係数は $f'(2)$ であるから

$f'(2)=3\cdot 2^2-6\cdot 2=\mathbf{0}$ 答

(2)　$x=0$ における微分係数は $f'(0)$ であるから　$f'(0)=\mathbf{0}$ 答

(3)　$x=-2$ における微分係数は $f'(-2)$ であるから

$f'(-2)=3\cdot(-2)^2-6\cdot(-2)=\mathbf{24}$ 答

教 p.218

練習 12

関数 $f(x)=ax^2+bx+c$ が次の条件をすべて満たすとき，定数 a，b，c の値を求めよ。

$$f'(0)=3,\quad f'(1)=-1,\quad f(2)=-2$$

指針 **導関数の利用と関数の決定**　条件を定数 a，b，c の等式で表す。微分係数 $f'(0)$，$f'(1)$ の計算は，$f(x)$ を微分して導関数を求め，これを利用する。

解答 $f'(x)=2ax+b$

$f'(0)=3$ より　　$b=3$

$f'(1)=-1$ より　　$2a+b=-1$

$f(2)=-2$ より　　$4a+2b+c=-2$　　よって　$\boldsymbol{a=-2}$，$\boldsymbol{b=3}$，$\boldsymbol{c=0}$ 答

研究 関数 x^n の導関数

まとめ

1　関数 x^n の導関数

教科書の 215 ページで学んだ，次の導関数の公式を証明しよう。

$$(x^n)'=nx^{n-1}\quad (n\text{ は正の整数})$$

【証明】 導関数の定義より　$(x^n)'=\lim_{h\to 0}\frac{(x+h)^n-x^n}{h}$

0 でない数 h について，二項定理より

$$\frac{(x+h)^n-x^n}{h}=\frac{1}{h}\{({}_n\mathrm{C}_0x^n+{}_n\mathrm{C}_1x^{n-1}h+{}_n\mathrm{C}_2x^{n-2}h^2+\cdots\cdots+{}_n\mathrm{C}_nh^n)-x^n\}$$

$$=\frac{1}{h}\left[\left\{x^n+nx^{n-1}h+\frac{1}{2}n(n-1)x^{n-2}h^2+\cdots\cdots+h^n\right\}-x^n\right]$$

$$=nx^{n-1}+\frac{1}{2}n(n-1)x^{n-2}h+\cdots\cdots+h^{n-1}$$

よって　$\lim_{h\to 0}\frac{(x+h)^n-x^n}{h}=nx^{n-1}$　すなわち　$(x^n)'=nx^{n-1}$　終

3 接線の方程式

まとめ

1　接線の方程式

関数 $y=f(x)$ のグラフ上の点 $(a,\ f(a))$ における接線の方程式は

$$y-f(a)=f'(a)(x-a)$$

A 接線の方程式

教 p.219

練習 13　関数 $y=2x^2-4x+3$ のグラフ上に x 座標が -1 である点 A をとる。点 A における接線の方程式を求めよ。

指針　**接線の方程式**　関数 $y=f(x)$ のグラフの，x 座標が a である点における接線の傾きは，すでに学習したように $f'(a)$ である。ただし，微分係数 $f'(a)$ は，導関数の利用で簡単に計算できるようになった。
また，接線の方程式は　$y-f(a)=f'(a)(x-a)$

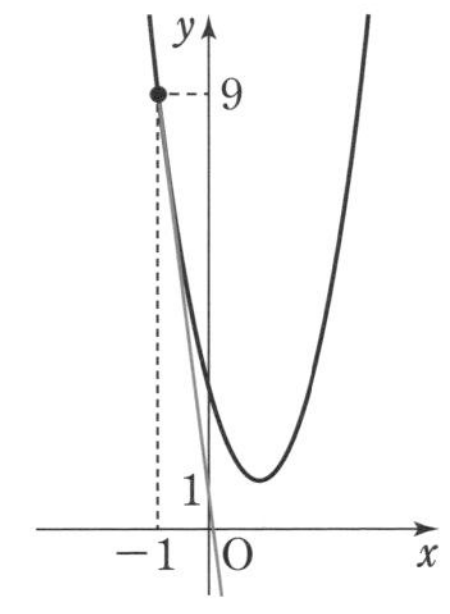

解答 $f(x)=2x^2-4x+3$ とすると，傾きは
$f'(-1)$ である。
$f(x)$ を微分すると　$f'(x)=4x-4$
よって　$f'(-1)=4\cdot(-1)-4=-8$
また　$f(-1)=2\cdot(-1)^2-4\cdot(-1)+3=9$
よって，点Aの座標は $(-1,\ 9)$ である。
したがって，求める接線は，点 $(-1,\ 9)$ を通り
傾きが -8 の直線である。よって，その方程式は

$$y-9=-8(x+1)\quad すなわち$$
$$\boldsymbol{y=-8x+1}$$ 答

教 p.220

【?】
（応用例題 1）　求めた 2 本の接線について，接点の座標をそれぞれ求めてみよう。

指針 **接線の方程式**　接点の座標は $(a,\ a^2+3)$ であるから，a の値を代入する。

解説 $a=-1$ のとき　$(-1,\ (-1)^2+3)$　すなわち　$\boldsymbol{(-1,\ 4)}$ 答
$a=3$ のとき　$(3,\ 3^2+3)$　すなわち　$\boldsymbol{(3,\ 12)}$ 答

教 p.220

練習 14
放物線 $y=f(x)$ とその接線 $y=g(x)$ について，2 次方程式 $f(x)=g(x)$ は重解をもつ。このことを，教科書 $p.220$ 応用例題 1 の放物線 $y=x^2+3$ とその 2 本の接線について，それぞれ確かめよ。

指針 **グラフ上にない点から引いた接線**
$x^2+3=-2x+2$ から　$(x+1)^2=0$
$x^2+3=6x-6$ についても同様にする。

解答 放物線 $y=x^2+3$ と接線 $y=-2x+2$ について

$$x^2+3=-2x+2$$

整理すると　$x^2+2x+1=0$

$$(x+1)^2=0$$

よって，重解 -1 をもつ。
放物線 $y=x^2+3$ と接線 $y=6x-6$ について

$$x^2+3=6x-6$$

整理すると　$x^2-6x+9=0$

$$(x-3)^2=0$$

よって，重解 3 をもつ。 終

教 p.220

練習 15 次の接線の方程式を求めよ。

(1) 関数 $y=x^2+1$ のグラフに点 $C(-1,\ -7)$ から引いた接線

(2) 関数 $y=x^2-2x+4$ のグラフに原点 O から引いた接線

指針 **グラフ上にない点から引いた接線** 接点の x 座標を a とすると，y 座標は x を a とおいた値になる。これらの座標で表された点における接線の方程式を求め，接線が，(1) 点 C，(2) 原点 O を通ることから a の値を求める。

解答 (1) $y=x^2+1$ を微分すると　$y'=2x$

接点の座標を $(a,\ a^2+1)$ とすると，接線の傾きは $2a$，その方程式は

$$y-(a^2+1)=2a(x-a)$$

すなわち　$y=2ax-a^2+1$　……①

直線①が点 $C(-1,\ -7)$ を通るから　$-7=-2a-a^2+1$

よって　$a^2+2a-8=0$

すなわち　$(a+4)(a-2)=0$　これを解いて　$a=-4,\ 2$

接線の方程式は，①より

$a=-4$ のとき　$\boldsymbol{y=-8x-15}$，$a=2$ のとき　$\boldsymbol{y=4x-3}$　答

(2) $y=x^2-2x+4$ を微分すると　$y'=2x-2$

接点の座標を $(a,\ a^2-2a+4)$ とすると，接線の傾きは $2a-2$ となるから，その方程式は

$$y-(a^2-2a+4)=(2a-2)(x-a)$$

すなわち　$y=2(a-1)x-a^2+4$　……①

この直線が原点 $O(0,\ 0)$ を通るから

$$0=-a^2+4$$

よって　$a^2-4=0$

すなわち　$(a+2)(a-2)=0$

これを解いて　$a=-2,\ 2$

したがって，接線の方程式は，①より

$a=-2$ のとき　$\boldsymbol{y=-6x}$

$a=2$　のとき　$\boldsymbol{y=2x}$　答

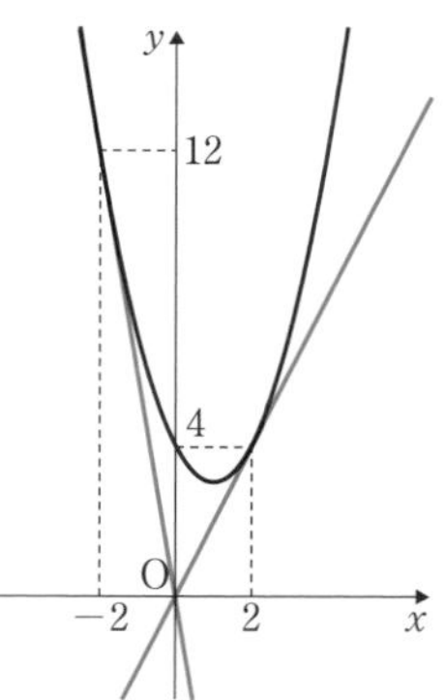

6章 微分法と積分法

第6章 第1節 問題

教 p.221

1 次の極限値を求めよ。

(1) $\lim_{x \to 1}(x+2)$　　(2) $\lim_{x \to 1}\dfrac{x^2+x-2}{x-1}$

指針 **極限値** $\lim_{x \to a} f(x)$は，xがaに限りなく近づくとき，$f(x)$が近づく値を調べる。

(1) xが1に近づくと，$x+2$は3に近づく。

(2) xが1に近づく場合，xは1とは異なる値であると約束されているので，$\dfrac{x^2+x-2}{x-1}$の分母は0ではない。よって，$\dfrac{x^2+x-2}{x-1}$はきちんとした値をもつ式である。分子を因数分解して，分母と分子を約分して考える。

解答 (1) xが1に限りなく近づくと，$x+2$は3に近づく。

よって　$\lim_{x \to 1}(x+2)=3$ 答

(2) $\dfrac{x^2+x-2}{x-1}=\dfrac{(x-1)(x+2)}{x-1}=x+2$

よって　$\lim_{x \to 1}\dfrac{x^2+x-2}{x-1}=\lim_{x \to 1}(x+2)=3$ 答

教 p.221

2 次の関数を微分せよ。

(1) $y=1+x+x^2+x^3+x^4$　　(2) $y=(2x-1)(x+1)$

(3) $y=(x+1)(x^2-x+1)$　　(4) $y=x(x-1)^2$

指針 **関数の微分** 導関数の性質により，多項式の各項ごとに微分すればよい。

すなわち，$y=ax^n+bx^{n-1}+\cdots\cdots$ について

$$y'=(ax^n)'+(bx^{n-1})'+\cdots\cdots=a(x^n)'+b(x^{n-1})'+\cdots\cdots$$

また，各項の微分について，$(x^n)'=nx^{n-1}$，$(c)'=0$ を使う。

(2)～(4)では，まず式を展開・整理してから微分する。

解答 (1)　$y=1+x+x^2+x^3+x^4$

よって　$y'=(1)'+(x)'+(x^2)'+(x^3)'+(x^4)'$

$=\boldsymbol{1+2x+3x^2+4x^3}$ 答

(2)　$(2x-1)(x+1)=2x^2+x-1$

よって　$y=2x^2+x-1$

$y'=2\cdot 2x+1=\boldsymbol{4x+1}$ 答

(3)　$(x+1)(x^2-x+1)=x^3+1$

よって　$y=x^3+1$　　$\boldsymbol{y'=3x^2}$ 答

(4) $x(x-1)^2=x(x^2-2x+1)=x^3-2x^2+x$

よって $y=x^3-2x^2+x$

$y'=3x^2-2\cdot 2x+1=\boldsymbol{3x^2-4x+1}$ 答

教 p.221

3 次のことを証明せよ。ただし，a，b は定数とする。

(1) $y=(ax+b)^2$ のとき $y'=2a(ax+b)$

(2) $y=(ax+b)^3$ のとき $y'=3a(ax+b)^2$

指針 **関数の微分の公式の証明** 右辺を展開・整理してから微分する。
さらに,それを因数分解して,与えられた導関数の式と同じであることを示す。

解答 (1) $(ax+b)^2=a^2x^2+2abx+b^2$

よって $y=a^2x^2+2abx+b^2$

したがって $y'=2a^2x+2ab=2a(ax+b)$ 終

(2) $(ax+b)^3=(ax)^3+3(ax)^2b+3ax\cdot b^2+b^3$

$=a^3x^3+3a^2bx^2+3ab^2x+b^3$

よって $y=a^3x^3+3a^2bx^2+3ab^2x+b^3$

したがって $y'=3a^3x^2+3a^2b\cdot 2x+3ab^2$

$=3a^3x^2+6a^2bx+3ab^2$

$=3a(a^2x^2+2abx+b^2)$

$=3a(ax+b)^2$ 終

注意 一般に，$y=(ax+b)^n$ の導関数は

$y'=n(ax+b)^{n-1}(ax+b)'$ ← $(ax+b)'=a$

$=na(ax+b)^{n-1}$

教 p.221

4 次の条件をすべて満たす 2 次関数 $f(x)$ を求めよ。

$$f'(0)=-4,\quad f'(2)=0,\quad f(0)=8$$

指針 **微分係数と関数の決定** 2 次関数であるから，$f(x)=ax^2+bx+c$ として，条件を定数 a，b，c の等式で表す。なお，微分係数の計算は，$f(x)$ を微分して導関数 $f'(x)$ を求め，これを利用すればよい。

解答 $f(x)=ax^2+bx+c$ とすると $f'(x)=2ax+b$

$f'(0)=-4$ より $b=-4$

$f'(2)=0$ より $4a+b=0$

$f(0)=8$ より $c=8$

よって $a=1$，$b=-4$，$c=8$

したがって，$f(x)$ は $\boldsymbol{f(x)=x^2-4x+8}$ 答

教 p.221

5 関数 $y=x^2-2x$ のグラフについて，傾きが 4 であるような接線の方程式を求めよ。

指針 **接線の方程式**　関数 $y=f(x)$ のグラフ上の点 $(a,\ f(a))$ における接線は，傾きが $f'(a)$ であり，その方程式は $y-f(a)=f'(a)(x-a)$ である。まず，傾きが 4 であるときの a の値を求める。

解答 $y=x^2-2x$ を微分すると

$$y'=2x-2$$

$f(x)=x^2-2x$ とおき，接点の座標を $(a,\ f(a))$ とする。

接線の傾きが 4 であるから，$f'(a)=4$ より　　$2a-2=4$

これを解くと　　$a=3$

このとき $f(3)=3^2-2\cdot3=3$ であるから，接点の座標は

$$(3,\ 3)$$

したがって，求める接線の方程式は

$$y-3=4(x-3)$$

すなわち　　$\boldsymbol{y=4x-9}$ 答

教 p.221

6 関数 $y=x^3+2$ のグラフに点 C$(1,\ 2)$ から引いた接線の方程式を求めよ。

指針 **グラフ上にない点から引いた接線の方程式**　接点の x 座標を a とすると，y 座標は a^3+2 である。点 $(a,\ a^3+2)$ における接線の方程式を求めて，接線が点 C を通ることを式で表すと，a の値が求められる。

解答 $y=x^3+2$ を微分すると　$y'=3x^2$

接点の座標を $(a,\ a^3+2)$ とすると，接線の傾きは $3a^2$ となるから，その接線の方程式は　　$y-(a^3+2)=3a^2(x-a)$

すなわち　　$y=3a^2x-2a^3+2$　……①

この直線が点 C$(1,\ 2)$ を通るから

$$2=3a^2-2a^3+2$$

よって　$2a^3-3a^2=0$　　これを解くと　$a=0,\ \dfrac{3}{2}$

したがって，接線の方程式は，①から

$a=0$ のとき　$\boldsymbol{y=2,}$

$a=\dfrac{3}{2}$ のとき　$\boldsymbol{y=\dfrac{27}{4}x-\dfrac{19}{4}}$ 答

教 p.221

7 関数 $y=x^2$ のグラフ上にない点 A$(a,\ b)$をとる。

(1) 点 A から，関数 $y=x^2$ のグラフに接線を引くことができるとする。接点の x 座標を t とするとき，接線の方程式を求めよ。

(2) 点 A から，関数 $y=x^2$ のグラフに 2 本の接線が引けるための $a,\ b$ の条件を求めよ。

指針 **グラフ上にない点から引いた接線**

(1) $f(x)=x^2$ とおくと　$y-f(t)=f'(t)(x-t)$

(2) (1)の直線が点 A$(a,\ b)$を通るとすると

$b=2ta-t^2$　この t の 2 次方程式が異なる 2 つの実数解をもつ条件が求める条件である。

解答 (1) $y=x^2$ を微分すると　$y'=2x$

接点の座標は$(t,\ t^2)$であり，接線の傾きは $2t$ であるから，その方程式は

$$y-t^2=2t(x-t)$$

すなわち　$\boldsymbol{y=2tx-t^2}$ 答

(2) (1)の直線が，点 A$(a,\ b)$を通るから

$$b=2ta-t^2$$

よって　$t^2-2at+b=0$ ……①

点 A から，関数 $y=x^2$ のグラフに 2 本の接線が引けるための条件は，t の 2 次方程式①が異なる 2 つの実数解をもつことである。

よって，①の判別式を D とすると　$\dfrac{D}{4}>0$

したがって　$(-a)^2-b>0$

すなわち　$\boldsymbol{a^2>b}$ 答

参考 (2)の条件を満たす点$(a,\ b)$が存在する領域を図示すると，右のようになる。

ただし，境界線を含まない。

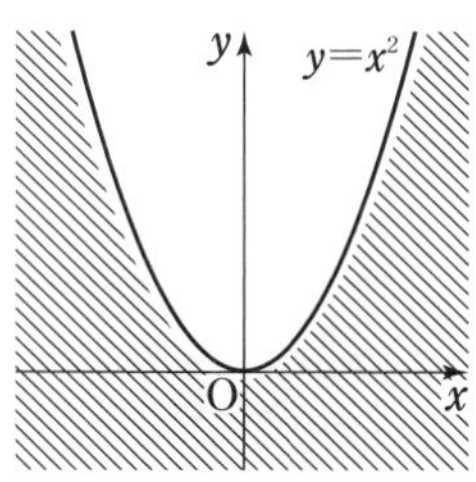

教科書 p.222〜227

第2節　関数の値の変化

4 関数の増減と極大・極小

まとめ

1　関数の増減と導関数

実数 a, b に対して，不等式

$$a<x<b,\quad a\leqq x\leqq b,\quad a\leqq x,\quad x<b$$

などを満たす実数 x 全体の集合を **区間** という。

関数のグラフ上の1点Aに近いところでは，関数のグラフはAにおける接線とほぼ一致しているとみなしてよい。よって，関数の増減の様子は，グラフ上の点における接線の傾きを用いて調べられる。

たとえば，関数 $f(x)=x^2-4x$ の増減は，次のようになる。

　[1]　区間 $x<2$ では $f'(x)<0$ である。このとき $f(x)$ は減少する。

　[2]　区間 $x>2$ では $f'(x)>0$ である。このとき $f(x)$ は増加する。

関数 $f(x)$ の増減と導関数 $f'(x)$ の符号については，次のようになる。

関数 $f(x)$ の増減と $f'(x)$ の符号

ある区間で

常に $f'(x)>0$ ならば，$f(x)$ はその区間で **増加** する。

常に $f'(x)<0$ ならば，$f(x)$ はその区間で **減少** する。

常に $f'(x)=0$ ならば，$f(x)$ はその区間で **定数** である。

補足　関数が増加または減少する区間には，$f'(x)=0$ となる x の値も含まれる。

なお，教科書224ページ例11で示したような表を **増減表** という。

2　関数の極大・極小

関数 $f(x)$ が $x=a$ を境目として増加から減少に移るとき，$f(x)$ は $x=a$ で **極大** であるといい，$f(a)$ を **極大値** という。また，$x=b$ を境目として減少から増加に移るとき，$f(x)$ は $x=b$ で **極小** であるといい，$f(b)$ を **極小値** という。

極大値と極小値をまとめて **極値** という。

補足　n 次の多項式で表される関数を **n 次関数** という。

x の多項式で表される関数 $f(x)$ について，次のことがいえる。

関数 $f(x)$ が $x=a$ で極値をとるならば，$f'(a)=0$ である。

ただし，このことの逆は成り立たない。すなわち，次のことがいえる。

$f'(a)=0$ であっても，$f(x)$ は $x=a$ で極値をとるとは限らない。

たとえば，$f(x)=x^3$ については $f'(0)=0$ であるが，$f(x)$ は $x=0$ で極値をとらない。

A 関数の増減と導関数

練習 16 教 p.224

次の関数の増減を調べよ。

(1) $f(x)=x^3-6x^2+5$　　(2) $f(x)=x^3+2x$

(3) $f(x)=-2x^3-3x^2+1$　　(4) $f(x)=-x^3$

指針 **関数の増減**　まず $f'(x)=0$ となる x の値を求め，その x の値の前後における $f'(x)$ の符号を調べ，増減表を作る。
なお，関数が増加または減少する x の値の範囲には，$f'(x)=0$ となる x の値も含まれる。

解答 (1)　$f'(x)=3x^2-12x=3x(x-4)$

$f'(x)=0$ とすると　$x=0,\ 4$

$f'(x)>0$ を解くと　$x<0,\ 4<x$

$f'(x)<0$ を解くと　$0<x<4$

よって，$f(x)$ の増減表は次のようになる。

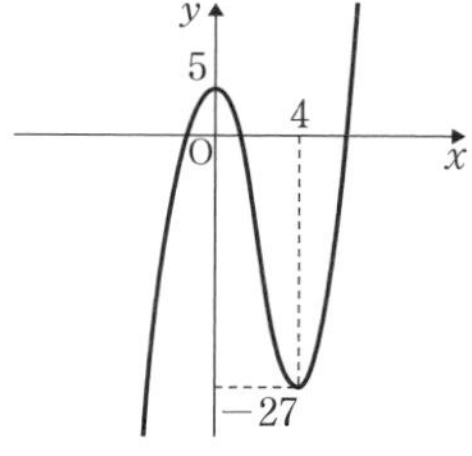

x	……	0	……	4	……
$f'(x)$	+	0	−	0	+
$f(x)$	↗	5	↘	−27	↗

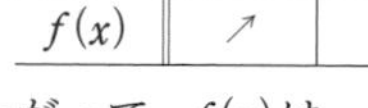

したがって，$f(x)$ は

$x\leqq 0,\ 4\leqq x$ で増加し，$0\leqq x\leqq 4$ で減少する。 答

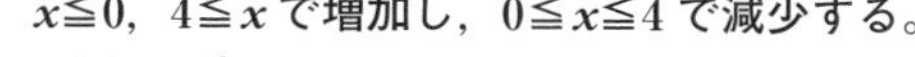

(2)　$f'(x)=3x^2+2$

$x^2\geqq 0$ であるから，常に　$f'(x)>0$

よって，$f(x)$ は **常に増加する。** 答

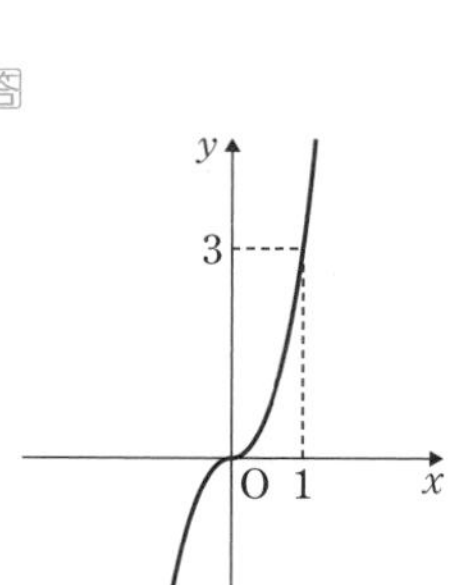

(3)　$f'(x)=-6x^2-6x=-6x(x+1)$

$f'(x)=0$ とすると　$x=-1,\ 0$

$f'(x)>0$ を解くと　$-1<x<0$

$f'(x)<0$ を解くと　$x<-1,\ 0<x$

よって，$f(x)$ の増減表は次のようになる。

x	……	−1	……	0	……
$f'(x)$	−	0	+	0	−
$f(x)$	↘	0	↗	1	↘

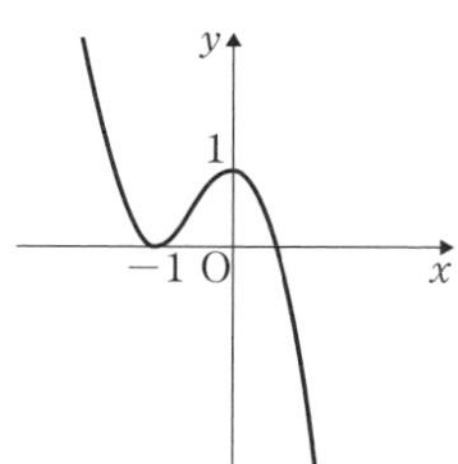

したがって，$f(x)$ は

$-1\leqq x\leqq 0$ で増加し，

$x\leqq -1,\ 0\leqq x$ で減少する。 答

(4)　$f'(x)=-3x^2 \leqq 0$

よって，$f(x)$ の増減表は次のようになる。

x	……	0	……
$f'(x)$	−	0	−
$f(x)$	↘	0	↘

よって，$f(x)$ は **常に減少する。**　答

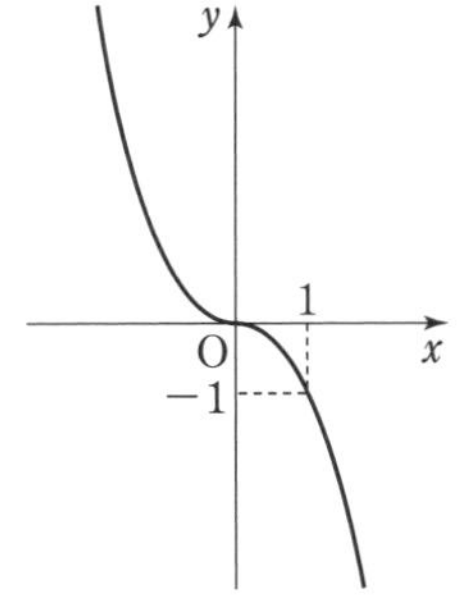

B 関数の極大・極小

教 p.226

【?】
(例題 1)　$y'=3x^2-6x$ について，関数 $y=3x^2-6x$ のグラフをかいてみよう。また，$y=3x^2-6x$ の y の値と関数 $y=x^3-3x^2+3$ のグラフの関係について説明してみよう。

指針　**3 次関数のグラフと導関数のグラフ**　$y=3x^2-6x$ の値の正負と $y=x^3-3x^2+3$ のグラフの増減に着目する。

解説　グラフは右の図のようになる。
$y=3x^2-6x$ の値が正であるような x の範囲では，$y=x^3-3x^2+3$ のグラフは右上がり，
$y=3x^2-6x$ の値が負であるような x の範囲では，$y=x^3-3x^2+3$ のグラフは右下がりになることがいえる。

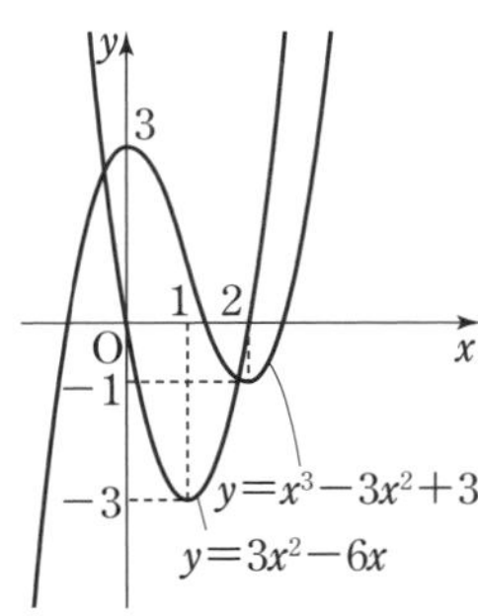

教 p.226

練習 17
次の関数の極値を求めよ。また，そのグラフをかけ。
(1)　$y=x^3-6x^2+9x$
(2)　$y=-x^3+3x^2+1$

指針　**3 次関数の極値とグラフ**　関数の極値を求めたり，グラフをかいたりするためには，増減表を作って関数の増減を調べればよい。ただし，常に増加または減少する関数は，増減が入れ替わらないから，極値をもたない。
なお，$y=f(x)$ が 3 次関数の場合，一般に $f'(x)$ は 2 次式になるから，$f'(x)=0$ となる x の値は 2 個またはそれ以下である。よって，極値が 3 つ以上になることはない。

解答　(1)　$y'=3x^2-12x+9=3(x-1)(x-3)$
$y'=0$ とすると　　$x=1,\ 3$
y の増減表は次のようになる。

x	……	1	……	3	……
y'	+	0	−	0	+
y	↗	極大 4	↘	極小 0	↗

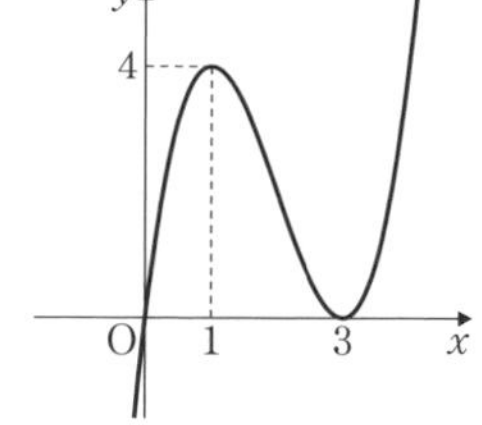

よって，この関数は
$x=1$ で極大値 4,
$x=3$ で極小値 0
をとる。答
また，グラフは図のようになる。

(2)　$y'=-3x^2+6x=-3x(x-2)$
$y'=0$ とすると　　$x=0,\ 2$
y の増減表は次のようになる。

x	……	0	……	2	……
y'	−	0	+	0	−
y	↘	極小 1	↗	極大 5	↘

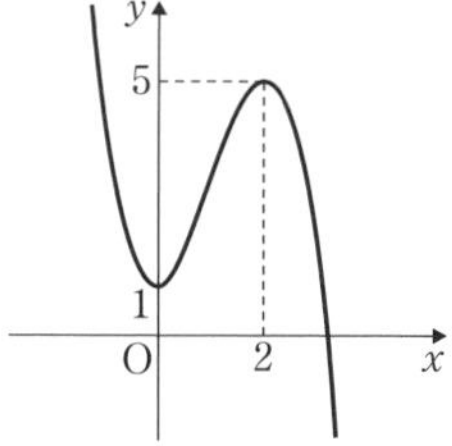

よって，この関数は
$x=2$ で極大値 5,
$x=0$ で極小値 1
をとる。答
また，グラフは図のようになる。

教 p.226

練習 18　関数 $y=\frac{3}{4}x^4-x^3-3x^2$ の極値を求めよ。また，そのグラフをかけ。

指針　**4 次関数の極値とグラフ**　関数の極値を求めたり，グラフをかいたりするためには，増減表を作って関数の増減を調べればよい。

6章 微分法と積分法

解答 $y'=3x^3-3x^2-6x=3x(x^2-x-2)$

$=3x(x+1)(x-2)$

$y'=0$ とすると　　$x=-1,\ 0,\ 2$

y の増減表は次のようになる。

x	……	-1	……	0	……	2	……
y'	$-$	0	$+$	0	$-$	0	$+$
y	↘	極小 $-\frac{5}{4}$	↗	極大 0	↘	極小 -8	↗

よって，この関数は

$x=-1$ で極小値 $-\frac{5}{4}$，

$x=0$ で極大値 0，

$x=2$ で極小値 -8

をとる。 答

また，グラフは右の図のようになる。

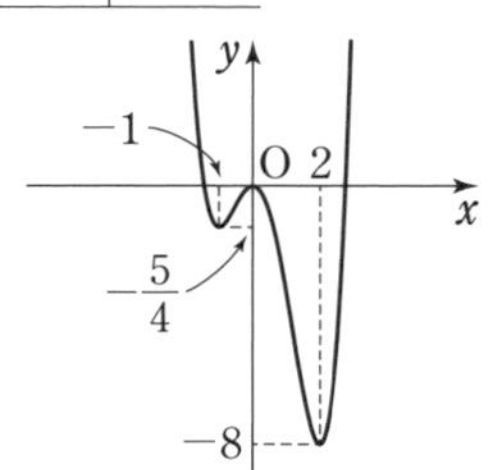

教 p.226

練習 19 次の関数の極値を求めよ。また，そのグラフをかけ。

(1) $y=x^4-8x^2+2$　　(2) $y=-x^4+4x^3-12$

指針 **4 次関数の極値とグラフ**　関数の極値を求めたり，グラフをかいたりするためには，増減表を作って関数の増減を調べればよい。

解答 (1) $y'=4x^3-16x=4x(x^2-4)=4x(x+2)(x-2)$

$y'=0$ とすると　　$x=-2,\ 0,\ 2$

y の増減表は次のようになる。

x	……	-2	……	0	……	2	……
y'	$-$	0	$+$	0	$-$	0	$+$
y	↘	極小 -14	↗	極大 2	↘	極小 -14	↗

よって，この関数は

$x=0$ で極大値 2，

$x=\pm2$ で極小値 -14

をとる。 答

また，グラフは図のようになる。

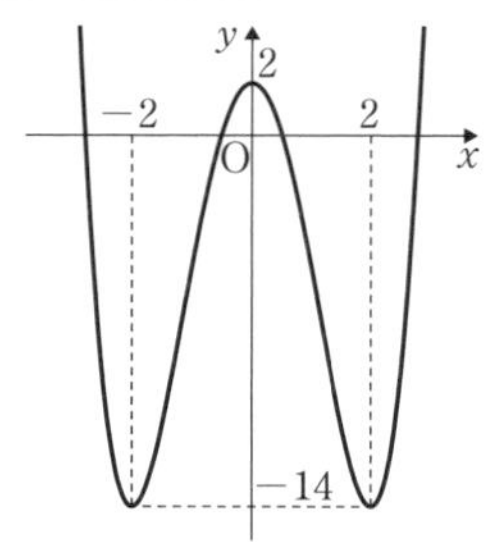

(2) $y'=-4x^3+12x^2=-4x^2(x-3)$

$y'=0$ とすると　　$x=0,\ 3$

y の増減表は，次のようになる。

x	……	0	……	3	……
y'	＋	0	＋	0	－
y	↗	-12	↗	極大 15	↘

←$x=0$ の前後で y' の符号は変わらないことに注意

よって，この関数は

$x=3$ で極大値 15

をとる。 答

また，グラフは右の図のようになる。

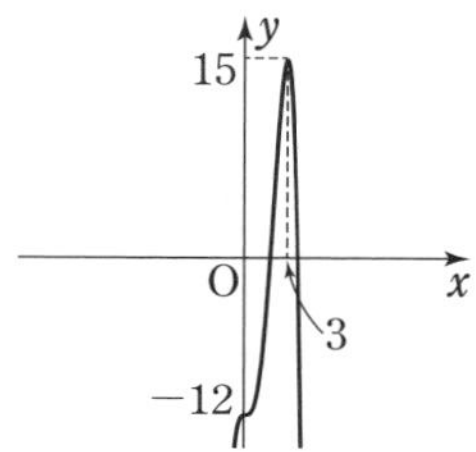

【?】 教 p.227

(応用例題 2) 上の解答の「逆に,」以降は，極大値を求める以外にどのような意味があるだろうか。

指針 **極小値から関数の決定** $f'(a)=0$ であっても，$f(x)$ は $x=a$ で極値をとるとは限らない。

解説 $f'(2)=0$ であっても，$f(x)$ は $x=2$ で極値をとるとは限らない。そこで，$x=2$ で確かに極値をとることを確認する。また，増減表により，$x=2$ で極大値でなく極小値をとることを確認する。

練習 20 教 p.227

関数 $f(x)=x^3+ax^2-9x+b$ が $x=-1$ で極大値 8 をとるように，定数 a，b の値を定めよ。また，極小値を求めよ。

指針 **極大値から関数の決定** $f(x)$ が $x=a$ で極値をとる $\Longrightarrow$ $f'(a)=0$ を使う。

$f(x)$ が $x=-1$ で極大値 8 をとるとき，$f'(-1)=0$ かつ $f(-1)=8$ が成り立つ。これを a，b の式で表し，解く。

なお，求めた a，b の値が条件に適していることを確かめるために，実際に関数の値の変化を調べることが必要である。

解答 $f(x)=x^3+ax^2-9x+b$ を微分すると

$$f'(x)=3x^2+2ax-9$$

$f(x)$ が $x=-1$ で極大値 8 をとるとき

$$f'(-1)=0, \qquad f(-1)=8$$

よって $3-2a-9=0, \qquad -1+a+9+b=8$

← $\begin{cases} -2a-6=0 \\ a+b=0 \end{cases}$

これを解くと $a=-3$，$b=3$

このとき　$f(x)=x^3-3x^2-9x+3$

$f'(x)=3x^2-6x-9=3(x+1)(x-3)$

$f'(x)=0$ とすると　　$x=-1,\ 3$

$f(x)$ の増減表は次のようになる。

x	……	-1	……	3	……
$f'(x)$	$+$	0	$-$	0	$+$
$f(x)$	↗	極大 8	↘	極小 -24	↗

答　**$a=-3$，$b=3$，$x=3$ で極小値 -24 をとる。**

5 関数の増減・グラフの応用

まとめ

1　関数の最大・最小

関数の増減を調べて，最大値，最小値を求める。区間 $a\leqq x\leqq b$ で定義域された関数の最大値，最小値については，この区間での関数の極値と区間の両端での関数の値を比べて求める。

2　方程式への応用

方程式 $f(x)=0$ の実数解は，関数 $y=f(x)$ のグラフと x 軸の共有点の x 座標に等しい。よって，実数解の個数は，$y=f(x)$ のグラフと x 軸の共有点の個数と同じである。

3　不等式への応用

ある区間において不等式 $f(x)\geqq m$ が成り立つことは，その区間において $f(x)$ のとりうる値が常に m 以上であるということである。

よって，関数の増減を利用してとりうる値を調べることで，不等式を証明できる。とくに，関数の最大値や最小値に着目するとよい。

A 関数の最大・最小

教 p.228

【?】 (例題 2)　一般に，定義域に制限のある関数について，最大値，最小値の候補となるのはどのような値だろうか。

指針　**関数の最大・最小**　定義域における関数の増減に着目する。

解説　極大値，極小値，定義域の両端における y の値が候補となる。

練習 21 教 p.229

a を3より小さい定数とする。教科書 $p.228$ 例題2の関数 $y=-x^3+3x^2$ について，定義域が $a \leqq x \leqq 3$ であるとき，関数が定義域の左端で最大値をとるような定数 a の値を，正の数，負の数でそれぞれ1つずつあげよ。

指針 **区間に文字を含む3次関数の最大・最小**　例題2のグラフを利用して，関数が定義域の左端で最大値をとる場合を考える。

解答 $y=-x^3+3x^2$ のグラフは右の図のようになる。

ここで，定義域が $a \leqq x \leqq 3$ であるとき，関数が定義域の左端で最大値をとるような定数 a を考える。

[1]　a が正の数のとき

この関数は，$0 \leqq x \leqq 2$ で増加し，$2 \leqq x \leqq 3$ で減少する。

よって，右の図のように，たとえば $\boldsymbol{a=\frac{5}{2}}$ のときは，関数が定義域の左端で最大になる。　答

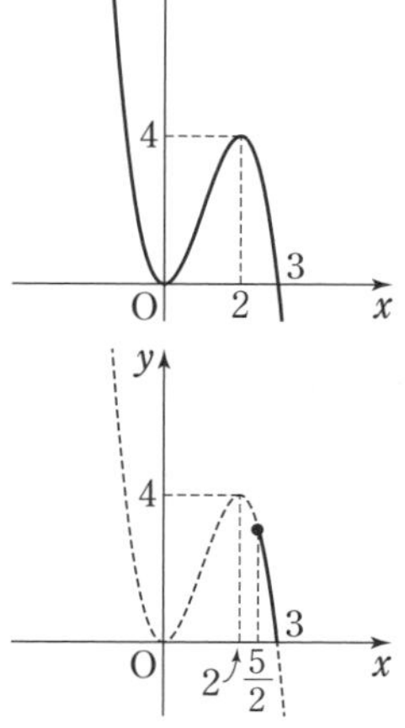

[2]　a が負の数のとき

この関数は，$x \leqq 0$ で減少する。

また，この関数の極大値は4であり，例題2から $x=-1$ のとき $y=4$ である。

したがって，$a<-1$ のとき，たとえば右下の図のように $\boldsymbol{a=-\frac{3}{2}}$ のときは，関数が定義域の左端で最大になる。　答

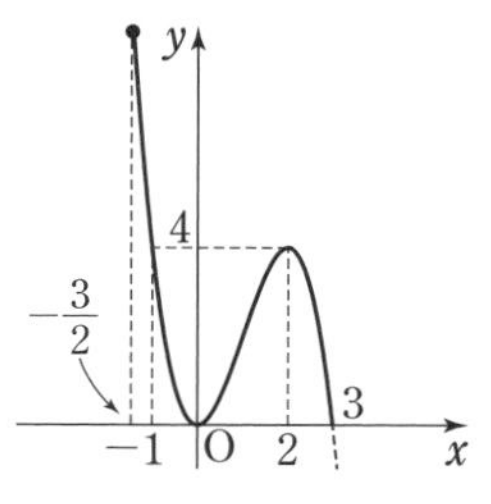

練習 22 教 p.229

次の関数の最大値と最小値を求めよ。

(1)　$y=x^3+3x^2$　$(-3 \leqq x \leqq 2)$　　(2)　$y=-x^3+x^2+x$　$(0 \leqq x \leqq 2)$

(3)　$y=x^4-2x^3+3$　$(-1 \leqq x \leqq 2)$

指針 **関数の最大・最小**　増減表を作るとき，極値を与える x の値だけでなく，定義域の両端の x の値についても関数 y の値を調べ，それぞれの y の値の大小を比べる。増減表は定義域の分だけ作ればよい。

解答 (1) $y'=3x^2+6x=3x(x+2)$

$y'=0$ とすると　$x=-2,\ 0$

$-3\leqq x\leqq 2$ において，y の増減表は次のようになる。

x	-3	……	-2	……	0	……	2
y'		$+$	0	$-$	0	$+$	
y	0	↗	極大 4	↘	極小 0	↗	20

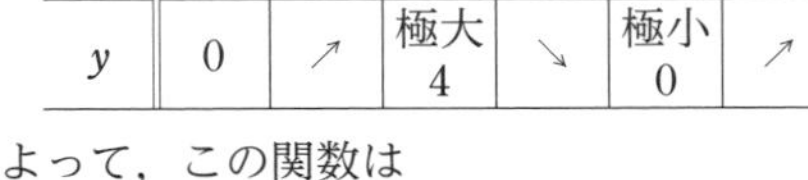

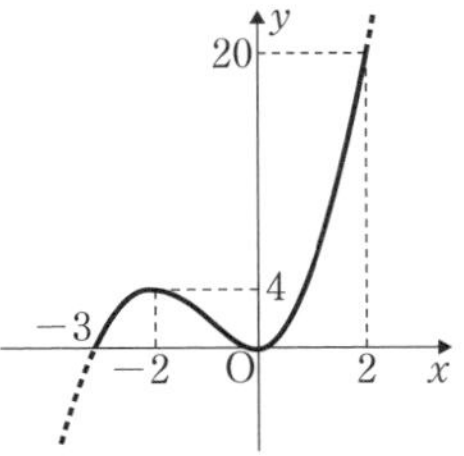

よって，この関数は

$x=2$ で最大値 20 をとり，

$x=-3,\ 0$ で最小値 0 をとる。 答

(2) $y'=-3x^2+2x+1=-(3x+1)(x-1)$

$y'=0$ とすると　$x=-\dfrac{1}{3},\ 1$

$0\leqq x\leqq 2$ において，y の増減表は次のようになる。

x	0	……	1	……	2
y'		$+$	0	$-$	
y	0	↗	極大 1	↘	-2

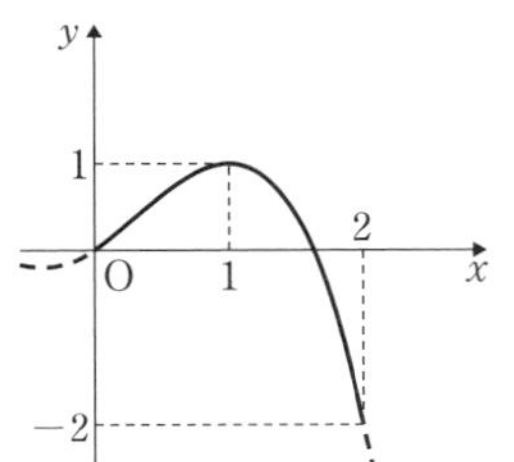

よって，この関数は

$x=1$ で最大値 1 をとり，

$x=2$ で最小値 -2 をとる。 答

(3) $y'=4x^3-6x^2=2x^2(2x-3)$

$y'=0$ とすると　$x=0,\ \dfrac{3}{2}$

$-1\leqq x\leqq 2$ において，y の増減表は次のようになる。

x	-1	……	0	……	$\frac{3}{2}$	……	2
y'		$-$	0	$-$	0	$+$	
y	6	↘	3	↘	極小 $\frac{21}{16}$	↗	3

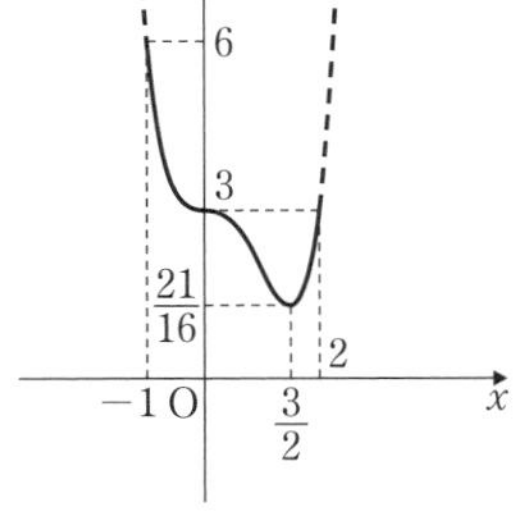

よって，この関数は

$x=-1$ で最大値 6 をとり，

$x=\dfrac{3}{2}$ で最小値 $\dfrac{21}{16}$ をとる。 答

教科書 p.229

練習 23 教 p.229

1 辺の長さが 12 cm の正方形の厚紙の四隅から，合同な正方形を右の図のように切り取った残りで，ふたのない直方体の箱を作る。
このとき，箱の容積を最大にするには，切り取る正方形の 1 辺の長さを何 cm にすればよいか考えよう。

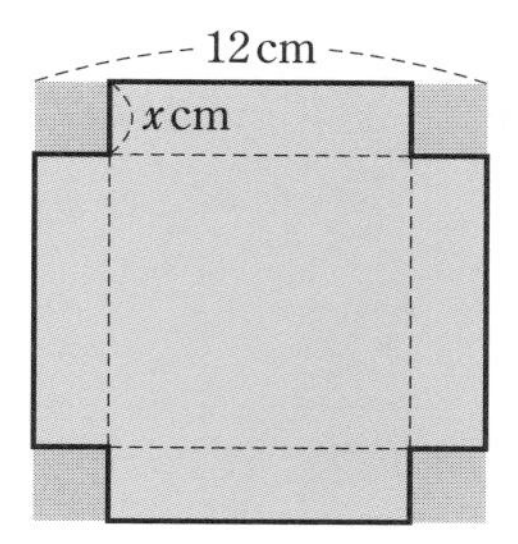

(1) 切り取る正方形の 1 辺の長さを x cm，このときの箱の容積を y cm^3 として，y を x の関数として表せ。
また，x のとりうる値の範囲を求めよ。

(2) 箱の容積が最大になるのは，切り取る正方形の 1 辺の長さが何 cm のときか求めよ。

指針 **最大・最小の応用**

(1) 文章題では，問題に現れた量を，x や y を使って表して解くとよい。本問では，問題文で与えられている。

(2) x の関数 y の増減を調べる。

解答 (1) 箱を作れるための条件は

$$x>0, \quad 12-2x>0$$

よって　$\mathbf{0<x<6}$ ……①

このとき　$\mathbf{y=(12-2x)^2x}$ 答

(2) (1)から　$y=4(x^3-12x^2+36x)$

よって　$y'=4(3x^2-24x+36)=12(x^2-8x+12)$
$=12(x-2)(x-6)$

①の範囲において，$y'=0$ となるのは，$x=2$ のときであり，y の増減表は次のようになる。

x	0	……	2	……	6
y'		+	0	−	
y		↗	極大	↘	

よって，y は $x=2$ で最大になる。
したがって，箱の容積が最大になるのは，切り取る正方形の 1 辺の長さが **2 cm** のときである。 答

教 p.229

練習 24

底面の直径と高さの和が 18 cm である直円柱について，体積が最大となるのは，底面の半径が何 cm のときか求めよ。

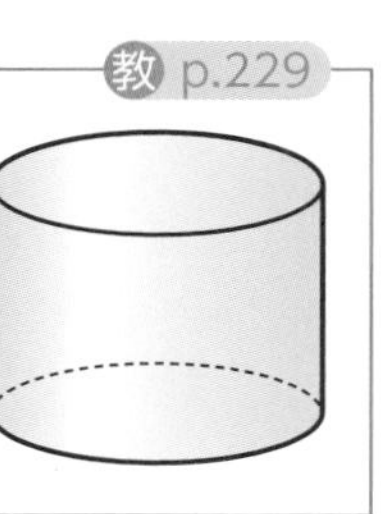

指針 **最大・最小の応用**　底面の半径を x cm とする。直径は $2x$ cm であるから，高さは $(18-2x)$ cm と表される。xのとる値の範囲にも注意して増減表を作る。

解答 底面の半径を x cm とすると，高さは $(18-2x)$ cm と表される。

$x>0$，$18-2x>0$ であるから　　$0<x<9$　……①

体積を V とすると

$$V=\pi x^2(18-2x)=-2\pi x^3+18\pi x^2$$

$$V'=-6\pi x^2+36\pi x=-6\pi x(x-6)$$

①の範囲において，$V'=0$ となるのは，$x=6$ のときであり，V の増減表は次のようになる。

x	0	……	6	……	9
V'		+	0	−	
V		↗	極大	↘	

したがって，V は $x=6$ で最大となる。　答 **6 cm**

B 方程式への応用

教 p.230

【?】

（例題 3）3 つの解のうち，正の解と負の解はそれぞれ何個ずつあるだろうか。

指針 **方程式 $f(x)=0$ の実数解の個数**　関数 $f(x)=0$ のグラフと x 軸との共有点の x 座標の正負を調べる。

解説 例題 3 のグラフから，**正の解は 1 個，負の解は 2 個**である。 答

教 p.230

練習 25

次の方程式の異なる実数解の個数を求めよ。

(1) $2x^3-6x+3=0$　　(2) $x^3+3x^2+2=0$

(3) $-x^3+3x^2-4=0$　　(4) $x^4-8x^2+1=0$

指針 **方程式 $f(x)=0$ の実数解の個数**　関数 $y=f(x)$ のグラフをかき，x 軸との共有点の個数を調べるとよい。

解答 (1) 関数 $y=2x^3-6x+3$ について

$$y'=6x^2-6=6(x+1)(x-1)$$

$y'=0$ とすると　　$x=-1,\ 1$

y の増減表は次のようになる。

x	……	-1	……	1	……
y'	$+$	0	$-$	0	$+$
y	↗	極大 7	↘	極小 -1	↗

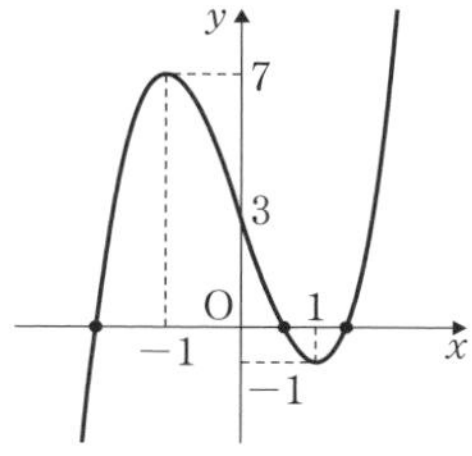

よって，関数 $y=2x^3-6x+3$ のグラフは図のようになり，グラフと x 軸は異なる 3 点で交わる。

したがって，与えられた方程式の異なる実数解の個数は　　**3 個**　答

(2) 関数 $y=x^3+3x^2+2$ について

$$y'=3x^2+6x=3x(x+2)$$

$y'=0$ とすると　　$x=-2,\ 0$

y の増減表は次のようになる。

x	……	-2	……	0	……
y'	$+$	0	$-$	0	$+$
y	↗	極大 6	↘	極小 2	↗

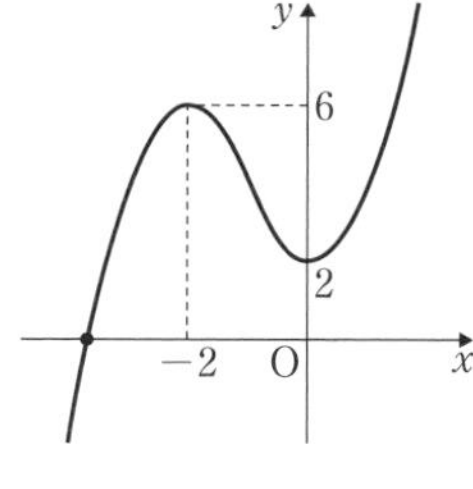

よって，関数 $y=x^3+3x^2+2$ のグラフは図のようになり，グラフと x 軸は 1 点で交わる。

したがって，与えられた方程式の異なる実数解の個数は　　**1 個**　答

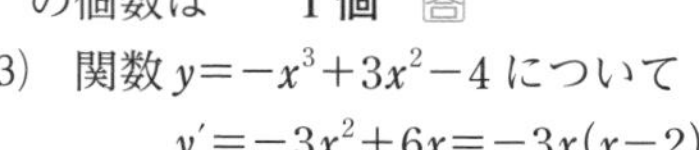

(3) 関数 $y=-x^3+3x^2-4$ について

$$y'=-3x^2+6x=-3x(x-2)$$

$y'=0$ とすると　　$x=0,\ 2$

y の増減表は次のようになる。

x	……	0	……	2	……
y'	$-$	0	$+$	0	$-$
y	↘	極小 -4	↗	極大 0	↘

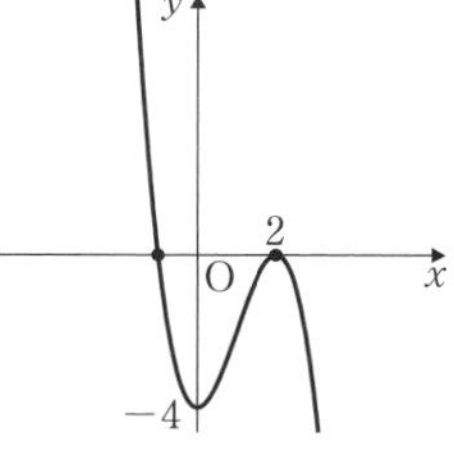

よって，関数 $y=-x^3+3x^2-4$ のグラフは図のようになり，グラフと x 軸は 1 点で交わり 1 点で接する。

したがって，与えられた方程式の異なる実数解の個数は　　**2 個**　答

(4) 関数 $y=x^4-8x^2+1$ について

$$y'=4x^3-16x=4x(x^2-4)=4x(x+2)(x-2)$$

$y'=0$ とすると　　$x=-2,\ 0,\ 2$

y の増減表は次のようになる。

x	……	-2	……	0	……	2	……
y'	$-$	0	$+$	0	$-$	0	$+$
y	↘	極小 -15	↗	極大 1	↘	極小 -15	↗

よって，関数 $y=x^4-8x^2+1$ のグラフは図のようになり，グラフと x 軸は異なる 4 点で交わる。

したがって，与えられた方程式の異なる実数解の個数は　　**4 個**　答

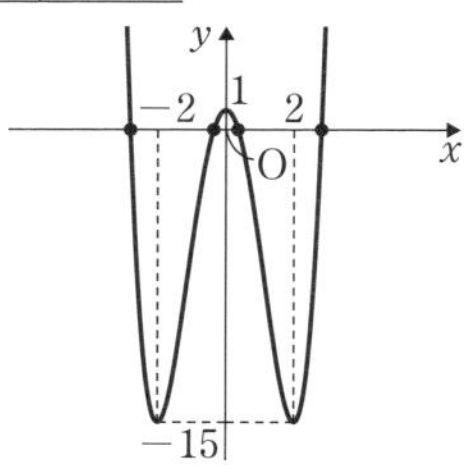

教 p.231

【?】

(応用例題 3)　方程式 $x^3+3x^2-a=0$ の異なる実数解の個数が 2 個，1 個となるような定数 a の値，または値の範囲はどのようになるだろうか。

指針　**3 次方程式がもつ実数解の個数とその条件**　方程式を $x^3+3x^2=a$ と変形して，3 次関数のグラフと直線の共有点の個数の関係に帰着させる。

解説　応用例題 3 のグラフから

2 個のとき $\boldsymbol{a=0,\ 4}$　　1 個のとき $\boldsymbol{a<0,\ 4<a}$　答

教 p.231

練習 26

方程式 $2x^3-3x^2-a=0$ がただ 1 個の実数解をもつように，定数 a の値の範囲を定めよ。

指針　**3 次方程式が 1 個の実数解をもつ条件**　与えられた 3 次方程式は文字 a を含んでいるので，解を直接求めるのは大変である。方程式を $2x^3-3x^2=a$ と変形して，3 次関数のグラフと直線の共有点の個数の関係に帰着させる。すなわち，3 次方程式 $2x^3-3x^2=a$ の実数解の個数は，曲線 $y=2x^3-3x^2$ と直線 $y=a$ の共有点の個数に等しいことを利用する。

解答　関数 $y=2x^3-3x^2$ について　　$y'=6x^2-6x=6x(x-1)$

$y'=0$ とすると　　$x=0,\ 1$

y の増減表は次のようになる。

x	……	0	……	1	……
y'	＋	0	－	0	＋
y	↗	極大 0	↘	極小 -1	↗

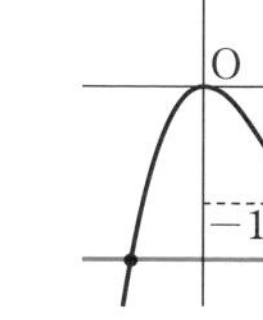

よって，$y=2x^3-3x^2$ のグラフは図のようになる。
求める a の値の範囲は，このグラフと直線 $y=a$ が1個の共有点をもつ範囲であるから

$\boldsymbol{a<-1,\ 0<a}$ 答

C 不等式への応用

教 p.232

【?】 （応用例題 4） 不等式において，等号が成り立つときを調べてみよう。

指針 **不等式の証明** 応用例題 4 の増減表またはグラフに着目する。

解説 $x \geqq 0$ において，$f(x)$ は $x=2$ で最小値 0 をとるから，等号が成り立つのは $x=2$ のときである。

教 p.232

練習 27 $x \geqq 0$ のとき，次の不等式が成り立つことを証明せよ。

$$x^3+3x^2+5 \geqq 9x$$

指針 **不等式の証明** $x \geqq 0$ のとき，関数 $f(x)=(x^3+3x^2+5)-9x$ の最小値が 0 であることを示せばよい。

解答 $f(x)=(x^3+3x^2+5)-9x$ とすると

$$f'(x)=3x^2+6x-9=3(x-1)(x+3)$$

$x \geqq 0$ において，$f(x)$ の増減表は次のようになる。

x	0	……	1	……
$f'(x)$		－	0	＋
$f(x)$	5	↘	極小 0	↗

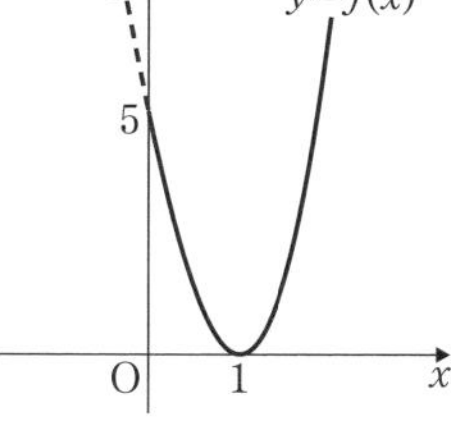

よって，$x \geqq 0$ において，$f(x)$ は $x=1$ で最小値 0 をとる。

したがって，$x \geqq 0$ のとき $f(x) \geqq 0$ であるから

$(x^3+3x^2+5)-9x \geqq 0$ すなわち $x^3+3x^2+5 \geqq 9x$ 終

補足 等号が成り立つのは，$x=1$ のときである。

教科書 p.233

第6章 第2節　問題

教 p.233

8 次の関数の増減を調べ，極値があればその極値を求めよ。

(1) $y=x^3-6x+2$　　(2) $y=(1-x)^3$

(3) $y=x^4+2x^3+1$

指針　**関数の増減と極値**　$y'=0$ となる x の値をもとにして増減表を作る。(1)はその値が無理数であるが，考え方はこれまでと変わりはない。

(2), (3)では，$y'=0$ であってもそこで極値をとるとは限らないことに注意する。

解答　(1) $y'=3x^2-6=3(x^2-2)$

$y'=0$ とすると　$x=\pm\sqrt{2}$

y の増減表は次のようになる。

x	……	$-\sqrt{2}$	……	$\sqrt{2}$	……
y'	$+$	0	$-$	0	$+$
y	↗	極大 $2+4\sqrt{2}$	↘	極小 $2-4\sqrt{2}$	↗

$x=-\sqrt{2}$ のとき　$y=(-\sqrt{2})^3-6\cdot(-\sqrt{2})+2=2+4\sqrt{2}$

$x=\sqrt{2}$ のとき　$y=(\sqrt{2})^3-6\sqrt{2}+2=2-4\sqrt{2}$

であるから，y は

$x=-\sqrt{2}$ で極大値 $2+4\sqrt{2}$，

$x=\sqrt{2}$ で極小値 $2-4\sqrt{2}$ をとる。 答

(2) $(1-x)^3=1-3x+3x^2-x^3$

よって　$y=1-3x+3x^2-x^3$

したがって　$y'=-3+6x-3x^2$

$=-3(x-1)^2\leqq 0$

y の増減表は次のようになる。

x	……	1	……
y'	$-$	0	$-$
y	↘	0	↘

答　**極値なし**

(3) $y'=4x^3+6x^2=2x^2(2x+3)$

$y'=0$ とすると　$x=-\dfrac{3}{2}$，0

y の増減表は次のようになる。

x	……	$-\frac{3}{2}$	……	0	……
y'	$-$	0	$+$	0	$+$
y	↘	極小 $-\frac{11}{16}$	↗	1	↗

$x=-\frac{3}{2}$ のとき　$y=\left(-\frac{3}{2}\right)^4+2\left(-\frac{3}{2}\right)^3+1=-\frac{11}{16}$

であるから，y は

$x=-\frac{3}{2}$ で極小値 $-\frac{11}{16}$ をとる。　答

教 p.233

9　関数 $f(x)=x^3+ax^2+bx+c$ が，$x=-3$ で極大値をとり，$x=1$ で極小値 -12 をとるように，定数 a，b，c の値を定めよ。

指針　**極値から関数の決定**　関数 $f(x)$ が $x=a$ で極値をとる $\Longrightarrow f'(a)=0$ を使う。
$f(x)$ が $x=-3$ で極大値をとるとき　$f'(-3)=0$
また，$x=1$ で極小値 -12 をとるとき　$f'(1)=0$ かつ $f(1)=-12$
これらを a，b，c の等式で表す。

解答　$f(x)=x^3+ax^2+bx+c$ を微分すると

$$f'(x)=3x^2+2ax+b$$

$f(x)$ が $x=-3$ で極大値をとるとき　$f'(-3)=0$
また，$x=1$ で極小値 -12 をとるとき　$f'(1)=0$，$f(1)=-12$
よって　$27-6a+b=0$，$3+2a+b=0$，$1+a+b+c=-12$
これを解くと　$a=3$，$b=-9$，$c=-7$
このとき

$$f(x)=x^3+3x^2-9x-7$$
$$f'(x)=3x^2+6x-9=3(x+3)(x-1)$$

したがって，次の増減表が得られ，問題に適する。

x	……	-3	……	1	……
$f'(x)$	$+$	0	$-$	0	$+$
$f(x)$	↗	極大 20	↘	極小 -12	↗

答　**$a=3$，$b=-9$，$c=-7$**

注意　$f'(-3)=0$，$f'(1)=0$ は $f(x)$ が極値をとるための必要条件である。
したがって，これらをもとにして得た a，b，c の値については，問題に適していることを確かめておく必要がある。

教科書 p.233

教 p.233

10 底面の半径 4，高さ 10 の直円錐（すい）に，右の図のように直円柱が内接している。この直円柱のうちで，体積が最大であるものの底面の半径と高さを求めよ。

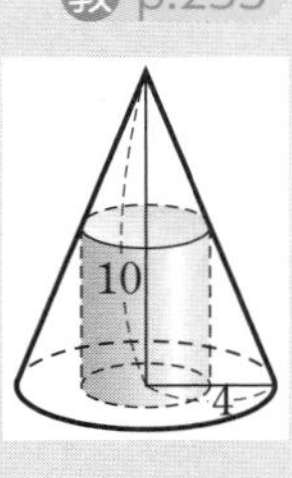

指針　**最大・最小の応用**　直円柱の底面の半径を r，高さを h とすると

$$0<r<4, \qquad h=10-\frac{5}{2}r$$

体積を r の関数で表し，増減を調べる。

解答　直円柱の底面の半径を r，高さを h とすると

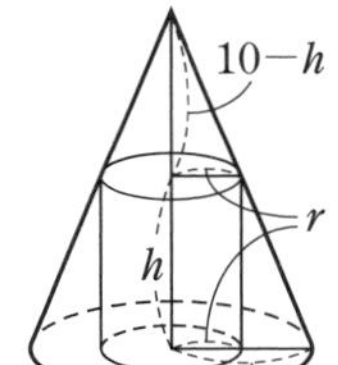

$$0<r<4$$

また，$r：4=(10-h)：10$ より

$$h=10-\frac{5}{2}r$$

したがって，直円柱の体積を V とすると

$$V=\pi r^2h=\pi r^2\left(10-\frac{5}{2}r\right)=\frac{5}{2}\pi(4r^2-r^3)$$

V を r で微分すると

$$V'=\frac{5}{2}\pi(8r-3r^2)=\frac{5}{2}\pi r(8-3r)$$

$0<r<4$ において $V'=0$ となるのは $r=\frac{8}{3}$ のときである。

よって，$0<r<4$ における V の増減表は，次のようになる。

r	0	……	$\frac{8}{3}$	……	4
V'		+	0	−	
V		↗	極大	↘	

ゆえに，$r=\frac{8}{3}$ で V は最大となる。

このとき　　$h=10-\frac{5}{2}\cdot\frac{8}{3}=\frac{10}{3}$

したがって，**底面の半径 $\frac{8}{3}$，高さ $\frac{10}{3}$** のとき体積が最大になる。　答

教 p.233

11 方程式 $x^3-3x^2-9x+a=0$ が異なる 2 個の正の解と 1 個の負の解をもつように，定数 a の値の範囲を定めよ。

指針 **3 次方程式の解の判別とグラフ**　方程式 $x^3-3x^2-9x+a=0$ の解の個数は，$y=x^3-3x^2-9x+a$ のグラフと x 軸の共有点の個数と一致する。ここでは，方程式を $-x^3+3x^2+9x=a$ と変形し，$y=-x^3+3x^2+9x$ のグラフと直線 $y=a$ が x 座標の正の部分で 2 個，負の部分で 1 個の共有点をもつ条件を求める。

解答 与えられた方程式を変形すると

$$-x^3+3x^2+9x=a$$

この方程式が異なる 2 個の正の解と 1 個の負の解をもつのは，

3 次関数 $y=-x^3+3x^2+9x$　……①　のグラフと直線 $y=a$ とが，

$x>0$ で 2 個，$x<0$ で 1 個の共有点をもつときである。

関数①を微分すると

$$y'=-3x^2+6x+9=-3(x+1)(x-3)$$

$y'=0$ とすると　　$x=-1,\ 3$

y の増減表は次のようになる。

x	……	-1	……	3	……
y'	$-$	0	$+$	0	$-$
y	↘	極小 -5	↗	極大 27	↘

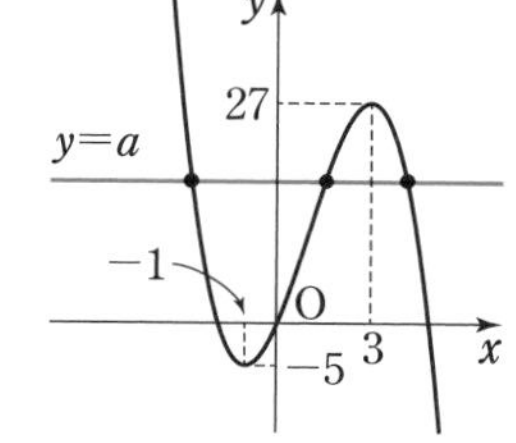

よって，関数①のグラフは右の図のようになり，求める a の値の範囲は

$0<a<27$　答

教 p.233

12 3 次関数 $y=ax^3+bx^2+cx+d$ のグラフが右の図のようになっているとする。ただし，図の • は極値をとる点を表している。

(1) a，d の値の符号を求めよ。

(2) 3 次関数 $y=ax^3+bx^2+cx+d$ の値の変化に注目することで，b，c の値の符号を求めよ。

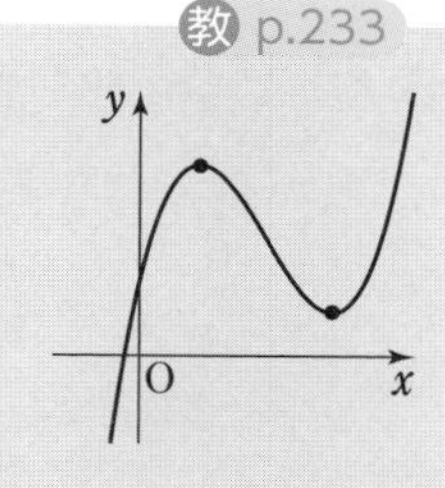

指針 **グラフから 3 次関数の係数の符号決定**

(1) a の値の符号は，3 次関数のグラフの形からわかる。d の値の符号は，3 次関数のグラフと y 軸の交点の y 座標の符号を調べる。

(2) 極値をとる点の x 座標は，$y'=0$ の解で表されることを利用する。

教科書 p.233

解答 (1) この3次関数のグラフの形から　**a は正**　答

また，この3次関数のグラフと y 軸の交点の y 座標は d である。

よって，右の図から

d は正　答

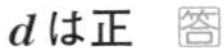

(2) 右の図のように，

極大値をとる x の値を　$x=\alpha$,

極小値をとる x の値を　$x=\beta$

とする。

グラフから，y の増減表は次のようになる。

x	$\cdots$	α	$\cdots$	β	$\cdots$
y'	$+$	0	$-$	0	$+$
y	↗	極大	↘	極小	↗

$y=ax^3+bx^2+cx+d$ を微分すると

$$y'=3ax^2+2bx+c$$

$y'=0$ とすると　$3ax^2+2bx+c=0$

この解が α，β になるから，解と係数の関係により

$$\alpha+\beta=-\frac{2b}{3a},\quad \alpha\beta=\frac{c}{3a}$$

$\alpha>0$，$\beta>0$ であるから

$$\alpha+\beta>0,\quad \alpha\beta>0$$

よって　$-\dfrac{2b}{3a}>0$，$\dfrac{c}{3a}>0$

(1)より，$a>0$ であるから　**b は負，c は正**　答

第3節　積分法

6　不定積分

まとめ

1　不定積分

x で微分すると $f(x)$ になる関数を，$f(x)$ の **原始関数** という。すなわち，
$F'(x)=f(x)$ のとき，$F(x)$ は $f(x)$ の原始関数である。
関数 $f(x)$ の原始関数の1つを $F(x)$ とすると，$f(x)$ の任意の原始関数は，次のように表示される。

$$F(x)+C \qquad \text{ただし，} C \text{ は定数}$$

このような表示を $f(x)$ の **不定積分** といい，$\int f(x)\,dx$ で表す。
すなわち，関数 $f(x)$ の不定積分について，次のようにまとめられる。

$$F'(x)=f(x) \text{ のとき } \int f(x)\,dx=F(x)+C \qquad C \text{ は定数}$$

補足　記号 $\int$ は「積分」または「インテグラル」と読む。

関数 $f(x)$ の不定積分を求めることを，$f(x)$ を **積分する** といい，上の定数 C を **積分定数** という。
積分することと微分することとは，互いに逆の計算であるといえる。
一般に，次の公式が成り立つ。

関数 x^n の不定積分

n は0または正の整数とする。

$$\int x^n dx=\frac{1}{n+1}x^{n+1}+C \qquad C \text{ は積分定数}$$

注意　$\int x^0 dx$ は $\int 1dx$ のことである。

今後，とくに断らなくても，C は積分定数を表すものとする。
関数の定数倍および和，差の不定積分について，次のことがいえる。

関数の定数倍および和，差の不定積分

$F'(x)=f(x)$，$G'(x)=g(x)$ のとき

1　$\int kf(x)\,dx=kF(x)+C \qquad k$ は定数

2　$\int \{f(x)+g(x)\}\,dx=F(x)+G(x)+C$

3　$\int \{f(x)-g(x)\}\,dx=F(x)-G(x)+C$

6章　微分法と積分法

A 不定積分

教 p.234

練習 28

次の中から，$3x^2$ の原始関数であるものを選べ。

① $6x$　② x^3　③ x^3+2x　④ x^3-4

指針　**原始関数**　微分すると $3x^2$ になる関数を選ぶ。

解答　① $(6x)'=6$　② $(x^3)'=3x^2$

③ $(x^3+2x)'=3x^2+2$　④ $(x^3-4)'=3x^2$

よって，$3x^2$ の原始関数は　②，④　答

注意　$3x^2$ の原始関数はいくつもあるが，それらの違いは，定数部分だけである。
c が定数のとき　$(x^3+c)'=3x^2$

教 p.236

練習 29

教科書 236 ページの公式が成り立つことを，右辺の関数を x で微分して確かめよ。また，この公式を用いて，不定積分 $\int x^3dx$ を求めよ。

指針　**関数 x^n の不定積分**　微分と積分は互いに逆の計算である。すなわち，$F(x)$ を微分すると $f(x)$ になるとき，$f(x)$ の 1 つの不定積分は $F(x)$ である。このことを利用して考える。

解答　n が 0 または正の整数のとき，$F(x)=\frac{1}{n+1}x^{n+1}+C$ とおくと

$$F'(x)=\frac{1}{n+1}\cdot(n+1)x^n=x^n$$

よって，x^n の不定積分の 1 つは $F(x)$ である。

したがって　$\int x^n dx=\frac{1}{n+1}x^{n+1}+C$　終

$$\int x^3dx=\frac{1}{3+1}x^{3+1}+C=\frac{1}{4}x^4+C$$　答

教 p.237

練習 30

次の不定積分を求めよ。

(1) $\int 5x^2dx$　(2) $\int(-2x^2-x+7)dx$

(3) $\int(x^3-6x^2-2x+5)dx$　(4) $\int 3(x-1)^2dx$

指針　**不定積分を求める**　多項式は，各項ごとに不定積分を考えればよい。また，各項は係数はそのまま残し，x^n の不定積分との積にする。なお，積分定数はまとめて C と表す。答えは，微分してもとの関数に戻るかを確かめておく。

解答 (1) $\int 5x^2dx=5\cdot\frac{1}{3}x^3+C=\boldsymbol{\frac{5}{3}x^3+C}$ 答　　$\leftarrow \int x^2dx=\frac{1}{3}x^3+C$

(2) $\int(-2x^2-x+7)dx=-2\cdot\frac{1}{3}x^3-\frac{1}{2}x^2+7x+C$

$=\boldsymbol{-\frac{2}{3}x^3-\frac{1}{2}x^2+7x+C}$ 答

(3) $\int(x^3-6x^2-2x+5)dx$

$=\frac{1}{4}x^4-6\cdot\frac{1}{3}x^3-2\cdot\frac{1}{2}x^2+5x+C$

$=\boldsymbol{\frac{1}{4}x^4-2x^3-x^2+5x+C}$ 答

(4) $\int 3(x-1)^2dx=\int 3(x^2-2x+1)dx$

$=\int(3x^2-6x+3)dx$

$=3\cdot\frac{1}{3}x^3-6\cdot\frac{1}{2}x^2+3x+C$

$=\boldsymbol{x^3-3x^2+3x+C}$ 答

練習 31 教 p.238

次の不定積分を求めよ。

(1) $\int(-y^2+4y+5)dy$　　(2) $\int(t+2)(3t-1)dt$

指針 **いろいろな関数の不定積分を求める**　不定積分は，変数が x 以外でも同様に考える。

(2) まず，積分する関数の式のかっこをはずして t の多項式の形にし，各項ごとに不定積分を計算すればよい。

解答 (1) $\int(-y^2+4y+5)dy=-\frac{y^3}{3}+4\cdot\frac{y^2}{2}+5y+C$

$=\boldsymbol{-\frac{y^3}{3}+2y^2+5y+C}$ 答

(2) $\int(t+2)(3t-1)dt=\int(3t^2+5t-2)dt$

$=3\cdot\frac{t^3}{3}+5\cdot\frac{t^2}{2}-2t+C$

$=\boldsymbol{t^3+\frac{5}{2}t^2-2t+C}$ 答

教 p.238

【?】 (応用例題 5)　条件 [1] のみを満たす関数 $F(x)$ を，$2x^3-x^2+1$ 以外にいくつかあげてみよう。

指針　**原始関数を求める**　$F(x)=2x^3-x^2+C$ の C に着目する。

解説　$2x^3-x^2$，$2x^3-x^2+2$，$2x^3-x^2-1$ など。

教 p.238

練習 32　次の 2 つの条件をともに満たす関数 $F(x)$ を求めよ。

[1]　$F'(x)=3x^2-4$　　　[2]　$F(-1)=5$

指針　**原始関数を求める**　[1] から $3x^2-4$ の不定積分として $F(x)$ を求める。さらに，[2] から積分定数 C の値を決める。

解答　[1] から　　$F(x)=\int(3x^2-4)\,dx=3\cdot\dfrac{x^3}{3}-4x+C=x^3-4x+C$

よって　　$F(-1)=(-1)^3-4\cdot(-1)+C=3+C$

[2] より $3+C=5$ であるから　　$C=2$

したがって　$\boldsymbol{F(x)=x^3-4x+2}$　答

7 定積分

まとめ

1　定積分

関数 $f(x)$ の原始関数の 1 つを $F(x)$ とする。2 つの実数 a，b に対して，$F(x)$ の変化量 $F(b)-F(a)$ の値は $F(x)$ の選び方とは関係なく，a，b の値だけで定まる。

この $F(b)-F(a)$ を，関数 $f(x)$ の a から b までの **定積分** といい，$\displaystyle\int_a^b f(x)\,dx$ のように書く。また，$F(b)-F(a)$ を $\Big[F(x)\Big]_a^b$ とも書く。

$$F'(x)=f(x) \text{ のとき }\quad \int_a^b f(x)\,dx=\Big[F(x)\Big]_a^b=F(b)-F(a)$$

定積分 $\displaystyle\int_a^b f(x)dx$ において，a を **下端**，b を **上端** という。また，この定積分を求めることを，関数 $f(x)$ を a から b まで **積分する** という。

a と b の大小関係は，$a<b$，$a=b$，$a>b$ のいずれでもよい。

2　定積分の性質

関数の定数倍および和，差の定積分

1　$\displaystyle\int_a^b kf(x)\,dx=k\int_a^b f(x)\,dx$　　　k は定数

2 $\displaystyle\int_a^b \{f(x)+g(x)\}\,dx=\int_a^b f(x)\,dx+\int_a^b g(x)\,dx$

3 $\displaystyle\int_a^b \{f(x)-g(x)\}\,dx=\int_a^b f(x)\,dx-\int_a^b g(x)\,dx$

定積分の下端，上端に関する性質として，次のことが成り立つ。

1 $\displaystyle\int_a^a f(x)\,dx=0$

2 $\displaystyle\int_b^a f(x)\,dx=-\int_a^b f(x)\,dx$

3 $\displaystyle\int_a^b f(x)\,dx=\int_a^c f(x)\,dx+\int_c^b f(x)\,dx$

注意 性質3は，a，b，c の大小に関係なく成り立つ。

3 定積分と微分法

a を定数とするとき，x の関数 $\displaystyle\int_a^x f(t)\,dt$ の導関数は $f(x)$ である。すなわち

$$\frac{d}{dx}\int_a^x f(t)\,dt=f(x)$$

補足 $\displaystyle\frac{d}{dx}\int_a^x f(t)dt$ は，x の関数 $\displaystyle\int_a^x f(t)dt$ の導関数である。

6章 微分法と積分法

A 定積分

練習 33 教 p.240

次の定積分を求めよ。

(1) $\displaystyle\int_1^3 x\,dx$　(2) $\displaystyle\int_{-1}^2 x^2\,dx$　(3) $\displaystyle\int_{-2}^1 x^3\,dx$　(4) $\displaystyle\int_3^0 2\,dx$

指針 **定積分の計算** 手順は

① 原始関数の1つを，不定積分の要領で求める。

② 代入計算をする。

$$\int_a^b f(x)\,dx=\Big[F(x)\Big]_a^b=F(b)-F(a)$$

（$f(x)\to F(x)$：①，$F(b)-F(a)$：②）

解答 (1) $\left(\dfrac{x^2}{2}\right)'=x$ であるから $\displaystyle\int_1^3 x\,dx=\left[\frac{x^2}{2}\right]_1^3=\frac{3^2}{2}-\frac{1^2}{2}=4$ 答

(2) $\left(\dfrac{x^3}{3}\right)'=x^2$ であるから $\displaystyle\int_{-1}^2 x^2\,dx=\left[\frac{x^3}{3}\right]_{-1}^2=\frac{2^3}{3}-\frac{(-1)^3}{3}=3$ 答

(3) $\left(\dfrac{x^4}{4}\right)'=x^3$ であるから $\displaystyle\int_{-2}^1 x^3\,dx=\left[\frac{x^4}{4}\right]_{-2}^1=\frac{1^4}{4}-\frac{(-2)^4}{4}=-\frac{15}{4}$ 答

(4) $(2x)'=2$ であるから $\displaystyle\int_3^0 2\,dx=\Big[2x\Big]_3^0=2(0-3)=-6$ 答

注意 (1) $\int_1^3 x\,dx=\left[\frac{x^2}{2}+C\right]_1^3=\left(\frac{3^2}{2}+C\right)-\left(\frac{1^2}{2}+C\right)=\frac{3^2}{2}-\frac{1^2}{2}=4$

積分定数 C とは無関係に 1 つの値に定まる。C は省いてよい。

教 p.240

【?】

(例題 4) (2) 定積分 $\int_0^1 (y-2)(y+4)\,dy$ の値はどのようになるだろうか。

指針 **定積分の計算** 定積分の値は積分変数によらない。

解説 積分変数を t から y に変えても，結局代入する値は同じであるから，定積分の値は同じで $-\frac{20}{3}$ である。

教 p.241

練習 34

次の定積分を求めよ。

(1) $\int_0^2 (x^2+4x-5)\,dx$ (2) $\int_2^3 (x-2)(x-3)\,dx$

(3) $\int_{-1}^2 (-t^3+2t)\,dt$ (4) $\int_{-2}^2 t(t+2)^2\,dt$

指針 **定積分の計算** (2), (4) まず関数の式を展開する。

(3), (4) 変数を表す文字が違うだけの定積分の値は等しい。たとえば，(3)の $\int_{-1}^2 (-t^3+2t)\,dt$ は $\int_{-1}^2 (-x^3+2x)\,dx$ と同じ。

解答 (1) $\int_0^2 (x^2+4x-5)\,dx=\left[\frac{x^3}{3}+2x^2-5x\right]_0^2$

$$=\left(\frac{2^3}{3}+2\cdot 2^2-5\cdot 2\right)-0=\frac{8}{3}-2=\frac{2}{3} \quad \text{答}$$

(2) $\int_2^3 (x-2)(x-3)\,dx=\int_2^3 (x^2-5x+6)\,dx=\left[\frac{x^3}{3}-\frac{5}{2}x^2+6x\right]_2^3$

$$=\left(\frac{3^3}{3}-\frac{5}{2}\cdot 3^2+6\cdot 3\right)-\left(\frac{2^3}{3}-\frac{5}{2}\cdot 2^2+6\cdot 2\right)$$

$$=\left(9-\frac{45}{2}+18\right)-\left(\frac{8}{3}-10+12\right)=\frac{9}{2}-\frac{14}{3}=-\frac{1}{6} \quad \text{答}$$

(3) $\int_{-1}^2 (-t^3+2t)\,dt=\left[-\frac{t^4}{4}+t^2\right]_{-1}^2$

$$=\left(-\frac{2^4}{4}+2^2\right)-\left\{-\frac{(-1)^4}{4}+(-1)^2\right\}$$

$$=(-4+4)-\left(-\frac{1}{4}+1\right)=-\frac{3}{4} \quad \text{答}$$

(4) $\int_{-2}^{2} t(t+2)^2 dt=\int_{-2}^{2}(t^3+4t^2+4t)\,dt=\left[\frac{t^4}{4}+\frac{4}{3}t^3+2t^2\right]_{-2}^{2}$

$=\left(\frac{2^4}{4}+\frac{4}{3}\cdot 2^3+2\cdot 2^2\right)-\left\{\frac{(-2)^4}{4}+\frac{4}{3}\cdot(-2)^3+2\cdot(-2)^2\right\}$

$=\left(4+\frac{32}{3}+8\right)-\left(4-\frac{32}{3}+8\right)=\frac{64}{3}$ 答

B 定積分の性質

教 p.242

練習 35

次の定積分を求めよ。

$$\int_{-1}^{1}(x+2)^2 dx-\int_{-1}^{1}(x-2)^2 dx$$

指針 **関数の定数倍および和，差の定積分の応用**

公式 3 $\int_a^b\{f(x)-g(x)\}\,dx=\int_a^b f(x)\,dx-\int_a^b g(x)\,dx$ を右辺から左辺を導く形で使う。この利用法では，いくつかの定積分の上端，下端がそれぞれ等しいことが前提となる。

解答 $\int_{-1}^{1}(x+2)^2 dx-\int_{-1}^{1}(x-2)^2 dx$

$=\int_{-1}^{1}\{(x+2)^2-(x-2)^2\}\,dx=\int_{-1}^{1}8x\,dx$ ← 公式 3

$=\left[4x^2\right]_{-1}^{1}=4\{1^2-(-1)^2\}=0$ 答

教 p.243

練習 36

教科書 242 ページの定積分の性質 **2** を証明せよ。

指針 **定積分の性質の証明**　性質 1，3 (教科書で証明済み) を利用する。

解答 性質 3 より $\int_a^b f(x)\,dx+\int_b^a f(x)\,dx=\int_a^a f(x)\,dx$

性質 1 より右辺は 0 であるから $\int_a^b f(x)\,dx+\int_b^a f(x)\,dx=0$

よって $\int_b^a f(x)\,dx=-\int_a^b f(x)\,dx$ 終

教 p.243

練習 37

次の定積分を求めよ。

(1) $\displaystyle\int_1^2(3x^2-4x)\,dx+\int_2^3(3x^2-4x)\,dx$

(2) $\displaystyle\int_0^3(x^2+2x)\,dx-\int_1^3(x^2+2x)\,dx$

(3) $\displaystyle\int_3^{-1}(x^3-4x^2-7)\,dx+\int_2^3(x^3-4x^2-7)\,dx+\int_{-1}^2(x^3-4x^2-7)\,dx$

指針 **定積分の計算** 上端，下端に注目し，定積分の性質 3 を利用する。

解答 (1) $\displaystyle\int_1^2(3x^2-4x)\,dx+\int_2^3(3x^2-4x)\,dx=\int_1^3(3x^2-4x)\,dx$

$\displaystyle=\Big[x^3-2x^2\Big]_1^3=(3^3-2\cdot3^2)-(1^3-2\cdot1^2)=10$ 答

(2) $\displaystyle\int_0^3(x^2+2x)\,dx-\int_1^3(x^2+2x)\,dx=\int_0^3(x^2+2x)\,dx+\int_3^1(x^2+2x)\,dx$

$\displaystyle=\int_0^1(x^2+2x)\,dx=\left[\frac{x^3}{3}+x^2\right]_0^1=\frac{4}{3}$ 答

(3) $\displaystyle\int_3^{-1}(x^3-4x^2-7)\,dx+\int_2^3(x^3-4x^2-7)\,dx+\int_{-1}^2(x^3-4x^2-7)\,dx$

$\displaystyle=\int_3^{-1}(x^3-4x^2-7)\,dx+\int_{-1}^2(x^3-4x^2-7)\,dx+\int_2^3(x^3-4x^2-7)\,dx$

$\displaystyle=\int_3^2(x^3-4x^2-7)\,dx+\int_2^3(x^3-4x^2-7)\,dx=\int_3^3(x^3-4x^2-7)\,dx=0$ 答

教 p.244

【?】

（応用例題 6） $\displaystyle\int_0^1 f(t)\,dt$ が定数である理由を説明してみよう。

指針 **定積分を含む関数の決定** $\displaystyle\int_0^1 f(t)\,dt$ が x を含まないことを示す。

解説 $F'(t)=f(t)$ のとき $\displaystyle\int_0^1 f(t)\,dt=F(1)-F(0)$ $F(1)$，$F(0)$ はともに x を含まないから，$\displaystyle\int_0^1 f(t)\,dt$ は定数である。

教 p.244

練習 38

次の等式を満たす関数 $f(x)$ を求めよ。

(1) $\displaystyle f(x)=4x+2\int_0^2 f(t)\,dt$　　(2) $\displaystyle f(x)=3x^2+\int_{-1}^1 f(t)\,dt$

指針 **定積分を含む関数の決定** $\int_0^2 f(t)dt$, $\int_{-1}^1 f(t)dt$ は定数である。たとえば(1)では a を定数として $\int_0^2 f(t)dt=a$ とおくと $f(x)=4x+2a$ となり，さらに x を t でおき換えると $f(t)=4t+2a$ が得られる。

解答 (1) $\int_0^2 f(t)dt=a$ とおくと　$f(x)=4x+2a$

よって　$\int_0^2 f(t)dt=\int_0^2 (4t+2a)dt=\Big[2t^2+2at\Big]_0^2=8+4a$

$8+4a=a$ であるから　$a=-\dfrac{8}{3}$　すなわち　$\boldsymbol{f(x)=4x-\dfrac{16}{3}}$ 答

(2) $\int_{-1}^1 f(t)dt=a$ とおくと　$f(x)=3x^2+a$

よって　$\int_{-1}^1 f(t)dt=\int_{-1}^1 (3t^2+a)dt=\Big[t^3+at\Big]_{-1}^1=2+2a$

$2+2a=a$ であるから　$a=-2$　すなわち　$\boldsymbol{f(x)=3x^2-2}$ 答

C 定積分と微分法

練習 39　教 p.245

x の関数 $\int_0^x (3t^2-2t-1)dt$ の導関数を求めよ。

指針 **定積分で表された関数の微分**　定積分を計算しなくても，教科書 245 ページの公式により求めることができる。

解答 $\dfrac{d}{dx}\int_0^x (3t^2-2t-1)dt=\boldsymbol{3x^2-2x-1}$ 答

【?】　教 p.245

(応用例題 7)　前ページ応用例題 6 では，a を定数として $\int_0^1 f(t)dt=a$ とおいたが，この問題では，たとえば k を定数として $\int_a^x f(t)dt=k$ とおくことはできない。この理由を説明してみよう。

指針 **定積分で表された関数** $\int_a^x f(t)dt$ が x を含むことを示す。

解説 $F'(t)=f(t)$ のとき　$\int_a^x f(t)dt=F(x)-F(a)$

$F(x)$ は x を含み，$F(a)$ は x を含まない。

よって，$\int_a^x f(t)dt$ は x の関数であり，定数でないから。

教 p.245

練習 40 次の等式を満たす関数 $f(x)$ と定数 a の値を求めよ。

$$\int_a^x f(t)\,dt=x^2-x-2$$

指針 **定積分と導関数（関数の決定）** 等式の両辺の関数を x で微分すると，左辺は $f(x)$ となる。また，与えられた等式で $x=a$ とおくと，定積分の上端，下端に関する性質の 1 が利用できる。

解答 等式の両辺の関数を x で微分すると　$f(x)=2x-1$

また，与えられた等式で $x=a$ とおくと，左辺は 0 になるから

$0=a^2-a-2$　　これを解くと　$a=-1,\ 2$

答　$f(x)=2x-1,\ a=-1,\ 2$

8 定積分と面積

まとめ

1 定積分の図形的な意味

関数 $f(x)$ は，区間 $a\leqq x\leqq b$ で常に $f(x)\geqq 0$ であるとする。右の図において，$y=f(x)$ のグラフと x 軸の間の部分のうち，x 座標が a から x までの斜線部分の面積は，x の関数である。この関数を $S(x)$ とする。

面積 $S(x)$ は関数 $f(x)$ の原始関数の 1 つである。

$F(x)$ を $f(x)$ の原始関数の 1 つとすると

$$S(x)=F(x)-F(a)$$

$y=f(x)$ のグラフと x 軸および 2 直線 $x=a$，$x=b$ で囲まれた図形の面積を S とすると，次の式が成り立つ。

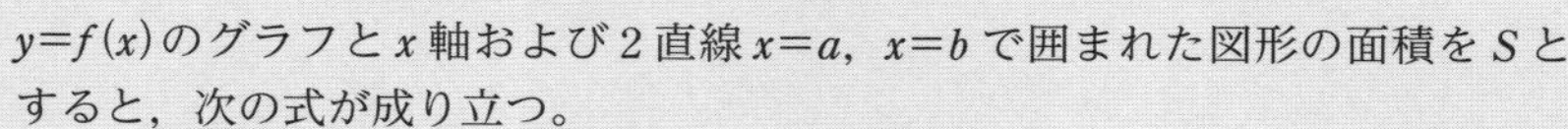

$$S=S(b)=F(b)-F(a)=\int_a^b f(x)\,dx$$

2 曲線と x 軸の間の面積

定積分と面積 (1)

区間 $a\leqq x\leqq b$ で $f(x)\geqq 0$ のとき，

$y=f(x)$ のグラフと x 軸および 2 直線 $x=a$，$x=b$ で囲まれた部分の面積 S は

$$S=\int_a^b f(x)\,dx$$

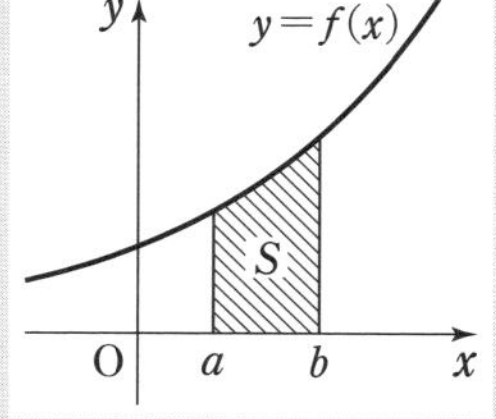

定積分と面積 (2)

区間 $a \leqq x \leqq b$ で $f(x) \leqq 0$ のとき,
$y=f(x)$ のグラフと x 軸および 2 直線 $x=a$, $x=b$
で囲まれた部分の面積 S は

$$S=\int_a^b \{-f(x)\}\,dx$$

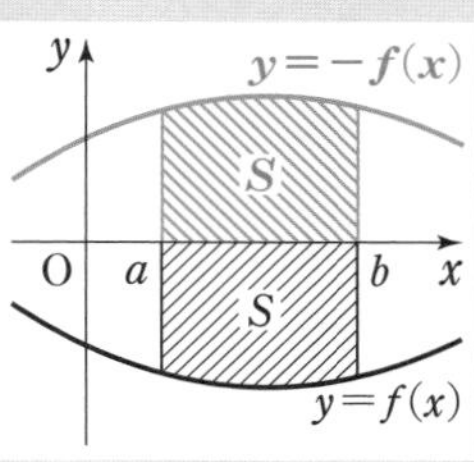

3　2 つの曲線の間の面積

定積分と面積 (3)

区間 $a \leqq x \leqq b$ で $f(x) \geqq g(x)$ のとき,
$y=f(x)$ と $y=g(x)$ のグラフおよび 2 直線 $x=a$,
$x=b$ で囲まれた部分の面積 S は

$$S=\int_a^b \{f(x)-g(x)\}\,dx$$

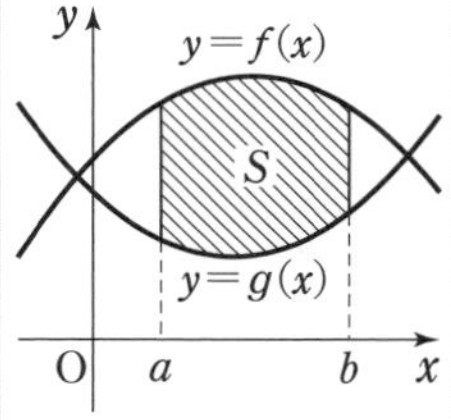

2 の定積分と面積 (1), 定積分と面積 (2)は, x 軸を $y=0$ のグラフと考えれば, 定積分と面積 (3)
$S=\int_a^b \{f(x)-g(x)\}\,dx$ の特別な場合と考えられる。

4　絶対値を含む関数の定積分

$f(x) \geqq 0$ である関数 $f(x)$ の定積分は, $y=f(x)$ のグラフと x 軸の間の面積と考えることができる。また, 絶対値を含む関数のグラフは, x の値で場合分けをするとかくことができる。これらを利用して絶対値を含む関数の定積分を求める。

6 章　微分法と積分法

A 定積分の図形的な意味　B 曲線と x 軸の間の面積

教 p.248

練習 41

次の放物線と 2 直線および x 軸で囲まれた部分の面積 S を求めよ。

(1)　放物線 $y=x^2$, 2 直線 $x=1$, $x=3$

(2)　放物線 $y=x^2+2$, 2 直線 $x=-1$, $x=2$

指針　**定積分と図形の面積**(1)　$y=x^2 \geqq 0$, $y=x^2+2>0$ であるから, まとめの公式を使う。面積はそれぞれ 1 から 3 までの定積分, -1 から 2 までの定積分で求めることができる。

解答　(1)　$S=\int_1^3 x^2dx=\left[\frac{x^3}{3}\right]_1^3$

$=\frac{3^3}{3}-\frac{1^3}{3}$

$=\frac{26}{3}$　答

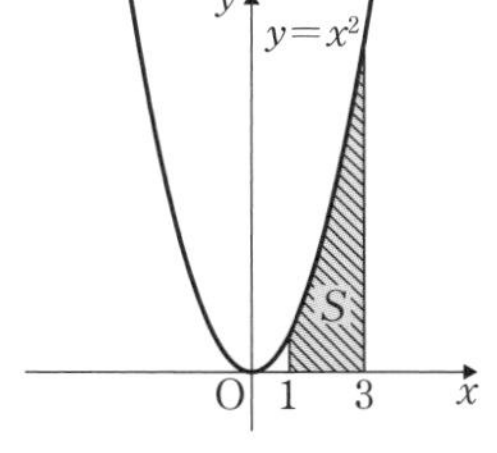

(2) $S=\int_{-1}^{2}(x^2+2)\,dx=\left[\frac{x^3}{3}+2x\right]_{-1}^{2}$

$=\left(\frac{2^3}{3}+2\cdot2\right)-\left\{\frac{(-1)^3}{3}+2\cdot(-1)\right\}$

$=\left(\frac{8}{3}+4\right)-\left(-\frac{1}{3}-2\right)=9$ 答

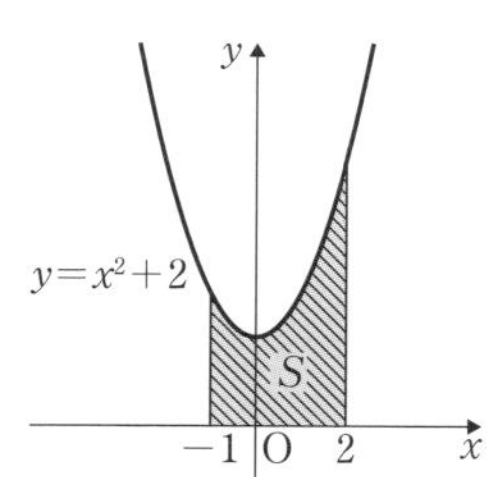

練習 42 教 p.248

教科書 242 ページの定積分の性質 3 $\int_a^b f(x)\,dx=\int_a^c f(x)\,dx+\int_c^b f(x)\,dx$ が成り立つことを，図形の面積を用いて説明せよ。ただし，$a<c<b$ とし，$a\leqq x\leqq b$ において常に $f(x)\geqq0$ であるとする。

指針 **定積分の性質(面積利用)** $\int_a^b f(x)\,dx$, $\int_a^c f(x)\,dx$, $\int_c^b f(x)\,dx$ の表す面積を，図を使って説明する。

解答 $a<c<b$ であり，$a\leqq x\leqq b$ において $f(x)\geqq0$ であるから，

$\int_a^b f(x)\,dx$：関数 $y=f(x)$ のグラフと 2 直線 $x=a$, $x=b$ および x 軸で囲まれた部分の面積

$\int_a^c f(x)\,dx$：関数 $y=f(x)$ のグラフと 2 直線 $x=a$, $x=c$ および x 軸で囲まれた部分の面積

$\int_c^b f(x)\,dx$：関数 $y=f(x)$ のグラフと 2 直線 $x=c$, $x=b$ および x 軸で囲まれた部分の面積

である。

右の図から

$\int_a^b f(x)\,dx$

$=\int_a^c f(x)\,dx+\int_c^b f(x)\,dx$ 終

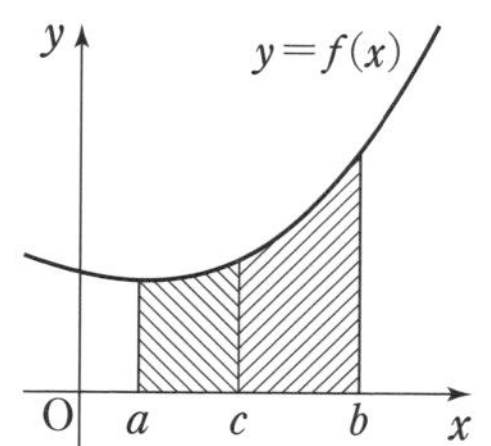

【?】 教 p.249

(例題 5) 面積 S を $S=2\int_0^2\{-(x^2-4)\}\,dx$ として求めることもできる。その理由を説明してみよう。

指針 **定積分と図形の面積(2)**　定積分の式から，どの部分の面積を求めているかを考える。

解説 例題5の図において，斜線部分は y 軸に関して対称である。
よって，$-2 \leqq x \leqq 0$ の部分の面積と $0 \leqq x \leqq 2$ の部分の面積が等しいから。

教 p.249

練習 43　次の曲線と x 軸で囲まれた部分の面積 S を求めよ。
(1)　$y=2x^2-2$　　　　(2)　$y=x^2-2x$

指針 **定積分と図形の面積(2)**　グラフをかいてどの部分の面積か確認してから公式を使う。(1)，(2)とも曲線と x 軸の交点の x 座標が，定積分の下端と上端となり，その範囲では $y \leqq 0$ である。

解答 (1)　この放物線と x 軸の共有点の x 座標は，方程式 $2x^2-2=0$ を解いて

$$x=-1,\ 1$$

$-1 \leqq x \leqq 1$ では $y \leqq 0$ であるから，求める面積 S は

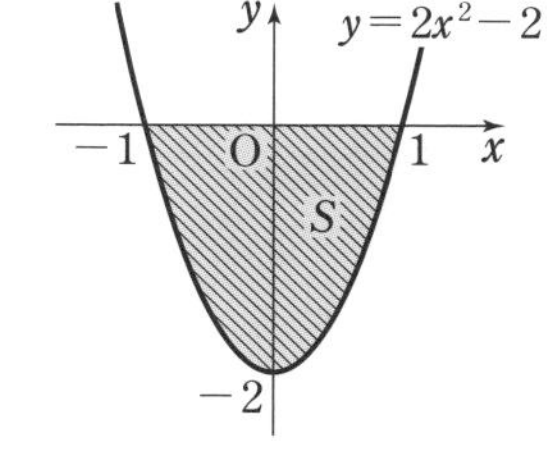

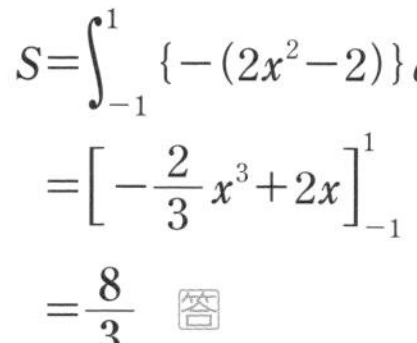

$$S=\int_{-1}^{1}\{-(2x^2-2)\}\,dx$$
$$=\left[-\frac{2}{3}x^3+2x\right]_{-1}^{1}$$
$$=\frac{8}{3}$$ 答

(2)　この放物線と x 軸の共有点の x 座標は，方程式 $x^2-2x=0$ を解いて

$$x=0,\ 2$$

$0 \leqq x \leqq 2$ では $y \leqq 0$ であるから，求める面積 S は

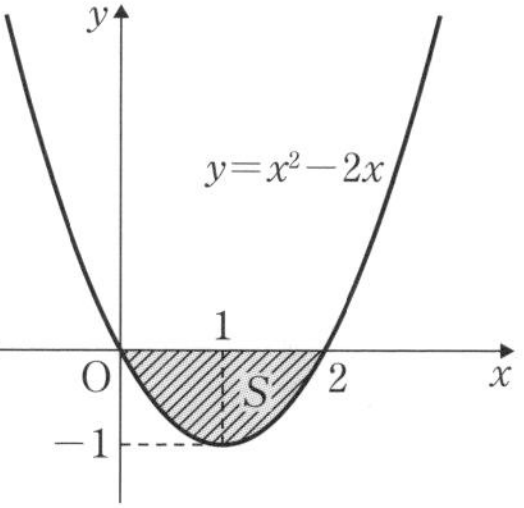

$$S=\int_{0}^{2}\{-(x^2-2x)\}\,dx$$
$$=\left[-\frac{x^3}{3}+x^2\right]_{0}^{2}$$
$$=\frac{4}{3}$$ 答

教 p.250

【?】

(例題 6) $\int_0^1(x^3-3x^2+2x)\,dx=\int_1^2\{-(x^3-3x^2+2x)\}\,dx$ が成り立つ。これは，面積についてはどのようなことを表しているだろうか。また，このことを利用して，定積分 $\int_0^2(x^3-3x^2+2x)\,dx$ を求めてみよう。

指針 **曲線と x 軸で囲まれた部分の面積の和** 面積と定積分の関係に着目する。

解説 (前半) $\int_0^1(x^3-3x^2+2x)\,dx=\int_1^2\{-(x^3-3x^2+2x)\}\,dx$ は，解答の図の 2 つの部分の面積が等しいことを表している。

(後半) $\int_0^2(x^3-3x^2+2x)\,dx=\int_0^1(x^3-3x^2+2x)\,dx-\int_1^2\{-(x^3-3x^2+2x)\}\,dx$

$=0$ 答

教 p.250

練習 44

次の曲線と x 軸で囲まれた 2 つの部分の面積の和 S を求めよ。

$$y=x^3-x^2-2x$$

指針 **曲線と x 軸で囲まれた部分の面積の和** 曲線のおよその形を調べ，曲線と x 軸との交点の x 座標を求める。次に，$f(x)\geqq 0$ の部分と $f(x)\leqq 0$ の部分に分けて，面積を計算する。曲線のおよその形を調べるとき，本問は 3 次関数のグラフであり，x 軸と交わる 3 点の座標がすぐわかるので，グラフのおよその形は，微分を利用して増減を調べるほど正確なものでなくてもよい。

解答 曲線 $y=x^3-x^2-2x$ と x 軸の交点の x 座標は，

方程式 $x^3-x^2-2x=0$

の解である。

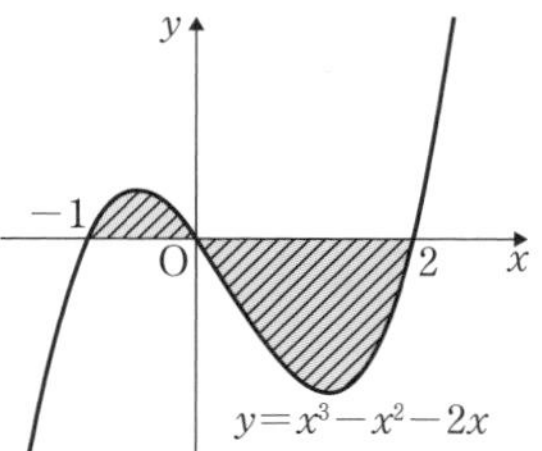

$x(x^2-x-2)=0$

$x(x+1)(x-2)=0$

より $x=-1,\ 0,\ 2$

よって，グラフは図のようになり

$-1\leqq x\leqq 0$ で $y\geqq 0$ $0\leqq x\leqq 2$ で $y\leqq 0$

したがって，求める面積の和 S は

$$S=\int_{-1}^0(x^3-x^2-2x)\,dx+\int_0^2\{-(x^3-x^2-2x)\}\,dx$$

$$=\left[\frac{x^4}{4}-\frac{x^3}{3}-x^2\right]_{-1}^0+\left[-\frac{x^4}{4}+\frac{x^3}{3}+x^2\right]_0^2$$

$$=0-\left\{\frac{(-1)^4}{4}-\frac{(-1)^3}{3}-(-1)^2\right\}+\left(-\frac{2^4}{4}+\frac{2^3}{3}+2^2\right)-0$$

$$=-\left(\frac{1}{4}+\frac{1}{3}-1\right)+\left(-4+\frac{8}{3}+4\right)$$

$$=\frac{37}{12} \quad \text{答}$$

C 2つの曲線の間の面積

練習 45 教 p.252

次の曲線や直線で囲まれた部分の面積 S を求めよ。

(1) $y=x^2$, $y=-x+2$

(2) $y=-x^2+3$, $y=2x$

(3) $y=-x^2+3x$, $y=x^2-x-6$

指針 **放物線と直線で囲まれた図形の面積** 放物線と直線の上下関係を調べ，公式を使う。なお，その交点の x 座標は，放物線の式と直線の式から y を消去して得られる2次方程式の解で表され，それが定積分の下端と上端になる。

解答 (1) 方程式 $x^2=-x+2$ を解くと，

$x^2+x-2=0$ より　$x=-2,\ 1$

よって，求める面積 S は，図から

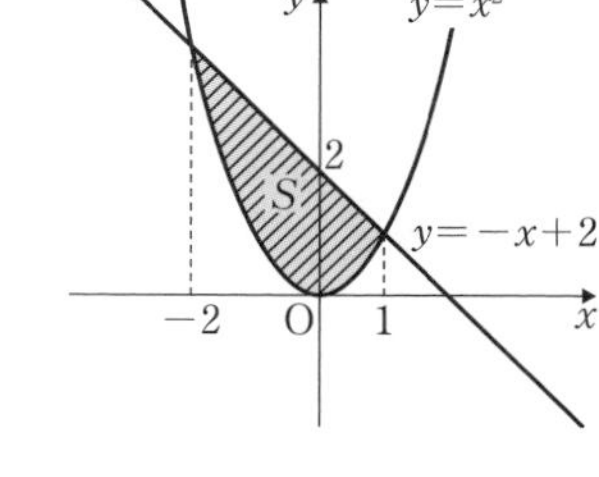

$$S=\int_{-2}^{1}\{(-x+2)-x^2\}\,dx$$

$$=\int_{-2}^{1}(-x^2-x+2)\,dx$$

$$=\left[-\frac{x^3}{3}-\frac{x^2}{2}+2x\right]_{-2}^{1}$$

$$=\left(-\frac{1}{3}-\frac{1}{2}+2\right)-\left(\frac{8}{3}-2-4\right)=\frac{9}{2} \quad \text{答}$$

(2) 方程式 $-x^2+3=2x$ を解くと，

$x^2+2x-3=0$ より　$x=-3,\ 1$

よって，求める面積 S は，図から

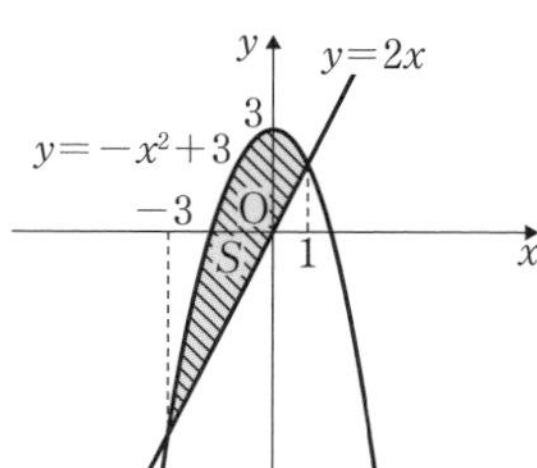

$$S=\int_{-3}^{1}\{(-x^2+3)-2x\}\,dx$$

$$=\int_{-3}^{1}(-x^2-2x+3)\,dx$$

$$=\left[-\frac{x^3}{3}-x^2+3x\right]_{-3}^{1}$$

$$=\left(-\frac{1}{3}-1+3\right)-(9-9-9)=\frac{32}{3} \quad \text{答}$$

(3) 方程式 $-x^2+3x=x^2-x-6$ を解くと，

$x^2-2x-3=0$ より　$x=-1,\ 3$

よって，求める面積 S は，図から

$$S=\int_{-1}^{3}\{(-x^2+3x)-(x^2-x-6)\}dx$$
$$=\int_{-1}^{3}(-2x^2+4x+6)dx$$
$$=\left[-\frac{2}{3}x^3+2x^2+6x\right]_{-1}^{3}$$
$$=\left(-\frac{2}{3}\cdot3^3+2\cdot3^2+6\cdot3\right)$$
$$-\left\{-\frac{2}{3}(-1)^3+2\cdot(-1)^2+6\cdot(-1)\right\}=\frac{64}{3}$$ 答

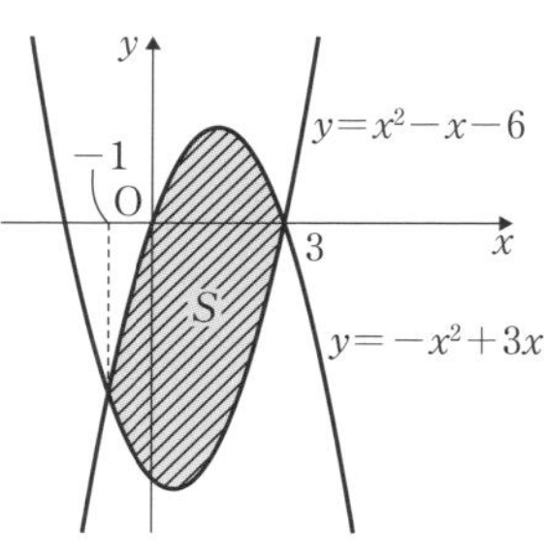

D 絶対値を含む関数の定積分

【?】 教 p.253

（例題 7） 250 ページ例題 6 で求めた面積の和を，絶対値を用いた 1 つの定積分で表してみよう。

指針 **絶対値を含む関数と定積分** $y=|f(x)|$ のグラフは，x 軸より下側の部分を，x 軸に関して対称に折り返して得られることに着目する。

解説 面積の和を表す定積分について，定積分する関数は

$0\leqq x\leqq1$ のとき $y=x^3-3x^2+2x$　　$1\leqq x\leqq2$ のとき $y=-(x^3-3x^2+2x)$

よって $\displaystyle\int_0^2|x^3-3x^2+2x|dx$ 答

練習 46 教 p.253

次の定積分を求めよ。

(1) $\displaystyle\int_{-3}^{1}|x^2-4|dx$　　(2) $\displaystyle\int_{-1}^{5}|x(x-3)|dx$

指針 **絶対値を含む関数と定積分** $|f(x)|$ の形の式で，$f(x)\geqq0$ と $f(x)\leqq0$ の部分に分けて定積分の計算をする。$y=|f(x)|$ のグラフをかいて，グラフと x 軸の交点の x 座標を調べて求めるとよい。

解答 (1) $x\leqq-2$，$2\leqq x$ のとき　$y=x^2-4$

$-2\leqq x\leqq2$ のとき　$y=-x^2+4$

よって

$$\int_{-3}^{1}|x^2-4|dx$$
$$=\int_{-3}^{-2}(x^2-4)dx+\int_{-2}^{1}(-x^2+4)dx$$

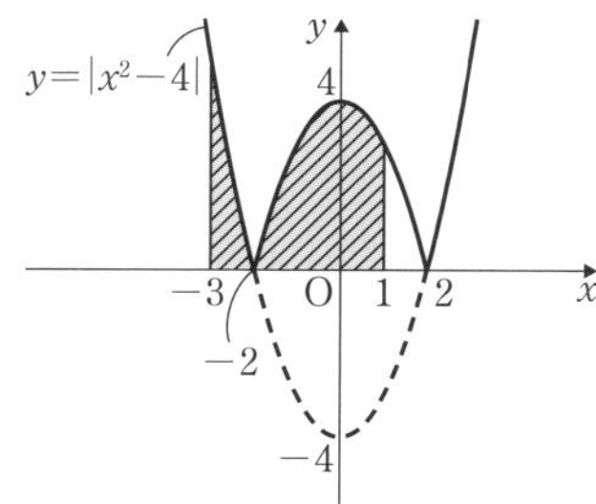

$=\left[\frac{x^3}{3}-4x\right]_{-3}^{-2}+\left[-\frac{x^3}{3}+4x\right]_{-2}^{1}$

$=\frac{34}{3}$ 答

(2) $x\leqq 0$, $3\leqq x$ のとき　$x(x-3)\geqq 0$

よって　$y=x^2-3x$

$0\leqq x\leqq 3$　のとき　$x(x-3)\leqq 0$

よって　$y=-x^2+3x$

したがって

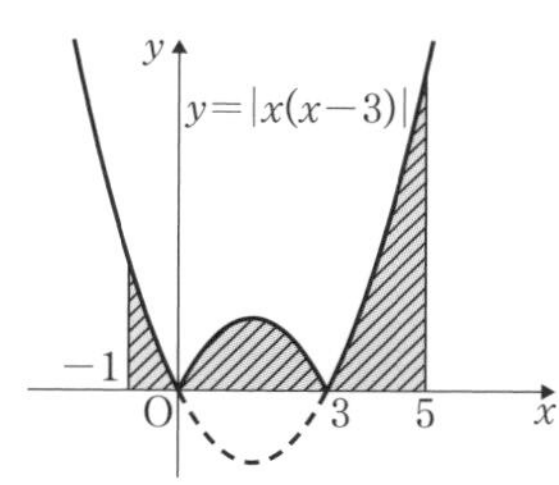

$\int_{-1}^{5}|x(x-3)|dx$

$=\int_{-1}^{5}|x^2-3x|dx$

$=\int_{-1}^{0}(x^2-3x)dx+\int_{0}^{3}(-x^2+3x)dx+\int_{3}^{5}(x^2-3x)dx$

$=\left[\frac{x^3}{3}-\frac{3}{2}x^2\right]_{-1}^{0}+\left[-\frac{x^3}{3}+\frac{3}{2}x^2\right]_{0}^{3}+\left[\frac{x^3}{3}-\frac{3}{2}x^2\right]_{3}^{5}$

$=0-\left(\frac{-1}{3}-\frac{3}{2}\right)+\left(-9+\frac{27}{2}\right)-0+\left(\frac{125}{3}-\frac{75}{2}\right)-\left(9-\frac{27}{2}\right)$

$=15$ 答

研究 曲線と接線で囲まれた部分の面積

まとめ

1　曲線と接線で囲まれた部分の面積

接線の方程式を求め，接線と曲線の共有点の x 座標を求める。次に，曲線と接線の位置関係を図示してとらえて，教科書 $p.251$ の定積分と面積(3)を利用して面積を求める。

教 p.254

【?】 方程式 $x^3-3x+2=0$ の左辺が $(x-1)^2$ を因数にもつ理由を，解答の図を用いて説明してみよう。

指針　**曲線と接線で囲まれた部分の面積**　接点の x 座標に着目する。

解説　接線 ℓ は，解答の図より $x=1$ の点で接しているから，方程式 $x^3-3x+2=0$ は $x=1$ を重解にもつ。よって，方程式 $x^3-3x+2=0$ の左辺は $(x-1)^2$ を因数にもつ。

教 p.254

練習 1　曲線 $y=x^3+x^2-2x$ と，その曲線上の点(1，0)における接線で囲まれた部分の面積 S を求めよ。

指針　**曲線と接線で囲まれた部分の面積**　まず接線の方程式を求める。次に曲線と接線の位置関係を図示してとらえる。

解答　$f(x)=x^3+x^2-2x$ とすると，点(1，0)における接線の傾きは $f'(1)$ である。
$f'(x)=3x^2+2x-2$ であるから　$f'(1)=3\cdot1^2+2\cdot1-2=3$
よって，接線の方程式は　$y=3(x-1)$　すなわち　$y=3x-3$
曲線 $y=f(x)$ と接線 $y=3x-3$ の共有点の x 座標を求める。
方程式 $x^3+x^2-2x=3x-3$ を整理すると

$$x^3+x^2-5x+3=0$$

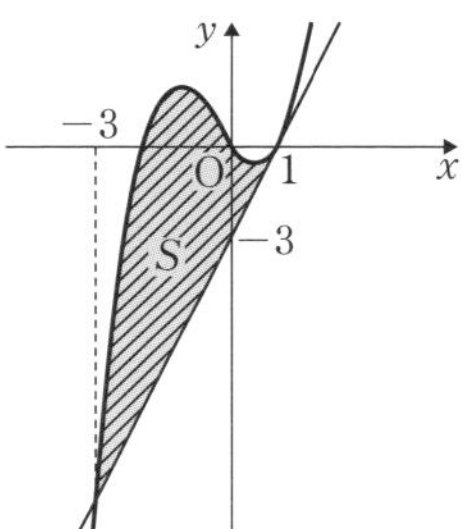

左辺を因数分解すると　$(x-1)^2(x+3)=0$
これを解くと　$x=1,\ -3$
点(1，0)における接線が曲線 $y=f(x)$ と交わる点の x 座標は -3 であり，グラフは図のようになる。
よって，求める面積 S は

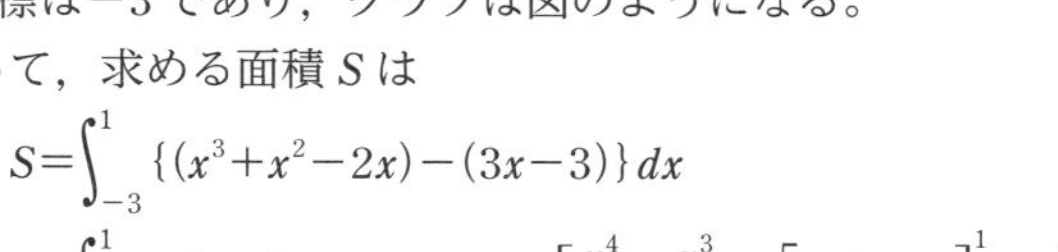

$$S=\int_{-3}^{1}\{(x^3+x^2-2x)-(3x-3)\}\,dx$$
$$=\int_{-3}^{1}(x^3+x^2-5x+3)\,dx=\left[\frac{x^4}{4}+\frac{x^3}{3}-\frac{5}{2}x^2+3x\right]_{-3}^{1}=\frac{64}{3}$$ 答

研究　放物線と x 軸で囲まれた部分の面積

まとめ

1　放物線と x 軸で囲まれた部分の面積

定積分 $\int_{\alpha}^{\beta}(x-\alpha)(x-\beta)\,dx$ を計算すると，次のようになる。

$$\int_{\alpha}^{\beta}(x-\alpha)(x-\beta)\,dx=-\frac{1}{6}(\beta-\alpha)^3$$

この結果を利用して，図形の面積を計算する。

教 p.255

練習 1　放物線 $y=-x^2+6x-7$ と x 軸で囲まれた部分の面積 S を求めよ。

指針　**放物線と x 軸で囲まれた部分の面積**　x 軸との交点の x 座標を求める。次に，放物線と x 軸の位置関係を図示してとらえる。

解答　放物線と x 軸の交点の x 座標は，$-x^2+6x-7=0$ を解いて

$$x=3\pm\sqrt{2}$$

$\alpha=3-\sqrt{2}$，$\beta=3+\sqrt{2}$ とすると

$$S=\int_{\alpha}^{\beta}(-x^2+6x-7)\,dx=-\int_{\alpha}^{\beta}(x-\alpha)(x-\beta)\,dx=\frac{1}{6}(\beta-\alpha)^3$$

$(\beta-\alpha)^3=(2\sqrt{2})^3=16\sqrt{2}$ であるから　　$S=\dfrac{16\sqrt{2}}{6}=\dfrac{8\sqrt{2}}{3}$ 答

研究　$(x+a)^n$ の微分と積分

まとめ

1　$(x+a)^n$ の微分と積分

一般に，次のことが成り立つ。

$y=(x+a)^n$ のとき

$$y'=n(x+a)^{n-1}\quad (n \text{ は正の整数})\qquad (*)$$

$(*)$を利用すると，$\left\{\dfrac{1}{n+1}(x+a)^{n+1}\right\}'=(x+a)^n$ であるから，次のことが成り立つ。ただし，C は積分定数とする。

$$\int(x+a)^n dx=\frac{1}{n+1}(x+a)^{n+1}+C\quad (n \text{ は } 0 \text{ または正の整数})$$

練習 1　教 p.256

関数 $y=(x-2)^4$ を微分せよ。

指針　**関数 $y=(x+a)^n$ の微分**　上のまとめを参照。

解答　$y'=4(x-2)^3$ 答

練習 2　教 p.256

定積分 $\displaystyle\int_1^2(x+1)^3dx$ を求めよ。

指針　**関数 $y=(x+a)^n$ の定積分**　上のまとめを参照。

解答　$\displaystyle\int_1^2(x+1)^3dx=\left[\frac{1}{4}(x+1)^4\right]_1^2=\frac{3^4}{4}-\frac{2^4}{4}=\frac{65}{4}$ 答

教 p.257

【?】 関数 $y=x^2$ と直線 $y=2x-1$ について，$x^2-(2x-1)$ は $(x-1)^2$ と因数分解できる。
この理由を，「接線」「重解」を用いて説明してみよう。

指針 **放物線と接線**　接点の x 座標は 1 であることに着目する。

解説 放物線 $y=x^2$ の $x=1$ の点における接線の方程式が $y=2x-1$ であり，放物線の式と直線の方程式から y を消去した方程式 $x^2=2x-1$ すなわち $(x-1)^2=0$ は重解 $x=1$ をもつ。
よって，$x^2-(2x-1)$ は $(x-1)^2$ と因数分解できる。

教 p.257

練習 3 放物線 $y=x^2-x+2$ 上の x 座標が -2 である点における接線を ℓ とする。放物線 $y=x^2-x+2$ と接線 ℓ および y 軸で囲まれた部分の面積 S を求めよ。

指針 **放物線と接線と y 軸で囲まれた部分の面積**　まず，接線 ℓ の方程式を求める。次に放物線と接線の位置関係を図示してとらえて解く。

解答 $f(x)=x^2-x+2$ とすると

$$f(-2)=(-2)^2-(-2)+2=8$$

よって，接点の座標は $(-2,\ 8)$ である。

また　　$f'(x)=2x-1$

よって　　$f'(-2)=2\cdot(-2)-1=-5$

したがって，点 $(-2,\ 8)$ における接線 ℓ の方程式は

$$y-8=-5\{x-(-2)\}$$

すなわち　　$y=-5x-2$

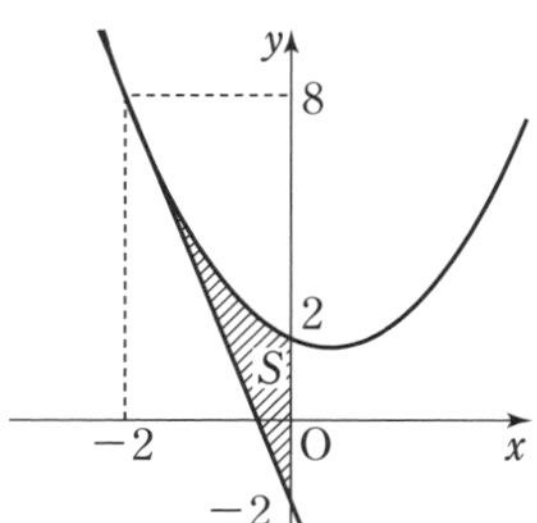

よって，求める面積 S は，右の図から

$$S=\int_{-2}^{0}\{x^2-x+2-(-5x-2)\}dx$$

$$=\int_{-2}^{0}(x^2+4x+4)dx=\int_{-2}^{0}(x+2)^2dx$$

$$=\left[\frac{1}{3}(x+2)^3\right]_{-2}^{0}=\frac{1}{3}(0+2)^3$$

$$=\frac{8}{3}$$ 答

第6章 第3節　問　題

教 p.258

13 曲線 $y=f(x)$ は点 $(1,\ 0)$ を通り，その曲線上の各点 $(x,\ y)$ における接線の傾きは $2x+1$ で表される。この曲線の方程式を求めよ。

指針　**不定積分の利用と関数の決定**　曲線 $y=f(x)$ 上の点 $(x,\ y)$ における接線の傾きは $f'(x)$ で表される。問題より，関数 $y=f(x)$ が満たす 2 つの条件に着目し，その条件を満たす $f(x)$ を決定する。

解答　曲線 $y=f(x)$ は点 $(1,\ 0)$ を通るから

$0=f(1)$　　すなわち　　$f(1)=0$　……①

曲線 $y=f(x)$ の点 $(x,\ y)$ における接線の傾きは $2x+1$ で表されるから

$$f'(x)=2x+1 \quad \cdots\cdots ②$$

②から　　$f(x)=\int(2x+1)\,dx=x^2+x+C$

これに $x=1$ を代入すると　　$f(1)=1^2+1+C=C+2$

①より，$C+2=0$ から　　$C=-2$

したがって，この曲線の方程式は　　$\boldsymbol{y=x^2+x-2}$　答

教 p.258

14 次の定積分を求めよ。

(1) $\int_0^1 (x^2+x+3)\,dx$　　(2) $\int_{-1}^1 (3x-1)^2\,dx$　　(3) $\int_{-2}^1 (t+2)(t-1)\,dt$

(4) $\int_0^3 |4-2x|\,dx$　　(5) $\int_0^2 |x^2+x-2|\,dx$

指針　**定積分の計算**

(2)　関数の式を展開してから積分する。

(3)　t を変数とする関数の定積分。x の場合と同様に行う。

または $\int_\alpha^\beta (x-\alpha)(x-\beta)\,dx=-\dfrac{(\beta-\alpha)^3}{6}$ にあてはめて求めることもできる。

(4)，(5)　$|f(x)|$ の形の式で，$f(x)\geqq 0$ と $f(x)\leqq 0$ の部分に分けて，絶対値のない式にして定積分の計算をする。グラフで積分区間を確認する。

解答　(1) $\int_0^1 (x^2+x+3)\,dx=\left[\dfrac{x^3}{3}+\dfrac{x^2}{2}+3x\right]_0^1=\dfrac{1}{3}+\dfrac{1}{2}+3=\boldsymbol{\dfrac{23}{6}}$　答

(2) $\int_{-1}^1 (3x-1)^2\,dx=\int_{-1}^1 (9x^2-6x+1)\,dx=\left[3x^3-3x^2+x\right]_{-1}^1$

$=(3\cdot 1^3-3\cdot 1^2+1)-\{3\cdot(-1)^3-3\cdot(-1)^2+(-1)\}$

$=(3-3+1)-(-3-3-1)=\boldsymbol{8}$　答

(3) $\int_{-2}^{1}(t+2)(t-1)\,dt=\int_{-2}^{1}(t^2+t-2)\,dt=\left[\dfrac{t^3}{3}+\dfrac{t^2}{2}-2t\right]_{-2}^{1}$

$=\left(\dfrac{1^3}{3}+\dfrac{1^2}{2}-2\cdot1\right)-\left\{\dfrac{(-2)^3}{3}+\dfrac{(-2)^2}{2}-2\cdot(-2)\right\}=-\dfrac{9}{2}$ 答

別解 (3) $\int_{-2}^{1}(t+2)(t-1)\,dt=-\dfrac{\{1-(-2)\}^3}{6}=-\dfrac{9}{2}$ 答

(4) $\int_{0}^{3}|4-2x|\,dx=\int_{0}^{2}(4-2x)\,dx+\int_{2}^{3}(2x-4)\,dx=\left[4x-x^2\right]_{0}^{2}+\left[x^2-4x\right]_{2}^{3}$

$=(8-4)+\{(9-12)-(4-8)\}=5$ 答

別解 (4) $y=|4-2x|$について，

$x=0$のとき $y=4$， $x=3$のとき $y=2$

求める定積分は，図の斜線部分の面積に等しいから

$\dfrac{1}{2}\times2\times4+\dfrac{1}{2}\times1\times2=5$ 答

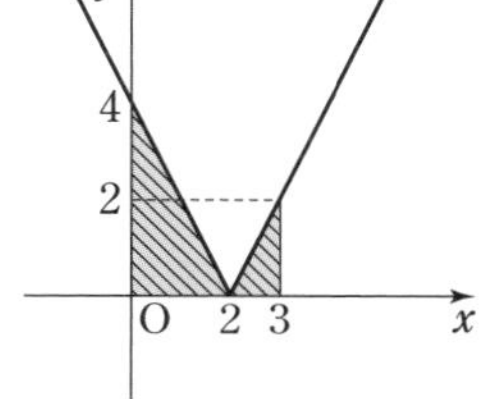

(5) $\int_{0}^{2}|x^2+x-2|\,dx$

$=\int_{0}^{1}(-x^2-x+2)\,dx+\int_{1}^{2}(x^2+x-2)\,dx$

$=\left[-\dfrac{x^3}{3}-\dfrac{x^2}{2}+2x\right]_{0}^{1}+\left[\dfrac{x^3}{3}+\dfrac{x^2}{2}-2x\right]_{1}^{2}$

$=\left(-\dfrac{1^3}{3}-\dfrac{1^2}{2}+2\cdot1\right)$

$\quad+\left(\dfrac{2^3}{3}+\dfrac{2^2}{2}-2\cdot2\right)-\left(\dfrac{1^3}{3}+\dfrac{1^2}{2}-2\cdot1\right)$

$=3$ 答

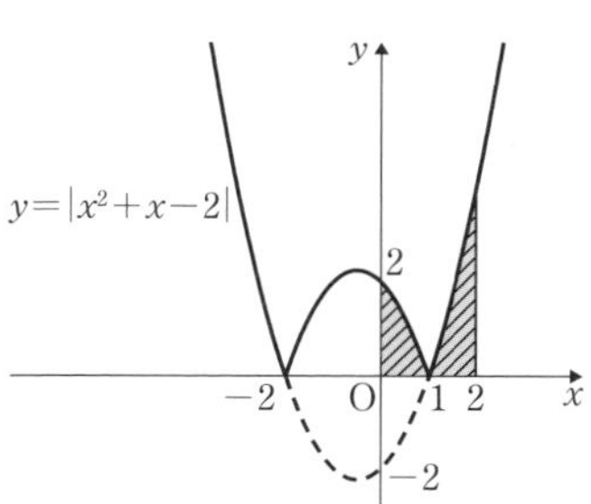

教 p.258

15 等式$f(x)=x^2+2\int_{0}^{1}f(t)\,dt$を満たす関数$f(x)$を求めよ。

指針 **定積分と関数の決定** $\int_{0}^{1}f(t)\,dt$はxに無関係な定数である。これをaとすると，$f(x)=x^2+2a$と表され，$\int_{0}^{1}(t^2+2a)\,dt=a$が成り立つ。

解答 $\int_{0}^{1}f(t)\,dt=a$（定数）とすると $f(x)=x^2+2a$ ……①

よって $f(t)=t^2+2a$ ゆえに $\int_{0}^{1}(t^2+2a)\,dt=a$ ……②

ここで $\int_{0}^{1}(t^2+2a)\,dt=\left[\dfrac{t^3}{3}+2at\right]_{0}^{1}=\dfrac{1}{3}+2a$

②より　$\frac{1}{3}+2a=a$　すなわち　$a=-\frac{1}{3}$

したがって　①より　$f(x)=x^2-\frac{2}{3}$　答

教 p.258

16 次の等式を満たす関数 $f(x)$ と定数 a の値を求めよ。

$$\int_a^x f(t)\,dt=2x^3+5x^2-4x-3$$

指針　**定積分と導関数(関数の決定)**　等式の両辺の関数を x で微分すると左辺は $f(x)$ となる。また，与えられた等式で $x=a$ とおくと左辺は 0 になる。

解答　この等式の両辺の関数を x で微分すると

$$f(x)=6x^2+10x-4$$

また，与えられた等式で $x=a$ とおくと，左辺は 0 になるから

$0=2a^3+5a^2-4a-3$　すなわち　$(a-1)(a+3)(2a+1)=0$

これを解くと　$a=1,\ -3,\ -\frac{1}{2}$

したがって　$f(x)=6x^2+10x-4,\ a=1,\ -3,\ -\frac{1}{2}$　答

教 p.258

17 次の曲線や直線で囲まれた部分の面積 S を求めよ。

(1)　$y=x^2,\ y=\frac{1}{2}x^2+2$　　(2)　$y=x(x+2)^2$，x 軸

指針　**2 つのグラフで囲まれた部分の面積**　2 つのグラフが交わる 2 点と，その 2 点間でのグラフの上下関係を調べる。

解答　(1)　2 つの放物線の交点の x 座標は，

$x^2=\frac{1}{2}x^2+2$ を解いて

$x=-2,\ 2$

よって，求める面積 S は，図から

$$S=\int_{-2}^{2}\left\{\left(\frac{1}{2}x^2+2\right)-x^2\right\}dx$$

$$=\int_{-2}^{2}\left(-\frac{1}{2}x^2+2\right)dx=\left[-\frac{x^3}{6}+2x\right]_{-2}^{2}$$

$$=\left(-\frac{2^3}{6}+2\cdot 2\right)-\left\{-\frac{(-2)^3}{6}+2\cdot(-2)\right\}=\frac{16}{3}$$　答

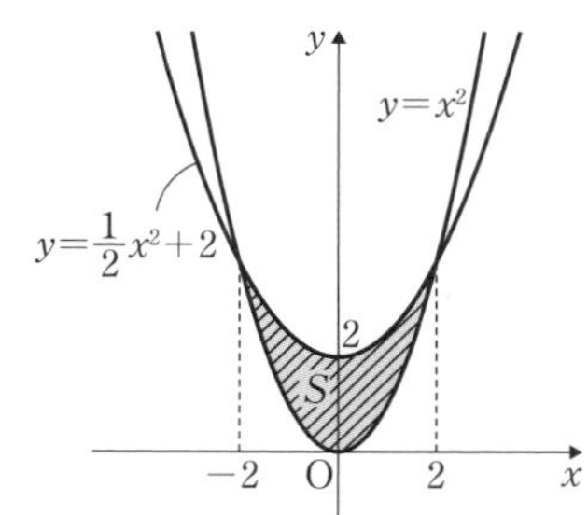

6章 微分法と積分法

(2)　$0=x(x+2)^2$ を解くと

$x=0,\ -2$ (重解)

よって，求める面積 S は，図から

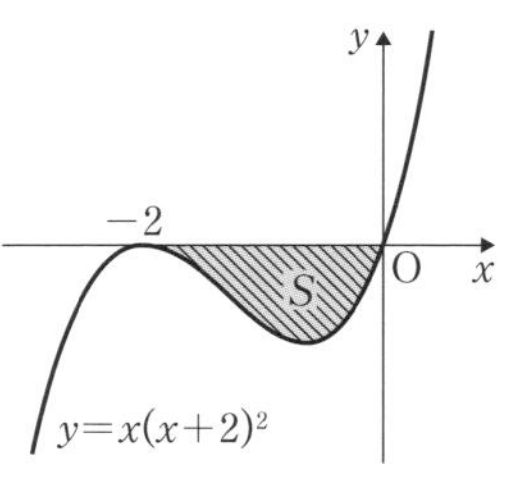

$$S=\int_{-2}^{0}\{-x(x+2)^2\}\,dx$$
$$=\int_{-2}^{0}(-x^3-4x^2-4x)\,dx$$
$$=\left[-\frac{x^4}{4}-4\cdot\frac{x^3}{3}-2x^2\right]_{-2}^{0}$$
$$=0-\left\{-\frac{(-2)^4}{4}-4\cdot\frac{(-2)^3}{3}-2\cdot(-2)^2\right\}$$
$$=0-\left(-4+\frac{32}{3}-8\right)=\frac{4}{3}$$ 答

教 p.258

18 放物線 $y=x(x-1)$ と直線 $y=(\sqrt[3]{2}-1)x$ で囲まれた部分の面積は，x 軸で2等分されることを示せ。

指針　**面積の2等分**　放物線と直線，放物線と x 軸で囲まれた部分の面積をそれぞれ求める。

解答

$y=x(x-1)$　……①

$y=(\sqrt[3]{2}-1)x$　……②

①，②の交点の x 座標は，方程式

$x(x-1)=(\sqrt[3]{2}-1)x$ の解である。

整理すると　$x(x-\sqrt[3]{2})=0$

よって　　$x=0,\ \sqrt[3]{2}$

放物線①と直線②は図のようになり，区間 $0\leqq x\leqq\sqrt[3]{2}$ では $(\sqrt[3]{2}-1)x\geqq x(x-1)$ である。

よって，①と②で囲まれた部分の面積を S_1 とすると

$$S_1=\int_0^{\sqrt[3]{2}}\{(\sqrt[3]{2}-1)x-x(x-1)\}\,dx=\int_0^{\sqrt[3]{2}}(\sqrt[3]{2}\,x-x^2)\,dx$$
$$=\left[\frac{\sqrt[3]{2}}{2}x^2-\frac{x^3}{3}\right]_0^{\sqrt[3]{2}}=1-\frac{2}{3}=\frac{1}{3}$$

一方，①と x 軸で囲まれた図形の部分を S_2 とすると

$$S_2=\int_0^1\{-x(x-1)\}\,dx=\int_0^1(-x^2+x)\,dx=\left[-\frac{x^3}{3}+\frac{x^2}{2}\right]_0^1=\frac{1}{6}$$

ゆえに　$S_1=2S_2$

以上により，放物線①と直線②で囲まれた部分の面積は，x 軸で2等分される。 終

第6章　章末問題 A

教 p.259

1．次の関数を微分せよ。

(1)　$y=(2x+1)(1-x^2)$　　　　(2)　$y=(x-2)(x^2+2x+4)$

指針　**関数の微分**　右辺を展開してから微分する。

解答　(1)　$(2x+1)(1-x^2)=-2x^3-x^2+2x+1$

よって　　$y=-2x^3-x^2+2x+1$

したがって　$\boldsymbol{y'=-6x^2-2x+2}$　答

(2)　$(x-2)(x^2+2x+4)=x^3-8$

よって　$y=x^3-8$　　したがって　$\boldsymbol{y'=3x^2}$　答

教 p.259

2．曲線 $y=x^3-4x^2$ 上の点 A(3, −9) における接線を ℓ とする。

(1)　ℓ の方程式を求めよ。

(2)　この曲線の接線には，ℓ に平行なもう 1 本の接線がある。その接点 B の x 座標を求めよ。

指針　**接線の方程式**　(1)　$f(x)=x^3-4x^2$ とすると，ℓ の傾きは　$f'(3)$

(2)　ℓ に平行な接線の傾きも $f'(3)$ である。したがって，接点 B の x 座標は，$f'(x)=f'(3)$ を満たす。

解答　(1)　$f(x)=x^3-4x^2$ とすると，接線 ℓ の傾きは $f'(3)$ である。

$f'(x)=3x^2-8x$ より　$f'(3)=3\cdot3^2-8\cdot3=3$

よって，ℓ は点 A(3, −9) を通り傾きが 3 の直線である。

したがって，その方程式は

$$y-(-9)=3(x-3)$$

すなわち　$\boldsymbol{y=3x-18}$　答

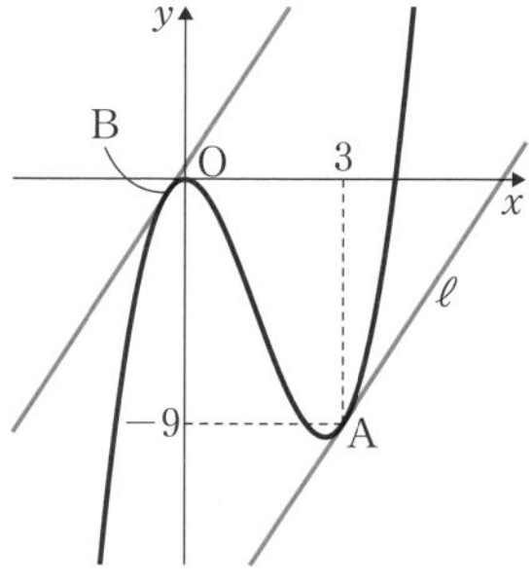

(2)　ℓ に平行な接線の傾きは 3 に等しいから，

接点 B の x 座標は

$$3x^2-8x=3$$

を満たす。これを解くと

$(x-3)(3x+1)=0$ より　$x=3,\ -\dfrac{1}{3}$

3 は点 A の x 座標であるから，

接点 B の x 座標は　$-\dfrac{1}{3}$　答

6 章　微分法と積分法

教 p.259

3. a を定数とする。関数 $y=x^2(x-a)$ の増減を調べ，極大値があればその極大値を求めよ。

指針 **関数の極大値** $a \neq 0$ のとき，$y'=0$ を解くと一方の解は定数 a を含む。a の正負により，それぞれ増減表を作り，極大値を求める。

解答 $y=x^3-ax^2$ であるから

$$y'=3x^2-2ax=3x\left(x-\frac{2}{3}a\right)$$

$y'=0$ を解くと　$x=0,\ \dfrac{2}{3}a$

[1]　$a>0$ のとき，増減表は次のようになる。

x	……	0	……	$\frac{2}{3}a$	……
y'	$+$	0	$-$	0	$+$
y	↗	極大	↘	極小	↗

$x=0$ で極大値 0　答

[2]　$a=0$ のとき

$y'=3x^2 \geqq 0$

よって，y は常に増加し

極大値はない　答

[3]　$a<0$ のとき，増減表は次のようになる。

x	……	$\frac{2}{3}a$	……	0	……
y'	$+$	0	$-$	0	$+$
y	↗	極大	↘	極小	↗

$x=\dfrac{2}{3}a$ で極大値 $-\dfrac{4}{27}a^3$　答

教 p.259

4. 関数 $f(x)=ax^3+bx^2+cx+d$ が，$x=1$ で極大値 5 をとり，$x=3$ で極小値 1 をとるように，定数 a，b，c，d の値を定めよ。

指針 **極値から関数の決定** $x=1$ で極大値 5 をとるとき　$f'(1)=0$，$f(1)=5$　また，$x=3$ で極小値 1 をとるとき　$f'(3)=0$，$f(3)=1$
それぞれ a，b，c，d の式で表し，連立方程式を作る。
これを解いて得られる a，b，c，d の値は，必要条件から求めたものであるから，最後に増減表を作り，問題に適することを確認する。

教科書 p.259

解答 $f(x)=ax^3+bx^2+cx+d$ を微分すると　$f'(x)=3ax^2+2bx+c$

$f(x)$ が $x=1$ で極大値 5 をとるとき　$f'(1)=0$,　$f(1)=5$

よって　$3a+2b+c=0$ ……①

$a+b+c+d=5$ ……②

$f(x)$ が $x=3$ で極小値 1 をとるとき　$f'(3)=0$,　$f(3)=1$

よって　$27a+6b+c=0$ ……③

$27a+9b+3c+d=1$ ……④

④−②から　$26a+8b+2c=-4$

すなわち　$13a+4b+c=-2$ ……⑤

①, ③, ⑤を解くと　$a=1$, $b=-6$, $c=9$

← (③−①)÷4 から $6a+b=0$　(⑤−①)÷2 から $5a+b=-1$

よって, ②から　$d=1$

このとき　$f(x)=x^3-6x^2+9x+1$

$f'(x)=3x^2-12x+9=3(x-1)(x-3)$

であるから, 次の増減表が得られ, 問題に適している。

x	……	1	……	3	……
$f'(x)$	+	0	−	0	+
$f(x)$	↗	極大 5	↘	極小 1	↗

答　$a=1$, $b=-6$, $c=9$, $d=1$

教 p.259

5. 関数 $y=x^3-x+1$ のグラフと直線 $y=2x+a$ が異なる 3 点で交わるように, 定数 a の値の範囲を定めよ。

指針 **微分法の方程式への応用**　2 つのグラフが異なる 3 点で交わるのは, 方程式 $x^3-x+1=2x+a$ が異なる 3 個の実数解をもつときである。このとき, この方程式を $x^3-3x+1=a$ と変形し, 左辺を $f(x)$ とすると, 関数 $y=f(x)$ のグラフと直線 $y=a$ が異なる 3 点で交わればよい。

解答 関数 $y=x^3-x+1$ のグラフと直線 $y=2x+a$ が異なる 3 点で交わるのは,

方程式　$x^3-x+1=2x+a$ ……①

が異なる 3 個の実数解をもつときである。

①を変形すると　$x^3-3x+1=a$ ……②

$f(x)=x^3-3x+1$ とおくと, ②が異なる 3 個の実数解をもつことより, $y=f(x)$ のグラフと直線 $y=a$ が異なる 3 点で交わる。

ここで, $y=f(x)$ のグラフを調べる。

$y'=3x^2-3=3(x+1)(x-1)$

$y'=0$ とすると　$x=-1$, 1

y の増減表は次のようになる。

x	……	-1	……	1	……
y'	$+$	0	$-$	0	$+$
y	↗	極大 3	↘	極小 -1	↗

よって，$y=x^3-3x+1$ のグラフは図のようになる。

求める a の値の範囲は，このグラフと直線 $y=a$ が異なる3点で交わる範囲であるから

$$-1<a<3$$ 答

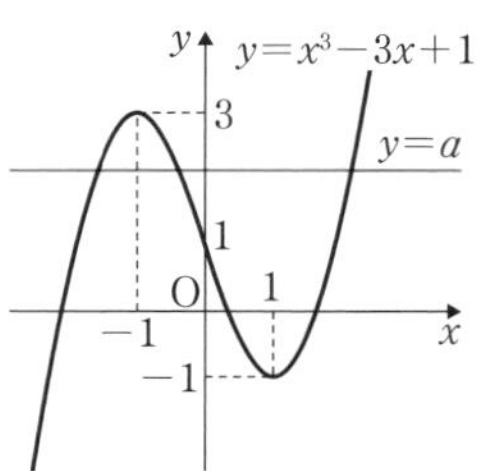

教 p.259

6. 次の定積分を求めよ。

(1) $\displaystyle\int_{-2}^{2}(2x-3)^2dx$　　(2) $\displaystyle\int_{-\sqrt{2}}^{\sqrt{2}}(t^2-2)\,dt$

指針 **定積分の計算**

(1) 関数を展開してから積分する。

(2) t を変数とする関数でも計算は x のときと同じ。

解答 (1) $\displaystyle\int_{-2}^{2}(2x-3)^2dx=\int_{-2}^{2}(4x^2-12x+9)\,dx=\left[\frac{4}{3}x^3-6x^2+9x\right]_{-2}^{2}$

$$=\left(\frac{32}{3}-24+18\right)-\left(-\frac{32}{3}-24-18\right)$$

$$=\boldsymbol{\frac{172}{3}}$$ 答

(2) $\displaystyle\int_{-\sqrt{2}}^{\sqrt{2}}(t^2-2)\,dt=\left[\frac{t^3}{3}-2t\right]_{-\sqrt{2}}^{\sqrt{2}}$

$$=\left(\frac{2\sqrt{2}}{3}-2\sqrt{2}\right)-\left(-\frac{2\sqrt{2}}{3}+2\sqrt{2}\right)$$

$$=\boldsymbol{-\frac{8\sqrt{2}}{3}}$$ 答

教 p.259

7. 関数 $f(x)=\displaystyle\int_{1}^{x}(t-1)(t-2)\,dt$ の極大値を求めよ。

指針 **定積分と導関数(極値)**　次のことを使って，導関数 $f'(x)$ を求める。

a を定数とするとき，x の関数 $\displaystyle\int_{a}^{x}f(t)\,dt$ の導関数は $f(x)$ である。

教科書 p.259

解答　$f(x)=\int_1^x (t-1)(t-2)\,dt$ を x で微分すると　$f'(x)=(x-1)(x-2)$

よって，$f(x)$ の増減表は次のようになる。

x	……	1	……	2	……
$f'(x)$	$+$	0	$-$	0	$+$
$f(x)$	↗	極大	↘	極小	↗

極大値は　$f(1)=\int_1^1 (t-1)(t-2)\,dt=0$　　　$\leftarrow \int_a^a f(x)\,dx=0$

したがって，$f(x)$ は　**$x=1$ で極大値 0**　答

教 p.259

8. 次の面積 S を求めよ。

(1)　放物線 $y=x^2-3x$ と直線 $y=4$ で囲まれた部分のうち，$y\geqq 0$ の表す領域に含まれる部分

(2)　放物線 $y=x^2-3x$ と直線 $y=2x$ で囲まれた部分のうち，$y\geqq -x$ の表す領域に含まれる部分

指針　**放物線と直線で囲まれた部分の面積**　グラフをかいてどの部分の面積か確認する。求める部分は，放物線と直線で囲まれた部分の一部分であるから，その面積を求めるには 2 つの部分の面積の差や和を考える必要がある。

解答 (1)　この放物線と直線 $y=0$，$y=4$ の交点の x 座標は，それぞれ

$x^2-3x=0$ を解いて　$x=0,\ 3$

$x^2-3x=4$ を解いて　$x=-1,\ 4$

よって，求める面積 S は，図から

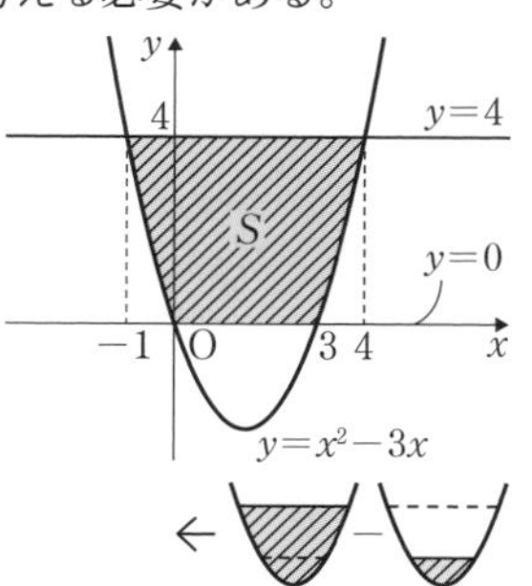

$$S=\int_{-1}^4 \{4-(x^2-3x)\}\,dx-\int_0^3 \{-(x^2-3x)\}\,dx$$

$$=\int_{-1}^4 (-x^2+3x+4)\,dx+\int_0^3 (x^2-3x)\,dx$$

$$=\left[-\frac{x^3}{3}+\frac{3}{2}x^2+4x\right]_{-1}^4+\left[\frac{x^3}{3}-\frac{3}{2}x^2\right]_0^3$$

$$=\left(-\frac{4^3}{3}+\frac{3}{2}\cdot 4^2+4\cdot 4\right)-\left\{-\frac{(-1)^3}{3}+\frac{3}{2}\cdot(-1)^2+4\cdot(-1)\right\}+\left(\frac{3^3}{3}-\frac{3}{2}\cdot 3^2\right)=\frac{49}{3}$$　答

6章 微分法と積分法

別解 (1) $S=\int_{-1}^{4}\{4-(x^2-3x)\}dx-\int_{0}^{3}\{-(x^2-3x)\}dx$

$=\int_{-1}^{4}(-x^2+3x+4)dx+\int_{0}^{3}(x^2-3x)dx$

$=-\int_{-1}^{4}(x+1)(x-4)dx+\int_{0}^{3}x(x-3)dx$

$=\frac{\{4-(-1)\}^3}{6}-\frac{(3-0)^3}{6}$

$=\mathbf{\frac{49}{3}}$ 答

(2) この放物線と直線 $y=2x$, $y=-x$ の交点の x 座標は，それぞれ

$x^2-3x=2x$ を解いて　$x=0$, 5

$x^2-3x=-x$ を解いて　$x=0$, 2

よって，求める面積 S は，図から

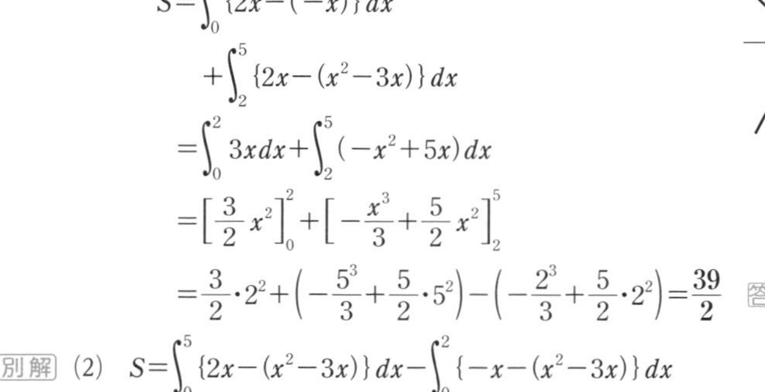

$S=\int_{0}^{2}\{2x-(-x)\}dx$

$+\int_{2}^{5}\{2x-(x^2-3x)\}dx$

$=\int_{0}^{2}3x\,dx+\int_{2}^{5}(-x^2+5x)dx$

$=\left[\frac{3}{2}x^2\right]_0^2+\left[-\frac{x^3}{3}+\frac{5}{2}x^2\right]_2^5$

$=\frac{3}{2}\cdot 2^2+\left(-\frac{5^3}{3}+\frac{5}{2}\cdot 5^2\right)-\left(-\frac{2^3}{3}+\frac{5}{2}\cdot 2^2\right)=\mathbf{\frac{39}{2}}$ 答

別解 (2) $S=\int_{0}^{5}\{2x-(x^2-3x)\}dx-\int_{0}^{2}\{-x-(x^2-3x)\}dx$

$=\int_{0}^{5}(-x^2+5x)dx+\int_{0}^{2}(x^2-2x)dx$

$=-\int_{0}^{5}x(x-5)dx+\int_{0}^{2}x(x-2)dx$

$=\frac{(5-0)^3}{6}-\frac{(2-0)^3}{6}$

$=\mathbf{\frac{39}{2}}$ 答

第6章　章末問題 B

教 p.260

9. 関数 $f(x)=x^3+3x^2+kx$ が常に増加するように，定数 k の値の範囲を定めよ。

指針 **関数が常に増加する条件**　関数 $f(x)$ が常に増加するための条件は，すべての実数 x について $f'(x)\geqq 0$ となることである。

解答 $f(x)=x^3+3x^2+kx$ を微分すると　$f'(x)=3x^2+6x+k$

$f(x)$ が常に増加するための条件は，すべての実数 x について

$f'(x)\geqq 0$　すなわち　$3x^2+6x+k\geqq 0$　……①

となることである。

よって，求める条件は，(①の左辺)=0，すなわち2次方程式 $3x^2+6x+k=0$ の判別式を D とすると　$D\leqq 0$

$$\frac{D}{4}=3^2-3\cdot k=3(3-k)$$

よって，$3(3-k)\leqq 0$ より　$\boldsymbol{k\geqq 3}$ 答

注意 $f'(x)=3(x+1)^2+k-3$ と変形されるから，$f'(x)$ の最小値は　$k-3$

したがって，$k\geqq 3$ のとき，すべての実数 x について①が成り立つ。

教 p.260

10. k は定数とする。$x\geqq 0$ のとき，不等式 $x^3-6x^2+k\geqq 0$ が成り立つような k の値の最小値を求めよ。

指針 **最小値の利用**　$y=x^3-6x^2+k$ として，$x\geqq 0$ のとき，y の最小値が0以上となるような k の値の範囲を調べる。

解答 $y=x^3-6x^2+k$ とすると　$y'=3x^2-12x=3x(x-4)$

$x\geqq 0$ において，y の増減表は，次のようになる。

x	0	……	4	……
y'		$-$	0	$+$
y	k	↘	極小 $k-32$	↗

y は $x=4$ で最小値 $k-32$ をとる。　← $4^3-6\cdot 4^2+k$

よって，$x\geqq 0$ のとき $y\geqq 0$ が成り立つような k の値の範囲は

$k-32\geqq 0$　　すなわち　$k\geqq 32$

したがって，k の最小値は　$\boldsymbol{k=32}$ 答

教 p.260

11. 右の図のように，半径 10 の球に内接する直円錐がある。このような直円錐の体積 V の最大値 V_1 と球の体積 V_2 の比を求めよ。

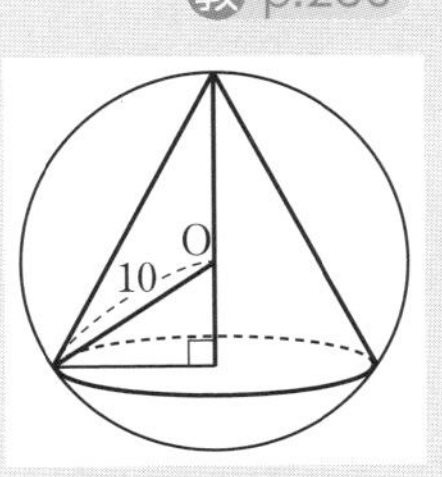

指針 **最大・最小の応用** 直円錐の高さを x とし，まず底面の円について$(半径)^2$ を x で表す。
V を x の式で表し，x の値の範囲に注意して増減表を作る。

解答 直円錐の高さを x とする。
直円錐の底面の半径を r とし，図のような直円錐の頂点Aと球の中心Oを通る平面を考えると，△OBH において三平方の定理により

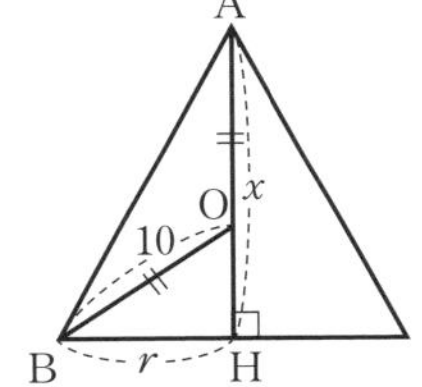

$$r^2=BH^2=OB^2-OH^2$$
$$=10^2-(x-10)^2=-x^2+20x$$

よって，直円錐の体積 V は

$$V=\frac{1}{3}\pi(-x^2+20x)x \quad すなわち \quad V=\frac{1}{3}\pi x^2(20-x) \quad \cdots\cdots①$$

ただし，$r^2>0$ より　$-x^2+20x>0$
これを解くと　$x(x-20)<0$　　ゆえに　$0<x<20$　……②

①より　$V'=\frac{\pi}{3}(40x-3x^2)=-\pi x\left(x-\frac{40}{3}\right)$

よって，②の範囲において，V の増減表は次のようになる。

x	0	……	$\frac{40}{3}$	……	20
V'		+	0	−	
V		↗	極大	↘	

したがって，V は $x=\frac{40}{3}$ で最大となり，最大値 V_1 は

$$V_1=\frac{1}{3}\pi\left(\frac{40}{3}\right)^2\left(20-\frac{40}{3}\right)=\frac{32000}{81}\pi$$

一方，球の体積 V_2 は　$V_2=\frac{4}{3}\pi\cdot10^3=\frac{4000}{3}\pi$

したがって　$V_1:V_2=\frac{32000}{81}\pi:\frac{4000}{3}\pi=\mathbf{8:27}$　答

教 p.260

12. どのような1次関数$f(x)$に対しても，次の不等式が成り立つことを証明せよ。

$$\left\{\int_0^1 f(x)\,dx\right\}^2<\int_0^1\{f(x)\}^2dx$$

指針　**定積分と不等式の証明**　$f(x)=ax+b$ とおく。ただし，$a\neq0$ とする。不等式の両辺をそれぞれ a，b の式で表し，左辺－右辺<0 を導く。

解答　$f(x)=ax+b$ とおく。ただし，$a\neq0$ とする。

このとき　$\displaystyle\int_0^1 f(x)\,dx=\int_0^1(ax+b)\,dx=\left[\frac{a}{2}x^2+bx\right]_0^1=\frac{a}{2}+b$

また　$\displaystyle\int_0^1\{f(x)\}^2dx=\int_0^1(a^2x^2+2abx+b^2)\,dx$

$\displaystyle=\left[\frac{a^2}{3}x^3+abx^2+b^2x\right]_0^1=\frac{a^2}{3}+ab+b^2$

よって　$\displaystyle\left\{\int_0^1 f(x)\,dx\right\}^2-\int_0^1\{f(x)\}^2dx=\left(\frac{a}{2}+b\right)^2-\left(\frac{a^2}{3}+ab+b^2\right)$

$\displaystyle=\frac{a^2}{4}+ab+b^2-\left(\frac{a^2}{3}+ab+b^2\right)=-\frac{a^2}{12}<0$　　←$a\neq0$

したがって　$\displaystyle\left\{\int_0^1 f(x)\,dx\right\}^2<\int_0^1\{f(x)\}^2dx$　終

教 p.260

13. 放物線 $y=x^2-ax$ と x 軸で囲まれた部分の面積が $\dfrac{4}{3}$ になるような定数 a の値を求めよ。

指針　**放物線と x 軸で囲まれた部分の面積**　この放物線は，原点(0, 0)と点(a, 0)で x 軸と交わる($a=0$ は問題を満たさない)。

0 と a の大小関係によって，面積を求める定積分の下端と上端が入れかわるので注意する。$a>0$ と $a<0$ に分けて考える。

解答　放物線と x 軸の上下関係は，a の符号により右の図のようになる。

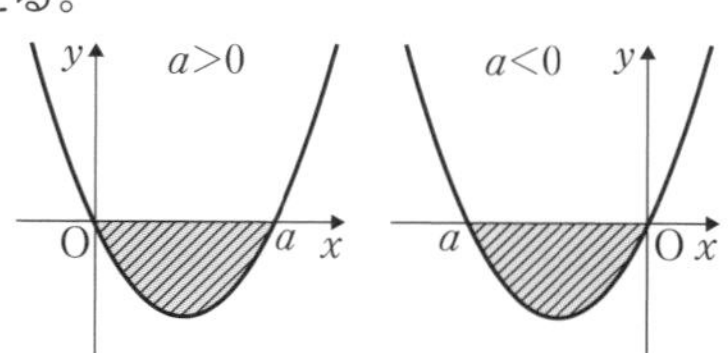

放物線と x 軸の交点の x 座標は

$x^2-ax=0$ を解いて

$x=0,\ a$

$a>0$ のとき

図から，$\displaystyle\int_0^a(-x^2+ax)\,dx=\frac{4}{3}$ が成り立つ。

ここで　$\int_0^a(-x^2+ax)dx=\left[-\frac{x^3}{3}+\frac{a}{2}x^2\right]_0^a=-\frac{a^3}{3}+\frac{a^3}{2}=\frac{a^3}{6}$

よって　$\frac{a^3}{6}=\frac{4}{3}$　　すなわち　$a^3=8$

したがって　$a=2$

$a<0$ のとき

図から，$\int_a^0(-x^2+ax)dx=\frac{4}{3}$ が成り立つ。

ここで　$\int_a^0(-x^2+ax)dx=-\int_0^a(-x^2+ax)dx=-\frac{a^3}{6}$

よって　$-\frac{a^3}{6}=\frac{4}{3}$　　すなわち　$a^3=-8$

したがって　$a=-2$

以上から　**$a=2,\ -2$**　答

教 p.260

14. 放物線 $y=x^2-2x+4$ に原点 O から 2 本の接線を引くとき，放物線と 2 本の接線で囲まれた部分の面積 S を求めよ。

指針　**放物線と接線で囲まれた部分の面積**　放物線の接線については，練習 15 を参照。それをもとにグラフをかき，放物線と接線の上下関係を調べる。$x=0$ を境目として接線が変わることにも注意する。

解答　$y=x^2-2x+4$ を微分して　$y'=2x-2$

接点の x 座標を a とすると，接線の傾きは $2a-2$ となるから，その方程式は

$y-(a^2-2a+4)=(2a-2)(x-a)$

整理すると　$y=2(a-1)x-a^2+4$　……①

この直線が原点 O(0, 0) を通るから

$0=-a^2+4$

よって　$a^2-4=0$

これを解いて　$a=-2,\ 2$

したがって，接線の方程式は，①より

$a=-2$ のとき　$y=-6x$

$a=2$ のとき　$y=2x$

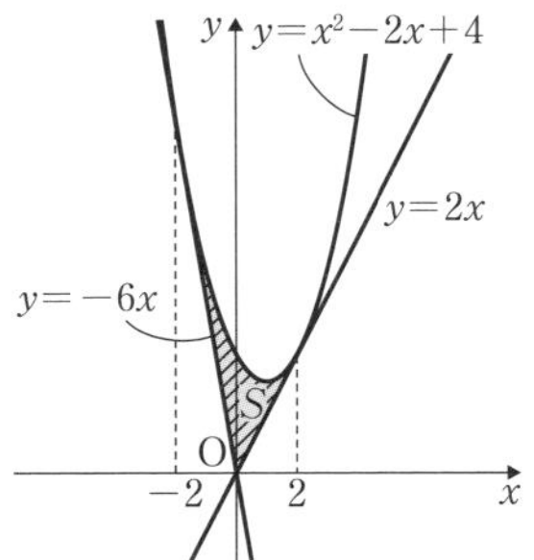

よって，求める面積 S は，図から

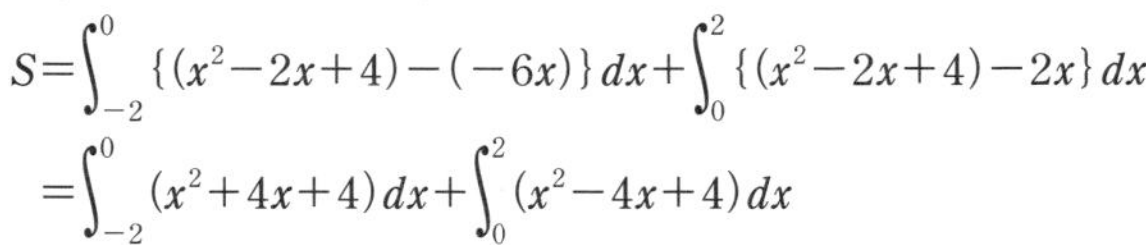

$$S=\int_{-2}^0\{(x^2-2x+4)-(-6x)\}dx+\int_0^2\{(x^2-2x+4)-2x\}dx$$

$$=\int_{-2}^0(x^2+4x+4)dx+\int_0^2(x^2-4x+4)dx$$

$$=\left[\frac{x^3}{3}+2x^2+4x\right]_{-2}^{0}+\left[\frac{x^3}{3}-2x^2+4x\right]_{0}^{2}$$

$$=-\left(-\frac{8}{3}+8-8\right)+\left(\frac{8}{3}-8+8\right)=\frac{16}{3}$$ 答

研究 教 p.260

15. 曲線 $y=x^3+2x^2-3x$ と，その曲線上の点$(-2,\ 6)$における接線で囲まれた部分の面積 S を求めよ。

指針 **曲線と接線で囲まれた部分の面積** まず，点$(-2,\ 6)$におけるこの曲線の接線の方程式を求め，その接線と曲線が再び交わる点の x 座標を求める。図をかいて，面積を求める部分を確認してから，面積を計算する。

解答 $f(x)=x^3+2x^2-3x$ とおき，点$(-2,\ 6)$における接線を ℓ とする。

接線 ℓ の傾きは $f'(-2)$ で，

$f'(x)=3x^2+4x-3$ より　　$f'(-2)=3\cdot(-2)^2+4\cdot(-2)-3=1$

よって，接線 ℓ の方程式は

$y-6=x+2$　　すなわち　　$y=x+8$

曲線と接線 ℓ が交わる点の x 座標を求める。

方程式 $x^3+2x^2-3x=x+8$ を整理すると

$x^3+2x^2-4x-8=0$

左辺は $x+2$ を因数にもつことに着目して左辺を因数分解して

$(x+2)^2(x-2)=0$

これを解くと　　$x=-2$(重解)，2

よって，曲線と接線が交わる点の x 座標は

$x=2$ であり，グラフは図のようになる。

したがって，求める面積 S は

$$S=\int_{-2}^{2}\{(x+8)-(x^3+2x^2-3x)\}\,dx$$

$$=\int_{-2}^{2}(-x^3-2x^2+4x+8)\,dx$$

$$=\left[-\frac{x^4}{4}-2\cdot\frac{x^3}{3}+2x^2+8x\right]_{-2}^{2}$$

$$=\left(-\frac{2^4}{4}-2\cdot\frac{2^3}{3}+2\cdot2^2+8\cdot2\right)$$

$$-\left\{-\frac{(-2)^4}{4}-2\cdot\frac{(-2)^3}{3}+2\cdot(-2)^2+8\cdot(-2)\right\}$$

$$=\left(-4-\frac{16}{3}+8+16\right)-\left(-4+\frac{16}{3}+8-16\right)=\frac{64}{3}$$ 答

総合問題

1 ※問題文は教科書 272 頁を参照

指針 **不等式の証明**

(1) 2 次方程式 $ax^2+bx+c=0$ の判別式を利用する。

(2) $(a_1^2+a_2^2+a_3^2)x^2+2(a_1b_1+a_2b_2+a_3b_3)x+(b_1^2+b_2^2+b_3^2)\geqq 0$

ここで(1)を利用する。

(3) $a_1=1$, $a_2=2$, $a_3=3$, $b_1=x$, $b_2=y$, $b_3=z$ として(2)を利用する。

(4) $a_1=x$, $a_2=y$, $a_3=z$, $b_1=\dfrac{1}{x}$, $b_2=\dfrac{1}{y}$, $b_3=\dfrac{1}{z}$ として(2)を利用する。

(5) $a_1=\dfrac{p}{\sqrt{s}}$, $a_2=\dfrac{q}{\sqrt{t}}$, $a_3=\dfrac{r}{\sqrt{u}}$, $b_1=\sqrt{s}$, $b_2=\sqrt{t}$, $b_3=\sqrt{u}$ として(2)を利用する。

解答 (1) 2 次関数 $f(x)$ がすべての実数 x に対して，$f(x)\geqq 0$ が成り立つとき，x の 2 次方程式 $ax^2+2bx+c=0$ の判別式を D とすると，a, b, c の満たす条件は $\dfrac{D}{4}\leqq 0$　すなわち　$\boldsymbol{b^2-ac\leqq 0}$ 答

(2) $g(x)=(a_1^2+a_2^2+a_3^2)x^2+2(a_1b_1+a_2b_2+a_3b_3)x+b_1^2+b_2^2+b_3^2$

すべての実数 x に対して $g(x)\geqq 0$ が成り立つから，(1)の答の式において

$$a=a_1^2+a_2^2+a_3^2,\ b=a_1b_1+a_2b_2+a_3b_3,\ c=b_1^2+b_2^2+b_3^2$$

とすると

$$(a_1b_1+a_2b_2+a_3b_3)^2-(a_1^2+a_2^2+a_3^2)(b_1^2+b_2^2+b_3^2)\leqq 0$$

よって　$(a_1^2+a_2^2+a_3^2)(b_1^2+b_2^2+b_3^2)\geqq(a_1b_1+a_2b_2+a_3b_3)^2$ 終

(3) (2)の不等式において

$$a_1=1,\ a_2=2,\ a_3=3,\ b_1=x,\ b_2=y,\ b_3=z$$

とすると

$$(1^2+2^2+3^2)(x^2+y^2+z^2)\geqq(1\cdot x+2\cdot y+3\cdot z)^2$$

よって　$14(x^2+y^2+z^2)\geqq(x+2y+3z)^2$ 終

(4) (2)の不等式において

$$a_1=x,\ a_2=y,\ a_3=z,\ b_1=\frac{1}{x},\ b_2=\frac{1}{y},\ b_3=\frac{1}{z}$$

とすると

$$(x^2+y^2+z^2)\left\{\left(\frac{1}{x}\right)^2+\left(\frac{1}{y}\right)^2+\left(\frac{1}{z}\right)^2\right\}\geqq\left(x\cdot\frac{1}{x}+y\cdot\frac{1}{y}+z\cdot\frac{1}{z}\right)^2$$

よって　$(x^2+y^2+z^2)\left(\dfrac{1}{x^2}+\dfrac{1}{y^2}+\dfrac{1}{z^2}\right)\geqq 9$ 終

(5) (2)の不等式において

$$a_1=\frac{p}{\sqrt{s}},\ a_2=\frac{q}{\sqrt{t}},\ a_3=\frac{r}{\sqrt{u}},\ b_1=\sqrt{s},\ b_2=\sqrt{t},\ b_3=\sqrt{u}$$

とすると

$$\left\{\left(\frac{p}{\sqrt{s}}\right)^2+\left(\frac{q}{\sqrt{t}}\right)^2+\left(\frac{r}{\sqrt{u}}\right)^2\right\}\{(\sqrt{s}\,)^2+(\sqrt{t}\,)^2+(\sqrt{u}\,)^2\}$$

$$\geqq\left(\frac{p}{\sqrt{s}}\cdot\sqrt{s}+\frac{q}{\sqrt{t}}\cdot\sqrt{t}+\frac{r}{\sqrt{u}}\cdot\sqrt{u}\right)^2$$

よって　$\left(\frac{p^2}{s}+\frac{q^2}{t}+\frac{r^2}{u}\right)(s+t+u)\geqq(p+q+r)^2$

$s+t+u>0$ であるから

$$\frac{p^2}{s}+\frac{q^2}{t}+\frac{r^2}{u}\geqq\frac{(p+q+r)^2}{s+t+u}$$ 終

2 ※問題文は教科書 273 頁を参照

指針　多項式の割り算と余り

$P_1(x)=(x^2+1)Q_1(x)+ax+b$，$P_2(x)=(x^2+1)Q_2(x)+cx+d$ である。

(3)　$P(x)$ を x^2+1 で割った商を $Q(x)$，余りを $ex+f$ とすると

$P(x)=(x^2+1)Q(x)+ex+f$

$P_1(x)-P(x)P_2(x)$ を x^2+1 で割った余りは $(a-cf-de)x+b-df+ce$ と表される。割り切れるから　$(a-cf-de)x+b-df+ce=0$

解答　(1)　$P_1(x)=(x^2+1)Q_1(x)+ax+b$，$P_2(x)=(x^2+1)Q_2(x)+cx+d$

であるから

$$P_1(x)+P_2(x)=(x^2+1)Q_1(x)+ax+b+(x^2+1)Q_2(x)+cx+d$$
$$=(x^2+1)\{Q_1(x)+Q_2(x)\}+(a+c)x+b+d$$

$Q_1(x)+Q_2(x)$ は多項式で，

$(a+c)x+b+d$ は，0 または x^2+1 より次数の低い多項式であるから，

$P_1(x)+P_2(x)$ を x^2+1 で割った余りは　$\boldsymbol{(a+c)x+b+d}$ 答

$$P_1(x)-P_2(x)=(x^2+1)Q_1(x)+ax+b-\{(x^2+1)Q_2(x)+cx+d\}$$
$$=(x^2+1)\{Q_1(x)-Q_2(x)\}+(a-c)x+b-d$$

$Q_1(x)-Q_2(x)$ は多項式で，

$(a-c)x+b-d$ は，0 または x^2+1 より次数の低い多項式であるから，

$P_1(x)-P_2(x)$ を x^2+1 で割った余りは　$\boldsymbol{(a-c)x+b-d}$ 答

(2)　$P_1(x)P_2(x)=\{(x^2+1)Q_1(x)+ax+b\}\{(x^2+1)Q_2(x)+cx+d\}$

$$=(x^2+1)\{(x^2+1)Q_1(x)Q_2(x)+(cx+d)Q_1(x)+(ax+b)Q_2(x)\}$$
$$+(ax+b)(cx+d)$$

ここで　$(ax+b)(cx+d)=acx^2+(ad+bc)x+bd$

$$=(x^2+1)\cdot ac+(ad+bc)x+bd-ac$$

であるから

$$P_1(x)P_2(x)=(x^2+1)\{(x^2+1)Q_1(x)Q_2(x)+(cx+d)Q_1(x)$$
$$+(ax+b)Q_2(x)+ac\}+(ad+bc)x+bd-ac$$

$(x^2+1)Q_1(x)Q_2(x)+(cx+d)Q_1(x)+(ax+b)Q_2(x)+ac$ は多項式で，
$(ad+bc)x+bd-ac$ は，0 または x^2+1 より次数の低い多項式であるから，
$P_1(x)P_2(x)$ を x^2+1 で割った余りは　$\boldsymbol{(ad+bc)x+bd-ac}$ 答

(3)　$P(x)$ を x^2+1 で割った商を $Q(x)$，余りを $ex+f$ とおく。
(2)から，$P(x)P_2(x)$ を x^2+1 で割った余りは　$(cf+de)x+df-ce$
よって，(1)から $P_1(x)-P(x)P_2(x)$ を x^2+1 で割った余りは

$$\{a-(cf+de)\}x+b-(df-ce)=(a-cf-de)x+b-df+ce$$

$P_1(x)-P(x)P_2(x)$ は x^2+1 で割り切れるから

$$(a-cf-de)x+b-df+ce=0$$

これは x についての恒等式であるから

$$a-cf-de=0 \quad \text{すなわち} \quad a=cf+de \quad \cdots\cdots ①$$
$$b-df+ce=0 \quad \text{すなわち} \quad b=-ce+df \quad \cdots\cdots ②$$

①×d−②×c より　$ad-bc=(c^2+d^2)e$

$c^2+d^2>0$ であるから　$e=\dfrac{ad-bc}{c^2+d^2}$

①×c+②×d より　$ac+bd=(c^2+d^2)f$

$c^2+d^2>0$ であるから　$f=\dfrac{ac+bd}{c^2+d^2}$

よって，$P(x)$ を x^2+1 で割った余りは

$$\boldsymbol{\frac{ad-bc}{c^2+d^2}x+\frac{ac+bd}{c^2+d^2}}$$ 答

3 ※問題文は教科書 273 頁を参照

指針　**領域と最大・最小の応用**

(3)　(1)，(2)の不等式と $x\geqq 0$，$y\geqq 0$ を満たす領域を図示する。合計 k 個を購入するとして，$x+y=k$ の表す直線がこの領域を通過するために必要な整数 k の値を求める。

(4)　(3)を利用する。

解答　(1)　x 個の商品 A に含まれるチョコレートの個数は　$2x$ 個
y 個の商品 B に含まれるチョコレートの個数は　$5y$ 個
よって，購入するチョコレートの個数が 200 個以上になるための条件は

$\boldsymbol{2x+5y\geqq 200}$ 答

(2)　x 個の商品 A に含まれるキャンディの個数は　$7x$ 個
y 個の商品 B に含まれるキャンディの個数は　$3y$ 個
よって，購入するキャンディの個数が 420 個以上になるための条件は

$\boldsymbol{7x+3y\geqq 420}$ 答

(3)　4 つの不等式

$x \geqq 0$, $y \geqq 0$, $2x+5y \geqq 200$, $7x+3y \geqq 420$

を同時に満たす領域 D は，右の図の斜線部分である。ただし，境界線を含む。

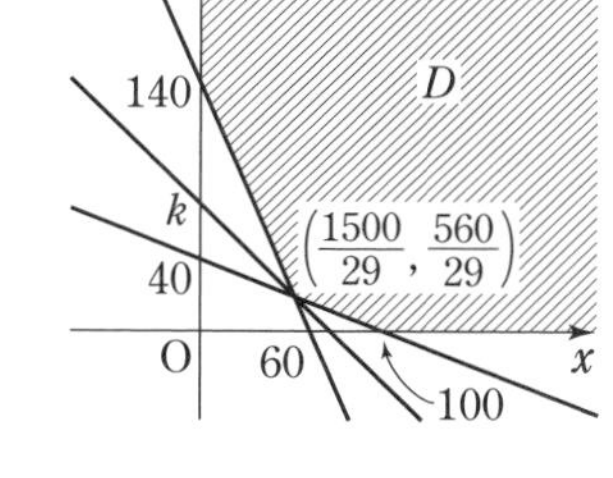

商品 A，B の購入数の合計は　$x+y$ 個

$x+y=k$　…… ①

とおくと，$y=-x+k$ であり，これは傾きが -1，y 切片が k である直線を表す。

この直線①が領域 D と共有点をもつときの k の値の最小値を求めればよい。

領域 D において，

2 直線 $2x+5y=200$，$7x+3y=420$ の交点 $\left(\frac{1500}{29}, \frac{560}{29}\right)$

を直線①が通るとき，k は最小で，そのとき　$k=\frac{2060}{29}=71.03\cdots\cdots$

よって，$k \geqq \frac{2060}{29}$ のとき，直線①と領域 D は共有点をもつ。

k は整数であるから，2 つの商品 A，B を最低でも合計で **72 個以上**購入する必要がある。 答

(4)　2 つの商品 A，B の値段は同じであるから，A, B の購入数の合計が最も少ないとき，A，B の購入金額の合計が最も少なくなる。

(3)より，$x+y=72$ のとき，A，B の購入金額の合計が最も少なくなる。

x, y は整数であるから，求める (x, y) の組は，直線 $x+y=72$ 上の点で，x 座標，y 座標がともに整数であり，かつ領域 D に含まれる点である。

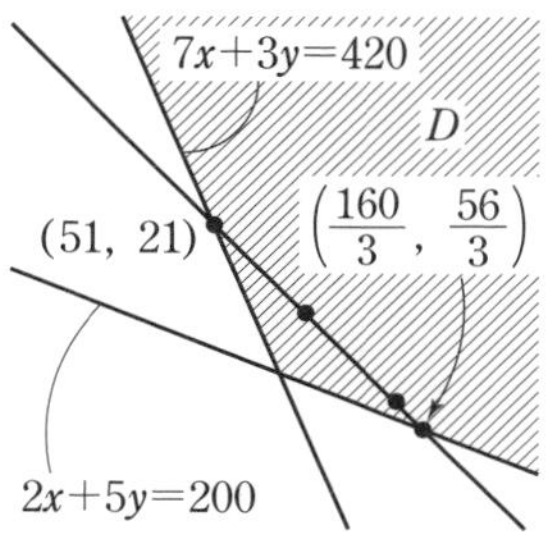

2 直線 $x+y=72$，$2x+5y=200$ の交点の座標は　$\left(\frac{160}{3}, \frac{56}{3}\right)$

2 直線 $x+y=72$，$7x+3y=420$ の交点の座標は　$(51, 21)$

$\frac{160}{3}=53.33\cdots\cdots$，$\frac{56}{3}=18.66\cdots\cdots$ であるから，3 点 $(51, 21)$，$(52, 20)$，$(53, 19)$ は条件を満たし，直線 $x+y=72$ 上のそれ以外の点は条件を満たさない。

よって，求める (x, y) の組は

$(x, y)=(51, 21), (52, 20), (53, 19)$　答

4 ※問題文は教科書 274 頁を参照

指針 **三角関数の値を解にもつ方程式の作成**

(1) 2 倍角の公式，加法定理を利用する。

(2) (1)を利用。

(3) (2)を利用。

解答 (1) $\cos 4\theta=\cos 2\cdot 2\theta$，$\cos 2\theta=2\cos^2\theta-1$ であるから

$$\begin{aligned}\cos 4\theta&=2\cos^2 2\theta-1=2(2\cos^2\theta-1)^2-1\\&=2(4\cos^4\theta-4\cos^2\theta+1)-1\\&=8\cos^4\theta-8\cos^2\theta+1\end{aligned}$$

$$\begin{aligned}\cos 5\theta&=\cos(4\theta+\theta)=\cos 4\theta\cos\theta-\sin 4\theta\sin\theta\\&=(8\cos^4\theta-8\cos^2\theta+1)\cos\theta-2\sin 2\theta\cos 2\theta\sin\theta\\&=8\cos^5\theta-8\cos^3\theta+\cos\theta-4\sin^2\theta\cos\theta\cos 2\theta\\&=8\cos^5\theta-8\cos^3\theta+\cos\theta-4(1-\cos^2\theta)\cos\theta(2\cos^2\theta-1)\\&=8\cos^5\theta-8\cos^3\theta+\cos\theta+8\cos^5\theta-12\cos^3\theta+4\cos\theta\\&=16\cos^5\theta-20\cos^3\theta+5\cos\theta\end{aligned}$$ 終

(2) (1)より $\cos 5\theta=\cos\theta(16\cos^4\theta-20\cos^2\theta+5)$ であるから，

$\cos 5\theta=0$，$\cos\theta\neq 0$ である θ について

$$16\cos^4\theta-20\cos^2\theta+5=0$$

が成り立つ。

$\theta=\dfrac{\pi}{10}$，$\dfrac{3}{10}\pi$ は

$\cos 5\cdot\dfrac{\pi}{10}=\cos\dfrac{\pi}{2}=0$, $\cos 5\cdot\dfrac{3}{10}\pi=\cos\dfrac{3}{2}\pi=0$ より, $\cos 5\theta=0$ を満たし,

$0<\cos\dfrac{3}{10}\pi<\cos\dfrac{\pi}{10}<1$ であるから，$\cos\theta\neq 0$ を満たす。

ゆえに $$16\cos^4\frac{\pi}{10}-20\cos^2\frac{\pi}{10}+5=0,$$

$$16\cos^4\frac{3}{10}\pi-20\cos^2\frac{3}{10}\pi+5=0$$

が成り立つ。

よって, x の 2 次方程式 $16x^2-20x+5=0$ は, $\cos^2\dfrac{\pi}{10}$, $\cos^2\dfrac{3}{10}\pi$ を解にもつ。

したがって，求める方程式は $\boldsymbol{x^2-\dfrac{5}{4}x+\dfrac{5}{16}=0}$ 答

(3) $\cos^2\dfrac{\pi}{10}$，$\cos^2\dfrac{3}{10}\pi$ は方程式 $x^2-\dfrac{5}{4}x+\dfrac{5}{16}=0$ の異なる 2 つの実数である

から，解と係数の関係より

$$\cos^2\frac{\pi}{10}+\cos^2\frac{3}{10}\pi=\boldsymbol{\frac{5}{4}}$$ 答

5 ※問題文は教科書 274 頁を参照

指針 **常用対数の利用**

(2) 求める条件は$\left(1+\frac{p}{100}\right)^{10} \geqq 2$ これを満たす最小の自然数pの値を求める。

解答 (1) 条件から，ある年の利益がa円であるとき，目標通りに利益が増えたとすると，1年後の利益は $a\left(1+\frac{p}{100}\right)$円

よって，毎年目標通りに利益が増えたとすると，3年後の利益は

$$a\left(1+\frac{p}{100}\right)^{3}\text{円}$$

$p=10$のとき $\left(1+\frac{10}{100}\right)^{3}=1.1^3=1.331$

よって，ある年の利益が1000万円で，毎年目標通りに利益が増えたとすると，3年後の利益は

$$1000\times1.331=\mathbf{1331}\,\textbf{(万円)}$$ 答

(2) (1)と同様に考えると，ある年の利益がa円であるとき，目標通りに利益が増えたとすると，10年後の利益は

$$a\left(1+\frac{p}{100}\right)^{10}\text{円}$$

計画を達成するための条件は

$$a\left(1+\frac{p}{100}\right)^{10} \geqq 2a \quad \text{すなわち} \quad \left(1+\frac{p}{100}\right)^{10} \geqq 2$$

両辺の常用対数をとると

$$\log_{10}\left(1+\frac{p}{100}\right)^{10} \geqq \log_{10}2$$

よって $$10\log_{10}\left(1+\frac{p}{100}\right) \geqq \log_{10}2$$

常用対数表より，$\log_{10}2=0.3010$であるから

$$\log_{10}\left(1+\frac{p}{100}\right) \geqq 0.0301$$

常用対数表より，$\log_{10}1.07=0.0294$，$\log_{10}1.08=0.0334$で，pは自然数であるから，求めるpの最小値は 8 答

6 ※問題文は教科書 275 頁を参照

指針 **3 次関数の極値，グラフと直線**

(1) 増減表を利用する。

(2) $y=x^3-3a^2x$ のグラフと直線 $y=k$ が異なる 2 個の共有点をもつ k の値を求める。

(4) $y'=3x^2-3b^2$ 求める条件は，$3x^2-3b^2=m$ が異なる実数解をもつこと。

(5) 接線の方程式を $y=mx+n$ とおく。
$x^3-3b^2x=mx+n$ は異なる 2 つの実数解をもつから，$3b^2+m=3a^2$ とおいて，(2)，(3)を利用する。

解答 (1) $y'=3x^2-3a^2$
$=3(x+a)(x-a)$
$y'=0$ とすると
$x=\pm a$
a は正の実数であるから，
y の増減表は右のようになる。

x	$\cdots$	$-a$	$\cdots$	a	$\cdots$
y'	$+$	0	$-$	0	$+$
y	↗	極大 $2a^3$	↘	極小 $-2a^3$	↗

よって，3 次関数 $y=x^3-3a^2x$ は極大値と極小値をもち，
$x=-a$ で極大値 $2a^3$，$x=a$ で極小値 $-2a^3$ 答

(2) (1)より，$y=x^3-3a^2x$ のグラフは，右の図のようになる。
方程式 $x^3-3a^2x=k$ の異なる実数解の個数は，関数 $y=x^3-3a^2x$ のグラフと直線 $y=k$ の共有点の個数に等しい。
よって，求める k の値は，これらが異なる 2 個の共有点をもつ値であるから
$k=\pm 2a^3$ 答

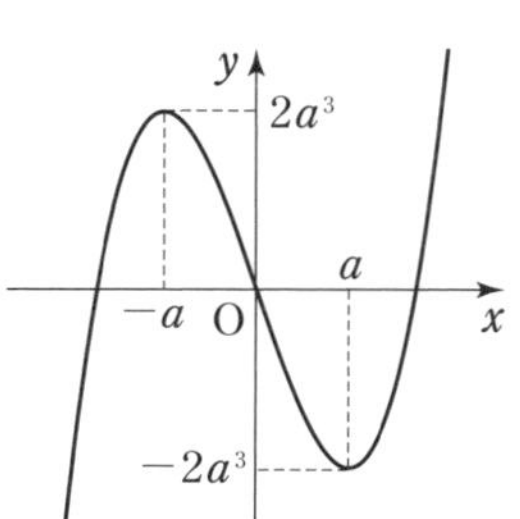

(3) (2)より $k_1=-2a^3$，$k_2=2a^3$
方程式 $x^3-3a^2x=-2a^3$ を変形すると $(x-a)^2(x+2a)=0$
よって，解は $x=a$，$-2a$
a は正の実数であるから
$\alpha=-2a$，$\beta=a$ 答
方程式 $x^3-3a^2x=2a^3$ を変形すると $(x+a)^2(x-2a)=0$
よって，解は $x=-a$，$2a$
a は正の実数であるから
$\gamma=-a$，$\delta=2a$ 答

(4)　$y=x^3-3b^2x$ を微分すると　　$y'=3x^2-3b^2$

接点の座標を $(t,\ t^3-3b^2t)$ とすると，接線の傾きは　$3t^2-3b^2$

これが m に等しくなるとき

$$3t^2-3b^2=m \qquad \text{すなわち} \quad t^2=\frac{m+3b^2}{3}$$

これを解くと　　$t=\pm\sqrt{\dfrac{m+3b^2}{3}}$

よって，G 上の点で，その点における接線の傾きが m であるものは 2 個ある。

$(t,\ t^3-3b^2t)$ における接線の方程式は

$$y-(t^3-3b^2t)=(3t^2-3b^2)(x-t) \quad \text{すなわち} \quad y=(3t^2-3b^2)x-2t^3$$

t の値が異なるならば，この方程式は異なる直線を表すから，G には傾き m の接線が 2 本引ける。 終

(5)　2 直線 l_1，l_2 の傾きを m とすると，l_1，l_2 の方程式は，(4)より

$$y=mx-2\left(\sqrt{\frac{m+3b^2}{3}}\right)^3, \qquad y=mx+2\left(\sqrt{\frac{m+3b^2}{3}}\right)^3$$

4 点 P，Q，R，S の x 座標をそれぞれ p，q，r，s とすると，

$$x \text{の方程式} \quad x^3-3b^2x=mx+2\left(\sqrt{\frac{m+3b^2}{3}}\right)^3 \quad \cdots\cdots ①$$

の解が p，r であり，

$$x \text{の方程式} \quad x^3-3b^2x=mx-2\left(\sqrt{\frac{m+3b^2}{3}}\right)^3 \quad \cdots\cdots ②$$

の解が q，s である。

ここで，$a=\sqrt{\dfrac{m+3b^2}{3}}$ とすると，$3b^2=3a^2-m$ であるから，①，②はそれぞれ $x^3-3a^2x=2a^3$，$x^3-3a^2x=-2a^3$ と変形することができる。

よって，(3)より

$$p=-a, \quad q=a, \quad r=2a, \quad s=-2a$$

したがって，SP=PO=OQ=QR=a で，5 点 S，P，O，Q，R はこの順に x 軸上にあるから，3 点 P，O，Q は線分 SR を 4 等分する点である。 終

第 1 章　式と証明

1　3 次式の展開と因数分解

1　次の式を展開せよ。

(1)　$(x+4)^3$　　(2)　$(a-3)^3$

(3)　$(3a+2b)^3$　　(4)　$(-5x+2y)^3$

教 p.9 練習 1

2　次の式を展開せよ。

(1)　$(x+5)(x^2-5x+25)$　　(2)　$(x-4)(x^2+4x+16)$

(3)　$(3a-2b)(9a^2+6ab+4b^2)$　　(4)　$(2x+5a)(4x^2-10ax+25a^2)$

教 p.9 練習 3

3　次の式を因数分解せよ。

(1)　x^3+8　　(2)　$27a^3-1$　　(3)　$125-x^3$

(4)　x^3-8y^3　　(5)　$64a^3+125b^3$　　(6)　x^3y^3-64

教 p.10 練習 4

4　次の式を因数分解せよ。

(1)　$64x^6-y^6$　　(2)　x^6+1　　(3)　$a^6+26a^3b^3-27b^6$

教 p.10 練習 5

2　二項定理

5　次の式の展開式を，二項定理を用いて求めよ。

(1)　$(x+1)^6$　　(2)　$(a+2b)^4$　　(3)　$(x-3)^5$

(4)　$(3a-2)^5$　　(5)　$(x-3y)^6$　　(6)　$\left(x+\frac{1}{2}\right)^4$

教 p.13 練習 8

6　次の式の展開式において，［　］内に指定された項の係数を求めよ。

(1)　$(3x+2)^5$　$[x^3]$　　(2)　$(2-x)^{10}$　$[x^7]$

(3)　$(3x+y)^6$　$[x^3y^3]$　　(4)　$(2x-3y)^7$　$[x^5y^2]$

教 p.13 練習 9

7 $(1+x)^n$ の二項定理による展開式を用いて，次の等式を導け。

(1) ${}_nC_0-3{}_nC_1+9{}_nC_2-\cdots\cdots+(-3)^n{}_nC_n=(-2)^n$

(2) ${}_nC_0+2{}_nC_1+4{}_nC_2+\cdots\cdots+2^n{}_nC_n=3^n$

教 p.14 練習 10

8 次の式の展開式において，［ ］内に指定された項の係数を求めよ。

(1) $(a+b+c)^6$ ［ab^2c^3］　(2) $(x+y-2z)^8$ ［x^4yz^3］

教 p.14 練習 11，p.15 研究練習 1

3 多項式の割り算

9 次の多項式 A，B について，A を B で割った商と余りを求めよ。

(1) $A=x^2+5x+6$，$B=x+1$　(2) $A=x^2-4x+2$，$B=3x-3$

(3) $A=2x^3-x^2-2x-8$，$B=x-2$　(4) $A=4x^3-6x^2-5$，$B=2x^2+1$

(5) $A=2a^3+12-3a$，$B=5+2a^2+4a$

(6) $A=1-2a+4a^3+10a^2$，$B=1+2a$

教 p.17 練習 12

10 次の条件を満たす多項式 B を求めよ。

(1) x^3+x^2-3x-1 を B で割ると，商が $x-1$，余りが $-3x+1$

(2) $6x^3+11x^2-2$ を B で割ると，商が $2x^2+3x-1$，余りが -1

教 p.18 練習 13

11 次の多項式 A，B を x についての多項式とみて，A を B で割った商と余りを求めよ。

(1) $A=8x^2+10ax-3a^2$，$B=2x+3a$　(2) $A=8x^3-a^3$，$B=2x-a$

(3) $A=x^3-3ax^2+4a^3$，$B=x-a$

(4) $A=x^4+x^2y^2+y^4$，$B=x^2+xy+y^2$

教 p.18 練習 14

4 分数式とその計算

12 次の分数式を約分せよ。

(1) $\dfrac{6ay^4}{3axy^3}$　(2) $\dfrac{8a^2x^3y}{40ax^2y^2}$　(3) $\dfrac{x^2-3x-4}{2x^2+3x+1}$

(4) $\dfrac{2x^2-3x-2}{x^2-5x+6}$　(5) $\dfrac{3x^2-9x-30}{3x^2-15x}$　(6) $\dfrac{x^3-1}{x^2+x-2}$

教 p.20 練習 15

13 次の式を計算せよ。

(1) $\dfrac{x^2-11x+30}{x^3-6x^2+9x}\times\dfrac{x^2-3x}{x-5}$　(2) $\dfrac{x^2+x-6}{x^2-4x+4}\times\dfrac{x^2+2x-8}{x^2-x-12}$

(3) $\dfrac{3a^2-2ab-b^2}{a+2b}\div\dfrac{a-b}{a^2+3ab+2b^2}$　(4) $\dfrac{x^2-3xy+2y^2}{x^3-y^3}\div\dfrac{x^2-xy-2y^2}{x^3+x^2y+xy^2}$

教 p.20 練習 16

14 次の式を計算せよ。

(1) $\dfrac{x}{x^2-1}+\dfrac{1}{x^2-1}$　(2) $\dfrac{x^2-3}{x+2}-\dfrac{1}{x+2}$

(3) $\dfrac{x}{x^2-y^2}+\dfrac{y}{x^2-y^2}$　(4) $\dfrac{x^2+4}{x-2}-\dfrac{4x}{x-2}$

教 p.21 練習 17

15 次の式を計算せよ。

(1) $\dfrac{2}{x+1}+\dfrac{3}{x-1}$　(2) $\dfrac{4}{x^2-4}-\dfrac{5}{x^2-x-6}$

(3) $\dfrac{x+5}{x^2-2x-3}+\dfrac{1}{x^2+3x+2}$　(4) $\dfrac{x-3}{x^2-1}+\dfrac{3x}{x^2+x-2}$

教 p.21 練習 18

16 次の式を簡単にせよ。

(1) $\dfrac{a+2}{a-\dfrac{2}{a+1}}$　(2) $\dfrac{1+\dfrac{x-y}{x+y}}{1-\dfrac{x-y}{x+y}}$

教 p.22 練習 19, 20

5 恒等式

17 次の等式のうち，x についての恒等式はどれか。

(1) $(x-1)^2=x^2-2x-1$　　(2) $\dfrac{1}{x}-\dfrac{1}{x+1}=\dfrac{1}{x(x+1)}$

(3) $x(x-1)-(x-1)(x-3)+(x-3)x=x^2-4x-3$

教 p.23 練習 21

18 次の等式が x についての恒等式となるように，定数 a，b，c，d の値を定めよ。

(1) $a(x+3)+b(x-1)=12$　　(2) $2x^2+1=a(x+1)^2+b(x+1)+c$

(3) $ax^2+bx+3=(x-1)(x+1)+c(x+2)^2$

(4) $x^3-1=a(x-1)(x-2)(x-3)+b(x-1)(x-2)+c(x-1)+d$

教 p.24 練習 23，p.25 研究練習 1

19 次の等式が x についての恒等式となるように，定数 a，b，c の値を定めよ。

(1) $\dfrac{3x-5}{(2x-1)(x+3)}=\dfrac{a}{2x-1}+\dfrac{b}{x+3}$　　(2) $\dfrac{1}{x^3+1}=\dfrac{a}{x+1}+\dfrac{bx+c}{x^2-x+1}$

教 p.25 練習 24

6 等式の証明

20 次の等式を証明せよ。

(1) $a^4+b^4=\dfrac{1}{2}\{(a^2+b^2)^2+(a+b)^2(a-b)^2\}$

(2) $(a^2+2b^2)(c^2+2d^2)=(ac+2bd)^2+2(ad-bc)^2$

(3) $a(b^2-c^2)+b(c^2-a^2)+c(a^2-b^2)=(a-b)(b-c)(c-a)$

教 p.28 練習 26

21 $a+b+c=0$ のとき，次の等式を証明せよ。

(1) $a^2-2bc=b^2+c^2$　　(2) $2a^2+bc=(a-b)(a-c)$

(3) $(b+c)(c+a)(a+b)+abc=0$

教 p.29 練習 27，28

22 $\dfrac{a}{b}=\dfrac{c}{d}$ のとき，次の等式を証明せよ。

(1) $\dfrac{a+c}{b+d}=\dfrac{a^2d}{b^2c}$　　(2) $\dfrac{ab+cd}{ab-cd}=\dfrac{a^2+c^2}{a^2-c^2}$

教 p.30 練習 29

7 不等式の証明

23 (1) a, b, c, d が正の数で $a>b$, $c>d$ のとき，$ac>bd$ であることを証明せよ。

(2) $x>y$ のとき，$\dfrac{x+2y}{3}>\dfrac{x+3y}{4}$ であることを証明せよ。

(3) $a>b>c>d$ のとき，$ab+cd>ac+bd$ を証明せよ。

教 p.33 練習 32

24 次の不等式を証明せよ。また，等号が成り立つときを調べよ。

(1) $a^2+ab+b^2 \geqq 3ab$　(2) $x^2+2xy \geqq -2y^2$　(3) $2(x^2+3y^2) \geqq 5xy$

教 p.34 練習 33

25 $a>0$, $b>0$ のとき，次の不等式を証明せよ。

(1) $3\sqrt{a}+2\sqrt{b}>\sqrt{9a+4b}$　　(2) $\sqrt{\dfrac{a+b}{2}} \geqq \dfrac{\sqrt{a}+\sqrt{b}}{2}$

教 p.35 練習 34

26 $a>0$, $b>0$ のとき，次の不等式を証明せよ。また，等号が成り立つときを調べよ。

(1) $9ab+\dfrac{1}{ab} \geqq 6$　　(2) $a+b+\dfrac{1}{a+b} \geqq 2$

教 p.38 練習 36

定期考査対策問題

1 (1) $(3a-4b)^3$ を展開せよ。

(2) $8x^3+125$ を因数分解せよ。

(3) x^3+4x^2-8x-8 を因数分解せよ。

2 $x+y=2$, $xy=-1$ のとき，次の式の値を求めよ。

(1) x^3+y^3　　(2) x^6+y^6

3 (1) $(2x+3y)^5$ の展開式における項 x^3y^2 の係数を求めよ。

(2) 等式 ${}_nC_0+6{}_nC_1+6^2{}_nC_2+\cdots\cdots+6^n{}_nC_n=7^n$ を証明せよ。

4 次の条件を満たす多項式 A, B を求めよ。

(1) A を x^2-2x-1 で割ると，商が $2x-3$，余りが $-2x$ となる。

(2) $6x^3-x^2+3x+5$ を B で割ると，商が $3x+1$，余りが $-2x+3$ となる。

5 次の式を計算せよ。

(1) $\dfrac{x^2+9x+20}{x^3-4x^2+4x}\times\dfrac{x^2-2x}{x+5}$　　(2) $\dfrac{3}{(x+1)(x-2)}+\dfrac{x-6}{(x-2)(x+2)}$

6 次の等式が x についての恒等式となるように，定数 a, b, c の値を定めよ。

$$\frac{6x^2+7x+9}{(x+1)(x^2+1)}=\frac{a}{x+1}+\frac{bx+c}{x^2+1}$$

7 次の等式を証明せよ。

(1) $a^4+b^4+c^4+d^4-4abcd=(a^2-b^2)^2+(c^2-d^2)^2+2(ab-cd)^2$

(2) $a+b+c=0$ のとき　$ab(a+b)^2+bc(b+c)^2+ca(c+a)^2=0$

8 次の不等式を証明せよ。また，(1)の等号が成り立つのはどのようなときか。

(1) $x^2-2xy+5y^2+2x+2y+2\geqq 0$

(2) $a>b>0$ のとき　$\sqrt{a-b}>\sqrt{a}-\sqrt{b}$

9 $x>0$, $y>0$ のとき，不等式 $\left(3x+\dfrac{1}{y}\right)\left(\dfrac{3}{x}+y\right)\geqq 16$ を証明せよ。また，等号が成り立つのはどのようなときか。

演習

演習編

第 2 章　複素数と方程式

1　複素数とその計算

27 次の複素数の実部と虚部をいえ。

(1)　$2+3i$　　(2)　$\dfrac{-3-i}{2}$　　(3)　πi　　(4)　-2

≫教 p.45 練習 1

28 次の等式を満たす実数 x，y の値を求めよ。

(1)　$x+yi=3+4i$　　(2)　$(x-4)+(y+1)i=0$

(3)　$(x+3y)+(2x-y)i=9+4i$　　(4)　$(x-y)+(x-2y)i=2-i$

≫教 p.46 練習 2

29 次の式を計算せよ。

(1)　$(3-2i)+(2-i)$　　(2)　$(3-i)-(1-i)$　　(3)　$(3+i)+4i$

(4)　$(1+3i)(2+i)$　　(5)　$(1-2i)(5+2i)$　　(6)　$(3-2i)^2$

(7)　$(1+i)^2$　　(8)　$(2-i)(2+i)$　　(9)　$(1+\sqrt{3}\,i)(1-\sqrt{3}\,i)$

≫教 p.46 練習 3，p.47 練習 4

30 次の複素数と共役な複素数をいえ。

(1)　$5+4i$　　(2)　$\dfrac{1-\sqrt{5}\,i}{2}$　　(3)　$\sqrt{3}$　　(4)　$-5i$

≫教 p.47 練習 5

31 次の式を計算せよ。

(1)　$\dfrac{3+i}{1+2i}$　　(2)　$\dfrac{2-i}{2+i}$　　(3)　$\dfrac{3+i}{2-i}$

≫教 p.47 練習 6

32 次の数を i を用いて表せ。

(1)　$\sqrt{-4}$　　(2)　$-\sqrt{-7}$　　(3)　-8 の平方根

≫教 p.49 練習 7

33 次の式を計算せよ。

(1) $\sqrt{-2}\sqrt{-8}$　(2) $\dfrac{\sqrt{-24}}{\sqrt{-6}}$

(3) $\dfrac{\sqrt{-25}}{\sqrt{5}}$　(4) $\dfrac{\sqrt{6}}{\sqrt{-2}}$

教 p.49 練習 8

2 2次方程式の解

34 次の2次方程式を解け。

(1) $x^2+x+5=0$　(2) $x^2-3x+9=0$　(3) $x^2-3x-1=0$

(4) $2x^2+4x+3=0$　(5) $-3x^2+2x+2=0$　(6) $x^2-\sqrt{5}x+2=0$

教 p.51 練習 10

35 次の2次方程式の解の種類を判別せよ。

(1) $x^2-5x+5=0$　(2) $2x^2+3x+4=0$

(3) $9x^2-4x+1=0$　(4) $-3x^2-4x+1=0$

(5) $5x^2-3x-1=0$　(6) $x^2+2\sqrt{5}x+5=0$

教 p.52 練習 11

36 m は定数とする。次の2次方程式の解の種類を判別せよ。

(1) $2x^2+5x+m=0$　(2) $x^2-2mx+m+2=0$

教 p.52 練習 12

3 解と係数の関係

37 次の2次方程式について，2つの解の和と積を求めよ。

(1) $x^2+3x+2=0$　(2) $2x^2-5x+6=0$　(3) $4x^2+3x-9=0$

教 p.54 練習 13

38 2次方程式 $x^2-2x+3=0$ の2つの解を α，β とするとき，次の式の値を求めよ。

(1) $\alpha^2+\beta^2$　(2) $(\alpha-\beta)^2$　(3) $\alpha^2\beta+\alpha\beta^2$

(4) $\alpha^3+\beta^3$　(5) $(\alpha+1)(\beta+1)$　(6) $\dfrac{\beta}{\alpha}+\dfrac{\alpha}{\beta}$

教 p.55 練習 14

39 次の2次方程式の2つの解の間に［　］内の関係があるとき，定数 m の値と2つの解を，それぞれ求めよ。

(1) $x^2+mx+27=0$　　[1つの解が他の解の3倍]

(2) $x^2-14x+2m=0$　　[2つの解の比が3：4]

(3) $x^2-(m+1)x+2=0$　　[2つの解の差が1]

(4) $x^2-6x+m=0$　　[1つの解が他の解の2乗]

≫教 p.55 練習15

40 次の2次式を，複素数の範囲で因数分解せよ。

(1) x^2-6x+4　　(2) x^2+5x-1

(3) x^2+4　　(4) $3x^2+4x+2$

≫教 p.56 練習16

41 次の2数を解とする2次方程式を作れ。

(1) 1，2　　(2) $\frac{1}{3}$，$-\frac{1}{2}$

(3) $2+\sqrt{2}$，$2-\sqrt{2}$　　(4) $3+2i$，$3-2i$

≫教 p.57 練習17

42 2次方程式 $x^2+x-3=0$ の2つの解を α，β とするとき，次の2数を解とする2次方程式を作れ。

(1) $\alpha-1$，$\beta-1$　　(2) $\alpha+\beta$，$\alpha\beta$　　(3) α^2，β^2

≫教 p.58 練習18

43 和と積が次のようになる2数を求めよ。

(1) 和が5，積が3　　(2) 和が−1，積が1

≫教 p.58 練習19

44 2次方程式 $x^2-2(m-2)x-m+14=0$ が，次のような異なる2つの解をもつとき，定数 m の値の範囲を求めよ。

(1) ともに正の解　　(2) ともに負の解　　(3) 正の解と負の解

≫教 p.59 練習20

4 剰余の定理と因数定理

45 次の多項式 $P(x)$ を［ ］内の1次式で割った余りを求めよ。

(1) $P(x)=x^3-2x^2+2x-3$ ［$x-1$］

(2) $P(x)=6x^3-5x^2+3$ ［$x-2$］

(3) $P(x)=x^3-7x-6$ ［$x+1$］

(4) $P(x)=x^3+2x^2-2x-1$ ［$x+1$］

≫教 p.62 練習 22

46 次の多項式 $P(x)$ を $x+1$ で割った余りが3であるとき，定数 a の値を求めよ。

(1) $P(x)=x^3+ax+2$

(2) $P(x)=x^4+5x^2+a^2x+2a$

≫教 p.62 練習 24

47 (1) 多項式 $P(x)$ を $x-1$ で割った余りが3，$x+3$ で割った余りが -5 である。$P(x)$ を $(x-1)(x+3)$ で割った余りを求めよ。

(2) 多項式 $P(x)$ を x で割った余りが -4，$x-2$ で割った余りが7である。$P(x)$ を x^2-2x で割った余りを求めよ。

≫教 p.62 練習 25

48 次の式を因数分解せよ。

(1) $x^4+3x^3-5x^2-3x+4$

(2) $x^4-5x^3+6x^2+4x-8$

≫教 p.63 練習 27

研究 組立除法

49 組立除法を用いて，次の問いに答えよ。

(1) x^3-3x^2+4x-4 を $x-1$ で割った商と余りを求めよ。

(2) $3x^4+5x^3-2x-12$ を $x+2$ で割った商と余りを求めよ。

(3) $2x^3-7x^2+8x-8$ を $2x-3$ で割った商と余りを求めよ。

≫教 p.64 練習 1

5 高次方程式

50 次の3次方程式を解け。 ≫教 p.65 練習 28

(1) $x^3-27=0$

(2) $x^3+8=0$

(3) $27x^3-8=0$

51 次の 4 次方程式を解け。

(1) $x^4-5x^2+4=0$　　(2) $x^4-16=0$　　(3) $4x^4-15x^2-4=0$

≫教 p.66 練習 30

52 次の 3 次方程式を解け。

(1) $x^3-6x^2+11x-6=0$　　(2) $x^3+7x^2-6=0$

(3) $x^3+x^2-5x-2=0$　　(4) $3x^3+x^2-8x+4=0$

≫教 p.67 練習 31

53 次の方程式を解け。

(1) $x^4+4x^3+2x^2-5x-2=0$　　(2) $(x-1)(x-2)(x-3)=4\cdot3\cdot2$

(3) $2x^3-9x^2+2=0$　　(4) $(x^2-4x)^2-(x^2-4x)-6=0$

(5) $(x^2+2x-3)(x^2+2x+4)=8$　　(6) $x^4+4=0$

≫教 p.67 練習 32

54 a，b は実数とする。3 次方程式 $x^3-5x^2+ax+b=0$ が $3+2i$ を解にもつとき，定数 a，b の値を求めよ。また，他の解を求めよ。

≫教 p.68 練習 33，34

定期考査対策問題

1 次の式を計算せよ。

(1) $(5-4i)+(3+8i)$ (2) $(6-5i)-(3+2i)$ (3) $(7+2i)(5-4i)$

(4) $\dfrac{1-2i}{2-i}$ (5) $(3-2i)^3$ (6) $\sqrt{-2}\sqrt{-10}$

2 等式$(2+i)x-(3-6i)y=15$を満たす実数x，yの値を求めよ。

3 (1) aは定数とする。2次方程式$x^2+ax+a+8=0$の解の種類を判別せよ。

(2) 方程式$kx^2+4x+3=0$がただ1つの実数解をもつとき，定数kの値を求めよ。また，そのときの実数解を求めよ。

4 2次方程式$x^2-2x+5=0$の2つの解がα，βのとき，次の式の値を求めよ。

(1) $\alpha^2\beta+\alpha\beta^2$ (2) $(\alpha-\beta)^2$ (3) $\alpha^4+\beta^4$

5 次の式を，複素数の範囲で因数分解せよ。

(1) $5x^2-2x+1$ (2) x^4-7x^2-18

6 2次方程式$x^2-2mx+m+6=0$が次のような異なる2つの解をもつように，定数mの値の範囲を定めよ。

(1) 2つとも負 (2) 異符号 (3) 2つとも1より大きい

7 (1) 次の多項式を［　］内の式で割ったときの余りを求めよ。

(ア) x^3+x^2+2x-1 ［$x-2$］ (イ) x^3+4 ［$2x+3$］

(2) 次の条件を満たす定数aの値を求めよ。

(ア) $9x^3+2x+a$を$3x+2$で割ったときの余りが1となる。

(イ) $x^3+ax+a+5$が$x-3$で割り切れる。

8 次の方程式を解け。

(1) $x^3=-27$ (2) $x^4-4x^2-12=0$ (3) $x^3-9x^2+23x-15=0$

9 3次方程式$x^3+ax^2+bx-10=0$が$2+i$を解にもつとき，実数の定数a，bの値を求めよ。また，他の解を求めよ。

第3章 図形と方程式

1 直線上の点

55 2点A(-7)，B(5)を結ぶ線分ABについて，次の点の座標を求めよ。
(1) 3：1に内分する点　(2) 3：1に外分する点
(3) 1：4に外分する点　(4) 中点
≫教p.76 練習2

2 平面上の点

56 次の2点間の距離を求めよ。≫教p.78 練習3
(1) A$(2,\ 3)$，B$(7,\ 5)$　(2) A$(-1,\ 2)$，B$(5,\ -3)$
(3) A$(3,\ -4)$，B$(3,\ 5)$　(4) 原点O，A$(-12,\ -5)$

57 次の条件を満たす点Pの座標を求めよ。≫教p.78 練習4
(1) y軸上にあり，2点A$(2,\ 1)$，B$(-3,\ 2)$から等距離にある点P
(2) x軸上にあり，2点A$(-5,\ 2)$，B$(3,\ -5)$から等距離にある点P

58 △ABCにおいて，辺BCを3等分する点を，Bに近い方から順にD，Eとするとき，等式$AB^2+AC^2=AD^2+AE^2+4DE^2$が成り立つことを証明せよ。
≫教p.79 練習6

59 2点A$(2,\ -3)$，B$(-8,\ 4)$を結ぶ線分ABについて，次の点の座標を求めよ。
(1) 3：1に内分する点　(2) 2：3に内分する点
(3) 3：1に外分する点　(4) 2：3に外分する点
(5) 中点
≫教p.81 練習7

60 (1) 点A$(1,\ -2)$に関して，点P$(3,\ -5)$と対称な点Qの座標を求めよ。
(2) 点A$(2,\ -3)$に関して，原点Oと対称な点Qの座標を求めよ。
≫教p.81 練習8

61 次の3点を頂点とする三角形の重心の座標を求めよ。≫教p.82 練習9
(1) $(-1,\ 4)$，$(3,\ 2)$，$(4,\ -3)$　(2) $(2,\ 2)$，$(6,\ -1)$，$(-3,\ -4)$

3 直線の方程式

62 (1) 点$(-2,\ 8)$を通り，傾きが3の直線の方程式を求めよ。
(2) 点$(3,\ -1)$を通り，傾きが-1の直線の方程式を求めよ。
(3) y軸との交点の座標が$(0,\ 5)$で，傾きが-2の直線の方程式を求めよ。
(4) 点$(4,\ 6)$を通り，x軸に垂直な直線の方程式を求めよ。
(5) 点$(3,\ 2)$を通り，x軸に平行な直線の方程式を求めよ。

≫教 p.85 練習 11

63 次の2点を通る直線の方程式を求めよ。 ≫教 p.86 練習 12

(1) $(1,\ 1)$，$(3,\ 5)$ (2) $(-4,\ 3)$，$(6,\ -3)$
(3) $(3,\ -4)$，$(-1,\ -4)$ (4) $(4,\ 0)$，$(4,\ 3)$

4 2直線の関係

64 次の2直線は，それぞれ平行，垂直のいずれであるか。 ≫教 p.88 練習 15

(1) $y=2x+3$，$y=2x-4$ (2) $y=3x+4$，$y=-\frac{1}{3}x+5$
(3) $x-y+2=0$，$x+y-6=0$ (4) $6x-4y+3=0$，$6y=9x+4$

65 次の点を通り，与えられた直線に垂直な直線ℓの方程式を求めよ。

(1) $(3,\ -1)$，$y=3x+1$ (2) $(1,\ 4)$，$2x-5y-1=0$
(3) $(-2,\ 5)$，$3x+5y+1=0$ (4) $(3,\ 2)$，$x=5$

≫教 p.88 練習 16

66 次の点を通り，与えられた直線に平行な直線ℓの方程式を求めよ。

(1) $(2,\ 5)$，$y=2x-3$ (2) $(-2,\ -1)$，$3x-2y+5=0$
(3) $(6,\ 4)$，$x+2y-4=0$ (4) $(1,\ 2)$，$x=3$

≫教 p.88 練習 17

67 次の点の座標を求めよ。

(1) 直線$x+2y=0$に関して，点A$(3,\ -4)$と対称な点B
(2) 直線$x+y+1=0$に関して，点A$(3,\ 2)$と対称な点B

≫教 p.89 練習 18

68 次の点と直線の距離を求めよ。 教 p.91 練習 19

(1) 点$(2,\ 8)$，直線 $4x+3y-12=0$　(2) 点$(-1,\ 2)$，直線 $y=3x+1$

(3) 点$(3,\ 2)$，直線 $5x-12y=1$　(4) 点$(5,\ -2)$，直線 $y=4$

研究 2 直線の交点を通る直線

69 2 直線 $x+2y+2=0$，$x-y-1=0$ の交点と，点$(1,\ 3)$を通る直線の方程式を求めよ。 教 p.92 練習 3

5 円の方程式

70 次のような円の方程式を求めよ。

(1) 中心が点$(1,\ 1)$，半径が 2　(2) 中心が原点，半径が 5

(3) 中心が点$(3,\ -2)$，半径が 4　(4) 中心が点$(-1,\ 2)$，半径が$\sqrt{5}$

教 p.95 練習 20

71 次の円の中心の座標と半径を求めよ。

(1) $(x+5)^2+(y-2)^2=20$　(2) $(x+3)^2+(y+2)^2=2$

教 p.95 練習 21

72 (1) 2 点 A$(5,\ -2)$，B$(-1,\ 4)$を直径の両端とする円について，中心 C の座標と半径 r を求めよ。また，その方程式を求めよ。

(2) 中心が点 C$(-2,\ 1)$で点 A$(1,\ -3)$を通る円について，半径 r を求めよ。また，その方程式を求めよ。 教 p.95 練習 22，23

73 次の方程式はどのような図形を表すか。

(1) $x^2+y^2+2x=0$　(2) $x^2+y^2-4x+2y-4=0$

(3) $x^2+y^2-6x+10y+16=0$　(4) $2x^2+2y^2-4x+8y+2=0$

教 p.96 練習 25

74 次の 3 点 A，B，C を通る円の方程式を求めよ。

(1) A$(1,\ 1)$，B$(5,\ -1)$，C$(-3,\ -7)$

(2) A$(2,\ 0)$，B$(1,\ -1)$，C$(3,\ 3)$ 教 p.97 練習 26

6 円と直線

75 次の円と直線の共有点の座標を求めよ。

(1) 円 $x^2+y^2=1$，直線 $y=x-1$ (2) 円 $x^2+y^2=5$，直線 $y=-x+1$

≫ 教 p.99 練習 27

76 (1) 円 $x^2+y^2=1$ と直線 $y=2x+m$ が共有点をもつとき，定数 m の値の範囲を求めよ。

(2) 円 $x^2+y^2=10$ と直線 $x-3y+m=0$ が接するとき，定数 m の値と接点の座標を求めよ。

(3) 円 $(x-1)^2+y^2=8$ と直線 $y=x+m$ が共有点をもたないとき，定数 m の値の範囲を求めよ。

≫ 教 p.99 練習 28

77 半径 r の円 $x^2+y^2=r^2$ と直線 $x+y-6=0$ が接するとき，r の値を求めよ。

≫ 教 p.100 練習 29

78 次の円上の点 P における接線の方程式を求めよ。

(1) $x^2+y^2=25$，P$(-3,\ 4)$ (2) $x^2+y^2=4$，P$(1, \sqrt{3})$

≫ 教 p.102 練習 30

79 点 A$(5,\ -5)$ から円 $x^2+y^2=10$ に引いた接線の方程式と接点の座標を求めよ。

≫ 教 p.103 練習 31

7 2 つの円

80 円 $x^2+y^2=5$ と次の円の位置関係を調べよ。

(1) $(x-3)^2+(y-6)^2=80$ (2) $(x+4)^2+(y+8)^2=20$

≫ 教 p.105 練習 32

81 次のような円 C の方程式を求めよ。

(1) 円 C の中心が点$(4,\ -3)$で，円 C と円 $x^2+y^2=4$ が外接する。

(2) 円 C の中心が点$(10,\ 1)$で，円 C と円 $x^2+y^2-8x+14y+56=0$ が内接する。

≫ 教 p.105 練習 33

82 次の 2 つの円の共有点の座標を求めよ。

(1) $x^2+y^2=16$, $x^2+y^2-2x-y-20=0$

(2) $x^2+y^2+2x-4y+1=0$, $x^2+y^2+4x-1=0$

≫ 教 p.106 練習 34

研究 2 つの円の交点を通る図形

83 2 つの円 $x^2+y^2=4$, $x^2+y^2-8x-4y+4=0$ について，次の問いに答えよ。

(1) 2 つの円の 2 つの交点と点(1, 1)を通る円の方程式を求めよ。

(2) 2 つの円の 2 つの交点を通る直線の方程式を求めよ。

≫ 教 p.107 練習 1

8 軌跡と方程式

84 次の条件を満たす点 P の軌跡を求めよ。

(1) 2 点 A(−3, 1), B(1, −1)から等距離にある点 P

(2) 2 点 A(−1, 0), B(3, 0)からの距離の比が 1：3 である点 P

≫ 教 p.111 練習 35

85 (1) 点 Q が放物線 $y=x^2$ 上を動くとき，点 A(2, −2)と点 Q を結ぶ線分 AQ を 1：2 に内分する点 P の軌跡を求めよ。

(2) 点 Q が円 $x^2+y^2=4$ 上を動くとき，3 点 A(5, 1), B(1, −4), Q を頂点とする△ABQ の重心 G の軌跡を求めよ。

(3) 点 Q が円 $x^2+y^2=4$ 上を動くとき，点 A(4, 2)に関して点 Q と対称な点 P の軌跡を求めよ。

≫ 教 p.112 練習 36

9 不等式の表す領域

86 次の不等式の表す領域を図示せよ。

(1) $y<x+1$　(2) $y>3x+2$　(3) $y>3$

(4) $4x+3y+9<0$　(5) $3x-5y+2\geqq 0$　(6) $x\geqq 2$

≫ 教 p.115 練習 37

87 次の不等式の表す領域を図示せよ。

(1) $x^2+y^2>4$　(2) $x^2+y^2 \leqq 9$

(3) $(x+1)^2+y^2 \geqq 1$　(4) $x^2+y^2-4x+2y+1<0$

≫教 p.116 練習 38

88 次の連立不等式の表す領域を図示せよ。

(1) $\begin{cases} 2x+3y>6 \\ x-3y<9 \end{cases}$　(2) $\begin{cases} x-2y-4<0 \\ 4x+3y-12<0 \end{cases}$

(3) $\begin{cases} x^2+y^2 \geqq 4 \\ y \leqq x+2 \end{cases}$　(4) $\begin{cases} x^2+y^2<9 \\ 2y-3x>6 \end{cases}$

≫教 p.117 練習 39, 40

89 次の不等式の表す領域を図示せよ。

(1) $(x-1)(x-2y)>0$　(2) $(2x+y-5)(x-y+1) \leqq 0$

(3) $(x+y+1)(x^2+y^2-4)<0$

≫教 p.117 練習 41

90 x, y が 4 つの不等式 $x \geqq 0$, $y \geqq 0$, $x+2y \leqq 6$, $2x+y \leqq 6$ を同時に満たすとき，$2x+3y$ の最大値，最小値を求めよ。

≫教 p.119 練習 43

91 x, y は実数とする。次のことを証明せよ。

(1) $x^2+y^2<1$　ならば　$x^2+y^2-4x-4y+7>0$

(2) $x+y>2$　ならば　$x^2+y^2>2$

≫教 p.120 練習 44

研究　$y=f(x)$ のグラフを境界線とする領域

92 次の不等式の表す領域を図示せよ。

(1) $y>x^2+2x$　(2) $y \leqq 2x^2-4x+3$

≫教 p.121 練習 1

定期考査対策問題

1 A$(-5,\ -1)$, B$(1,\ -2)$, C$(4,\ 3)$を頂点とする△ABCの辺AB, BC, CAをそれぞれ$2:3$に外分する点P, Q, Rの座標を求めよ。また, △PQRの重心の座標を求めよ。

2 次の3点を頂点とする△ABCはどのような形か。

$$A(1,\ 2),\ B(-2,\ -2),\ C(5,\ -1)$$

3 直線$y=4x-2$上にあって, 2点A$(1,\ 4)$, B$(4,\ 3)$から等距離にある点Pの座標を求めよ。

4 四角形ABCDの辺AB, BC, CD, DAの中点をそれぞれP, Q, R, Sとする。等式$AC^2+BD^2=2(PR^2+QS^2)$を証明せよ。

5 A$(1,\ -4)$, B$(3,\ 2)$とする。次の直線の方程式を求めよ。

(1) 点Aを通り, 傾きが-2の直線

(2) 2点A, Bを通る直線

(3) 点Aを通り, 直線$3x+2y+1=0$に平行な直線, 垂直な直線

6 3点A$(2,\ 5)$, B$(4,\ 9)$, C$(-1,\ a)$が一直線上にあるとき, 定数aの値を求めよ。

7 (1) 点A$(-1,\ 5)$に関して, 点P$(3,\ 2)$と対称な点Qの座標を求めよ。

(2) 直線$2x+3y-5=0$をℓとする。直線ℓに関して点A$(3,\ 4)$と対称な点Bの座標を求めよ。

8 3点A$(1,\ 1)$, B$(3,\ 7)$, C$(-3,\ -1)$を頂点とする△ABCの面積を求めよ。

9 次のような円の方程式を求めよ。

(1) 点$(2,\ 1)$を中心とし, 点$(5,\ 5)$を通る

(2) 点$(3,\ -2)$を中心とし, x軸に接する

(3) 3点$(-5,\ 7)$, $(1,\ -1)$, $(2,\ 6)$を通る

定期考査対策問題

10 (1) 円 $x^2+y^2-10x+12y=3$ の中心の座標と半径を求めよ。

(2) 方程式 $x^2+y^2+2kx-4ky+4k^2+6=0$ が円を表すような定数 k の値の範囲を求めよ。

11 次のような，円の接線の方程式を求めよ。

(1) 円 $x^2+y^2=4$ 上の点 $(1,\ -\sqrt{3})$ における接線

(2) 点 $(3,\ 2)$ から円 $x^2+y^2=4$ に引いた接線

12 直線 $2x-y+5=0$ が円 $x^2+y^2=9$ によって切り取られる弦の長さを求めよ。

13 2円 $x^2+y^2-4x-5=0$，$x^2+y^2+2y-15=0$ について

(1) 2円は2点で交わることを示せ。

(2) 2円の2つの交点と原点を通る円の方程式を求めよ。

(3) 2円の2つの交点を通る直線の方程式を求めよ。

14 (1) 点Qが直線 $y=x+3$ 上を動くとき，点 $A(4,\ 1)$ とQを結ぶ線分AQを $1:2$ に内分する点Pの軌跡を求めよ。

(2) 2点 $A(5,\ 0)$，$B(7,\ -6)$ と円 $x^2+y^2=9$ 上を動く点Qとでできる△ABQの重心Pの軌跡を求めよ。

15 次の不等式の表す領域を図示せよ。

(1) $\begin{cases} 2x-3y>6 \\ 4x+3y<12 \end{cases}$　　(2) $1<x^2+y^2\leqq 9$

(3) $(x+y)(x^2+y^2-2x)>0$

16 $x^2+y^2\leqq 4$，$y\geqq 0$ のとき，$-x+y$ の最大値と最小値を求めよ。

17 x，y は実数とする。次のことを証明せよ。

$$x^2+y^2<4 \quad ならば \quad x^2+y^2>10x-16$$

第4章 三角関数

1 角の拡張

93 次の角のうち，その動径が 150° の動径と同じ位置にある角はどれか。

300°，390°，510°，1020°，-150°，-210°，-750°

教 p.130 練習 2

94 次の角を弧度法で表せ。単位のラジアンは省略してよい。

(1) 60°　(2) -30°　(3) 315°

(4) 72°　(5) -120°

教 p.131 練習 4

95 次の角を度数法で表せ。

(1) $\frac{2}{3}\pi$　(2) $\frac{5}{2}\pi$　(3) $\frac{17}{6}\pi$

(4) $-\frac{\pi}{2}$　(5) $-\frac{3}{4}\pi$

教 p.131 練習 4

96 次のような扇形の弧の長さ l と面積 S を求めよ。

(1) 半径 4，中心角 $\frac{2}{5}\pi$　(2) 半径 3，中心角 $\frac{3}{4}\pi$

教 p.132 練習 6

2 三角関数

97 次の θ について，$\sin\theta$，$\cos\theta$，$\tan\theta$ の値を，それぞれ求めよ。

(1) $\theta=\frac{7}{6}\pi$　(2) $\theta=\frac{5}{3}\pi$　(3) $\theta=-\frac{3}{4}\pi$

教 p.134 練習 7

98 次の条件を満たすような θ の動径は，第何象限にあるか。

(1) $\sin\theta<0$ かつ $\cos\theta<0$　(2) $\cos\theta>0$ かつ $\tan\theta>0$

教 p.135 練習 8

99 次の値を求めよ。

(1)　θ の動径が第1象限にあり，$\sin\theta=\dfrac{2}{5}$ のとき，$\cos\theta$ と $\tan\theta$ の値

(2)　θ の動径が第4象限にあり，$\cos\theta=\dfrac{4}{5}$ のとき，$\sin\theta$ と $\tan\theta$ の値

(3)　θ の動径が第2象限にあり，$\tan\theta=-\sqrt{2}$ のとき，$\sin\theta$ と $\cos\theta$ の値

≫教 p.136 練習 10

100 次の等式を証明せよ。

(1)　$(\tan\theta+\cos\theta)^2-(\tan\theta-\cos\theta)^2=4\sin\theta$

(2)　$(\tan\theta+1)^2+(1-\tan\theta)^2=\dfrac{2}{\cos^2\theta}$

≫教 p.137 練習 11

101 $\sin\theta+\cos\theta=\dfrac{\sqrt{3}}{2}$ のとき，次の式の値を求めよ。

(1)　$\sin\theta\cos\theta$　　(2)　$\sin^3\theta+\cos^3\theta$

≫教 p.137 練習 12

3 三角関数の性質

102 次の値を求めよ。

≫教 p.138 練習 13，p.139 練習 14，p.140 練習 16

(1)　$\sin\dfrac{7}{3}\pi$　　(2)　$\cos\left(-\dfrac{9}{4}\pi\right)$　　(3)　$\tan\left(-\dfrac{\pi}{6}\right)$

4 三角関数のグラフ

103 次の関数のグラフをかけ。また，その周期を求めよ。

(1)　$y=3\sin\theta$　　(2)　$y=\dfrac{1}{3}\cos\theta$　　(3)　$y=\dfrac{1}{4}\tan\theta$

(4)　$y=\sin 3\theta$　　(5)　$y=\cos 4\theta$　　(6)　$y=\tan\dfrac{\theta}{3}$

≫教 p.144 練習 18，p.146 練習 20

104 次の関数のグラフをかけ。また，その周期を求めよ。

(1)　$y=\sin\left(\theta-\dfrac{\pi}{6}\right)$　　(2)　$y=\cos\left(\theta+\dfrac{\pi}{3}\right)$　　(3)　$y=\tan\left(\theta+\dfrac{\pi}{6}\right)$

≫教 p.145 練習 19

105 次の関数のグラフをかけ。また，その周期を求めよ。

(1) $y=\sin 2\left(\theta+\dfrac{\pi}{6}\right)$　(2) $y=\cos\left(3\theta-\dfrac{\pi}{2}\right)$　(3) $y=\dfrac{1}{2}\sin\left(\dfrac{\theta}{2}+\dfrac{\pi}{4}\right)$

≫教 p.147 練習 22

5 三角関数の応用

106 $0\leqq\theta<2\pi$ のとき，次の方程式を解け。

(1) $\sqrt{2}\sin\theta=-1$　(2) $2\cos\theta=1$　(3) $\tan\theta-1=0$

≫教 p.148 練習 23

107 次の方程式を解け。

(1) $2\sin\theta=1$　(2) $2\cos\theta=\sqrt{2}$　(3) $\sqrt{3}\tan\theta=1$

≫教 p.149 練習 24

108 $0\leqq\theta<2\pi$ のとき，次の方程式を解け。

(1) $\sin\left(\theta-\dfrac{\pi}{3}\right)=-\dfrac{\sqrt{3}}{2}$　(2) $\tan\left(\theta+\dfrac{\pi}{4}\right)=\dfrac{1}{\sqrt{3}}$

≫教 p.149 練習 25

109 $0\leqq\theta<2\pi$ のとき，次の不等式を解け。

(1) $\sin\theta>\dfrac{\sqrt{3}}{2}$　(2) $\cos\theta<\dfrac{\sqrt{3}}{2}$

(3) $2\sin\theta+\sqrt{3}<0$　(4) $2\cos\theta+1\geqq 0$

≫教 p.150 練習 26

110 $0\leqq\theta<2\pi$ のとき，次の不等式を解け。

(1) $\tan\theta>-1$　(2) $3\tan\theta+\sqrt{3}<0$

≫教 p.151 練習 27

111 $0\leqq\theta<2\pi$ のとき，次の関数の最大値，最小値があれば，それを求めよ。また，そのときの θ の値を求めよ。

(1) $y=2\cos^2\theta-2\cos\theta-1$　(2) $y=2\tan^2\theta+4\tan\theta+5$

≫教 p.152 練習 28

6 加法定理

112 次の値を求めよ。

(1) $\sin 195^\circ$　(2) $\cos 195^\circ$　(3) $\sin\frac{11}{12}\pi$　(4) $\cos\frac{11}{12}\pi$

教 p.156 練習 30，31

113 α の動径が第 1 象限，β の動径が第 3 象限にあり，$\sin\alpha=\frac{3}{5}$，$\cos\beta=-\frac{12}{13}$ のとき，次の値を求めよ。

(1) $\sin(\alpha-\beta)$　(2) $\cos(\alpha+\beta)$

教 p.156 練習 32，33

114 次の値を求めよ。

(1) $\tan 195^\circ$　(2) $\tan\frac{11}{12}\pi$

教 p.158 練習 34，35

115 次の 2 直線のなす角 θ を求めよ。ただし，$0<\theta<\frac{\pi}{2}$ とする。

(1) $y=\frac{3}{2}x+1$，$y=-5x+2$　(2) $y=-x$，$y=(2+\sqrt{3})x$

教 p.158 練習 37

研究 加法定理と点の回転

116 次の点 P を，原点 O を中心として与えられた角だけ回転した位置にある点 Q の座標を求めよ。

(1) P$(-4,\ 6)$，$\frac{3}{4}\pi$　(2) P$(2,\ -4)$，$-\frac{\pi}{3}$

教 p.159 練習 1

演習 演習編

7 加法定理の応用

117 $\frac{\pi}{2}<\alpha<\pi$ とする。$\cos\alpha=-\frac{2}{3}$ のとき，次の値を求めよ。

(1) $\sin 2\alpha$　　(2) $\cos 2\alpha$　　(3) $\tan 2\alpha$

教 p.161 練習 38

118 半角の公式を用いて，次の値を求めよ。

(1) $\sin\frac{\pi}{12}$　　(2) $\cos\frac{5}{8}\pi$　　(3) $\tan\frac{3}{8}\pi$

教 p.162 練習 40

119 $0<\alpha<\pi$ で，$\cos\alpha=\frac{4}{5}$ のとき，次の値を求めよ。

(1) $\sin\frac{\alpha}{2}$　　(2) $\cos\frac{\alpha}{2}$　　(3) $\tan\frac{\alpha}{2}$

教 p.162 練習 41

120 $0\leqq\theta<2\pi$ のとき，次の方程式，不等式を解け。

(1) $\cos 2\theta+\sin\theta=0$　　(2) $\sin 2\theta=\cos\theta$

(3) $\cos 2\theta-\sin\theta\leqq 0$　　(4) $\sin 2\theta<\sqrt{3}\cos\theta$

教 p.163 練習 42，43

121 次の式を $r\sin(\theta+\alpha)$ の形に表せ。ただし，$r>0$，$-\pi<\alpha<\pi$ とする。

(1) $-\sin\theta+\cos\theta$　　(2) $\sin\theta-\sqrt{3}\cos\theta$　　(3) $\sqrt{3}\sin\theta+3\cos\theta$

教 p.164 練習 44

122 次の関数の最大値，最小値を求めよ。

(1) $y=\sin x-\cos x$　　(2) $y=\sqrt{6}\sin x-\sqrt{2}\cos x$

教 p.165 練習 45

123 $0\leqq x<2\pi$ のとき，次の方程式を解け。

(1) $\sqrt{3}\sin x+\cos x=1$　　(2) $\sin x+\sqrt{3}\cos x+\sqrt{3}=0$

教 p.165 練習 46

定期考査対策問題

1 半径 2 cm，弧の長さ 3 cm の扇形の中心角は何ラジアンか。また，この扇形の面積を求めよ。

2 次の値を求めよ。

(1) $\pi<\theta<2\pi$，$\cos\theta=-\dfrac{4}{5}$ のとき　$\sin\theta$，$\tan\theta$

(2) θ の動径が第 3 象限にあり，$\tan\theta=4$ のとき　$\sin\theta$，$\cos\theta$

3 (1) 等式 $(1-\tan^2\theta)\cos^2\theta+2\sin^2\theta=1$ を証明せよ。

(2) $\tan\theta=3$ のとき，$\dfrac{1}{1+\sin\theta}+\dfrac{1}{1-\sin\theta}$ の値を求めよ。

4 次の値を求めよ。

(1) $\cos\dfrac{9}{4}\pi$　　(2) $\sin\left(-\dfrac{10}{3}\pi\right)$　　(3) $\tan\dfrac{29}{6}\pi$

5 $y=2\cos\left(2\theta-\dfrac{\pi}{3}\right)$ のグラフをかけ。また，その周期をいえ。

6 次の関数の最大値と最小値を求めよ。また，そのときの θ の値を求めよ。

(1) $y=\sin\left(\theta+\dfrac{\pi}{6}\right)$　$(0\leqq\theta\leqq\pi)$

(2) $y=2\cos^2\theta+2\sin\theta+1$　$(0\leqq\theta<2\pi)$

7 α が鋭角，β が鈍角で，$\cos\alpha=\dfrac{1}{4}$，$\sin\beta=\dfrac{2}{3}$ のとき，$\sin(\alpha-\beta)$，$\cos(\alpha-\beta)$ の値を求めよ。

8 点 $(1,\ 0)$ を通り，直線 $y=x-1$ と $\dfrac{\pi}{6}$ の角をなす直線の方程式を求めよ。

9 $0\leqq x<2\pi$ のとき，次の方程式，不等式を解け。

(1) $\cos2x=3\cos x-2$　　(2) $\cos2x>\sin x$

10 次の関数の最大値と最小値，およびそのときの x の値を求めよ。

$$y=-\sin x+\sqrt{3}\cos x\quad(0\leqq x<2\pi)$$

第5章 指数関数と対数関数

1 指数の拡張

124 次の値を求めよ。

(1) $(-2)^0$　　(2) 3^{-2}

(3) 10^{-1}　　(4) $(-6)^{-3}$

教 p.175 練習 1

125 $a \neq 0$, $b \neq 0$ とする。次の式を計算せよ。

(1) a^4a^{-3}　　(2) $(a^{-4})^{-2}$

(3) $a^8(a^{-3}b)^2$　　(4) $a^{-6} \div a^{-3}$

教 p.176 練習 2

126 次の値を求めよ。

(1) $\sqrt[4]{16}$　　(2) $\sqrt[3]{216}$

(3) $\sqrt[3]{\dfrac{1}{125}}$　　(4) $\sqrt[5]{0.00001}$

教 p.177 練習 3

127 次の式を計算せよ。

(1) $\sqrt[4]{3}\sqrt[4]{27}$　　(2) $\dfrac{\sqrt[4]{48}}{\sqrt[4]{3}}$

(3) $\sqrt[5]{\sqrt{1024}}$　　(4) $\sqrt[10]{32}$

教 p.179 練習 5

128 次の値を求めよ。

(1) $49^{\frac{1}{2}}$　　(2) $16^{\frac{3}{4}}$

(3) $8^{-\frac{4}{3}}$　　(4) $\left(\dfrac{125}{64}\right)^{\frac{1}{3}}$

教 p.179 練習 6

129 次の式を計算せよ。ただし，$a>0$ とする。

(1) $2^{\frac{5}{6}}\times2^{-\frac{1}{2}}\div2^{\frac{1}{3}}$　(2) $3^{\frac{1}{3}}\times3^{\frac{3}{2}}\div3^{\frac{5}{6}}$　(3) $\sqrt[3]{5}\times\sqrt[4]{5}\div\sqrt[12]{5}$

(4) $a^{-\frac{1}{2}}\times a^{\frac{2}{3}}$　(5) $\sqrt[3]{a^2}\times\sqrt[4]{a^3}$　(6) $\sqrt[4]{a^3}\times\sqrt{a}\div\sqrt[6]{a^5}$

≫教 p.181 練習 7

2 指数関数

130 次の関数のグラフをかけ。

(1) $y=4^x$　(2) $y=\left(\frac{1}{4}\right)^x$　(3) $y=-4^x$

≫教 p.183 練習 9

131 次の関数のグラフについて，$y=2^x$ のグラフとの位置関係をいえ。

(1) $y=-2^x$　(2) $y=2^{-x}$　(3) $y=-\left(\frac{1}{2}\right)^x$

≫教 p.183 練習 10

132 次の数の大小を不等号を用いて表せ。

(1) $2^{0.5}$，2^{-2}，2^5，1　(2) $\left(\frac{1}{3}\right)^3$，$\left(\frac{1}{3}\right)^{-1.5}$，1，$3^2$

(3) $\sqrt[3]{3}$，$\sqrt[4]{9}$，$\sqrt[7]{27}$　(4) $0.5^{\frac{1}{2}}$，0.5^{-2}，$2^{\frac{1}{4}}$

≫教 p.184 練習 11

133 次の方程式，不等式を解け。

(1) $2^x=64$　(2) $\left(\frac{1}{8}\right)^x=16$

(3) $3^{3x-4}=243$　(4) $2^x<16$

(5) $\left(\frac{1}{9}\right)^x>27$　(6) $\left(\frac{1}{2}\right)^{5x+4}<\left(\frac{1}{8}\right)^x$

≫教 p.185 練習 12，13

134 次の方程式を解け。

(1) $25^x-3\cdot5^x-10=0$　　(2) $\left(\frac{1}{25}\right)^x-6\left(\frac{1}{5}\right)^{x-1}+125=0$

≫教 p.186 練習 14

135 次の不等式を解け。

(1) $9^x-7\cdot3^x-18<0$　　(2) $\left(\frac{1}{9}\right)^x-\frac{1}{3^x}-6>0$

≫教 p.186 練習 15

3 対数とその性質

136 次の(1)~(4)を $\log_a M=p$ の形に，(5)，(6)を $M=a^p$ の形に書け。

(1) $729=3^6$　　(2) $\frac{1}{2}=4^{-\frac{1}{2}}$

(3) $2=16^{\frac{1}{4}}$　　(4) $0.01=10^{-2}$

(5) $\log_{10}1000=3$　　(6) $\log_{25}\frac{1}{5}=-\frac{1}{2}$

≫教 p.189 練習 16，17

137 次の値を求めよ。

(1) $\log_3 27$　　(2) $\log_2 64$　　(3) $\log_5 5$

(4) $\log_3 1$　　(5) $\log_2\frac{1}{4}$　　(6) $\log_{0.2}0.008$

(7) $\log_{\frac{1}{2}}8$　　(8) $\log_5\sqrt[6]{5}$　　(9) $\log_{\sqrt{3}}3$

≫教 p.190 練習 18

138 次の式を計算せよ。

(1) $\log_8 2+\log_8 32$　　(2) $\log_3 45-\log_3 5$

(3) $\log_2 30-\log_2 15\sqrt{2}$　　(4) $\log_2 6+\log_2 12-2\log_2 3$

(5) $4\log_5 3-2\log_5 15-\log_5 45$　　(6) $4\log_2\sqrt{2}-\frac{1}{2}\log_2 3+\log_2\frac{\sqrt{3}}{2}$

≫教 p.191 練習 20

139 底の変換公式を用いて，次の式を簡単にせよ。

(1) $\log_8 32$　　(2) $\log_{27} 9$

(3) $\log_9 \dfrac{1}{3}$　　(4) $\log_2 3 \cdot \log_3 2$

(5) $\log_3 5 \cdot \log_5 9$　　(6) $\log_4 5 \cdot \log_5 8$

教 p.192 練習 21

4 対数関数

140 次の関数のグラフをかけ。

(1) $y=\log_5 x$　　(2) $y=5^x$　　(3) $y=\log_{\frac{1}{5}} x$

教 p.194 練習 23

141 次の 3 つの数の大小を不等号を用いて表せ。

(1) $\log_2 0.5$，$\log_2 3$，1　　(2) $\log_{0.3} 0.5$，0，$\log_{0.3} 2$

(3) $2\log_2 11$，$3\log_2 5$，7　　(4) $2\log_{0.1} 3$，$\log_{0.1} \sqrt[3]{512}$，-1

教 p.195 練習 24

142 次の方程式，不等式を解け。

(1) $\log_3 x=2$　　(2) $\log_5 x=-1$　　(3) $\log_{\frac{1}{3}} x=4$

(4) $\log_{10} x<3$　　(5) $\log_3 x \leqq -2$　　(6) $\log_{\frac{1}{3}} x<-1$

教 p.196 練習 25

143 次の方程式を解け。

(1) $\log_{10}(x-1)+\log_{10}(x+2)=1$　　(2) $\log_3(2x+1)+\log_3(x-3)=2$

教 p.197 練習 26

144 次の不等式を解け。

(1) $\log_6(x+1)+\log_6(x+2) \leqq 1$　　(2) $\log_{\frac{1}{3}}(4-x) \leqq \log_{\frac{1}{3}} 3x$

教 p.197 練習 27

145 次の関数の最大値，最小値があれば，それを求めよ。また，そのときの x の値を求めよ。

(1) $y=(\log_3 x)^2-2\log_3 x$　　(2) $y=-(\log_2 x)^2+\log_2 x^4$ $(1\leqq x\leqq 32)$

(3) $y=\left(\log_3 \dfrac{x}{27}\right)(\log_3 3x)$ $(1\leqq x\leqq 81)$

》教 p.198 練習 29，30

5 常用対数

146 次の数は何桁の数か。ただし，$\log_{10} 2=0.3010$，$\log_{10} 3=0.4771$ とする。

(1) 2^{50}　　(2) 3^{30}

》教 p.200 練習 32

147 3^n が 10 桁の数となるような自然数 n をすべて求めよ。ただし，$\log_{10} 3=0.4771$ とする。

》教 p.200 練習 33

148 $\left(\dfrac{1}{2}\right)^{100}$ を小数で表したとき，小数第何位に初めて 0 でない数字が現れるか。ただし，$\log_{10} 2=0.3010$ とする。

》教 p.201 練習 34

定期考査対策問題

1 次の式を簡単にせよ。

(1) $\sqrt[3]{125}$　(2) $\sqrt[5]{0.00032}$　(3) $(\sqrt[4]{5})^8$　(4) $\sqrt{\sqrt[4]{256}}$

2 次の計算をせよ。ただし，$a>0$ とする。

(1) $a^{-\frac{1}{3}}\times a^{\frac{1}{2}}$　(2) $\sqrt{7}\times\sqrt[3]{7}\times\sqrt[6]{7}$　(3) $\sqrt[3]{54}\times\sqrt[3]{-2}\times\sqrt[3]{16}$

3 次の 3 つの数の大小を不等号を用いて表せ。

(1) 0.7^2，0.7^{-3}，0.7^0　(2) $\sqrt{2}$，$\sqrt[3]{3}$，$\sqrt[6]{6}$

4 次の方程式，不等式を解け。

(1) $\left(\dfrac{1}{9}\right)^x=3$　(2) $\left(\dfrac{1}{5}\right)^x\leqq\dfrac{1}{125}$

(3) $5^{2x+1}+4\cdot5^x-1=0$　(4) $4^x+2^x-20>0$

5 次の式を簡単にせよ。

(1) $\log_6 4+\log_6 9$　(2) $\log_3 4-\log_3 20+2\log_3\sqrt{125}$

(3) $\log_2 9\cdot\log_3 5\cdot\log_{25} 8$　(4) $(\log_3 5+\log_9 25)(\log_5 27-\log_{25} 3)$

6 3 つの数 $\log_2 7$，$\log_4 55$，3 の大小を不等号を用いて表せ。

7 次の方程式，不等式を解け。

(1) $\log_2(x-1)=3$　(2) $\log_5(4x+1)=2$

(3) $\log_4(x+3)>2$　(4) $\log_{\frac{1}{3}}(1-2x)\geqq-1$

8 関数 $y=(\log_2 x)^2-\log_2 x^6+5\ (4\leqq x\leqq 64)$ の最大値と最小値を求めよ。

9 ある国では，この数年間に石油の産出量が 1 年に 20%ずつ増加している。このままの状態で石油の産出量が増加し続けると，産出量が初めて現在の 10 倍以上になるのは何年後か。ただし，$\log_{10} 2=0.3010$，$\log_{10} 3=0.4771$ とする。

第6章 微分法と積分法

1 微分係数

149 次の関数の，$x=a$ から $x=b$ までの平均変化率を求めよ。

(1) $y=4x-1$　(2) $y=x^2-2x+2$　(3) $y=x^3-x$

教 p.209 練習 1

150 次の極限値を求めよ。

(1) $\lim_{x \to 1} 3x^2$　(2) $\lim_{x \to -1}(x^2+x)$　(3) $\lim_{h \to 0}(7-3h+h^2)$

教 p.210 練習 2

151 次の関数の，与えられた x の値における微分係数を求めよ。

(1) $f(x)=2x^2$　$(x=2)$　(2) $f(x)=-x^2+3x$　$(x=a)$

教 p.211 練習 3

152 関数 $y=-2x^2$ のグラフ上の次の点における接線の傾きを求めよ。

(1) 点$(2,\ -8)$　(2) 点$(-3,\ -18)$

教 p.212 練習 4

2 導関数とその計算

153 導関数の定義にしたがって，次の関数の導関数を求めよ。

(1) $f(x)=-3x+4$　(2) $f(x)=x^2+2x+1$

(3) $f(x)=x^3-x$　(4) $f(x)=3$

教 p.214 練習 5

154 次の関数を微分せよ。

(1) $y=2x^2$　(2) $y=\frac{3}{4}x^4$

(3) $y=x^7$　(4) $y=-2$

教 p.215 練習 6

155 次の関数を微分せよ。

(1) $y=x^2-2x+2$　(2) $y=-\dfrac{x^2}{2}+2x+3$

(3) $y=x^3-5x^2-6$　(4) $y=-\dfrac{4}{3}x^3+\dfrac{2}{3}x^2+\dfrac{1}{5}$

(5) $y=x^4+2x^3-3x^2$　(6) $y=-\dfrac{1}{2}x^4+\dfrac{5}{3}x^3+\dfrac{3}{4}x^2+x$

≫教 p.217 練習 7

156 次の関数を微分せよ。

(1) $y=3x(2x-1)$　(2) $y=-(x+1)(x+2)$

(3) $y=(3x-2)^3$　(4) $y=(x+2)(x-1)(x-5)$

(5) $y=(2x^2+1)(x^2+3)$　(6) $y=(x^2-x+1)^2$

≫教 p.217 練習 9

157 次の関数を［ ］内に示された変数で微分せよ。ただし，右辺において変数以外の文字は定数である。

(1) $y=2t^2$ ［t］　(2) $S=\pi r^2$ ［r］　(3) $V=V_0(1+\beta t)$ ［t］

≫教 p.217 練習 10

158 関数 $f(x)=x^3-4x+3$ について，次の x の値における微分係数を求めよ。

(1) $x=-2$　(2) $x=1$　(3) $x=0$

≫教 p.218 練習 11

159 次の条件をすべて満たす 2 次関数 $f(x)$ を求めよ。

(1) $f'(0)=2$，$f'(1)=4$，$f(2)=6$

(2) $f'(2)=-5$，$f'(-1)=7$，$f(1)=3$

≫教 p.218 練習 12

3 接線の方程式

160 次の関数のグラフ上の与えられた点における接線の方程式を求めよ。

(1) $y=2x^2-4$，点$(1,\ -2)$　(2) $y=2x^2-4x+1$，点$(0,\ 1)$

(3) $y=5x-x^3$，点$(2,\ 2)$　(4) $y=x^3-3x$，点$(1,\ -2)$

≫教 p.219 練習 13

演習

演習編

161 次の接線の方程式を求めよ。

(1) 関数 $y=x^2+1$ のグラフに点 C(2, 1)から引いた接線

(2) 関数 $y=x^2-3x+6$ のグラフに点 C(1, 0)から引いた接線

教 p.220 練習 15

4 関数の増減と極大・極小

162 次の関数の増減を調べよ。

(1) $f(x)=x^2-4x+7$　(2) $f(x)=-2x^2+3x+1$

(3) $f(x)=x^3-3x^2-9x+5$　(4) $f(x)=2x^3+3x$

教 p.224 練習 16

163 次の関数の極値を求めよ。また，そのグラフをかけ。

(1) $y=x^3-12x$　(2) $y=-x^3+3x^2+9x-7$　(3) $y=-x^3+3x$

教 p.226 練習 17

164 次の関数の極値を求めよ。また，そのグラフをかけ。

(1) $y=x^4-5x^2+4$　(2) $y=x^4+4x$

(3) $y=-3x^4+16x^3-18x^2$　(4) $y=x^4-6x^2-8x-3$

教 p.226 練習 18，19

165 次の問いに答えよ。

(1) 関数 $f(x)=x^3+ax+b$ が $x=-1$ で極大値 4 をとるように，定数 a，b の値を定めよ。また，極小値を求めよ。

(2) 関数 $f(x)=x^3+ax^2+bx+c$ が $x=-1$ で極大値 4 をとり，$x=3$ で極小値をとるように，定数 a，b，c の値を定めよ。また，極小値を求めよ。

教 p.227 練習 20

5 関数の増減・グラフの応用

166 次の関数の最大値と最小値を求めよ。

(1) $y=x^3-6x^2+9x$　$(-1\leqq x\leqq 2)$　(2) $y=-x^3-3x^2+5$　$(-3\leqq x\leqq 2)$

(3) $y=x^4-8x^2$　$(-1\leqq x\leqq 3)$　(4) $y=3x^4-2x^3-3x^2$　$(-2\leqq x\leqq 2)$

教 p.229 練習 22

167 表面積が $12\pi\,\mathrm{cm}^2$ である直円柱を考える。

(1) 底面の半径を x cm，高さを h cm とするとき，h を x で表せ。

(2) 体積を最大にする x と h の値を求めよ。また，そのときの体積を求めよ。

教 p.229 練習 24

168 次の方程式の異なる実数解の個数を求めよ。

(1) $x^3-6x+7=0$　(2) $x^3+3x^2-9x+5=0$

(3) $-x^3+12x+3=0$　(4) $x^3+4x^2+6x-1=0$

(5) $x^4-4x^3-2x^2+12x+4=0$　(6) $3x^4-4x^3+1=0$

教 p.230 練習 25

169 方程式 $x^3-3x^2-9x-a=0$ が異なる 3 個の実数解をもつように，定数 a の値の範囲を定めよ。

教 p.231 練習 26

170 $x \geqq 0$ のとき，不等式 $2x^3+\dfrac{1}{27} \geqq x^2$ が成り立つことを証明せよ。

教 p.232 練習 27

6 不定積分

171 次の中から，$4x^3$ の原始関数であるものを選べ。

① $12x^2$　② x^4　③ x^3　④ x^4+3

教 p.234 練習 28

172 次の不定積分を求めよ。

(1) $\int(-2)\,dx$　(2) $\int 2x\,dx$

(3) $\int(2x-1)\,dx$　(4) $\int(x^2+3x)\,dx$

(5) $\int(1-x-x^2)\,dx$　(6) $\int(6x^2-2x+5)\,dx$

教 p.237 練習 30

演習

演習編

173 次の不定積分を求めよ。

(1) $\int(9u^2-2u)\,du$　　(2) $\int(3y^2-2y-1)\,dy$

(3) $\int x(3x-1)\,dx$　　(4) $\int(3-2t)(3t-2)\,dt$

≫教 p.238 練習 31

174 次の 2 つの条件［1］,［2］をともに満たす関数 $F(x)$ を求めよ。

(1)［1］$F'(x)=4x+2$　　［2］$F(-1)=3$

(2)［1］$F'(x)=3(x-1)(x-2)$　　［2］$F(1)=-1$

≫教 p.238 練習 32

7 定積分

175 次の定積分を求めよ。

(1) $\int_{-1}^{0}(-2x)\,dx$　　(2) $\int_{0}^{2}x^2\,dx$

(3) $\int_{-1}^{2}4x^3\,dx$　　(4) $\int_{1}^{3}4\,dx$

≫教 p.240 練習 33

176 次の定積分を求めよ。

(1) $\int_{-1}^{2}(2x^2+x)\,dx$　　(2) $\int_{-2}^{0}(6x^2-x+2)\,dx$

(3) $\int_{-2}^{2}(x-2)^2\,dx$　　(4) $\int_{1}^{2}(t-1)(t-2)\,dt$

≫教 p.241 練習 34

177 次の定積分を求めよ。

(1) $\int_{0}^{2}(x+1)^2\,dx+\int_{0}^{2}(x-1)^2\,dx$　　(2) $\int_{-1}^{2}(2x^2+3)\,dx-\int_{-1}^{2}(3x-1)\,dx$

≫教 p.242 練習 35

178 次の定積分を求めよ。

(1) $\int_{-3}^{-1}(2x^2+3)\,dx+\int_{-1}^{1}(2x^2+3)\,dx$

(2) $\int_{-3}^{3}(3x^2-2x)\,dx-\int_{4}^{3}(3x^2-2x)\,dx$

≫教 p.243 練習 37

179 次の等式を満たす関数 $f(x)$ を求めよ。

(1) $f(x)=x+\int_0^3 f(t)\,dt$

(2) $f(x)=x^3-3x+\frac{8}{3}\int_0^1 f(t)\,dt$

(3) $f(x)=x^2-x\int_0^2 f(t)\,dt+2\int_0^1 f(t)\,dt$

≫教 p.244 練習 38

180 次の x の関数の導関数を求めよ。

(1) $\int_0^x (2t+3)\,dt$　　(2) $\int_1^x (t^2+3t-4)\,dt$

≫教 p.245 練習 39

181 次の等式を満たす関数 $f(x)$ と定数 a の値を求めよ。

(1) $\int_1^x f(t)\,dt=2x^2+x+a$　　(2) $\int_a^x f(t)\,dt=x^2+2x-3$

≫教 p.245 練習 40

8 定積分と面積

182 次の放物線と2直線および x 軸で囲まれた部分の面積 S を求めよ。

(1) 放物線 $y=x^2+1$，2直線 $x=-2$，$x=1$

(2) 放物線 $y=x^2-2x+3$，2直線 $x=0$，$x=2$

≫教 p.248 練習 41

183 次の放物線と x 軸で囲まれた部分の面積 S を求めよ。

(1) $y=-x^2+4x$　　(2) $y=-x^2-x+2$

≫教 p.249 練習 43

184 次の曲線と x 軸で囲まれた2つの部分の面積の和 S を求めよ。

$$y=x^3-5x^2+6x$$

≫教 p.250 練習 44

185 次の曲線や直線で囲まれた部分の面積 S を求めよ。

(1) $y=x^2$, $y=4x$

(2) $y=x^2-3x+5$, $y=2x-1$

(3) $y=x^2-4x+2$, $y=-x^2+2x-2$

(4) $y=2x^2-6x+4$, $y=-3x^2+9x-6$ ≫教 p.252 練習 45

186 次の定積分を求めよ。

(1) $\int_1^3 |x-2|\,dx$　(2) $\int_0^5 |x^2-16|\,dx$　(3) $\int_{-1}^2 |2x^2-x-1|\,dx$

≫教 p.253 練習 46

研究 曲線と接線で囲まれた部分の面積

187 曲線 $y=x^3-3x^2+3x-1$ と，その曲線上の点 $(0,\ -1)$ における接線で囲まれた部分の面積 S を求めよ。 ≫教 p.254 練習 1

研究 放物線と x 軸で囲まれた部分の面積

188 放物線 $y=x^2+2x-1$ と x 軸で囲まれた部分の面積 S を求めよ。

≫教 p.255 練習 1

研究 $(x+a)^n$ の微分と積分

189 n は正の整数とする。$\{(x+a)^n\}'=n(x+a)^{n-1}$ であることを用いて，次の関数を微分せよ。

(1) $y=(x-1)^4$　(2) $y=(x+1)^7$ ≫教 p.256 練習 1

190 定積分 $\int_{-2}^{2}(x-2)^2dx$ を求めよ。 ≫教 p.256 練習 2

191 放物線 $y=x^2-x+3$ に点 $(1,\ -1)$ から引いた 2 つの接線と放物線とで囲まれた部分の面積 S を求めよ。 ≫教 p.257 練習 3

定期考査対策問題

1 次の関数を微分せよ。

(1) $y=5x^2-3x+6$　　(2) $y=x^3-4x^2+7x-5$

(3) $y=(2x+3)(x^3-2)$　　(4) $y=(2x-3)^3$

2 3 次関数 $f(x)=x^3+ax^2+bx+1$ が $f(1)=1$，$f'(1)=0$ を満たすとき，定数 a，b の値を求めよ。

3 次の接線の方程式を求めよ。

(1) 曲線 $y=-x^2+4x+1$ の，傾き 2 の接線

(2) 曲線 $y=x^3-2$ に点 $(0,\ -4)$ から引いた接線

4 次の関数の極値を求めよ。また，そのグラフをかけ。

(1) $y=x^3+3x^2-9x+5$　　(2) $y=3x^4+16x^3+24x^2-7$

5 関数 $f(x)=x^3+ax^2+2x+3$ が次の条件を満たすように，定数 a の値の範囲をそれぞれ定めよ。

(1) 極値をもつ。　　(2) 常に単調に増加する。

6 $x=1$ で極小値 4 をとり，$x=2$ で極大値 5 をとる 3 次関数 $f(x)$ を求めよ。

7 次の関数の最大値と最小値を求めよ。

(1) $y=x^3-9x^2+24x$　$(-1 \leqq x \leqq 5)$

(2) $y=3x^4-4x^3-12x^2+5$　$(-1 \leqq x \leqq 1)$

8 3 次方程式 $2x^3+3x^2-12x+a=0$ が次の解をもつとき，定数 a の値の範囲を求めよ。

(1) 異なる 3 個の実数解　　(2) ただ 1 つの実数解

(3) 異なる 2 個の正の解と 1 個の負の解

9 $x \geqq \frac{1}{3}$ のとき，不等式 $2x^3+\frac{1}{9}>x^2$ を証明せよ。

定期考査対策問題

10 次の不定積分を求めよ。

(1) $\displaystyle\int(2x^2+x-3)\,dx$　　(2) $\displaystyle\int(x-1)(1-3x)\,dx$　(3) $\displaystyle\int(2t-1)^3dt$

11 次の条件を満たす関数 $F(x)$ を求めよ。

$F'(x)=4x^2-x+1,\quad F(0)=3$

12 次の定積分を求めよ。

(1) $\displaystyle\int_{-1}^{2}(x^2-6x+1)\,dx$　　(2) $\displaystyle\int_{-2}^{2}(x+1)(x^2-3)\,dx$

(3) $\displaystyle\int_{0}^{1}(3x+1)^2dx$　　(4) $\displaystyle\int_{1}^{1}x^2(x+1)\,dx$

(5) $\displaystyle\int_{-1}^{2}(t^2+2t)\,dt-\int_{3}^{2}(t^2+2t)\,dt$

13 $f(a)=\displaystyle\int_0^1(4ax^2-a^2x)\,dx$ の最大値を求めよ。

14 次の等式を満たす関数 $f(x)$ を求めよ。

$$f(x)=3x^2-x\int_0^2 f(t)\,dt+2$$

15 (1) 等式 $\displaystyle\int_a^x f(t)\,dt=x^3-3x^2+x+a$ を満たす関数 $f(x)$ と定数 a の値を求めよ。

(2) 関数 $f(x)=\displaystyle\int_1^x(t^2-t-2)\,dt$ の極値を求めよ。

16 定積分 $\displaystyle\int_0^2|x^2+3x-4|\,dx$ を求めよ。

17 放物線 $y=x^2-6x+8$ と，この放物線上の点 $(6,\ 8)$，$(0,\ 8)$ における接線で囲まれた図形の面積 S を求めよ。

演習編の答と略解

原則として，問題の要求している答の数値･図などをあげ，［　］には略解やヒントを付した。

第1章　式と証明

1　(1) $x^3+12x^2+48x+64$
(2) $a^3-9a^2+27a-27$
(3) $27a^3+54a^2b+36ab^2+8b^3$
(4) $-125x^3+150x^2y-60xy^2+8y^3$

2　(1) x^3+125　(2) x^3-64　(3) $27a^3-8b^3$
(4) $8x^3+125a^3$

3　(1) $(x+2)(x^2-2x+4)$
(2) $(3a-1)(9a^2+3a+1)$
(3) $(5-x)(25+5x+x^2)$
(4) $(x-2y)(x^2+2xy+4y^2)$
(5) $(4a+5b)(16a^2-20ab+25b^2)$
(6) $(xy-4)(x^2y^2+4xy+16)$

4　(1) $(2x+y)(2x-y)(4x^2-2xy+y^2)(4x^2+2xy+y^2)$
(2) $(x^2+1)(x^4-x^2+1)$
(3) $(a-b)(a+3b)(a^2+ab+b^2)(a^2-3ab+9b^2)$

5　(1) $x^6+6x^5+15x^4+20x^3+15x^2+6x+1$
(2) $a^4+8a^3b+24a^2b^2+32ab^3+16b^4$
(3) $x^5-15x^4+90x^3-270x^2+405x-243$
(4) $243a^5-810a^4+1080a^3-720a^2+240a-32$
(5) $x^6-18x^5y+135x^4y^2-540x^3y^3+1215x^2y^4-1458xy^5+729y^6$
(6) $x^4+2x^3+\frac{3}{2}x^2+\frac{1}{2}x+\frac{1}{16}$

6　(1) 1080　(2) -960　(3) 540　(4) 6048

7　［$(1+x)^n={}_n\mathrm{C}_0+{}_n\mathrm{C}_1x+{}_n\mathrm{C}_2x^2+\cdots\cdots+{}_n\mathrm{C}_nx^n$ に，(1) $x=-3$，(2) $x=2$ を代入する］

8　(1) 60　(2) -2240

9　(1) 商 $x+4$，余り 2　(2) 商 $\frac{1}{3}x-1$，余り -1
(3) 商 $2x^2+3x+4$，余り 0
(4) 商 $2x-3$，余り $-2x-2$
(5) 商 $a-2$，余り 22　(6) 商 $2a^2+4a-3$，余り 4

10　(1) x^2+2x+2　(2) $3x+1$

11　(1) 商 $4x-a$，余り 0
(2) 商 $4x^2+2ax+a^2$，余り 0
(3) 商 $x^2-2ax-2a^2$，余り $2a^3$
(4) 商 x^2-xy+y^2，余り 0

12　(1) $\frac{2y}{x}$　(2) $\frac{ax}{5y}$　(3) $\frac{x-4}{2x+1}$　(4) $\frac{2x+1}{x-3}$
(5) $\frac{x+2}{x}$　(6) $\frac{x^2+x+1}{x+2}$

13　(1) $\frac{x-6}{x-3}$　(2) $\frac{x+4}{x-4}$　(3) $(3a+b)(a+b)$
(4) $\frac{x}{x+y}$

14　(1) $\frac{1}{x-1}$　(2) $x-2$　(3) $\frac{1}{x-y}$　(4) $x-2$

15　(1) $\frac{5x+1}{(x+1)(x-1)}$　(2) $-\frac{1}{(x-2)(x-3)}$
(3) $\frac{x+7}{(x-3)(x+2)}$　(4) $\frac{2(2x+3)}{(x+1)(x+2)}$

16　(1) $\frac{a+1}{a-1}$　(2) $\frac{x}{y}$

17　x についての恒等式は (2)

18　(1) $a=3$，$b=-3$　(2) $a=2$，$b=-4$，$c=3$
(3) $a=2$，$b=4$，$c=1$
(4) $a=1$，$b=6$，$c=7$，$d=0$

19　(1) $a=-1$，$b=2$　(2) $a=\frac{1}{3}$，$b=-\frac{1}{3}$，$c=\frac{2}{3}$

20　［(1) 右辺を展開　(2)，(3) 左辺，右辺を展開（別解）(3) 左辺を1つの文字について整理して因数分解］

21　［(1)，(2) 左辺－右辺に $c=-(a+b)$ を代入して $=0$ を示す　(3) 左辺$=(-a)(-b)(-c)+abc=0$］

22　［(1)，(2) $\frac{a}{b}=\frac{c}{d}=k$ とおく］

23　［(1) $a>b$，$c>0$ から $ac>bc$，同様に $bc>bd$
(2) $\frac{x+2y}{3}-\frac{x+3y}{4}=\frac{x-y}{12}$
(3) $(ab+cd)-(ac+bd)=(a-d)(b-c)$］

24　［左辺－右辺≧0 を示す。(1) $(a-b)^2$
(2) $(x+y)^2+y^2$　(3) $2\left(x-\frac{5}{4}y\right)^2+\frac{23}{8}y^2$］

25　［(1) $(3\sqrt{a}+2\sqrt{b})^2-(\sqrt{9a+4b})^2=12\sqrt{ab}$
(2) $\left(\sqrt{\frac{a+b}{2}}\right)^2-\left(\frac{\sqrt{a}+\sqrt{b}}{2}\right)^2=\frac{(\sqrt{a}-\sqrt{b})^2}{4}$］

26　［相加平均と相乗平均の大小関係を利用

(1) $9ab>0$, $\frac{1}{ab}>0$　(2) $a+b>0$, $\frac{1}{a+b}>0$]

第2章　複素数と方程式

27　(1) 実部 2, 虚部 3

(2) 実部 $-\frac{3}{2}$, 虚部 $-\frac{1}{2}$　(3) 実部 0, 虚部 π

(4) 実部 -2, 虚部 0

28　(1) $x=3$, $y=4$　(2) $x=4$, $y=-1$

(3) $x=3$, $y=2$　(4) $x=5$, $y=3$

29　(1) $5-3i$　(2) 2　(3) $3+5i$　(4) $-1+7i$

(5) $9-8i$　(6) $5-12i$　(7) $2i$　(8) 5　(9) 4

30　(1) $5-4i$　(2) $\frac{1+\sqrt{5}\,i}{2}$　(3) $\sqrt{3}$　(4) $5i$

31　(1) $1-i$　(2) $\frac{3}{5}-\frac{4}{5}i$　(3) $1+i$

32　(1) $2i$　(2) $-\sqrt{7}\,i$　(3) $\pm 2\sqrt{2}\,i$

33　(1) -4　(2) 2　(3) $\sqrt{5}\,i$　(4) $-\sqrt{3}\,i$

34　(1) $x=\frac{-1\pm\sqrt{19}\,i}{2}$　(2) $x=\frac{3\pm 3\sqrt{3}\,i}{2}$

(3) $x=\frac{3\pm\sqrt{13}}{2}$　(4) $x=\frac{-2\pm\sqrt{2}\,i}{2}$

(5) $x=\frac{1\pm\sqrt{7}}{3}$　(6) $x=\frac{\sqrt{5}\pm\sqrt{3}\,i}{2}$

35　(1) 異なる2つの実数解

(2) 異なる2つの虚数解

(3) 異なる2つの虚数解

(4) 異なる2つの実数解

(5) 異なる2つの実数解　(6) 重解

36　(1) $m<\frac{25}{8}$ のとき　異なる2つの実数解；

$m=\frac{25}{8}$ のとき　重解；

$m>\frac{25}{8}$ のとき　異なる2つの虚数解

(2) $m<-1$, $2<m$ のとき　異なる2つの実数解；
$m=-1$, 2 のとき重解；
$-1<m<2$ のとき異なる2つの虚数解

37　(1) 和 -3, 積 2　(2) 和 $\frac{5}{2}$, 積 3

(3) 和 $-\frac{3}{4}$, 積 $-\frac{9}{4}$

38　(1) -2　(2) -8　(3) 6　(4) -10　(5) 6

(6) $-\frac{2}{3}$

39　(1) $m=-12$ のとき, 2つの解は 3, 9；
$m=12$ のとき, 2つの解は -3, -9

(2) $m=24$, 2つの解は 6, 8

(3) $m=2$ のとき, 2つの解は 1, 2；
$m=-4$ のとき, 2つの解は -1, -2

(4) $m=8$ のとき, 2つの解は 2, 4；
$m=-27$ のとき, 2つの解は -3, 9

40　(1) $(x-3+\sqrt{5})(x-3-\sqrt{5})$

(2) $\left(x+\frac{5+\sqrt{29}}{2}\right)\left(x+\frac{5-\sqrt{29}}{2}\right)$

(3) $(x+2i)(x-2i)$

(4) $3\left(x+\frac{2+\sqrt{2}\,i}{3}\right)\left(x+\frac{2-\sqrt{2}\,i}{3}\right)$

41　(1) $x^2-3x+2=0$　(2) $6x^2+x-1=0$

(3) $x^2-4x+2=0$　(4) $x^2-6x+13=0$

42　(1) $x^2+3x-1=0$　(2) $x^2+4x+3=0$

(3) $x^2-7x+9=0$

43　(1) $\frac{5+\sqrt{13}}{2}$, $\frac{5-\sqrt{13}}{2}$

(2) $\frac{-1+\sqrt{3}\,i}{2}$, $\frac{-1-\sqrt{3}\,i}{2}$

44　(1) $5<m<14$　(2) $m<-2$　(3) $m>14$

45　(1) -2　(2) 31　(3) 0　(4) 2

46　(1) $a=-2$　(2) $a=-1$, 3

47　(1) $2x+1$　(2) $\frac{11}{2}x-4$

48　(1) $(x-1)^2(x+1)(x+4)$　(2) $(x+1)(x-2)^3$

49　(1) 商 x^2-2x+2, 余り -2

(2) 商 $3x^3-x^2+2x-6$, 余り 0

(3) 商 x^2-2x+1, 余り -5

50　(1) $x=3$, $\frac{-3\pm 3\sqrt{3}\,i}{2}$

(2) $x=-2$, $1\pm\sqrt{3}\,i$　(3) $x=\frac{2}{3}$, $\frac{-1\pm\sqrt{3}\,i}{3}$

51　(1) $x=\pm 1$, ± 2　(2) $x=\pm 2$, $\pm 2i$

(3) $x=\pm 2$, $\pm\frac{1}{2}i$

52　(1) $x=1$, 2, 3　(2) $x=-1$, $-3\pm\sqrt{15}$

(3) $x=2$, $\frac{-3\pm\sqrt{5}}{2}$　(4) $x=1$, -2, $\frac{2}{3}$

53　(1) $x=1$, -2, $\frac{-3\pm\sqrt{5}}{2}$

(2) $x=5$, $\frac{1\pm\sqrt{23}\,i}{2}$　(3) $x=\frac{1}{2}$, $2\pm\sqrt{6}$

(4) $x=2\pm\sqrt{2}$, $2\pm\sqrt{7}$

(5) $x=-1\pm 2i$, $-1\pm\sqrt{5}$　(6) $x=-1\pm i$, $1\pm i$

54　$a=7$, $b=13$；他の解 -1, $3-2i$

第3章　図形と方程式

55　(1) 2　(2) 11　(3) -11　(4) -1

56　(1) $\sqrt{29}$　(2) $\sqrt{61}$　(3) 9　(4) 13

57　(1) $(0,\ 4)$　(2) $\left(\frac{5}{16},\ 0\right)$

58　［辺BCを x 軸，頂点Bを原点O，$\mathrm{C}(3c,\ 0)$，$\mathrm{D}(c,\ 0)$，$\mathrm{E}(2c,\ 0)$，$\mathrm{A}(a,\ b)$ とする。］

59　(1) $\left(-\frac{11}{2},\ \frac{9}{4}\right)$　(2) $\left(-2,\ -\frac{1}{5}\right)$

(3) $\left(-13,\ \frac{15}{2}\right)$　(4) $(22,\ -17)$　(5) $\left(-3,\ \frac{1}{2}\right)$

60　(1) $(-1,\ 1)$　(2) $(4,\ -6)$

61　(1) $(2,\ 1)$　(2) $\left(\frac{5}{3},\ -1\right)$

62　(1) $y=3x+14$　(2) $y=-x+2$

(3) $y=-2x+5$　(4) $x=4$　(5) $y=2$

63　(1) $y=2x-1$　(2) $y=-\frac{3}{5}x+\frac{3}{5}$　(3) $y=-4$

(4) $x=4$

64　(1) 平行　(2) 垂直　(3) 垂直　(4) 平行

65　(1) $y=-\frac{1}{3}x$　(2) $5x+2y-13=0$

(3) $5x-3y+25=0$　(4) $y=2$

66　(1) $y=2x+1$　(2) $3x-2y+4=0$

(3) $x+2y-14=0$　(4) $x=1$

67　(1) $(5,\ 0)$　(2) $(-3,\ -4)$

68　(1) 4　(2) $\frac{2\sqrt{10}}{5}$　(3) $\frac{10}{13}$　(4) 6

69　$4x-y-1=0$

70　(1) $(x-1)^2+(y-1)^2=4$　(2) $x^2+y^2=25$

(3) $(x-3)^2+(y+2)^2=16$

(4) $(x+1)^2+(y-2)^2=5$

71　(1) 中心 $(-5,\ 2)$，半径 $2\sqrt{5}$

(2) 中心 $(-3,\ -2)$，半径 $\sqrt{2}$

72　(1) 中心 $(2,\ 1)$，半径 $3\sqrt{2}$，
方程式 $(x-2)^2+(y-1)^2=18$

(2) 半径5，方程式 $(x+2)^2+(y-1)^2=25$

73　(1) 点 $(-1,\ 0)$ を中心とする半径1の円

(2) 点 $(2,\ -1)$ を中心とする半径3の円

(3) 点 $(3,\ -5)$ を中心とする半径 $3\sqrt{2}$ の円

(4) 点 $(1,\ -2)$ を中心とする半径2の円

74　(1) $x^2+y^2-2x+8y-8=0$

(2) $x^2+y^2+4x-6y-12=0$

75　(1) $(0,\ -1)$，$(1,\ 0)$

(2) $(-1,\ 2)$，$(2,\ -1)$

76　(1) $-\sqrt{5}\leqq m\leqq\sqrt{5}$

(2) $m=-10$ のとき　接点の座標 $(1,\ -3)$，
$m=10$ のとき　接点の座標 $(-1,\ 3)$

(3) $m<-5$，$3<m$

77　$r=3\sqrt{2}$

78　(1) $-3x+4y=25$　(2) $x+\sqrt{3}\,y=4$

79　接線 $3x+y=10$，接点 $(3,\ 1)$
接線 $-x-3y=10$，接点 $(-1,\ -3)$

80　(1) 内接する　(2) 互いに外部にある

81　(1) $(x-4)^2+(y+3)^2=9$

(2) $(x-10)^2+(y-1)^2=169$

82　(1) $(0,\ -4)$，$\left(-\frac{16}{5},\ \frac{12}{5}\right)$

(2) $(-3,\ 2)$，$\left(\frac{1}{5},\ \frac{2}{5}\right)$

83　(1) $x^2+y^2+4x+2y-8=0$　(2) $2x+y-2=0$

84　(1) 直線 $y=2x+2$

(2) 点 $\left(-\frac{3}{2},\ 0\right)$ を中心とする半径 $\frac{3}{2}$ の円

85　(1) 放物線 $y=3x^2-8x+4$

(2) 点 $(2,\ -1)$ を中心とする半径 $\frac{2}{3}$ の円

(3) 点 $(8,\ 4)$ を中心とする半径2の円

86　(1)［図］境界線を含まない

(2)［図］境界線を含まない

(3)［図］境界線を含まない

(4)［図］境界線を含まない

(5)［図］境界線を含む　(6)［図］境界線を含む

(1)

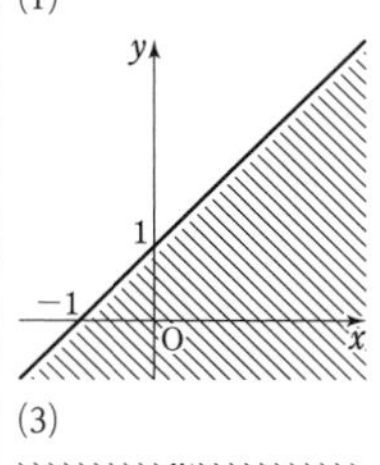

(2)

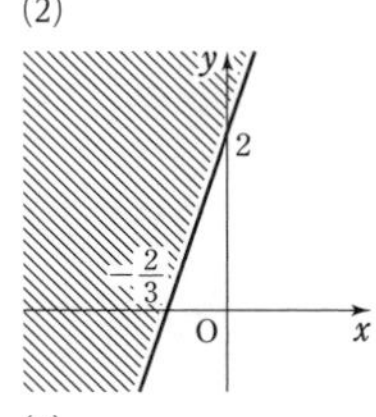

(3)

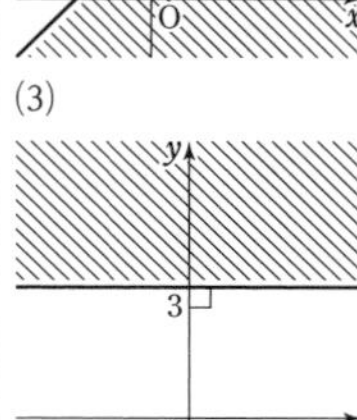

(4)

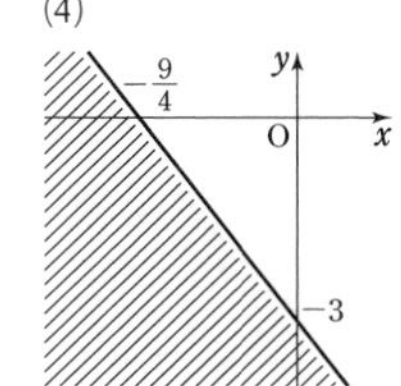

(5)

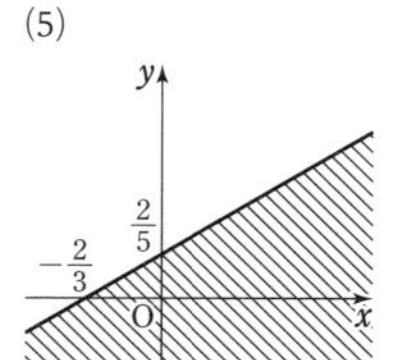

(6)

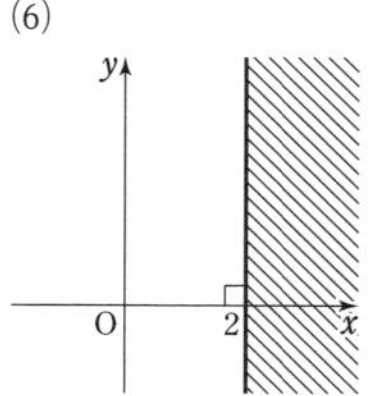

87 (1)〔図〕境界線を含まない

(2)〔図〕境界線を含む　(3)〔図〕境界線を含む

(4)〔図〕境界線を含まない

(1)

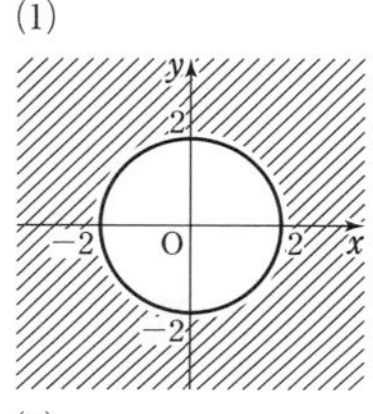

(2)

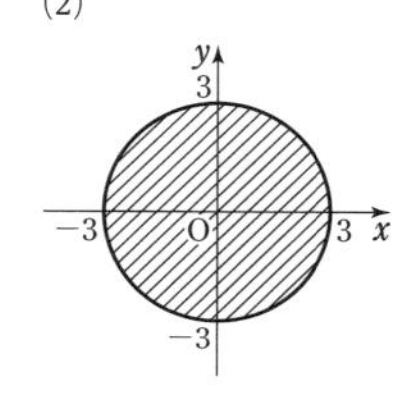

(3)

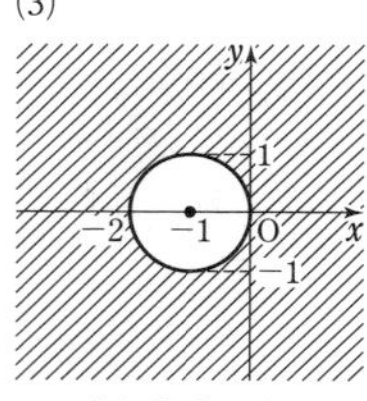

(4)

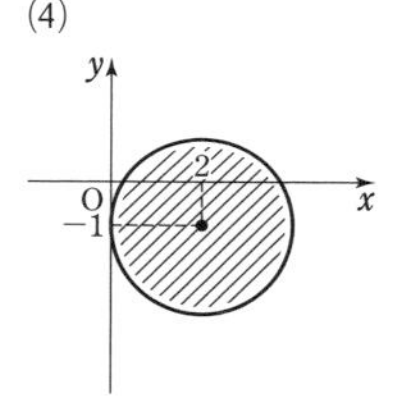

88 (1)〔図〕境界線を含まない

(2)〔図〕境界線を含まない

(3)〔図〕境界線を含む

(4)〔図〕境界線を含まない

(1)

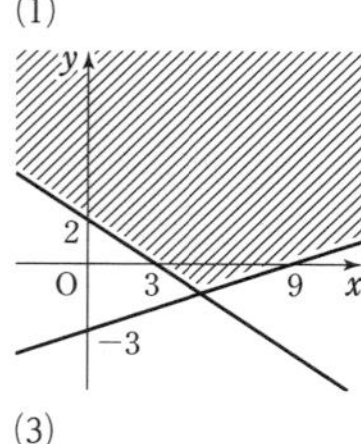

(2)

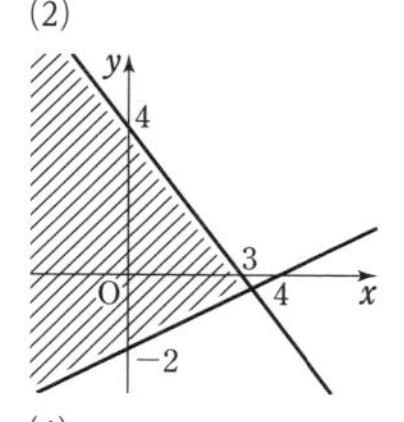

(3)

(4)

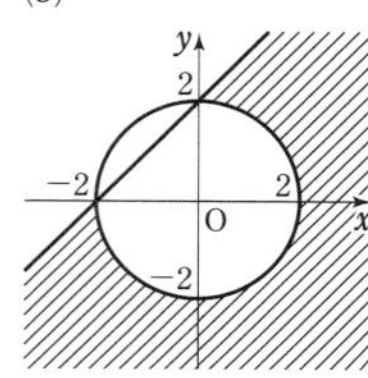

89 (1)〔図〕境界線を含まない

(2)〔図〕境界線を含む

(3)〔図〕境界線を含まない

(1)

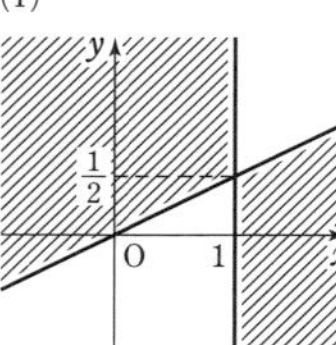

(2)

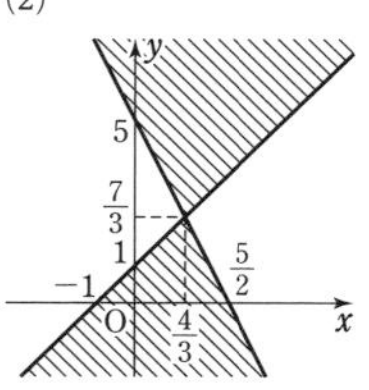

(3)

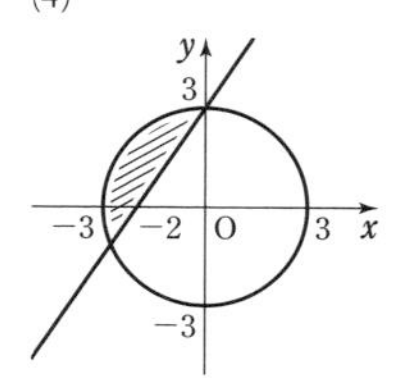

90 $x=2$, $y=2$ のとき最大値 10,

$x=0$, $y=0$ のとき最小値 0

91 [(1), (2) 不等式の表す領域を順に P, Q として，図から $P\subset Q$ を示す。]

92 (1)〔図〕境界線を含まない

(2)〔図〕境界線を含む

(1)

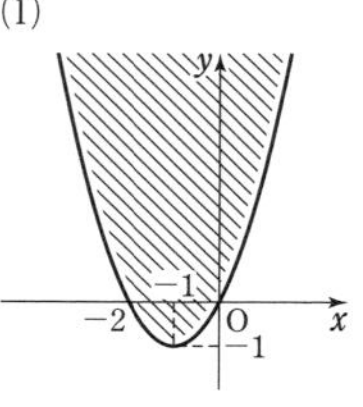

(2)

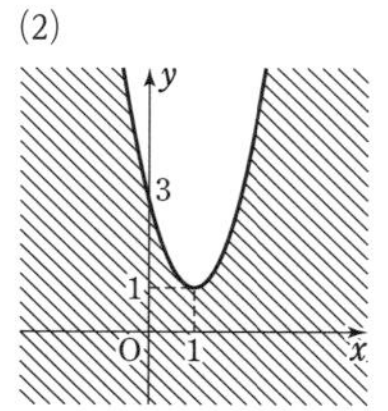

第 4 章　三角関数

93 510°, −210°

94 (1) $\frac{\pi}{3}$　(2) $-\frac{\pi}{6}$　(3) $\frac{7}{4}\pi$　(4) $\frac{2}{5}\pi$

(5) $-\frac{2}{3}\pi$

95 (1) 120°　(2) 450°　(3) 510°　(4) −90°

(5) −135°

96 (1) $l=\frac{8}{5}\pi$, $S=\frac{16}{5}\pi$　(2) $l=\frac{9}{4}\pi$, $S=\frac{27}{8}\pi$

97 $\sin\theta$, $\cos\theta$, $\tan\theta$の順に

(1) $-\frac{1}{2}$, $-\frac{\sqrt{3}}{2}$, $\frac{1}{\sqrt{3}}$　(2) $-\frac{\sqrt{3}}{2}$, $\frac{1}{2}$, $-\sqrt{3}$

(3) $-\frac{1}{\sqrt{2}}$, $-\frac{1}{\sqrt{2}}$, 1

98 (1) 第3象限 (2) 第1象限

99 (1) $\cos\theta=\dfrac{\sqrt{21}}{5}$, $\tan\theta=\dfrac{2}{\sqrt{21}}$

(2) $\sin\theta=-\dfrac{3}{5}$, $\tan\theta=-\dfrac{3}{4}$

(3) $\sin\theta=\dfrac{\sqrt{6}}{3}$, $\cos\theta=-\dfrac{1}{\sqrt{3}}$

100 [(1), (2) 左辺を展開する]

101 (1) $-\dfrac{1}{8}$ (2) $\dfrac{9\sqrt{3}}{16}$

102 (1) $\dfrac{\sqrt{3}}{2}$

(2) $\dfrac{1}{\sqrt{2}}$

(3) $-\dfrac{1}{\sqrt{3}}$

103 (1)〔図〕, 周期 2π (2)〔図〕, 周期 2π

(3)〔図〕, 周期 π (4)〔図〕, 周期 $\dfrac{2}{3}\pi$

(5)〔図〕, 周期 $\dfrac{\pi}{2}$ (6)〔図〕, 周期 3π

(1)

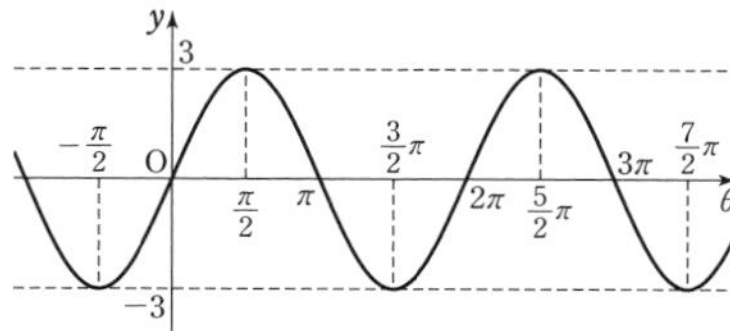

(2)

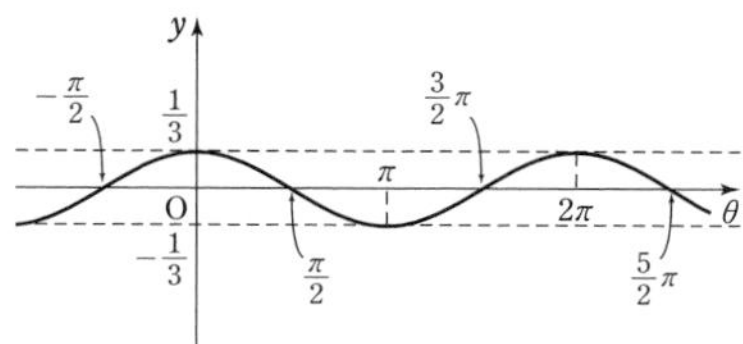

(3)

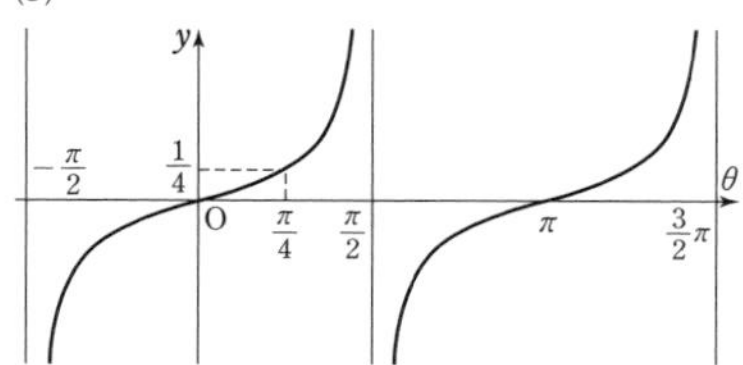

(4)

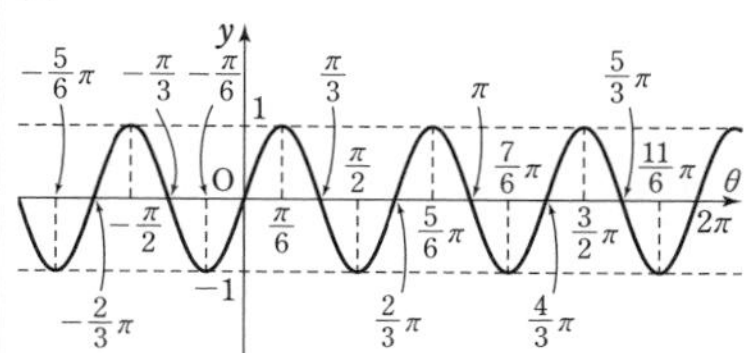

(5)

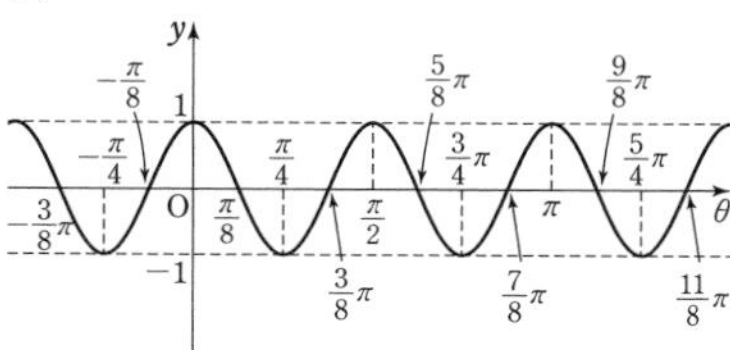

(6)

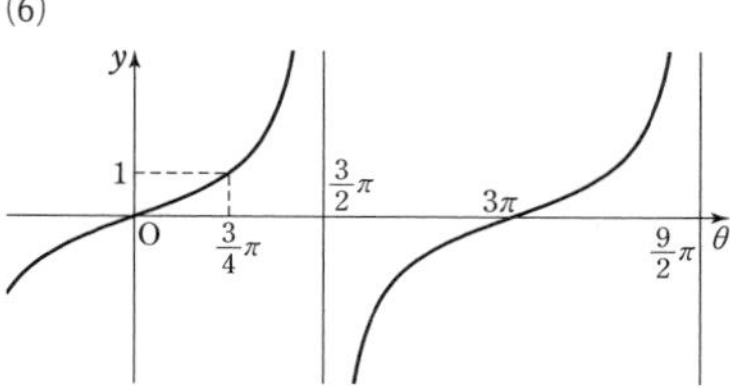

104 (1)〔図〕, 周期 2π (2)〔図〕, 周期 2π

(3)〔図〕, 周期 π

(1)

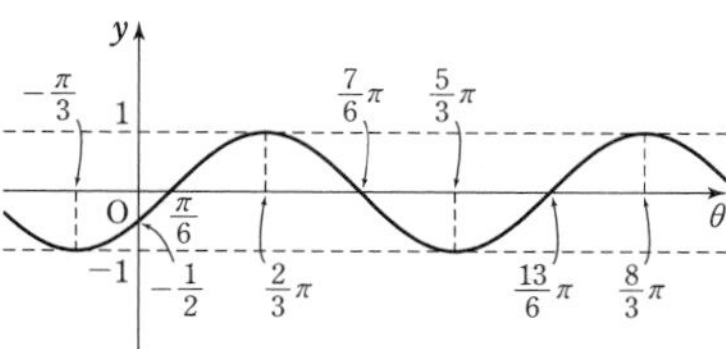

(2)

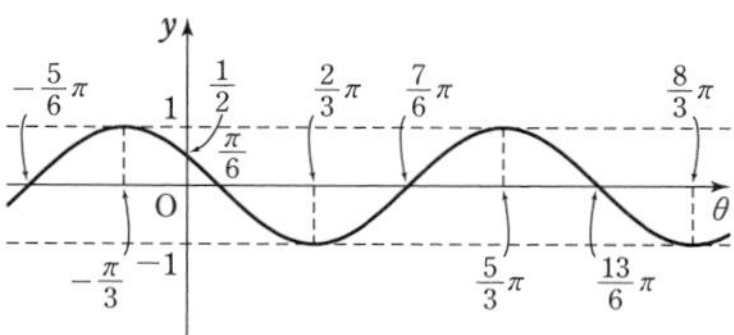

(3)

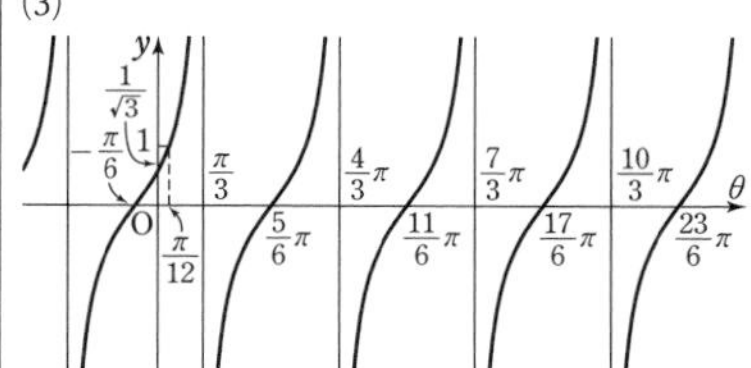

105 (1)〔図〕，周期 π (2)〔図〕，周期 $\dfrac{2}{3}\pi$

(3)〔図〕，周期 4π

(1)

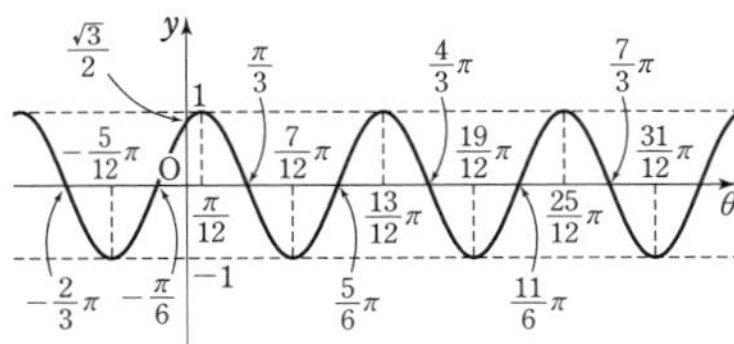

(2)

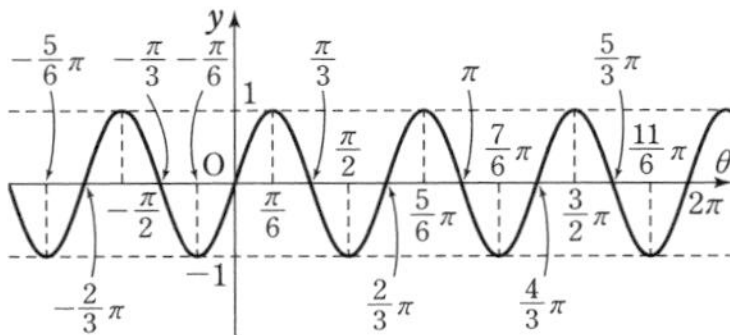

(3)

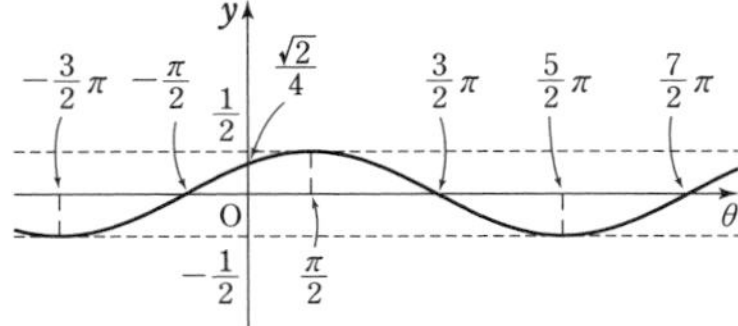

106 (1) $\theta=\dfrac{5}{4}\pi,\ \dfrac{7}{4}\pi$ (2) $\theta=\dfrac{\pi}{3},\ \dfrac{5}{3}\pi$

(3) $\theta=\dfrac{1}{4}\pi,\ \dfrac{5}{4}\pi$

107 (1) $\theta=\dfrac{\pi}{6}+2n\pi,\ \dfrac{5}{6}\pi+2n\pi$ （n は整数）

(2) $\theta=\dfrac{\pi}{4}+2n\pi,\ \dfrac{7}{4}\pi+2n\pi$ （n は整数）

(3) $\theta=\dfrac{\pi}{6}+n\pi$ （n は整数）

108 (1) $\theta=0,\ \dfrac{5}{3}\pi$ (2) $\theta=\dfrac{11}{12}\pi,\ \dfrac{23}{12}\pi$

109 (1) $\dfrac{\pi}{3}<\theta<\dfrac{2}{3}\pi$ (2) $\dfrac{\pi}{6}<\theta<\dfrac{11}{6}\pi$

(3) $\dfrac{4}{3}\pi<\theta<\dfrac{5}{3}\pi$

(4) $0\leqq\theta\leqq\dfrac{2}{3}\pi,\ \dfrac{4}{3}\pi\leqq\theta<2\pi$

110 (1) $0\leqq\theta<\dfrac{\pi}{2},\ \dfrac{3}{4}\pi<\theta<\dfrac{3}{2}\pi,\ \dfrac{7}{4}\pi<\theta<2\pi$

(2) $\dfrac{\pi}{2}<\theta<\dfrac{5}{6}\pi,\ \dfrac{3}{2}\pi<\theta<\dfrac{11}{6}\pi$

111 (1) $\theta=\pi$ で最大値 3；

$\theta=\dfrac{\pi}{3},\ \dfrac{5}{3}\pi$ で最小値 $-\dfrac{3}{2}$

(2) $\theta=\dfrac{3}{4}\pi,\ \dfrac{7}{4}\pi$ で最小値 3；最大値はない

112 (1) $\dfrac{\sqrt{2}-\sqrt{6}}{4}$ (2) $-\dfrac{\sqrt{6}+\sqrt{2}}{4}$

(3) $\dfrac{\sqrt{6}-\sqrt{2}}{4}$ (4) $-\dfrac{\sqrt{6}+\sqrt{2}}{4}$

113 (1) $-\dfrac{16}{65}$ (2) $-\dfrac{33}{65}$

114 (1) $2-\sqrt{3}$ (2) $\sqrt{3}-2$

115 (1) $\theta=\dfrac{\pi}{4}$ (2) $\theta=\dfrac{\pi}{3}$

116 (1) $(-\sqrt{2},\ -5\sqrt{2})$

(2) $(1-2\sqrt{3},\ -2-\sqrt{3})$

117 (1) $-\dfrac{4\sqrt{5}}{9}$ (2) $-\dfrac{1}{9}$ (3) $4\sqrt{5}$

118 (1) $\dfrac{\sqrt{2-\sqrt{3}}}{2}\left(=\dfrac{\sqrt{6}-\sqrt{2}}{4}\right)$

(2) $-\dfrac{\sqrt{2-\sqrt{2}}}{2}$ (3) $\sqrt{2}+1$

119 (1) $\dfrac{1}{\sqrt{10}}$ (2) $\dfrac{3}{\sqrt{10}}$ (3) $\dfrac{1}{3}$

120 (1) $\theta=\dfrac{\pi}{2},\ \dfrac{7}{6}\pi,\ \dfrac{11}{6}\pi$

(2) $\theta=\dfrac{\pi}{6},\ \dfrac{\pi}{2},\ \dfrac{5}{6}\pi,\ \dfrac{3}{2}\pi$

(3) $\dfrac{\pi}{6}\leqq\theta\leqq\dfrac{5}{6}\pi,\ \theta=\dfrac{3}{2}\pi$

(4) $0\leqq\theta<\dfrac{\pi}{3},\ \dfrac{\pi}{2}<\theta<\dfrac{2}{3}\pi,\ \dfrac{3}{2}\pi<\theta<2\pi$

121 (1) $\sqrt{2}\sin\left(\theta+\dfrac{3}{4}\pi\right)$ (2) $2\sin\left(\theta-\dfrac{\pi}{3}\right)$

(3) $2\sqrt{3}\sin\left(\theta+\dfrac{\pi}{3}\right)$

122 (1) 最大値 $\sqrt{2}$，最小値 $-\sqrt{2}$

(2) 最大値 $2\sqrt{2}$，最小値 $-2\sqrt{2}$

123 (1) $x=0,\ \dfrac{2}{3}\pi$ (2) $x=\pi,\ \dfrac{4}{3}\pi$

第 5 章　指数関数と対数関数

124 (1) 1 (2) $\dfrac{1}{9}$ (3) $\dfrac{1}{10}$ (4) $-\dfrac{1}{216}$

125 (1) a (2) a^8 (3) a^2b^2 (4) a^{-3}

126 (1) 2 (2) 6 (3) $\dfrac{1}{5}$ (4) 0.1

127 (1) 3 (2) 2 (3) 2 (4) $\sqrt{2}$

128 (1) 7 (2) 8 (3) $\frac{1}{16}$ (4) $\frac{5}{4}$

129 (1) 1 (2) 3 (3) $\sqrt{5}$ (4) $a^{\frac{1}{6}}$ (5) $a^{\frac{17}{12}}$
(6) $a^{\frac{5}{12}}$

130 (1)〜(3)〔図〕

(1)

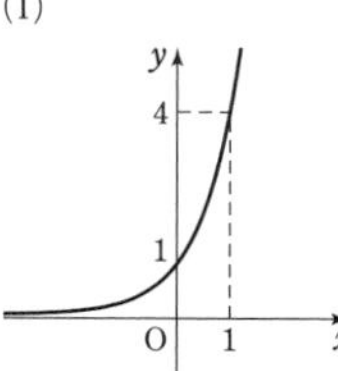

(2)

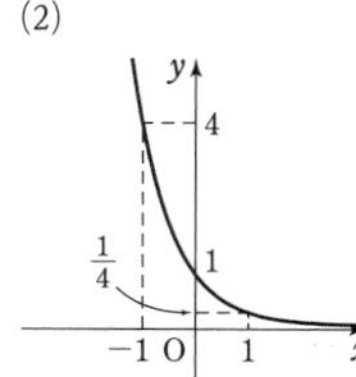

(3)

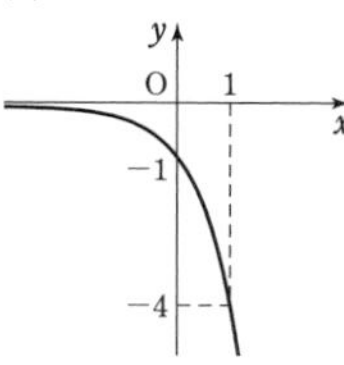

131 (1) x 軸に関して対称 (2) y 軸に関して対称
(3) 原点に関して対称

132 (1) $2^{-2}<1<2^{0.5}<2^5$
(2) $\left(\frac{1}{3}\right)^3<1<\left(\frac{1}{3}\right)^{-1.5}<3^2$ (3) $\sqrt[3]{3}<\sqrt[7]{27}<\sqrt[4]{9}$
(4) $0.5^{\frac{1}{2}}<2^{\frac{1}{4}}<0.5^{-2}$

133 (1) $x=6$ (2) $x=-\frac{4}{3}$ (3) $x=3$ (4) $x<4$
(5) $x<-\frac{3}{2}$ (6) $x>-2$

134 (1) $x=1$ (2) $x=-1,\ -2$

135 (1) $x<2$ (2) $x<-1$

136 (1) $\log_3 729=6$ (2) $\log_4 \frac{1}{2}=-\frac{1}{2}$
(3) $\log_{16} 2=\frac{1}{4}$ (4) $\log_{10} 0.01=-2$
(5) $1000=10^3$ (6) $\frac{1}{5}=25^{-\frac{1}{2}}$

137 (1) 3 (2) 6 (3) 1 (4) 0 (5) -2 (6) 3
(7) -3 (8) $\frac{1}{6}$ (9) 2

138 (1) 2 (2) 2 (3) $\frac{1}{2}$ (4) 3 (5) -3 (6) 1

139 (1) $\frac{5}{3}$ (2) $\frac{2}{3}$ (3) $-\frac{1}{2}$ (4) 1 (5) 2
(6) $\frac{3}{2}$

140 (1)〔図〕 (2)〔図〕 (3)〔図〕

(1)

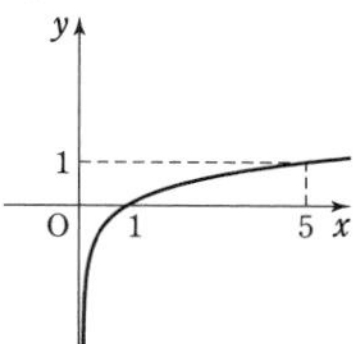

(2)

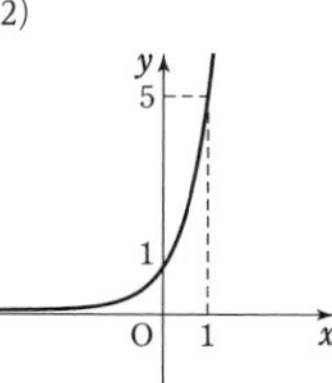

(3)

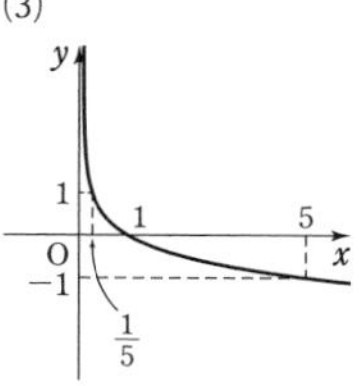

141 (1) $\log_2 0.5<1<\log_2 3$
(2) $\log_{0.3} 2<0<\log_{0.3} 0.5$
(3) $2\log_2 11<3\log_2 5<7$
(4) $-1<2\log_{0.1} 3<\log_{0.1} \sqrt[3]{512}$

142 (1) $x=9$ (2) $x=\frac{1}{5}$ (3) $x=\frac{1}{81}$
(4) $0<x<1000$ (5) $0<x\leqq\frac{1}{9}$ (6) $x>3$

143 (1) $x=3$ (2) $x=4$

144 (1) $-1<x\leqq1$ (2) $0<x\leqq1$

145 (1) $x=3$ で最小値 -1，最大値はない
(2) $x=4$ で最大値 4，$x=32$ で最小値 -5
(3) $x=81$ で最大値 5，$x=3$ で最小値 -4

146 (1) 16 桁 (2) 15 桁

147 $n=19,\ 20$

148 小数第 31 位

第 6 章　微分法と積分法

149 (1) 4 (2) $b+a-2$ (3) b^2+ba+a^2-1

150 (1) 3 (2) 0 (3) 7

151 (1) 8 (2) $-2a+3$

152 (1) -8 (2) 12

153 (1) $f'(x)=-3$ (2) $f'(x)=2x+2$
(3) $f'(x)=3x^2-1$ (4) $f'(x)=0$

154 (1) $y'=4x$ (2) $y'=3x^3$ (3) $y'=7x^6$
(4) $y'=0$

155 (1) $y'=2x-2$ (2) $y'=-x+2$
(3) $y'=3x^2-10x$ (4) $y'=-4x^2+\frac{4}{3}x$
(5) $y'=4x^3+6x^2-6x$

(6) $y'=-2x^3+5x^2+\dfrac{3}{2}x+1$

156 (1) $y'=12x-3$ (2) $y'=-2x-3$

(3) $y'=81x^2-108x+36$ (4) $y'=3x^2-8x-7$

(5) $y'=8x^3+14x$ (6) $y'=4x^3-6x^2+6x-2$

157 (1) $y'=4t$ (2) $S'=2\pi r$ (3) $V'=V_0\beta$

158 (1) 8 (2) -1 (3) -4

159 (1) $f(x)=x^2+2x-2$

(2) $f(x)=-2x^2+3x+2$

160 (1) $y=4x-6$ (2) $y=-4x+1$

(3) $y=-7x+16$ (4) $y=-2$

161 (1) $y=1$, $y=8x-15$

(2) $y=-5x+5$, $y=3x-3$

162 (1) $x\leqq 2$ で減少，$2\leqq x$ で増加

(2) $x\leqq\dfrac{3}{4}$ で増加，$\dfrac{3}{4}\leqq x$ で減少

(3) $x\leqq -1$, $3\leqq x$ で増加，$-1\leqq x\leqq 3$ で減少

(4) 常に増加

163 (1) $x=-2$ で極大値 16,

$x=2$ で極小値 -16；〔図〕

(2) $x=3$ で極大値 20, $x=-1$ で極小値 -12；〔図〕

(3) $x=1$ で極大値 2, $x=-1$ で極小値 -2；〔図〕

(1)

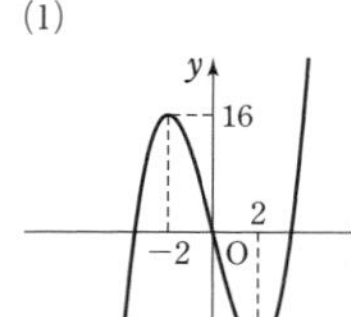

(2)

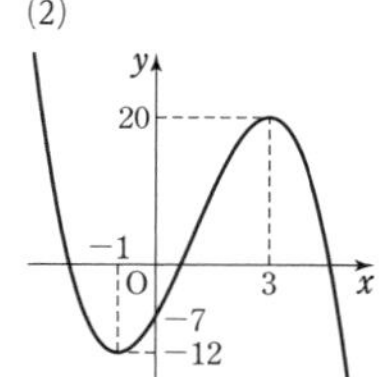

(3)

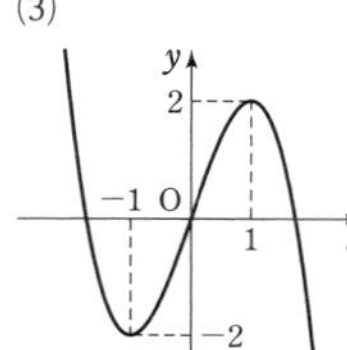

164 (1) $x=0$ で極大値 4,

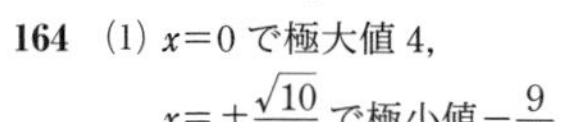

$x=\pm\dfrac{\sqrt{10}}{2}$ で極小値 $-\dfrac{9}{4}$；〔図〕

(2) $x=-1$ で極大値 -3；〔図〕

(3) $x=0$ で極大値 0, $x=1$ で極小値 -5,

$x=3$ で極大値 27；〔図〕

(4) $x=2$ で極小値 -27；〔図〕

(1)

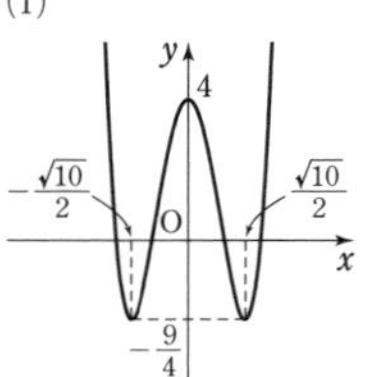

(2)

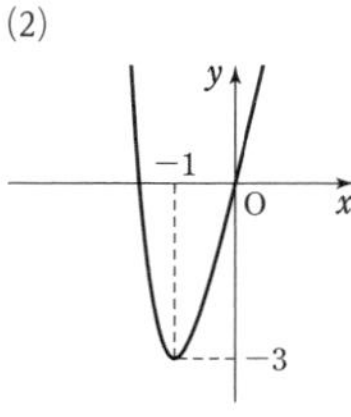

(3)

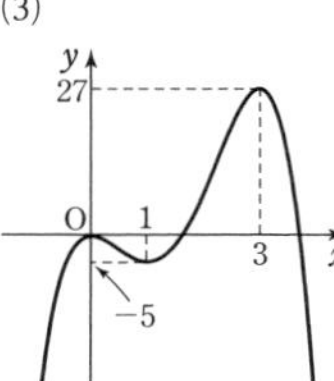

(4)

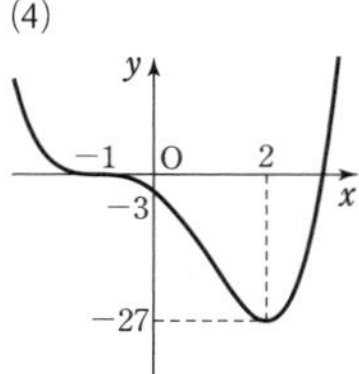

165 (1) $a=-3$, $b=2$；$x=1$ で極小値 0

(2) $a=-3$, $b=-9$, $c=-1$；$x=3$ で極小値 -28

166 (1) $x=1$ で最大値 4, $x=-1$ で最小値 -16

(2) $x=-3$, 0 で最大値 5, $x=2$ で最小値 -15

(3) $x=3$ で最大値 9, $x=2$ で最小値 -16

(4) $x=-2$ で最大値 52, $x=1$ で最小値 -2

167 (1) $h=\dfrac{6-x^2}{x}$

(2) $x=\sqrt{2}$, $h=2\sqrt{2}$, 体積 $4\sqrt{2}\,\pi\ \mathrm{cm}^3$

168 (1) 1 個 (2) 2 個 (3) 3 個 (4) 1 個

(5) 4 個 (6) 1 個

169 $-27<a<5$

170 $\left[f(x)=\left(2x^3+\dfrac{1}{27}\right)-x^2\right.$ とすると，

$x\geqq 0$ のとき $\left.f(x)\geqq 0\right]$

171 ②, ④

172 C は積分定数とする。

(1) $-2x+C$ (2) x^2+C (3) x^2-x+C

(4) $\dfrac{1}{3}x^3+\dfrac{3}{2}x^2+C$ (5) $x-\dfrac{1}{2}x^2-\dfrac{1}{3}x^3+C$

(6) $2x^3-x^2+5x+C$

173 C は積分定数とする。

(1) $3u^3-u^2+C$ (2) y^3-y^2-y+C

(3) $x^3-\dfrac{1}{2}x^2+C$ (4) $-2t^3+\dfrac{13}{2}t^2-6t+C$

174 (1) $F(x)=2x^2+2x+3$

(2) $F(x)=x^3-\dfrac{9}{2}x^2+6x-\dfrac{7}{2}$

175 (1) 1 (2) $\dfrac{8}{3}$ (3) 15 (4) 8

176 (1) $\frac{15}{2}$ (2) 22 (3) $\frac{64}{3}$ (4) $-\frac{1}{6}$

177 (1) $\frac{28}{3}$ (2) $\frac{27}{2}$

178 (1) $\frac{92}{3}$ (2) 84

179 (1) $f(x)=x-\frac{9}{4}$ (2) $f(x)=x^3-3x+2$

(3) $f(x)=x^2-\frac{4}{3}x+\frac{2}{3}$

180 (1) $2x+3$ (2) x^2+3x-4

181 (1) $f(x)=4x+1$；$a=-3$

(2) $f(x)=2x+2$；$a=-3,\ 1$

182 (1) 6 (2) $\frac{14}{3}$

183 (1) $\frac{32}{3}$ (2) $\frac{9}{2}$

184 $\frac{37}{12}$

185 (1) $\frac{32}{3}$ (2) $\frac{1}{6}$ (3) $\frac{1}{3}$ (4) $\frac{5}{6}$

186 (1) 1 (2) 47 (3) $\frac{15}{4}$

187 $\frac{27}{4}$

188 $\frac{8\sqrt{2}}{3}$

189 (1) $y'=4(x-1)^3$ (2) $y'=7(x+1)^6$

190 $\frac{64}{3}$

191 $\frac{16}{3}$

定期考査対策問題（第 1 章）

1 (1) $27a^3-108a^2b+144ab^2-64b^3$

(2) $(2x+5)(4x^2-10x+25)$

(3) $(x-2)(x^2+6x+4)$

2 (1) 14 (2) 198

3 (1) 720 [(2) 二項定理利用]

4 (1) $A=2x^3-7x^2+2x+3$ (2) $B=2x^2-x+2$

5 (1) $\frac{x+4}{x-2}$ (2) $\frac{x}{(x+1)(x+2)}$

6 $a=4,\ b=2,\ c=5$

7 [(1) 右辺から左辺を導く

(2) $c=-(a+b)$ を代入。または $a+b=-c$,

$b+c=-a,\ c+a=-b$ を代入。]

8 (1) 等号成立は $x=-\frac{3}{2}$，$y=-\frac{1}{2}$ のとき

[(1) 左辺 $=(x-y+1)^2+(2y+1)^2$

(2) $(\sqrt{a-b})^2-(\sqrt{a}-\sqrt{b})^2=2\sqrt{b}(\sqrt{a}-\sqrt{b})$]

9 等号成立は $xy=1$ のとき

$\left[左辺=3\left(xy+\frac{1}{xy}\right)+10,\ xy>0,\ \frac{1}{xy}>0\right]$

定期考査対策問題（第 2 章）

1 (1) $8+4i$ (2) $3-7i$ (3) $43-18i$

(4) $\frac{4}{5}-\frac{3}{5}i$ (5) $-9-46i$ (6) $-2\sqrt{5}$

2 $x=6,\ y=-1$

3 (1) $a<-4,\ 8<a$ のとき

異なる 2 つの実数解,

$a=-4,\ 8$ のとき　重解,

$-4<a<8$ のとき　異なる 2 つの虚数解

(2) $k=0$ のとき　実数解 $x=-\frac{3}{4}$,

$k=\frac{4}{3}$ のとき　実数解 $x=-\frac{3}{2}$

4 (1) 10 (2) -16 (3) -14

5 (1) $5\left(x-\frac{1+2i}{5}\right)\left(x-\frac{1-2i}{5}\right)$

(2) $(x+\sqrt{2}i)(x-\sqrt{2}i)(x+3)(x-3)$

6 (1) $-6<m<-2$ (2) $m<-6$ (3) $3<m<7$

7 (1)（ア）15 （イ）$\frac{5}{8}$

(2)（ア）$a=5$ （イ）$a=-8$

8 (1) $x=-3,\ \frac{3\pm3\sqrt{3}i}{2}$

(2) $x=\pm\sqrt{6},\ \pm\sqrt{2}i$ (3) $x=1,\ 3,\ 5$

9 $a=-6,\ b=13$，他の解は $2,\ 2-i$

定期考査対策問題（第 3 章）

1 P$(-17,\ 1)$，Q$(-5,\ -12)$，R$(22,\ 11)$，

重心$(0,\ 0)$

2 ∠A=90° の直角二等辺三角形

3 $(-2,\ -10)$

4 [A$(a,\ b)$，B$(-c,\ 0)$，C$(c,\ 0)$，D$(d,\ e)$

とおく。]

5 (1) $y=-2x-2$ (2) $y=3x-7$

(3) 平行 $3x+2y+5=0$，垂直 $2x-3y-14=0$

6 $a=-1$

7 (1) $(-5,\ 8)$ (2) $(-1,\ -2)$

8 10

9 (1) $(x-2)^2+(y-1)^2=25$

(2) $(x-3)^2+(y+2)^2=4$

(3) $x^2+y^2+4x-6y-12=0$

10 (1) 中心(5, -6), 半径 8

(2) $k<-\sqrt{6}$, $\sqrt{6}<k$

11 (1) $x-\sqrt{3}y=4$ (2) $y=2$, $12x-5y=26$

12 4

13 (2) $x^2+y^2-6x-y=0$

(3) $2x+y-5=0$ [(1) 中心間の距離 $\sqrt{5}$]

14 (1) 直線 $x-y-1=0$

(2) 中心が点(4, -2), 半径が 1 の円

15 (1) 〔図〕境界線を含まない

(2) 〔図〕境界線は円 $x^2+y^2=1$ 上の点を含まないで他は含む。

(3) 〔図〕境界線を含まない

(1)

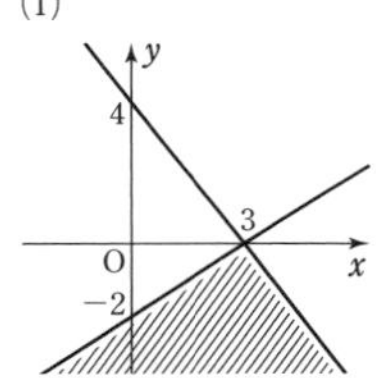

(2)

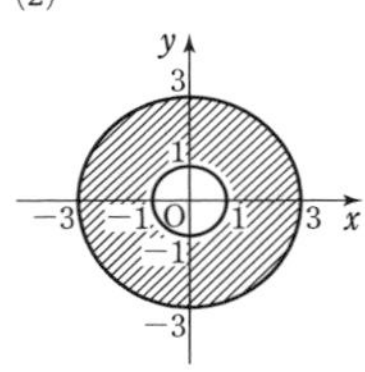

(3)

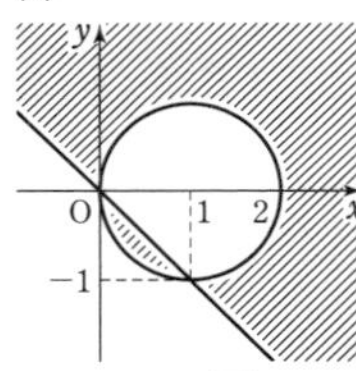

16 $x=-\sqrt{2}$, $y=\sqrt{2}$ のとき最大値 $2\sqrt{2}$,
$x=2$, $y=0$ のとき最小値 -2

17 [不等式の表す領域を順に P, Q とすると $P\subset Q$]

定期考査対策問題(第 4 章)

1 中心角 $\dfrac{3}{2}$ ラジアン, 面積 3 cm^2

2 (1) $\sin\theta=-\dfrac{3}{5}$, $\tan\theta=\dfrac{3}{4}$

(2) $\sin\theta=-\dfrac{4}{\sqrt{17}}$, $\cos\theta=-\dfrac{1}{\sqrt{17}}$

3 (2) 20 [(1) 左辺$=(\cos^2\theta-\sin^2\theta)+2\sin^2\theta$]

4 (1) $\dfrac{1}{\sqrt{2}}$ (2) $\dfrac{\sqrt{3}}{2}$ (3) $-\dfrac{1}{\sqrt{3}}$

5 〔図〕, 周期 π

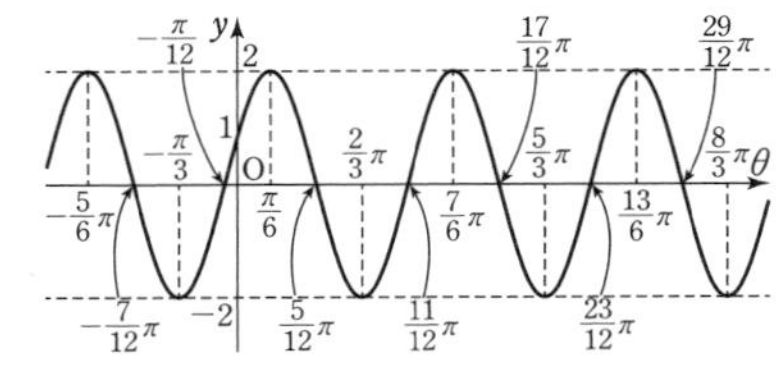

6 (1) $\theta=\dfrac{\pi}{3}$ で最大値 1, $\theta=\pi$ で最小値 $-\dfrac{1}{2}$

(2) $\theta=\dfrac{\pi}{6}$, $\dfrac{5}{6}\pi$ で最大値 $\dfrac{7}{2}$,

$\theta=\dfrac{3}{2}\pi$ で最小値 -1

7 $\sin(\alpha-\beta)=-\dfrac{2+5\sqrt{3}}{12}$,

$\cos(\alpha-\beta)=\dfrac{2\sqrt{15}-\sqrt{5}}{12}$

8 $y=(2+\sqrt{3})x-2-\sqrt{3}$,
$y=(2-\sqrt{3})x-2+\sqrt{3}$

9 (1) $x=0$, $\dfrac{\pi}{3}$, $\dfrac{5}{3}\pi$

(2) $0\leqq x<\dfrac{\pi}{6}$, $\dfrac{5}{6}\pi<x<\dfrac{3}{2}\pi$, $\dfrac{3}{2}\pi<x<2\pi$

10 $x=\dfrac{11}{6}\pi$ で最大値 2, $x=\dfrac{5}{6}\pi$ で最小値 -2

定期考査対策問題(第 5 章)

1 (1) 5 (2) 0.2 (3) 25 (4) 2

2 (1) $a^{\frac{1}{6}}$ (2) 7 (3) -12

3 (1) $0.7^2<0.7^0<0.7^{-3}$ (2) $\sqrt[6]{6}<\sqrt{2}<\sqrt[3]{3}$

4 (1) $x=-\dfrac{1}{2}$ (2) $x\geqq3$ (3) $x=-1$

(4) $x>2$

5 (1) 2 (2) $2\log_3 5$ (3) 3 (4) 5

6 $\log_2 7<\log_4 55<3$

7 (1) $x=9$ (2) $x=6$ (3) $x>13$

(4) $-1\leqq x<\dfrac{1}{2}$

8 $x=64$ で最大値 5, $x=8$ で最小値 -4

9 13 年後

定期考査対策問題(第 6 章)

1 (1) $y'=10x-3$ (2) $y'=3x^2-8x+7$

(3) $y'=8x^3+9x^2-4$ (4) $y'=24x^2-72x+54$

2 $a=-2$, $b=1$

3 (1) $y=2x+2$ (2) $y=3x-4$

4 (1) $x=-3$ で極大値 32, $x=1$ で極小値 0〔図〕